Jetzt helfe ich mir selbst

Einbandgestaltung: Louis Dos Santos

Bilder/Zeichnungen: Christoph Pandikow, Robert Bosch GmbH, Hella KGaA Hueck & Co., Mercedes-Benz, Patrick Walther.

Text und redaktionelle Bearbeitung: Patrick Walther
Vielen Dank für die tatkräftige Unterstützung an: Christoph Pandikow, Dirk Peuser, Dinah Peuser, Duonix und der Shell Tankstelle Görgeshausen.

Alle Angaben und Ratschläge in diesem Ratgeber sind nach bestem Wissen und Gewissen erteilt. Eine Haftung der Autoren oder des Verlages und seiner Beauftragten für Personen-, Sach- und Vermögensschäden ist jedoch ausgeschlossen.
Dieser Band entspricht dem Kenntnisstand zum Zeitpunkt der Drucklegung. Abweichungen durch Weiterentwicklung der beschriebenen Fahrzeuge, geänderte Anweisungen des Fahrzeugherstellers bzw. neue gesetzliche Bestimmungen sind möglich.

ISBN 978-3-613-03835-6

1. Auflage 2015

Herstellung: Ipa, 71665 Vaihingen/Enz
Druck und Bindung: Appel und Klinger, 96277 Schneckenlohe
Printed in Germany

Mercedes C-Klasse

Benziner und Diesel (W204)

Benzinmotoren
C 180 4 Zylinder 115 kW (156 PS)
C 200 4 Zylinder 135 kW (184 PS)
C 250 4 Zylinder 150 kW (204 PS)
C 350 6 Zylinder 225 kW (306 PS) (4MATIC)

Dieselmotoren
C 180 CDI 4 Zylinder 88 kW (120 PS)
C 200 CDI 4 Zylinder 100 kW (136PS)
C 220 CDI 4 Zylinder 125 kW (170 PS)
C 250 CDI 4 Zylinder 150 kW (204 PS)
C 300 CDI 6 Zylinder 150 kW (265 PS) (4MATIC)

Inhalt

Einleitung 6

Ein Ratgeber stellt sich vor 6
Rechte und Pflichten 8
Lernen Sie Ihr Auto kennen 10

Das Modell 13

Generation zwei 14
Das Modell 14
Die Geschichte der C-Klasse 18
Elektronische Helferlein 20
Rad, Reifen und Fahrwerk 21
Sicherheitssysteme in der C-Klasse 22

Grundlagen – Reparatur, Wartung ... 24

Investition in die Zukunft 25
Arbeitsplatz und Ausrüstung 26
Nützliches Zubehör 28
In der Werkstatt 31

Pflege und Werterhalt 34

Waschen und Pflegen, Vorbehandlung 37
Nachbehandlung 39
Oberflächen polieren 40
Innenraum 41
Beulen und Kratzer 44

Fit durch den Winter 46

Eine Frage der Traktion 47
Winterausrüstung mitnehmen 47
Startschwierigkeiten im Winter vermeiden 48
Winterreifen 48
Die 7-Grad-Empfehlung 49
Richtige Winterreifen für die C-Klasse 49
Schneeketten anlegen üben 50
Scheibenwaschanlage 50
Wischerblatt wechseln 52
Waschdüsen prüfen und einstellen 54
Heizung / Lüftung prüfen 56
Frostschutz prüfen 56
Dichtungsgummis pflegen 57
Bessere Wischerblätter 58
Starthilfebooster 58
Standheizung nachrüsten 58
Sitzheizung nachträglich einbauen 58
Checkliste 59

Fit durch den Sommer 60

Sommerreifen 61
Klimaanlage und Thermatic 63
Pollenfilter 65
Tipps zum Sommerbetrieb 66

Urlaub und Reise 67

Engel auf Rädern 67
Fahrzeugrücktransport 67
Fahrtkosten durch Fahrzeugausfall 67
Übernachtung nach Fahrzeugausfall 67
Abschleppen und Bergung 67
Hilfe bei verlorenen oder defekten
Fahrzeugschlüsseln 67
Ersatzteilversand 67
Checkliste: Vor und nach jeder großen Fahrt 68

Pannen unterwegs 69

Womit muss ich immer rechnen? 70
Was tun bei einer Reifenpanne? 70
Fahrzeug richtig aufbocken 71
Fahrzeug abschleppen 72
Starthilfe 73
Überhitzung durch Wasserverlust 74
Falschbetankung beim Diesel –
Elektronik im Notlaufprogramm 75
Grundausstattung für kleine Pannen 76
Pannenset 77
Problemlösungen 78

Räder, Reifen und Radwechsel 81

Reifen und Felgen 81
Daten für alle Fahrzeugtypen 88
Umrüstung von Rad und Reifen 88
Montieren der Sommer- oder Winterräder 90

Fahrwerk, Achsen, Lenkung 92

Was ist eigentlich ein Fahrwerk? 93
Radlager und Achsgelenk prüfen 95
Spurstangenköpfe und Manschetten prüfen 97
Radeinstellung 98
Zustand der Stoßdämpfer prüfen 99

Federbein vorne ausbauen 100
Stoßdämpfer hinten und Federn hinten ausbauen 101
Störungsbeistand Fahrwerk 102

Bremsanlage 103

Zweikreisbremsanlage 105
Funktionsprüfungen an der Bremsanlage 107
Bremsbelag und Bremsscheibe vorne 108
Bremsbelag und Bremsscheibe Hinterachse 109
Handbremsbeläge ersetzen 111
Bremsflüssigkeit 114
Störungsbeistand Bremsanlage 115

Die Karosserie 117

Spalt- und Fugenmaße 120
Demontage des Kühlergrills 122
Stoßfänger 123
Radhausschalen 125
Geräuschdämmung und Unterbodenverkleidungen 126
Kotflügel vorne demontieren 127
Motorhaube 128
Tür vorne 129
Tür hinten 130
Heckklappe 131
Tankdeckel / Tankklappe 132
Außenspiegel 133
Störungsbeistand Karosserie 134

Der Innenraum 135

Sitze 138
Türverkleidungen 139
Dachsäulenverkleidungen 141
Heckklappenverkleidungen 143
Kofferraumverkleidungen 144
Haltegriffe und Sonnenblenden 144
Innenbeleuchtung aus- und einbauen 145
Tausch der Schlüsselbatterie 146
Fensterheber und Scheiben 147

Media und Kommunikation 151

Musik und Bild 152
Halterung Mobiltelefon 152

Elektrik 156

Elektrik und Elektronik 157
Fehlersuche und Diagnose 159
Bordnetz 161
Beleuchtung 162
Scheibenwaschanlage 162
Relais und Sicherungen 163
Batterie 164
Starter (Anlasser) 170
Generator (Lichtmaschine) 170
Scheinwerfer vorne 174
Rückleuchten 175
Kennzeichenleuchten 175
Dritte Bremsleuchte 177
Lampen im Spiegel außen 178
Lichtanlage prüfen 179
Signalgeber und Hupe 179

Antrieb: Motor und Öl, Kühlung und Getriebe 184

Die Motoren 185
Schmiersystem 185
Kühlsystem 189
Motormanagement 192
Motor und Gemischbildungssysteme 195
Motorraumverkleidung 198
Keilrippenriemen 199
Luftfilter 200
Kraftstofffilter 201
Zünd- und Glühkerzen 202
Abgasanlage 203
Antrieb und Getriebe 204

Technische Daten 206

Antrieb 207
Drehmoment und Leistung 209
Wartungsdaten 211

Regelmäßige Wartung 212

Wartung nach Plan 213
Wartungsintervalle 213
Umfang des Inspektionsservice 213
Serviceanzeige im Kombiinstrument zurücksetzen 213

Techniklexikon 217

Ein Ratgeber stellt sich vor

»An den neuen Autos kann ich doch nichts mehr selber machen«, ist ein Satz, den wir häufig hören, dem wir aber ebenso wenig zustimmen wie Sie. Denn wozu sollten Sie sonst dieses Buch in den Händen halten? Wahr ist, dass durch den vermehrten Anteil von Elektronik und vor allem die Vernetzung der Systeme im Fahrzeug mancher Fehler nicht so leicht zu orten ist. Wahr ist aber auch, dass moderne Autos durch den Einsatz der Elektronik wesentlich zuverlässiger, sicherer und umweltfreundlicher sind, als die simpel aufgebauten, aber auch wartungsintensiven Fahrzeuge früherer Tage. Es liegt uns also fern den Fortschritt zu verdammen, auch wenn er uns und Ihnen ab und zu einen Streich spielt.

Hilfe zur Selbsthilfe

Was Sie tun können, wenn das Auto den Dienst verweigert, oder besser noch: was Sie tun können damit es gar nicht erst so weit kommt, soll Gegenstand dieses Ratgebers sein. Und auch wenn Sie den Fehler vielleicht nicht selbst beheben können – wir zeigen Ihnen, wie Sie die Ursache präzise einkreisen können. Und zwar ohne Profi-Ausrüstung. So können Sie der Werkstatt wichtige Informationen liefern und kostbare Arbeitszeit für die Fehlersuche einsparen.

Tipps und Wissenswertes

Damit Ihnen niemand etwas vormachen kann, gewähren wir Einblick in die Autotechnik, erläutern Fachbegriffe und informieren Sie über Wissenswertes aus der Welt der Technik. Darüber hinaus erhalten Sie Tipps, die zum Teil bares Geld wert sind: So können Sie zum Beispiel die Lebensdauer Ihrer Scheibenwischer erheblich verlängern. Wie das geht, erfahren Sie im Kapitel »Fit durch den Winter«. Diesem Thema widmen wir übrigens ein ganzes Kapitel, da in der kalten Jahreszeit besonders viel zu beachten ist. Das fängt bei der Wahl der richtigen Bereifung an und endet mit einem Paar robuster Schuhe im Kofferraum noch lange nicht. Denn immer noch wagen sich zu viele Autofahrer mit Sommerreifen auf die Piste. Fest in dem Glauben »wird schon gut gehen«. Damit auch wirklich alles gut geht, sollten Sie dieses Buch von Anfang bis Ende durchlesen.

Sicherheit hat Vorrang

Wie durch den Winter, wollen wir Sie mit diesem Ratgeber natürlich auch durch die übrigen Jahreszeiten begleiten. Ihre Sicherheit und Zufriedenheit stehen dabei an erster Stelle. Wichtiger als das Reparieren von sicherheitsrelevanten Baugruppen erscheint uns in diesem Band das frühzeitige Erkennen eines Schadens. Genau dabei wollen wir Sie unterstützen. Ein Störungsbeistand ist daher fester Bestandteil eines jeden Kapitels. Zudem bieten wir Ihnen ein Diagnose-Schema, das ganz allgemein eventuelle Unzulänglichkeiten am Auto entlarvt. Und zwar bevor etwas schief geht. Auch bei einem anstehenden Termin zur Hauptuntersuchung kann diese Schnelldiagnose jede Menge Ärger und Geld sparen. Abgesehen davon haben wir regelmäßig wiederkehrende Überprüfungsarbeiten für Sie zusammengefasst. Diese dürfen Sie sich gerne kopieren und für sich abheften.

Reparaturen in der heimischen Garage

Sollten Sie bereits im Umgang mit Werkzeug geübt sein, werden wir Sie Schritt für Schritt durch die einzelnen Arbeitsgänge führen. Dabei beschränken wir uns in dieser Reihe auf leichte Wartungs-, Pflege- und Reparaturmaßnahmen, die Sie ohne Weiteres in der heimischen Garage durchführen können. Welche Grundausstattung Sie dafür benötigen und wie das Ganze ideal in Ihre Garage passt, haben wir für Sie gleich am Anfang dieses Buches zusammengefasst. Gut ausgestattete Werkstätten, ob privat oder gewerblich betrieben, möchten wir auf den entsprechenden Band »Reparaturanleitung« des Bucheli-Verlages verweisen. Dort wird mit gewohnter Präzision das Zerlegen komplizierter Baugruppen wie Motor und Getriebe beschrieben.

Für mehr Spaß am Auto

Zum Schluss möchten wir Sie auf ein besonderes »Schmankerl« unseres Buches hinweisen: Zu jedem Kapitel bieten wir Ihnen einen Überblick zum Thema »besser machen«. Dort stellen wir Ihnen eine Auswahl von empfehlenswerten Zubehör- und Anbauteilen vor, die Sie in Eigenregie montieren können. Damit Sie in Zukunft noch mehr Freude an Ihrem Auto haben.

Damit Sie sich besser zurechtfinden

Wenn Sie etwas Bestimmtes in diesem Buch suchen, haben Sie verschiedene Möglichkeiten. Natürlich können Sie auf das vertraute Inhaltsverzeichnis zurükkgreifen. Aber auch beim schnellen Durchblättern werden Sie sich leicht zurechtfinden. Den Hinweis, in welchem Kapitel Sie sich bewegen, finden Sie oben links. Dazu die Information, ob es sich in diesem Abschnitt um theoretisches Wissen, konkrete Arbeitsanleitungen oder Vorschläge zur Optimierung handelt. Rechts oben auf jeder Seite haben wir den Bereich dargestellt, der im jeweiligen Abschnitt behandelt wird. Damit können Sie das Buch auf der Suche nach bestimmten Inhalten auch durch die Finger laufen lassen, ohne zuerst im Inhaltsverzeichnis suchen zu müssen.

INFORMATION

Bevor Teile ausgebaut oder etwas auseinandergenommen wird, ist es immer besser, die theoretischen Zusammenhänge zu kennen. Wenn Sie dieses Zeichen sehen, erklären wir die Funktion der Technik, ihre Bedeutung für das gesamte Auto und Ihren Alltag damit. Oder wir informieren Sie ganz einfach auch einmal über den historischen Hintergrund der Entwicklung. Dieser Abschnitt soll Sie also mit der Technik Ihres Autos vertraut machen. Mit dem nötigen theoretischen Wissen im Hinterkopf schraubt es sich viel leichter.

ARBEITSSCHRITTE

Sobald am Auto gearbeitet wird, werden Sie dieses Symbol sehen. Auf diesen Seiten erhalten Sie Schritt-für-Schritt-Anleitungen zum Ein- und Ausbau von Teilen. Bei der Auswahl haben wir uns strikt daran gehalten, was in der heimischen Garage noch machbar ist und was nicht. Und damit Sie sehen, dass wir uns gerne die Finger für Sie schmutzig machen, haben wir bewusst gebrauchtes Werkzeug benutzt und uns nicht ständig die Hände gewaschen. Wir hoffen, dass die Fotos Ihnen dennoch Appetit auf das Schrauben machen.

BESSER MACHEN

Nicht alle Fahrzeuge müssen serienmäßig bleiben. In der Praxis gleicht sogar kaum ein Auto dem anderen. Autos werden tiefer gelegt, Karosseriebauteile werden verändert oder die Innenausstattung individualisiert. Vielleicht benutzen Sie dieses Buch ja auch, um Ihr Auto gezielt zu verbessern.

Damit wir uns richtig verstehen: Dieses Buch ist keine Tuninganleitung, aber immerhin stellen wir Ihnen verschiedenste zusätzliche Teile vor und verraten Ihnen, worauf Sie beim Einkauf von Zubehörteilen achten sollten.

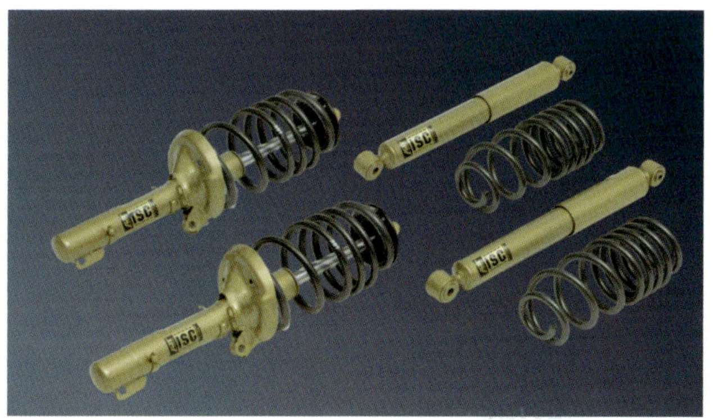

Rechte und Pflichten

Sie haben einen Wagen erworben und sind der Meinung, er ist kaputt oder funktioniert nicht so, wie er sollte? Bevor Sie sich unnötig aufregen, sollten Sie sich zuerst kundig machen, wie es um Ihre Rechte steht. Dann müssen Sie sicherstellen, dass Sie keinem Irrtum unterliegen und es sich hier tatsächlich um einen Mangel handelt.

Was ist ein Mangel?

Vereinfachte Darstellung des § 434 BGB:
Eine Sache ist frei von Mängeln, wenn sie sich für die Verwendung eignet, für die sie gemäß Kaufvertrag gedacht war, oder sie sich für die gewöhnliche Verwendung eignet oder die Beschaffenheit aufweist, die man üblicherweise erwarten kann. Das beinhaltet auch Eigenschaften, von denen der Käufer aufgrund von Aussagen, die in der Werbung oder von Mitarbeitern des Verkäufers gemacht wurden, ausgehen kann. Liegt also tatsächlich ein Mangel vor, wie z. B. eine deutlich geringere Höchstgeschwindigkeit als im Prospekt angegeben, sollten Sie sich auf das Gespräch mit dem Kundendiensttechniker vorbereiten und Ihr Recht einfordern. Damit Sie Ihr Anliegen präzise und fachlich richtig an den Mann bringen können, nachfolgend einige Begriffserklärungen und Zusammenhänge:

Gewährleistung, Sachmangelhaftung & Garantie

Garantie und Gewährleistung (Letzteres ist die so genannte Sachmangelhaftung) sind zwei völlig verschiedene und vor allem unabhängige Sachverhalte. Diese beiden Begriffe werden oft umgangssprachlich miteinander verwechselt. Um nicht missverstanden zu werden, sollten Sie diese Begriffe unbedingt voneinander trennen.

Die **Garantie** ist eine freiwillige und zusätzliche Leistung des Verkäufers oder Herstellers. Sie kann nach Belieben ausgestaltet oder befristet sein, und sie folgt aus einer eigenständigen Vereinbarung im Rahmen des Kaufvertrages bzw. in Verbindung mit dem Kaufvertrag. Die Garantie kann an bestimmte Voraussetzungen geknüpft sein, kann bestimmte Kosten ausschließen und auch die Leistungen einschränken. Dies könnte beispielsweise bedeuten, dass die Garantie nur greift, wenn Sie das Fahrzeug regelmäßig in der dem Händler angegliederten Werkstatt warten lassen und Sie nur die Materialkosten und nicht die Arbeitszeit bei einem Schaden erstattet bekommen. Also sollten Sie sich die Garantiebedingungen vor dem Kauf genau anschauen, um diese später nicht durch ein Falschverhalten zu verwirken. Auf Verlangen müssen Ihnen die Garantiebestimmungen, wenn sie Ihnen zugesprochen werden, auch in schriftlicher Form ausgehändigt werden.

Die **Gewährleistung** (Sachmangelhaftung) folgt aus den gesetzlichen Regelungen zum Kaufvertrag. Eine Gewährleistung ist in dem Augenblick gegeben, wenn ein rechtsgültiger Kaufvertrag geschlossen wird. Eine Ausnahme ist nur möglich, wenn die Gewährleistung wirksam ausgeschlossen ist. Ein vollständiger Ausschluss der Gewährleistung im Rahmen eines Kaufvertrags zwischen einem Unternehmer (z. B. Kfz-Händler) als Verkäufer und einer Privatperson als Käufer ist nicht möglich. Die Gewährleistung kann aber z. B. bei Abschluss eines Kaufvertrages zwischen Privatpersonen vollständig ausgeschlossen werden. Dies muss dann aber ausdrücklich und individuell im Kaufvertrag geregelt sein.

Mit dem **Gewährleistungsrechts-Änderungsgesetz** vom 01.01.2007 ergaben sich unter anderem folgende Neuerungen:
- Bei neuen Sachen beträgt die Frist grundsätzlich 2 Jahre ab Datum der Übergabe.
- Bei gebrauchten Sachen kann eine Frist von 1 Jahr vereinbart werden (nicht in Allgemeinen Geschäftsbedingungen!), wobei nur Kraftfahrzeuge, die älter als ein Jahr (ab Erstzulassung) sind, als gebrauchte Sachen gelten.
- Innerhalb der ersten sechs Monate hat bei einer Reklamation der Händler zu beweisen, dass die Sache zum Zeitpunkt der Übergabe dem Vertrag entsprach (also keinen Mangel hatte). Nach sechs Monaten hat der Kunde die Beweispflicht (bisher hatte ausschließlich der Kunde die Beweispflicht).

Diese beschriebenen Regelungen, die das Recht des Endkunden stärken, sind verständlicherweise bei den

Händlern nicht so gut angekommen, und diese suchen nach Möglichkeiten, wie sie die Gewährleistung einschränken oder gar ausschließen können. In den letzten Jahren hat darum der Handel mit Bastlerfahrzeugen und Schrottfahrzeugen massiv zugenommen. In solchen Verträgen werden dann sämtliche Gewährleistungsansprüche ausgeschlossen, obwohl die Fahrzeuge teilweise mit frischer Plakette der Haupt- und Abgasuntersuchung versehen sind. Solche und ähnliche Vorgänge können die Gerichte allerdings recht gut einschätzen und entscheiden meistens zugunsten des Verbrauchers. Ebenso verhält es sich mit den Verkäufen, die »im Auftrag« stattfinden. Ein Händler, der in seinem Namen die aktuelle Hauptuntersuchen und weitere Instandsetzungsarbeiten durchgeführt hat, wird es vor Gericht schwer haben zu beweisen, dass er den Verkauf nur vermittelt hat. Er wird damit auch nicht die gesetzlichen Regelungen beschneiden können. Je klarer die Vereinbarung und je genauer die Fahrzeugbeschreibung, desto geringer ist das Haftungsrisiko. Wir raten Ihnen, einen Musterkaufvertrag für Gebrauchtfahrzeuge sowie einen Gebrauchtfahrzeug-Zustandsprüfbericht zu verwenden. Damit lassen sich kostspielige Prozesse und unangenehme Streitigkeiten vermeiden.

Zusammenfassung:
Eine freiwillige Garantie besteht also zusätzlich zur gesetzlichen Gewährleistung (Sachmangelhaftung) und ist im Umfang der Leistungen, im Vergleich zur Gewährleistung meistens eingeschränkt. Allerdings greift sie oft auch noch für Mängel, die erst nach dem Kauf auftreten, was so nicht auf die gesetzliche Gewährleistung zutrifft.

Zum Reizthema Farbabweichung

Farbabweichung kann ein Sachmangel sein. Das Oberlandesgericht Köln hat zu diesem Thema eine wichtige Entscheidung getroffen: Danach gehört die Farbe eines Neufahrzeugs zu den Beschaffenheitsmerkmalen und stellt ein äußerliches Merkmal des Fahrzeugs dar, welches für den Käufer im Rahmen der Kaufentscheidung maßgeblich ist. Ergeben sich Abweichungen im Farbton des bestellten zu dem tatsächlich gelieferten Fahrzeug, so kann der Käufer hierauf grundsätzlich Gewährleistungsansprüche geltend machen. Durch das OLF Köln bestätigtes Urteil des LG Aachen vom 26.04.2005 (Az. 12 O 493/04).

Das Recht der Nachbesserung

Seit dem 01.01.2002 gibt die neue Rechtslage sowohl dem Käufer als auch dem Verkäufer einen Anspruch auf Beseitigung eines Mangels. Anstatt von Nachbesserung spricht jetzt das Gesetz von Nacherfüllung. Grundsätzlich hat der Händler das Recht bis zu drei Mal nachzuerfüllen. Hierbei hat der Verkäufer die zum Zwecke der Nacherfüllung erforderlichen Aufwendungen zu tragen, das sind Transport-, Wege-, Arbeits- und Materialkosten. Zu beachten ist in diesem Zusammenhang, dass der Verkäufer sein Recht einen Mangel nachzubessern behält, auch wenn Reparaturen bereits in einer fremden Werkstatt erfolglos waren. Der Verkäufer muss sich diese Nachbesserungsversuche nicht zurechnen lassen, er kann auf eine Nacherfüllung im eigenen Firmensitz bestehen. OLG Köln vom 14.02.2006 (Az. 20U 188/05).

Wandlung und Preisnachlass

Hat sich ein erheblicher Mangel nach drei Nacherfüllungsversuchen immer noch nicht beseitigen lassen oder fehlen zugesicherte Eigenschaften, haben Sie das Recht auf Wandlung oder Preisnachlass. Dies ist dann auch der Zeitpunkt, an dem Sie einen Rechtsanwalt zu Rate ziehen sollten. Sie werden sich auf jeden Fall eine Nutzungspauschale, die abhängig ist von der genutzten Laufleistung des Fahrzeugs, anrechnen lassen müssen. Eine Wandlung ist grundsätzlich nur dann möglich, wenn sich das Fahrzeug noch im Originalzustand befindet.

Der Kulanzvertrag

Nach Ablauf der Gewährleistungszeit und gegebenenfalls der Garantiezeit bleibt Ihnen immer noch die Möglichkeit der Kulanzregelung beim Händler. Die Kulanz bezeichnet im Allgemeinen ein Entgegenkommen zwischen den Vertragspartnern nach Vertragsabschluss. Sie regelt den Ablauf der freiwilligen Reparatur- und Serviceleistungen nach Ablauf der gesetzlichen oder individualvertraglichen Gewährleistungspflicht.

Hinweis: Dieses Kapitel soll nur erste Hinweise geben und erlaubt daher keinen Anspruch auf Vollständigkeit. Obwohl es mit der größtmöglichen Sorgfalt erstellt wurde, kann eine Haftung für die inhaltliche Richtigkeit nicht übernommen werden.

Lernen Sie Ihr Auto kennen

Egal, ob Sie Ihre Limousine oder ihr T-Modell schon lange besitzen oder eben erst erworben haben – nehmen Sie sich die Zeit und erkunden Sie Ihr Fahrzeug gründlich. Den selbst wenn Sie die Bedienungsanleitung gelesen haben, wovon wir selbstverständlich ausgehen, kennen Sie bestimmt noch nicht alle Details Ihres Autos.

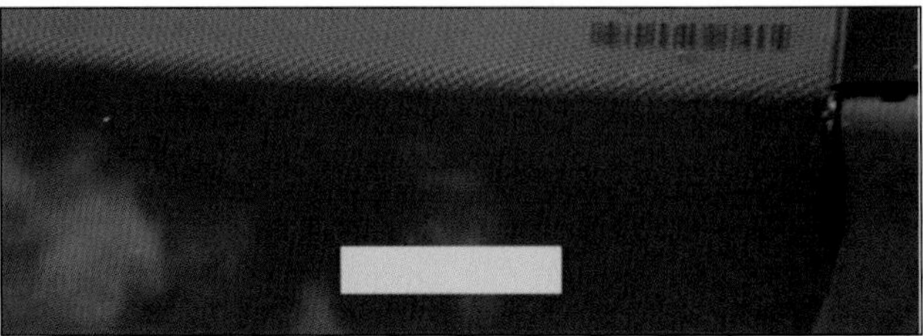

Die Fahrgestellnummer: Im Scheibenrahmen ist die Fahrgestellnummer in die Karosserie eingeschlagen.

Die Fahrgestellnummer

Die Fahrgestellnummer, welche auch Fin genannt wird, enthält bereits etliche – in Zahlen- und Buchstabencodes verschlüsselte – Informationen zu Ihrer C-Klasse. Deren Bedeutung können Sie als Do-it-Yourselfer nun kennen lernen und auch entziffern. Die Fahrgestellnummer finden Sie an verschiedenen Stellen Ihres Modells angebracht: in den Unterlagen für den Service, im Sichtfenster der Frontscheibe und am linken Stoßdämpferdom.

Die Fahrgestellnummer: Neben der Federbeinaufnahme (Fahrerseite) befindet sich die Fahrgestellnummer in dem schwarzen Rahmen.

Stelle	Bedeutung	Beispiele	Auswertung
1–3	Weltherstellercode a	WDB = Mercedes Benz Deutschland WDC = Mercedes Benz USA WDD = Daimler AG Westdeutschland	
4–6	Modell	202 = C-Klasse (W202) 170 = SLK (R170)	204 = C-Klasse (W204)
7	Fahrzeugmodell	0 = Limousine kurz 1 = Limousine lang 2 = T-Modell 3 = Coupé 4 = Cabrio 6 = Krankenwagen 7 = Stretchlimousine	2 = T-Modell
8–9	Motorkennung	06 = C200 CDI ECO 08 = C200 CDI 22 = C320 CDI 41 = C200 Kompressor 46 = C180 Kompressor 56 = C350	41
10	Lenkung	1 = Linkslenker 2 = Rechtslenker	1
11	Produktionsstandort	A-C = Sindelfingen F-G = Bremen J = Rastatt R = Südafrika T = Karmann	A
12–17	Laufende Seriennummer	000001	675580

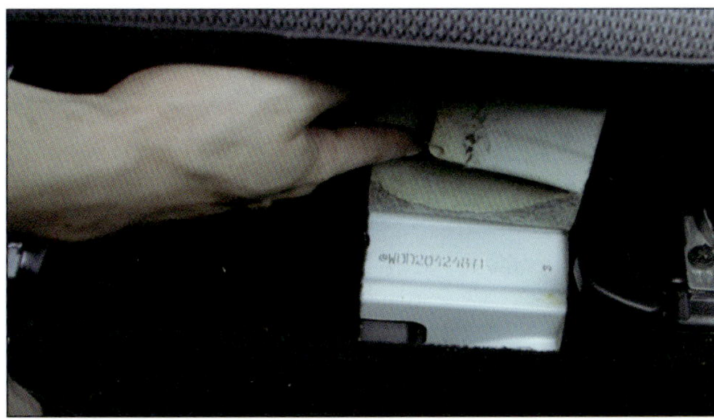

Die Fahrgestellnummer: Neben der Sitzschiene (Beifahrerseite) befindet sich die Fahrgestellnummer unter dem Fußbodenteppich.

Die Motorkennnummer

Die Motornummer ist an der Verbindungsstelle Motor/Getriebe zu finden. Auch das Getriebe trägt eine Identifikationsnummer. Alle diese Nummern sind beim Bestellen von Ersatz- oder Austauschteilen unbedingt anzugeben.

Der Fahrzeugschein

Eine sehr ergiebige Informationsquelle ist der Fahrzeugschein. Neben der Fahrgestellnummer finden Sie weiter, für die Ersatzteilbeschaffung oder den Reparaturauftrag wichtige Angaben und Schlüsselnummern (Angaben in Klammern gelten für neue Zulassungsbescheinigungen):

- zu 2: Herstellercode (2.1)
- zu 3: Typ und Ausführung (2.2)
- zu 32: Datum der Erstzulassung (B)
- zu 4: Fahrgestellnummer (E)

Natürlich ist es nicht der richtige Begriff, aber »Zulassungsbescheinigung Teil 1« wird sich sicher nie im Volksmund durchsetzen. Auch die zwar europäisch einheitliche, aber für uns doch neue optische Ordnung löst bei der Suche nach den Informationen meist Hilflosigkeit aus. Deshalb haben wir die wichtigsten Informationen zum »schnell mal finden« kenntlich gemacht. HSN und TSN sind die Kürzel für den Herstellercode (früher »Ziffer2«) und den Typcode (früher die ersten drei Ziffern der »Ziffer3«) des Fahrzeugscheins. Diese beiden Nummern zusammen mit der Erstzulassung helfen bei der Teilebeschaffung im Zubehörmarkt.
Auch wenn diese Informationen bereits auf der Rückseite des Fahrzeugscheins vermerkt sind, hat man meist die Kennnummer vergessen, bis man im Fahrzeugschein auch nur in die Nähe der Information gekommen ist. Aus diesem Grund schlüsseln wir diese Informationen auf.

Serviceheft, Beschreibungen und Informationen: Alles wichtig, um mit Ihrer Limousine (T-Modell) umgehen zu können.

Fahrzeugschein:

1 HU/AU Termin,
2 Halter des Fahrzeugs,
3 Kennzeichen,
4 Hubraum,
5 Kennzahl,
6 Typenbezeichnung,
7 Fahrgestellnummer,
8 Erstzulassung,
9 HSN,
10 TSN,
11 Leistung.

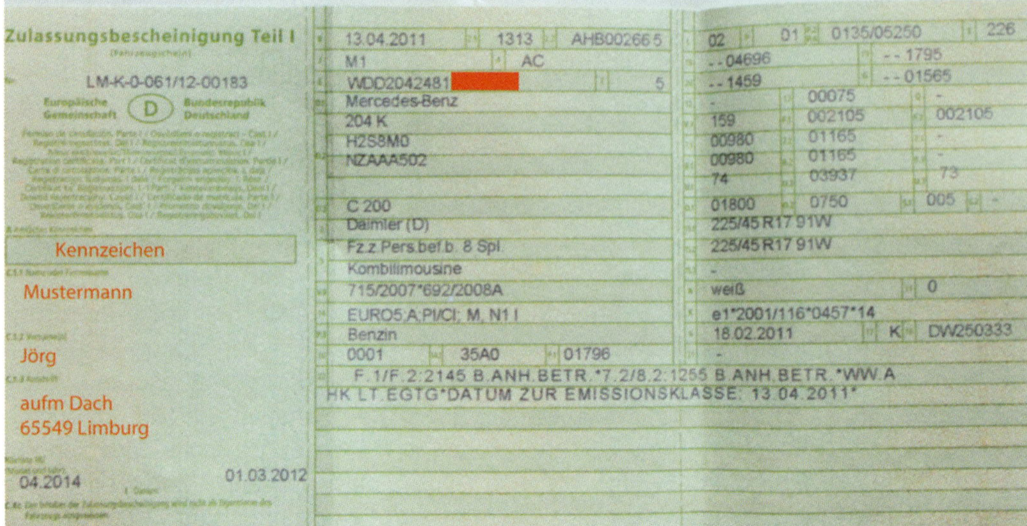

Zulassungsbescheinigung Teil I

LM-K-0-061/12-00183

Europäische Gemeinschaft (D) Bundesrepublik Deutschland

Kennzeichen

Mustermann

Jörg

aufm Dach
65549 Limburg

04.2014

01.03.2012

13.04.2011 | 1313 | AHB002665
M1 | AC
WDD2042481 | 5
Mercedes-Benz
204 K
H2S8M0
NZAAA502
C 200
Daimler (D)
Fz.z.Pers.bef.b. 8 Spl.
Kombilimousine
715/2007*692/2008A
EURO5;A;PI/CI; M, N1 I
Benzin
0001 | 35A0 | 01796

02 | 01 | 0135/05250 | 226
- - 04696 | - - 1795
- - 1459 | - - 01565
- | 00075 | -
159 | 002105 | 002105
00980 | 01165 | -
00980 | 01165 | -
74 | 03937 | 73
01800 | 0750 | 005 | -
225/45 R17 91W
225/45 R17 91W
-
weiß | 0
e1*2001/116*0457*14
18.02.2011 | K | DW250333
-

F.1/F.2:2145 B.ANH.BETR.*7.2/8.2:1255 B.ANH.BETR.*WW.A
HK LT.EGTG*DATUM ZUR EMISSIONSKLASSE: 13.04.2011*

B Erstzulassung
D.1 Hersteller
D.2 Typ
D.3 Handelsbezeichnung
E Fahrgestellnummer
F.1 Zulässiges Gesamtgewicht
F.2 Zulässiges Gesamtgewicht in Deutschland
G Leergewicht
H Gültigkeitsdauer
I Ausstellungsdatum dieses Scheines
J Fahrzeugklasse (Pkw, Lkw)
K EG Typennummer
L Anzahl der Achsen
O.1 Anhängelast gebremst
O.2 Anhängelast ungebremst
P.1 Hubraum des Motors (in cm^3)
P.2 / P.4 Motorleistung (in kW)
P.3 Kraftstoffart
Q Leistungsgewicht (nur bei Motorrädern)
R Farbe des Fahrzeuges
S.1 Sitzplätze mit Fahrersitzplatz
S.2 Stehplätze
T Höchstgeschwindigkeit (in km/h)
U.1 Standgeräusch (in dB/A)
U.2 Drehzahl zum Standgeräusch
U.3 Fahrgeräusch (in dB/A)
V.7 CO2 Ausstoß (in g/km) kombinierter Wert
V.9 Schadstoffklasse
2 Kurzbezeichnung Hersteller

2.1 HSN Herstellerschlüsselnummer
2.2 Prüfziffer und TSN-Typschlüsselnummer
3 Prüfziffer für die Fahrgestellnummer
4 Art des Aufbaus (EG-Bezeichnung)
5 Bezeichnung der Fahrzeugklasse und des Aufbaus
6 Erstellungsdatum der EG-Typennummer
7.1 Zulässige Achslast Achse 1
7.2 Zulässige Achslast Achse 2
7.3 Zulässige Achslast Achse 3
8.1 Zulässige Achslast in Deutschland Achse 1
8.2 Zulässige Achslast in Deutschland Achse 2
8.3 Zulässige Achslast in Deutschland Achse 3
9 Anzahl der Achsen
10 Codenummer zur Kraftstoffart
11 Codenummer zur Fahrzeugfarbe
12 Rauminhalt des Tanks bei Tankfahrzeugen (in m^3)
13 Stützlast (in kg)
14 Bezeichnung der nationalen Emissionsklasse
14.1 Codenummer zu der Schadstoffklasse
15.1 Bereifung auf der Achse 1
15.2 Bereifung auf der Achse 2
15.3 Bereifung auf der Achse 3
16 Nummer der Zulassungsbescheinigung Teil 2 (Fahrzeugbrief)
17 Merkmal zur Betriebserlaubnis
18 Länge in mm
19 Breite in mm
20 Höhe in mm
21 Sonstige Vermerke
22 Bemerkungen und Ausnahmen

Generation zwei

Nach mehr als 300.000 verkauften C-Klassen der ersten Generation nimmt nun der Nachfolger Fahrt auf. Die Markteinführung der neuen C-Klasse begann im Frühjahr 2011. Die fünf direkt einspritzenden Turbobenziner und acht Turbodiesel (CDI) sind bis zu 31 Prozent sparsamer, dank der neuen BlueDIRECT-Technologie. Die neuen Motoren sind trotz der Kraftstoffreduzierung leistungsstärker geworden als die vergleichbaren Motoren des Vorgängermodells. Der Technologiefortschritt zeigt sich auch in Karosserie, Fahrwerk und der elektrischen Ausrüstung des Fahrzeuges.

Facelift

Nachdem die neue C-Klasse im Frühjahr 2011 erschien, konnte man schnell erkennen, dass hier die Front- sowie die Heckpartie überarbeitet worden sind. So wurde zum Beispiel eine leichtere Motorhaube aus Aluminium verwendet, welche einen kleinen Teil zur Gewichtsreduzierung und Kraftstoffeffizienz beiträgt. Die neue Stoßstange sowie die neuen Scheinwerfer lassen das neue moderne Gesicht der C-Klasse erstrahlen. Neben dem alten Halogen-Scheinwerfer kann nun auch das intelligente Bi-Xenon-System (ILS) bestellt werden. In der neuen Stoßstange befinden sich moderne LED-Tagfahrlichter, welche die Mercedes C-Klasse aus der Ferne unverwechselbar wirken lassen.

Das neue Fahrwerk – Agility Control

Damit die neue C-Klasse unter allen Einsatzbedingungen ein direktes Fahrgefühl mit besonderer Agilität und Sicherheit an den Tag legt, wird serienmäßig das neue Agility Control-Fahrwerk eingebaut. Bei normaler Fahrweise und geringer Stoßdämpferbelastung verringert das System automatisch die Dämpferkräfte, dies ist deutlich am Abrollkomfort spürbar. Wenn nun die Anregung der Stoßdämpfer größer wird, beispielsweise bei einem Ausweichmanöver, regelt das System die maximale Dämpferkraft auf, sodass das Fahrzeug stabilisiert und handelbar ist.

Der erfolgreiche Vorgänger in der Mercedes-Modellpalette.

Das Vorgänger-T-Modell mit den runden Scheinwerfern.

Anders: Das neue Modell mit aktuellem Flottengesicht.

Leicht abgewandelt: Das neue Kombi-T-Modell.

Hochmoderne Triebwerke

Die fünf neuen Benzin- und die acht neuen Dieselmotoren, die auch wir teilweise in unserem Buch vorstellen und behandeln, weisen den Weg zu Verbrauchs- und Abgaswerten, die bis vor Kurzem für einen C-Klasse-Wagen noch undenkbar gewesen wären. Ein Musterbeispiel hierfür ist der C250 CDI, der mit seinen leistungsstarken 204 PS überdurchschnittlich motorisiert ist. Er hat einen Verbrauch von ca. 4,8 l /100 km (Angaben des Herstellers). Bei allen neuen Modellen wurde serienmäßig die Start-Stopp-Funktion eingeführt. Durch die neue Direkteinspritzung (BlueDirect) soll der neue C350 gegenüber dem alten C350 ca. 31% Kraftstoff einsparen.

Start-Stopp-Funktion

Das Prinzip der Start-Stopp-Funktion ist simpel, jedoch technisch komplex. Den Gedanken: »Ein Motor der nicht läuft, braucht kein Kraftstoff« hat bestimmt jeder schon gehabt. Die Umsetzung dieser Idee dauerte ca. 15 Jahre.

Jedes Anhalten des Fahrzeugs, zum Beispiel an einer Ampel, kann Grund dafür sein, dass sich der Motor abschaltet, was den Kraftstoffverbrauch senken kann. Aber so einfach ist es nicht, denn für diesen Vorgang müssen verschiedene Voraussetzungen erfüllt sein. Zum Beispiel:

- zu Kühlmitteltemperatur
- zu Außentemperatur > 0 °C
- zu ausreichende Spannung des Bordnetzes
- zu Türen & Motorhaube geschlossen?
- zu Ist der Fahrergurt gesteckt?

So kann der ungewollte Start beim Motorölcheck verhindert werden.

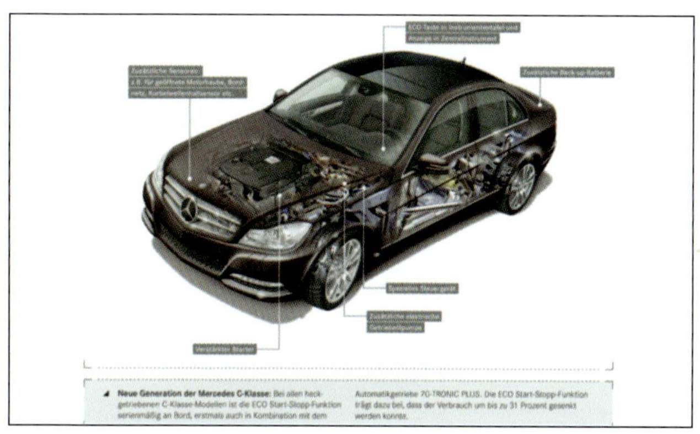

Neue Generation der Mercedes C-Klasse: Bei allen heckgetriebenen C-Klasse-Modellen ist die ECO Start-Stopp-Funktion serienmäßig an Bord, erstmals auch in Kombination mit dem Automatikgetriebe 7G-TRONIC PLUS. Die ECO Start-Stopp-Funktion trägt dazu bei, dass der Verbrauch um bis zu 31 Prozent gesenkt werden konnte.

Das Automatikgetriebe 7G-Tronik Plus

In den Vorgängermodellen der C-Klasse sorgte noch ein Fünfstufenautomatikgetriebe für komfortablen automatischen Gangwechsel. Im Facelift steht für diese Aufgabe ein Siebengang-Automatikgetriebe zur Verfügung. Somit kann bei voller Beschleunigung noch mehr Zugkraft übertragen werden; auch beim entspannten Fahren sorgen die sieben Gänge für einen komfortablen und unmerklichen Gangwechsel. Diese Merkmale sind dank eines neuen Hydraulikkreislaufes und eines überarbeiteten Wandlers zu bewältigen. Das neue Automatikgetriebeöl namens FE-ATF sorgt für geringeren Kraftstoffverbrauch sowie ein neues Ölwechselintervall von ca. 120000 km (bei Einhaltung der Kühlgrenzwerte).

Die Parktronic

Die Parktronic hilft dem/der Fahrer/in bei der Suche nach einem geeigneten Parkplatz und beim Einparken. Bis zu einer Geschwindigkeit von 36 km/h misst das System Parktronic mithilfe der zehn Ultraschallsensoren eine geeignete Parklücke aus und berechnet die Einfahrspur. Die Informationen zum Einparken werden auf dem Tacho angezeigt.

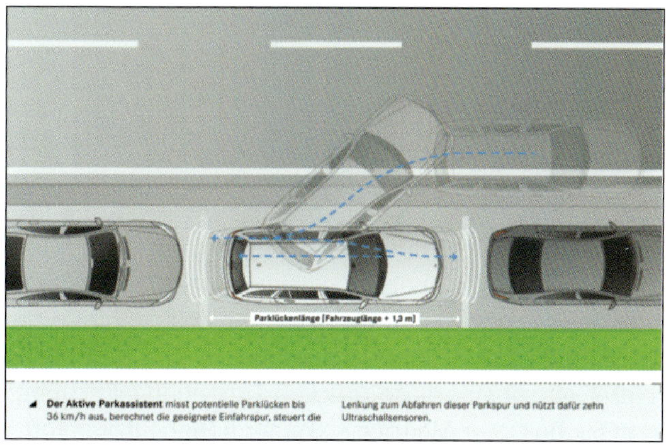

Der Aktive Parkassistent misst potentielle Parklücken bis 36 km/h aus, berechnet die geeignete Einfahrspur, steuert die Lenkung zum Abfahren dieser Parkspur und nützt dafür zehn Ultraschallsensoren.

Der Kofferraum

Die optimale Raumausnutzung in der neuen C-Klasse zeigt sich gerade am Kofferraum. Ablagefächer in der Gepäckraumseitenwand sowie im Boden nehmen alles auf, was sonst lose umherfliegt. Seitliche Netze sorgen für zusätzlichen gesicherten Stauraum.
Neben den Bodenabdeckungen befinden sich vier Ösen zur Ladungssicherung. An der hinteren Sitzbank ist das Doppelrollo befestigt.

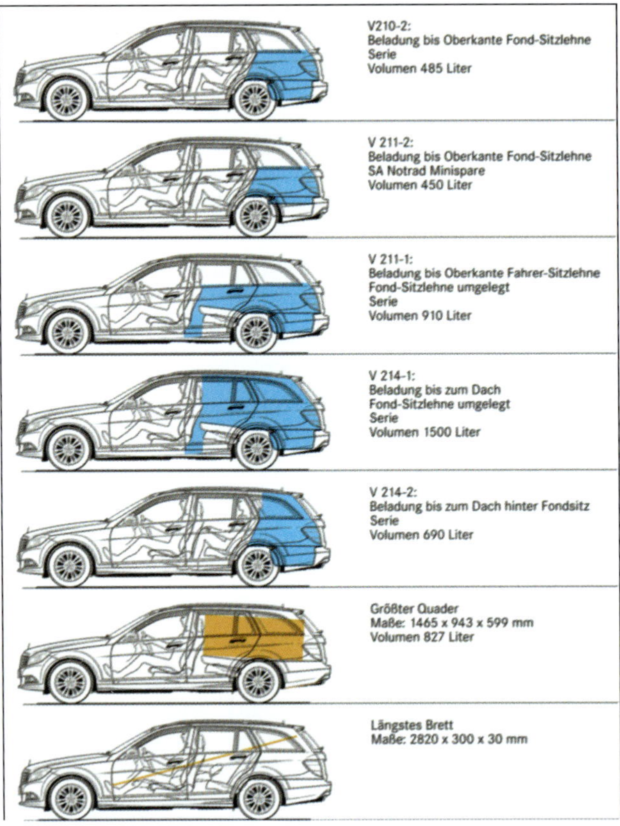

Das Bild zeigt die unterschiedlichen Ladungsvarianten mit dem dazugehörigen Volumen.

Sitze und Plätze

In der Normalkonfiguration ist das Fahrzeug in allen Ausstattungsvarianten 5-sitzig (zwei Sitze vorne und drei hinten). Die Sitze in der zweiten Sitzreihe werden, wie auch im alten Modell, umgeklappt, wodurch fast eine gerade Kofferraumebene entsteht.
Die Vordersitze können mit Sitzklimatisierung ausgerüstet werden, welche für Langstrecken ausgelegt wurde. Im Fahrer- und Beifahrersitz werden kleine elektrische Lüfter eingebaut, diese drücken Umgebungsluft unter den Sitzbezug und sorgen somit für hohen Sitzkomfort.

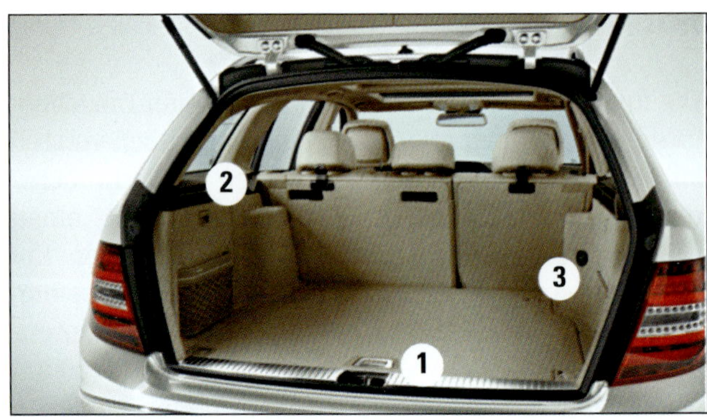

Das Warndreieck befindet sich unter dem Ablageboden (1). Seitlich befindet sich unter (2) ein Ablagefach. In der seitlichen Abdeckung rechts (3) sind Verbandskasten und Sicherungskasten untergebracht.

Kompakte Abmessungen

Im Hinblick auf die verschiedenen Variante T-Modell, Limousine und Coupé sind die Abmessungen gegenüber den Vorgängermodellen annähernd gleich geblieben.

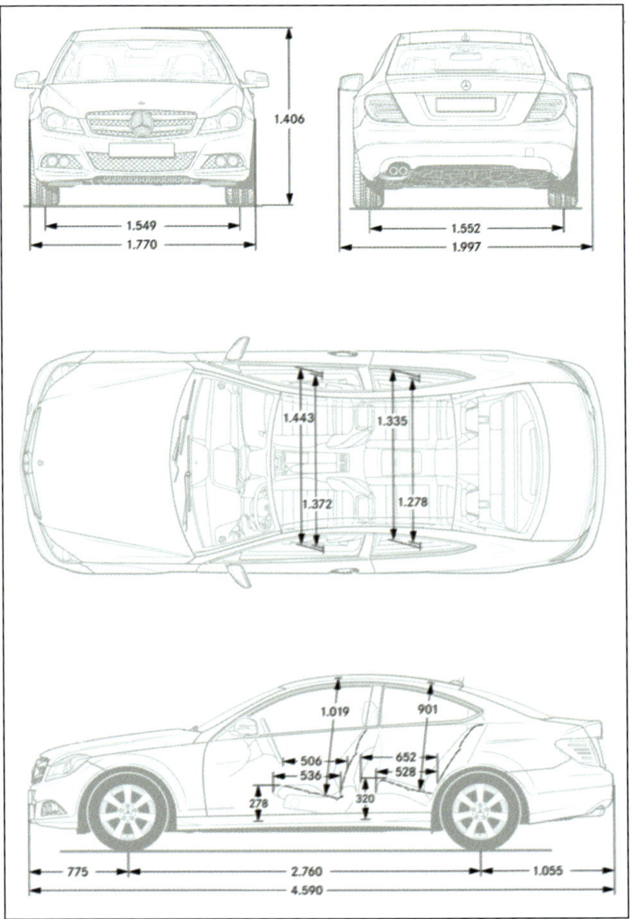

Abmessungen des Coupés.

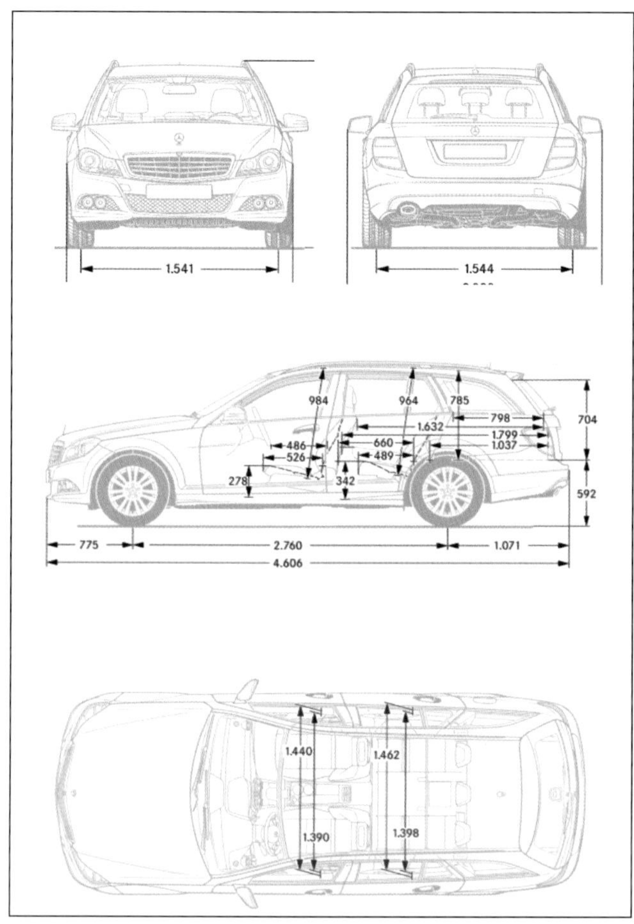

Abmessungen des T-Modells.

Abmessungen der Limousine.

Zündschloss und Türöffnung

Keyless Access

Hinter KeylessAccess verbirgt sich ein Schließ- und Startsystem, das ohne Tür- und Zündschloss auskommt. Mit dem Berühren eines der vorderen Türgriffe erkennt das System die Zugangsberechtigung anhand des Senders in der Jacken-, Hosen- oder Handtasche, entriegelt die C-Klasse, entschärft die Wegfahrsperre und die optionale Diebstahlwarnanlage und ermöglicht es jetzt, den Wagen via Start-Stopp-Taste in der Mittelkonsole zu starten. Verriegelt wird der Wagen von außen wieder über das Berühren eines der Türgriffe; hier allerdings an einer dafür speziell markierten Fläche. Alternativ kann die C-Klasse natürlich auch von innen oder via Fernbedienung ent- und verriegelt werden.

Funktionsablauf: Das Berühren des Türgriffs weckt den C-Klasse quasi auf. Über die Außenantennen (unter anderem je eine in den vorderen Türgriffen) wird jetzt ein nach außen gerichtetes induktives Feld abgestrahlt, über das die Elektronik in bis zu 1,5 Metern Entfernung vom Wagen einen gültigen ID-Geber – einen passenden Sender – sucht. Ist das der Fall, gibt die Antenne einen vom Sender ausgestrahlten Code an das zuständige Steuergerät im C-Klasse weiter. Das geschieht schneller als ein Lidschlag. Ist der Code okay, werden die Türen entriegelt. Drei weitere Antennen befinden sich im Fahrzeug, um auch hier den Sender respektive Schlüssel zu lokalisieren. Auch hier überprüfen weitere Antennen, ob sich der ID-Geber im Wagen befindet. Etwa zur Absicherung von Kindern kann die C-Klasse nicht gestartet werden, wenn sich der ID-Geber auch nur wenige Zentimeter außerhalb des Fahrzeugs befindet. Den Sender auf das Dach legen, einsteigen und losfahren ist also unmöglich.

Die Geschichte der C-Klasse seit 1982

Als Daimler-Benz 1982 den 190er auf den Markt brachte, dachte noch keiner an den Durchbruch und an eine neue Fahrzeuggeneration. Allerdings brachte 1974 die Ölkrise steigende Spritpreise und gesperrte Autobahnen mit sich und somit sinkende Absatzzahlen. Trotzdem brachte Mercedes Benz den 190er (W201) auf den Markt und zeigte Ausstattungsmerkmale auf, die sonst kein anderer Hersteller anbot, wie zum Beispiel ABS und Fahrerairbag. Die wichtigsten Meilensteine sind hier als Übersicht zusammengefasst.

1982–1993 Der Vorgänger der C-Klasse

Die neue Modellvariante, die Mercedes 1982 auf den Markt brachte, war der 190er oder intern auch W201 genannt. Die Produktion wurde damals an zwei Standorten (Bremen, Sindelfingen) durchgeführt, dies kam erstmals in der Geschichte von Daimler-Benz vor. Das Fahrwerk des 190er war eine komplette Neuentwikklung. An der Vorderachse kamen Dreieckslenker zum Einsatz, an der Hinterachse wurden fünf unabhängige Lenker eingebaut. Das Modell wurde nach ca. 10 Jahren eingestellt und verkaufte sich ca. 1,9 Millionen Mal. Dabei kostete das Modell in der Grundausstattung ca. 25.600 DM. Die Sonderaustattung wie zum Beispiel ABS kostete damals ca. 3080 DM.

1993–2001 Der W202 – Die Geburtsstunde der C-Klasse

Als Nachfolger des 190er wurde 1993 der W202 vorgestellt. Zunächst wurde er nur als Limousine mit Stufenheck produziert, ab März 1996 wurde ein T-Modell angeboten. Das neue Modell brachte außerdem neue Ausstattungsvarianten (Classic, Esprit, Elegance, Sport) mit. Unter anderem wurden auch die Sicherheitssysteme überarbeitet. So gab es serienmäßig ein Antiblockiersystem, Sicherheitsgurt-Höhenverstellung und weitere Extras.

2000–2007 Der W203

Im Jahre 2000 wurde die Modellreihe W202 von der neuen Modellreihe W203 abgelöst. Zunächst kam nur die Limousine (W203) auf den Markt, im gleichen Jahr erschien noch das Sportcoupé (CLC203). Im darauf folgenden Jahr folgte nun auch das T-Modell (S203). Ab dem Jahr 2002 konnte der Allradantrieb 4Matic eingebaut werden, welcher aber nicht mehr mit der Siebenstufen-Automatik (7G-Tronic) verbunden werden konnte. Zwei der bekannten Ausstattungs- und Designvarianten wurden vom W202 übernommen und es kam die Ausstattungsvariante Avantgarde hinzu. Im Jahre 2005 wurden zwei Sondermodelle herausgebracht: die Sport Edition und die Sport Edition+. Die Produktion des T-Modell (S203) erfolgte im Daimler-Chrysler-Werk Bremen, während die Limousine (W203) und das Sportcoupé (CLC0203) in Sindelfingen produziert wurden. Ab Frühjahr 2007 wurde dann die Produktion des Sportcoupés nach Brasilien verlegt. Im Jahre 2006 lief der zweimillionste 203er vom Band, dieses Modell ist somit das meistgebaute Modell der Mercedes C-Klasse in diesem kurzen Produktionszeitraum.

2007–2013 Der W204

Die Weltpremiere feierte der 204er auf dem Genfer Autosalon und wurde kurze Zeit später der Presse im Stuttgarter Mercedes-Benz-Museum vorgestellt. Im Frühjahr 2007 kam die Limousine in den Handel und im Winter 2007 folgte das T-Modell. Die Limousine wuchs zum Vorgängermodell um ca. 55 mm in der Länge und ca. 42 mm in der Breite, wodurch folgende Maße zustande kommen: Länge 2760 Millimeter und Breite 1770 Millimeter. Das T-Modell ist nochmals 15 Millimeter länger als die Limousine, diese kommen aber nur dem Kofferraum zugute. Im Jahr 2011 kam ein neues Coupé auf den Markt, welches die alte CLC-Klasse ablöste.

Die Ausstattung dieser Mittelklasse-Modelle lässt keine Wünsche offen. So kommt für das Bediensystem erstmals ein großer Bildschirm, welcher aus dem Armaturenbrett fährt, zum Einsatz. Das Linguatronic-System, welches auch in den Vorgängermodellen zum Einsatz kam, versteht erstmals ganze Sätze. Optional kann ein intelligentes Lichtsystem eingebaut werden, welches sich selbstständig an Licht-, Wetter- und Fahrbedingungen anpasst. Selbst in Sachen Sicherheit kann man nun den »Active Brake Assist« bzw. »Notbremsassistent« (Abkürzung: ABA) optional kaufen. Dieses System erkennt kritische Situationen und leitet vorbeugend eine automatische Notbremsung ein.

Das Facelift-Modell bekam ein neues Gesicht. So wurden die Außenspiegel größer und mit Blinker versehen. Die Stoßstange wurde an die neue E-Klasse angepasst. Die LED-Tagfahrleuchten wurden anstelle der alten Nebelscheinwerfer eingesetzt. Am Heck wurde die Schürze nur geringfügig geändert, genauso wie die Hekkleuchten. Das Cockpit wurde komplett überarbeitet und bekam auch ein neues Farb-Display. Die Mittelkonsole stammt aus dem CLS, wurde aber überarbeitet.

An Sicherheits- bzw. Assistenzsystemen mangelt es dem Facelift-Modell nicht. So kommen ca. zehn Systeme zum Einsatz. Diese Systeme basieren auf Radar-, Kamera- und Sensortechnik. Die folgenden Systeme sind meist aus größeren Baureihen bekannt: Abstandregeltempomat »Distronic Plus«, Geschwindigkeitslimit-Assistent, aktiver Totwinkel-Assistent, aktiver Spurhalte-Assistent, Müdigkeitserkennung »Attention Assistent«, adaptiver Fernlicht-Assistent.

Im Bediensystem hält die neue Telematik-Generation Einzug. Sie ermöglicht eine leichtere Bedienung, Telefon-Übertragung, SMS-Anzeige sowie die Möglichkeit, drahtlos über Bluetooth Musik abzuspielen.

Die Siebengang-Automatik kann auch bei den Vierzylinder-Motorvarianten gewählt werden, dies war bei den Vorgängermodellen nur bei den Sechszylinder-Motoren möglich.

Die 203er-Modellfamilie auf einen Blick. Vorne links die Limousine (W203), rechts das T-Modell (S203) und in der Mitte hinten das Sportcoupé (CLC203).

Das ursprüngliche 204er-Modell mit den alten rundlichen Scheinwerfern und den rundlichen Außenspiegeln.

Das 204er-Facelift-Modell mit den neuen Scheinwerfern. Auch die Spiegel bekamen ein neues Design mit integrierten Blinkern.

Elektronische Helferlein

Park Pilot
Das einfachste der zwei Systeme zum sicheren Rangieren ist die »Parktronic«, eine Parkdistanzkontrolle im Front- und Heckbereich. Sie arbeitet mit Ultraschallsensoren und informiert den Fahrer über ein akustisches Signal. Je nach Nähe zum Hindernis wechselt das Signal von einem Intervall-Ton (fern) stufenweise in einen Dauerton (nah).

Rückfahrkamera
In der nächsten Komfortstufe wird die »Parktronic« durch ein optisches Parksystem ergänzt. Es ist automatisch an Bord, sobald die Sonderausstattung »Comand Online« oder »Comand Online mit integriertem DVD-Wechsler« gewählt wurde. Das Bild der Kamera wird auf deren videofähigen Bildschirm in der Mitte des Armaturenbretts übertragen. Sobald der Rükkwärtsgang eingelegt wird, erfasst die Kamera den Raum hinter der C-Klasse. Die Bilder der Kamera werden als Realbild direkt auf den Farb-TFT übertragen. Hier wird zudem der eingeschlagene Weg anhand von Orientierungslinien angezeigt. Mit der Rückfahrkamera werden selbst kleinste Hindernisse nach hinten gut erkannt. Ein eigener Prozessor spiegelt das Bild der Kamera, damit im Farb-TFT der C-Klasse links auch als links und rechts auch als rechts dargestellt wird (wie beim Blick in den Rückspiegel).

Der aktive Spurhalte-Assistent
Das alte System: Der aktive Spurhalte-Assistent erkennt ein unbeabsichtigtes Verlassen einer durchgezogenen Fahrbahnmarkierung oder einer unterbrochenen Fahrbahnmarkierung und reagiert mit einer pulsierenden Vibration am Lenkrad. Diese Vibration ist lediglich ein Warnhinweis für den Fahrer, damit dieser unverzüglich gegenlenkt.

Das neue System: Erstmal wird der aktive Spurhalte-Assistent mit dem ESP vernetzt. Dies bedeutet, dass das System erkennt, wenn der Fahrer links oder rechts eine Fahrbahnmarkierung überquert. Der Spurhalte-Assistent wird nun über das ESP eine Bremsung einleiten. Das aktive Spurhalte-System wird mit Hilfe des ESP versuchen, die Räder so abzubremsen, dass das Fahrzeug wieder in die Fahrspur zurückkommt.

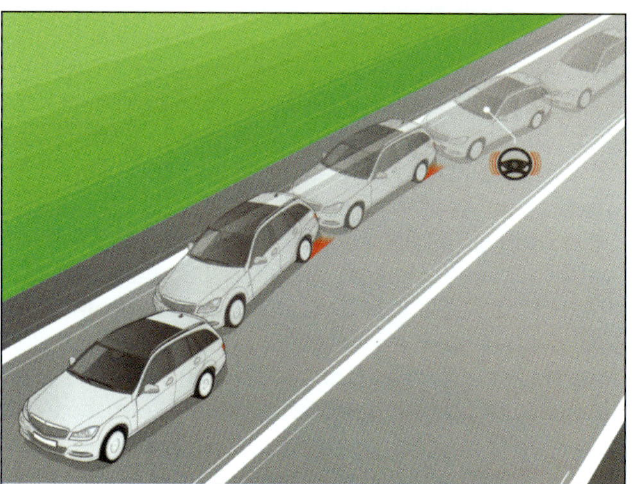

Der aktive Spurhalte-Assistent.

Die Müdigkeitserkennung (Attention Assist)
Die Müdigkeitserkennung der C-Klasse versucht den Fahrer wach zu halten, dies geschieht durch ein akustisches Warnsignal und der Displayanzeige im Instrumentkombi mit der Schrift » ATTENTION ASSIST. Pause!«. Der Attention Assist ist zwischen 80 und 180 km/h aktiv.

Wie erkennt die C-Klasse die Müdigkeit?
Als Erstes registriert das Fahrzeug die Geschwindigkeit, die Längs- und Querbeschleunigungen, Lenkradbewegung, Blinker- und Pedalbetätigung sowie äußere Einflüsse. Diese Werte werden allerdings bei jeder Fahrt registriert. Mercedes-Ingenieure fanden heraus, dass Testfahrer und Testfahrerinnen kleinere Lenkfehler machten. Daraufhin entwickelten sie ein neues System, welches die Lenkradbewegung und die Lenkgeschwindigkeit ermittelt. Aus diesen Daten wird dann ein individuelles Verhaltensmuster gespeichert, dies geschieht in der ersten Fahrminute. Beim Fahren werden durch ständiges Vergleichen der gespeicherten Daten das aktuelle Lenkverhalten und die jeweilige Fahrsituation analysiert. Durch den Vergleich können dann typische Indikatoren für Übermüdung erkannt werden und der Fahrer somit gewarnt werden.

Der Totwinkel-Assistent

Der Totwinkel-Assistent warnt den Fahrer vor einer möglichen Kollision beim Spurwechsel, dies geschieht durch Radarsensoren, die auf beiden Seiten hinter dem Stoßfänger sitzen. Die Sensoren detektieren den Bereich neben und hinter dem Fahrzeug und erkennen so einen anderen Pkw auf der Parallelspur, welcher sich im toten Winkel des Spiegels befinden kann. In diesem Fall informiert das System den Autofahrer durch ein rotes Warnsignal im Außenspiegel. Übersieht bzw. überhört der Fahrer diesen Hinweis und setzt zum Spurwechsel an, ertönt zusätzlich ein Warnsignal. Wenn der Fahrer auch diesen Warnhinweis ignoriert, leitet der aktive Totwinkel-Assistent einen kurskorrektiven Bremseingriff ein. Zeitgleich informiert die Instrumentenkombination den Autofahrer.

Der Spiegelhinweis des Totwinkel-Assistenten.

Der Tachohinweis des Totwinkel-Assistenten bei mehrmaligem Ignorieren des Warnhinweises.

Rad, Reifen und Fahrwerk

Mobilitätsreifen

Ein weiteres Paradebeispiel für Perfektion bis ins kleinste Detail ist der serienmäßige »Mobilitätsreifen« des deutschen Herstellers Continental. Mit der »ContiSeal« genannten Technik hat Continental ein System entwickelt, das trotz eingedrungener Nägel oder Schrauben die Weiterfahrt ermöglicht: Eine Schutzschicht auf der Innenseite der Reifenlauffläche dichtet die beim Eindringen der Fremdkörper entstehenden Löcher sofort ab und lässt so keine Luft entweichen. Die Versiegelung funktioniert bei nahezu allen Undichtigkeiten, die von Gegenständen bis zu 5 Millimeter Durchmesser hervorgerufen werden. Rund 85% aller Reifenpannen können so vermieden werden.

Continental Mobilitätsreifen: Löcher bis zu 5 mm im Durchmesser werden selbsttätig abgedichtet.

CES (Stufenlos elektronisch geregelte Federung)

Für die Fahrwerksabstimmung gilt eigentlich: Ein Plus an wirklich spürbarer Sportlichkeit geht immer zu Lasten des Komforts; und umgekehrt verhält es sich genauso. Ideal wäre deshalb ein Fahrwerk, das sich permanent den Fahrbahnbedingungen und den jeweiligen Wünschen des Fahrers oder seiner Passagiere anpassen könnte. Der menschliche Körper reagiert beim Abfangen von fallenden Gegenständen sensibel auf Gewicht und Fallgeschwindigkeit. Entsprechend wird die Gegenkraft dosiert und der fallende Gegenstand aufgefangen. Technisch ist es heutzutage sogar in einem Großserienfahrzeug realisierbar. Dazu allerdings ist eine elektrisch verstellbare Dämpfung erforderlich. Solch eine adaptive Fahrwerksregelung (CES) kommt nun erstmals auch in der C-Klasse zum Einsatz. Geregelt werden nicht nur die Dämpferkennung, sondern ebenso die Abstimmung der elektromechanischen Servolenkung. Die adaptive Fahrwerksregelung CES stellt die Dämpfung permanent und radindividuell (bis zu tausendmal pro Sekunde) anhand der Signale der Aufbau- und Radwegsensoren auf die jeweilige Fahrbahn ein. Bei Beschleunigungs-, Brems- oder Lenkvorgängen wird die Dämpfung jedoch in Sekundenbruchteilen verhärtet, um die fahrdynamischen Erfordernisse optimal zu erfüllen und dabei Nick- und Wankbewegungen zu reduzieren. Hierzu wertet die Dämpferreglung die Signale der elektromechanischen Servolenkung, des Motors, des Getriebes, des Bremssystems sowie der Fahrerassistenzsysteme aus und stellt die daraus ermittelten Dämpfkräfte ein. Durch diese automatische Verstellung ermöglicht CES ein besseres dynamisches Wankverhalten (etwa bei schnellen Spurwechseln) und in fahrdynamisch weniger anspruchsvollen Situationen eine deutliche Steigerung des Komforts. Die adaptive Fahrwerksregelung CES löst so den Zielkonflikt zwischen Fahrdynamik und Fahrkomfort. Damit der Fahrer das Systemverhalten individuell seinen Wünschen anpassen kann, bietet CES neben dem »komfortablen« Programm in der Grundeinstellung der Dämpfung (in dem alle Regelfunktionen ständig voll aktiv sind) zusätzlich den »Sportmodus«. Aktiviert werden diese über eine zusätzliche Taste in der Mittelkonsole. Der zuletzt gewählte Modus wird gespeichert und beim erneuten Starten des Wagens automatisch wieder aktiviert.

Sicherheitssysteme in der C-Klasse

Man spricht von aktiven und passiven Sicherheitselementen eines Fahrzeuges. Die Bedeutung dieser Begriffe ist meist aber gar nicht klar. Aktive Sicherheitseinrichtungen tragen zusammen mit den Elementen der passiven Sicherheit zum Schutz für die Fahrzeuginsassen bei.
Bauteile, die zur aktiven Sicherheitsausrüstung eines Fahrzeuges zählen, sind diejenigen, die einen Unfall verhindern können. Betrachten wir zuerst einige Bauteile, die der aktiven Sicherheit zugerechnet werden. Für ein besseres Verständnis gliedern wir diese in drei Gruppen:
Konstruktive Maßnahmen zur aktiven Sicherheit: In dieser Gruppe werden die Bauteile eingeordnet, die durch die Gestaltung und Auslegung der Karosserie realisiert werden. Dazu zählen beispielsweise eine leichtgängigige aber nicht rückmeldungsfreie Lenkung, die dem Fahrer den Fahrbahnkontakt vermitteln kann, eine ausgewogene und für möglichst alle Betriebszustände gelungene Abstimmung des Fahrwerks, wirkungsvolle Bremsen und durchzugsstarke Motoren.
Ergonomische Maßnahmen zur aktiven Sicherheit: Unter diesen Aspekt fällt die Fahrzeugausrüstung, die die Fahrzeugbedienung erleichtert und ein »entspanntes Fahren« ermöglicht. Der Konzentrationserhalt des Fahrers ist ein wichtiger Gesichtspunkt für die Unfallvermeidung. Man kann sich leicht vorstellen, welchen Einfluss komplizierte Bedienelemente nehmen können, wenn man sich die Gesetzeslage hinsichtlich der Benutzung von Telefonen während der Fahrt anschaut. Jeder kleine Moment der Unaufmerksamkeit bedeutet einen potentiellen Moment in einen Unfall verwickelt zu werden. So gehören Fahrzeugausrüstungen wie gute Sitze, das Belüftungs- und Klimatisierungssystem, gute Rundumsicht und möglichst günstig angeordnete Schalter und Anzeigen dazu.
Maßnahmen zur Regelung für aktive Sicherheit: In diese Gruppe werden die Bauteile eingegliedert, die auf Elektronik basierende Eingriffe in elektronische oder hydraulische Regelsysteme vornehmen. Eingriffe werden beispielsweise in das Bremssystem vorgenommen. Das Anti-Blockier-System (ABS) verhindert, dass ein Rad überbremst wird und ermöglicht so sehr kurze Bremswege mit sicherer Lenkbarkeit des Fahrzeuges auch während der Bremsung. Das Elektronische Stabilisierungsprogramm (ESP) wirkt auch auf die Bremse ein. In wechselnden Situationen wie auf unterschiedlichen Untergründen, Eis und Laub ist es, entgegen dem mechanischen Bremskraftregler, nun möglich jedes Rad entsprechend zu regeln. Durch das ESP wird durch gezielten Bremseinsatz das Ausbrechen des Fahrzeug erfolgreich verhindert.
Die Antriebs-Schlupf-Regelung (ASR) trägt in Zusammenarbeit mit EDS und einer bedarfsgerechten Reduzierung des Motordrehmomentes einen wichtigen Teil für die sichere Fahrt auf rutschigem Untergrund wie Schnee und Eis bei.
Die passiven Sicherheitselemente kommen dann zum Tragen, wenn der Unfall gerade passiert. Die Komponenten der passiven Sicherheit stellen alle konstruktiven Maßnahmen dar, die dazu dienen, die Fahrzeuginsassen vor Verletzungen zu schützen oder zumindest die Verletzungsgefahren zu verringern. Der Begriff »passive Sicherheit« bezieht sich auf das Kollisionsverhalten (Crashtests) und berücksichtigt über den Schutz der Insassen hinaus auch den Schutz anderer Verkehrsteilnehmer .
Auch hier lassen sich Merkmale in ein Sortierungsraster bringen:

Insassenschutz

Unter dem Begriff Insassenschutz versteht man den Schutz des Fahrzeugführers und seiner Mitfahrer. Zu den wichtigsten Bauteilen gehören neben dem Gurtsystem die Airbags und eine »verformungssteife« Fahrgastzelle mit Knautschzonen in Front-, Heck- und Seitenbereich. Diese Komponenten sorgen für einen weitestgehend schützenden Abbau der Aufprallenergie und den sicheren Halt der unfallbeteiligten Fahrzeuginsassen.

Partnerschutz

Unfälle passieren eben nicht nur in einem Fahrzeug. Im Normalfall sind immer andere Verkehrsteilnehmer oder auch Verkehrspartner an einem Unfall beteiligt. Gerade bei Fußgängern, Radfahrern und natürlich auch den Bikern ist kein System vorhanden, das eventuelle Unfallfolgen verringern kann. Dieser Aspekt wird bei der Fahrzeugentwicklung heute auch mit einbezogen. Frontbereiche sollen immer auch so konstruiert sein, dass sie die Aufprallenergie aufnehmen oder verringern können, die bei einem Fußgängerunfall den Verkehrspartner erheblich verletzen könnte. Hierin findet sich dann auch der Grund für Kunststoffstoßfänger und Motorhauben ohne Flächenverstrebungen.

Natürlich ist es heute schon normal sich über den Schutz von Insassen Gedanken zu machen. Schließlich fordert ja nicht nur der Gesetzgeber Maßnahmen, die Unfälle vermeiden oder zumindest die Folgen daraus abmildern sollen. Der C-Klasse ist mit einem Airbagsystem für Fahrer und Beifahrer sowie einem Sicherheitsgurtsystem ausgestattet. Das ISO-Fixsystem findet natürlich auch in diesem Wagen seine Anwendung.

Grundsätzlich ist es verboten Arbeiten an sicherheitsrelevanten Systemen durchzuführen, die entweder nicht durch den Hersteller freigegeben wurden oder besondere Kenntnisse erfordern. Airbag-Systeme sind Sprengmittel im Sinne des Gesetzgebers. Für den Umgang mit den sprengmittelhaltigen Bauteilen muss ein Sachkundenachweis vorliegen. Zur Auslösung einer Airbageinheit kann im ungünstigen Fall schon die elektrostatische Aufladung der Kleidung ausreichen.

Die Aufgabe liegt darin die Insassen im Falle des Unfalls zum einen zu schützen und gezielt und verträglich ihre Bewegungsenergie abzubauen. Das Airbagsystem besteht serienmäßig aus Frontairbags, Sidebags, Windowbag für Fahrer und Beifahrer und Kneebag für Fahrer. Diese Serienausrüstung kann natürlich auch nur dann funktionieren, wenn sie nicht durch nachträgliche Einbauten daran gehindert werden. Hinsichtlich des Airbagsystems bedeutet das, dass schon nicht geeignete Schonbezüge über den Sitzen einen Einfluss auf das Entfaltungsverhalten des Luftsacks haben können. Auch falsche Reinigungsmittel, die einen nicht kalkulierten Einfluss auf den Weichmacher in der Kunststoffabdeckung des Airbags haben, zeigen einen solchen Einfluss. Wer denkt schon daran, dass ein chemischer Reiniger für den Automobilbereich irgendeinen negativen Einfluss auf dieses System haben könnte. Meist ergibt auch die Befragung des Verkäufers wenig bis keine neuen Erkenntnisse über die Verwendbarkeit des Reinigers. Die Inhaltsstoffe werden schließlich meist nicht detailliert beschrieben.

Explosionsgefahr: Die Kräfte, die der Airbag bei der Zündung freisetzt, können Sie tödlich verletzen!

Investition in die Zukunft

Ohne das richtige Werkzeug geht nichts. Wenn Sie vorhaben, sich intensiv um Ihr Auto zu kümmern, müssen Sie sich zunächst Gedanken um das nötige Handwerkszeug machen. Was Sie dazu unbedingt brauchen und wie Sie alles in der heimischen Garage unterbringen können, wollen wir Ihnen in diesem Kapitel zeigen.

Egal, ob Sie nun häufig oder eher selten, aus purer Lust am Basteln oder um Geld zu sparen am Auto schrauben: Sie müssen dafür zuerst die richtigen Voraussetzungen schaffen. Leider ist das mit Kosten verbunden. Doch wenn Sie bedenken, was eine Arbeitsstunde in der Werkstatt kostet und dass hochwertiges Werkzeug fast ein Leben lang hält, rechnet sich die Investition früher oder später.

Was muss ich als Erstes anschaffen?

Beginnen Sie mit einem Ordnungssystem, bestehend aus einer stabilen Werkbank mit Unterschränken und einem abschließbaren Schrankaufsatz. Ohne ein Ordnungssystem und eine stabile Werkbank sollten Sie nicht beginnen, denn Ordnung und Sauberkeit sind beim Schrauben oberstes Gebot. Das Schöne daran: Das Ganze passt problemlos in eine normale Einzelgarage und bietet Ihnen auf Jahre die nötige Sicherheit. Bei einer Markenfirma wie Gedore kostet eine solche Kombination rund 4200 Euro ohne Inhalt. Der lässt sich mit der Zeit ergänzen. Lassen Sie sich doch von nun an zum Geburtstag oder zu Weihnachten hochwertiges Werkzeug schenken: Die Schränke werden sich schneller füllen, als Sie denken.

Woran erkenne ich gutes Werkzeug?

Gutes Werkzeug kann in der Regel nicht billig sein. Ein Ring-/Maulschlüssel kostet je nach Größe zwischen fünf und 15 Euro, sodass ein Satz mit den zehn gebräuchlichsten Größen schon auf rund 80 Euro kommt. Noch größer sind die Qualitäts- und Preisunterschiede bei den Steckschlüsselsätzen – oft auch Umschaltknarren mit Nüssen genannt.
Ein solider Kasten mit 19 Teilen und Verlängerungen kostet an die 200 Euro, hält dafür aber auch höchste Belastungen aus. Auch das Gewicht ist ein gutes Indiz: Je schwerer das Werkzeug ist, umso stabiler ist der Stahl. Nehmen Sie zum Vergleich ein paar Schlüssel in die Hand und achten Sie auf Maßhaltigkeit und die Oberfläche.

Was tun, wenn ich keine Garage habe?

Der ideale Ort zum Schrauben ist natürlich eine in sich abgeschlossene Garage – je größer umso besser. Aber auch wenn Sie lediglich über einen Stellplatz verfügen oder gar im Freien arbeiten müssen, gibt es eine Lösung: Ein Werkstattwagen (links im Bild) lässt sich nach getaner Arbeit leicht wegräumen. Zum Beispiel in den Keller. Nur allzu schwer beladen sollte er dann nicht sein. Achten Sie beim Kauf auf die Lagerung der Schubladen. Ein Werkstattwagen in Profi-Qualität kann ohne Inhalt um die 1000 Euro kosten.

Was kostet mich das alles?

Zunächst einmal viel Geld und bitte sparen Sie dabei nicht zu sehr. Ansonsten kostet es nämlich auch noch Ihre Gesundheit. Natürlich müssen Sie nicht auf Anhieb 8000 Euro ausgeben, so viel kostet nämlich die Ausrüstung in unserer voll ausgestatteten Garage im Bild links. Allerdings handelt es sich hier auch um einen kompletten Werkzeugsatz eines Markenherstellers in Profi-Qualität. Damit werden normalerweise Werkstätten ausgerüstet. Wir haben die Ausstattung zudem um einige pfiffige und günstige Hilfsmittel, zum Beispiel aus dem Programm von Conrad Elektronik ergänzt, auf die wir später noch genauer eingehen.

GEFAHRENHINWEIS

Schrauben ist gefährlich

Ob nun reines Hobby oder beruflich: Das Schrauben birgt gewisse Risiken. Vom kleinen Kratzer bis hin zum tödlichen Unfall ist schon alles vorgekommen. Beachten Sie daher stets folgende Grundregeln:

- Benutzen Sie nur hochwertiges Werkzeug!
- Schrauben Sie möglichst immer von sich weg!
- Sichern Sie angehobene Lasten lieber doppelt!
- Sorgen Sie für ausreichende Belüftung!
- Tragen Sie wann immer möglich Schutzkleidung!
- Das gilt ganz besonders für die Augen!
- Wenden Sie niemals Gewalt an, meist gibt es eine andere, elegantere Lösung für das Problem!
- Sorgen Sie dafür, dass immer jemand in der Nähe ist, der Ihnen in Notfällen helfen kann!

Dass Essen, Trinken und offenes Licht sowie Zigaretten am Arbeitsplatz nichts verloren haben, setzen wir als selbstverständlich voraus. Lagern Sie aber auch keine Flüssigkeiten in Trinkflaschen. Selbst an destilliertem Wasser kann ein Mensch sterben! Und zu guter Letzt: Legen Sie sich zur Sicherheit einen Verbandskasten und einen Feuerlöscher bereit.

Lohnt sich das denn?

Wir meinen: Ja! Wie viel Geld Sie letztendlich ausgeben wollen, bleibt Ihnen überlassen. Beachten Sie dabei aber immer den Grundsatz: Weniger (dafür aber von hoher Qualität) ist mehr als viel (und viel kaputt). Rechnen Sie einfach über die nächsten 15 Jahre…

Die Grundausstattung

Gutes Werkzeug kann billig sein, ist es in der Regel aber nicht. Ein Satz Ring-/Maulschlüssel kostet schon rund 80 Euro. Noch größer sind die Qualitäts- und Preisunterschiede bei den Steckschlüsselsätzen – oft auch Knarrenkästen genannt. Das wichtigste Teil ist hierbei die Knarre selbst. Die Sperrklinken sollten austauschbar sein, gute Hersteller bieten dafür Ersatzteile und einen Service an. Besonders wichtig ist das bei einem Drehmomentschlüssel, der regelmäßig kalibriert werden sollte. Drehmomentschlüssel nach der Arbeit immer entspannen!
Sehr wichtig ist auch die Qualität von Schraubendrehern und Zangen. Damit werden hohe Kräfte übertragen, die das Werkzeug aushalten muss.

Der Werkzeugwagen: Was sich in diesem Rollcontainer alles verbirgt, sehen Sie auf den Bildern rechts. Diese Luxusversion ist abschließbar und hat laufruhige Gummiräder.

Schraubendreher: Entscheidend sind der Griff und die Qualität der Spitze. Je drei Größen von Schlitz- und Kreuzschlitzschraubendrehern sollten für den Anfang genügen.

Ring-Maulschlüssel: Ein kompletter Satz dieser Kombinationsschlüssel von acht bis 22 Millimeter reicht in den meisten Fällen. Zusätzlich gibt es Spezialschlüssel.

Steckschlüssel: Auch Nüsse und Knarre genannt. Ein guter Kompromiss ist ein Satz mit dem Verbindungsmaß 3/8 Zoll. Niemals an der Umschaltknarre sparen!

Zangen: Wichtig sind eine verstellbare Wasserpumpenzange, eine Flach- oder Spitzzange sowie eine Kombizange mit integriertem Seitenschneider.

T-Griffe: Werden meist im Karosseriebereich eingesetzt. Das übertragbare Drehmoment ist nicht sehr hoch, dafür sind auch tief sitzende Schrauben gut zu ereichen.

Torx-Abteilung: Immer mehr Schraubverbindungen haben Torx- oder Vielzahnköpfe. In diesem Fach ist alles versammelt, was beim Arbeiten an Torx-Schrauben dienlich ist.

Spezialaufgaben: Selten benötigte Werkzeuge wie Bremsleitungsschlüssel, Messschieber oder auch die verschiedenen Spezialbits sollten ein extra Fach bekommen.

Gekröpfte Schlüssel: Manche Schrauben lassen sich überhaupt nur mit einem gekröpftem Schlüssel erreichen. Es gibt verschiedene Ausführungen, auch für Spezialfälle.

Hammer, Säge, Drehmoment: Die schweren Werzeuge sollten immer im untersten Schubfach ihren Platz finden. Meistens ist dieses Fach auch größer als die anderen.

Nützliches Zubehör

Wenn Sie genügend Platz haben, können Sie das gesamte Werkzeug auch in einer Werkbank-/Werkzeugschrank-Kombination unterbringen. Lassen Sie aber noch etwas Platz übrig, denn neben gutem Werkzeug beherbergt die Schraubergarage auch immer einige nützliche Helfer.

Sicherer Stand: Stabile Auffahrrampen sind für die meisten Arbeiten unter dem Auto völlig ausreichend. Zwar können Sie die Räder nicht abnehmen, dafür steht das Auto sicher.

Beste Bedingungen: Auf einem solchen Reifenbaum sind nicht benötigte Räder perfekt untergebracht. Zwischen den Rädern bleibt etwas Luft, das Gewicht trägt die Felge.

Des Schraubers Traum: Mit einem cleveren Werkstatt-System können Sie sich auch auf begrenztem Raum ein wahres Schrauberparadies schaffen. Tatsächlich steht diese Einzelgarage, was die Ausrüstung angeht, einer Profi-Werkstatt kaum nach. Alles was jetzt noch fehlt ist eine Hebebühne, doch diese braucht leider vier Meter Raumhöhe.

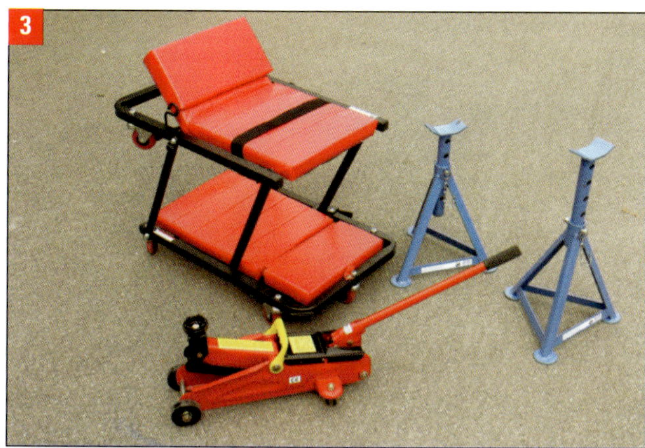

3 ***Helfer für unten:*** Unterstellböcke und ein hydraulischer Wagenheber sind ein Muss. Ein Rollbrett, das sich zum Hocker falten lässt, ist dagegen schon fast Luxus.

4 ***Werkstattapotheke:*** Auch ein kleines Sortiment von chemischen Produkten gehört zur Werkstatt. Unverzichtbar sind Teilereiniger und Sprühfett, aber auch die Kupferpaste werden wir noch brauchen.

5 ***Ampellösung:*** Damit wir die kostbare Werkbank nicht mit dem wertvollen Blech rammen, haben wir einen Abstandswarner montiert. Gefunden bei Conrad-Elektronik.

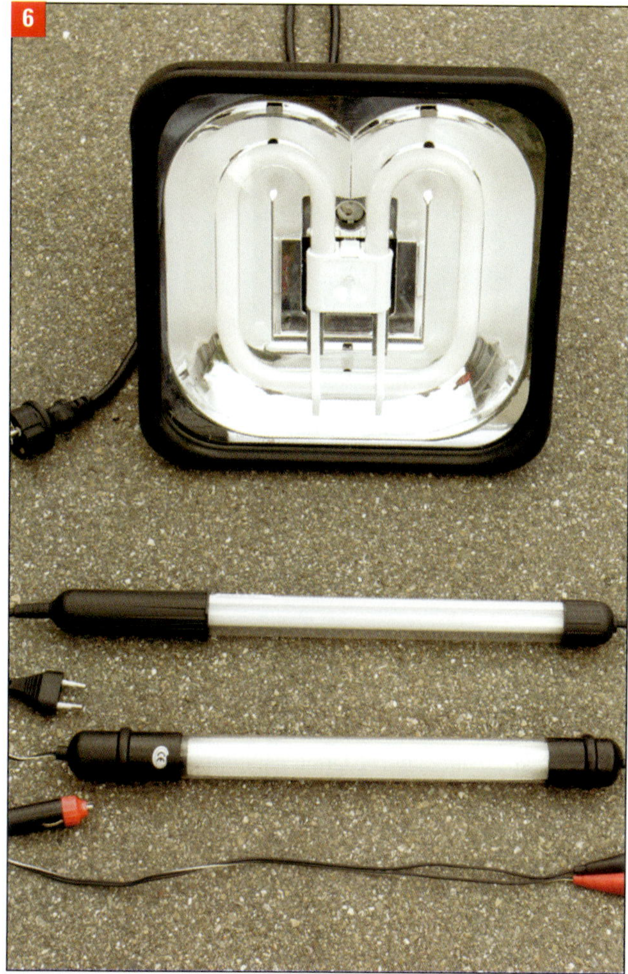

6 ***Es werde Licht:*** Wenn Sie nicht sehen, woran Sie schrauben, ist das Scheitern vorprogrammiert. Es gibt wirklich genug Möglichkeiten, für ordentliches Licht zu sorgen.

7 ***Ölige Helfer:*** Für den Ölwechsel empfehlen wir eine solche Wanne und ein Trichterset. Wer absaugen will, braucht eine Pumpe, die für Öl geeignet ist.

Multifunktionsmessgerät: Ohne Multimeter geht es heute leider nicht mehr. Ein einfaches Multimeter mit möglichst großem Display und brauchbaren Messspitzen kostet ab 40 Euro aufwärts. Es sollte möglichst keine automatische Bereichswahl (Auto-Range) haben. Für die Vergesslichen unter den Schraubern sorgt eine »Auto-Power-Off«-Schaltung für eine batterieschonende, automatische Abschaltung des Gerätes bei Nichtgebrauch.

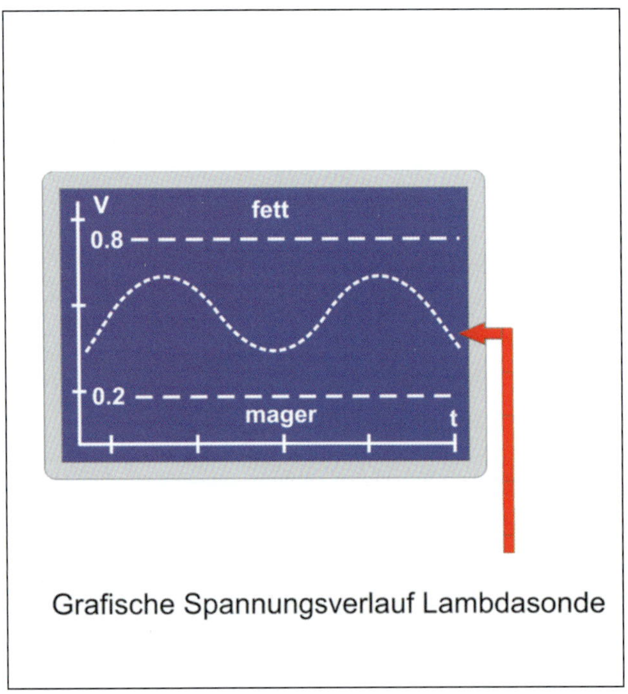

Grafische Spannungsverlauf Lambdasonde

Diagnose-Tool: Um den Fehlerspeicher auszulesen sowie Soll/Ist-Wertvergleich zu haben, ist ein solches Diagnose-Tool vonnöten. Diagnosegeräte dieser Klasse sind ab € 250 zu bekommen und mit einem Update ausbaufähig (z. B. ein Multimeter, Oszilloskop).

In der Werkstatt

Was braucht die Werkstatt?

Aufgrund der vielen Ausstattungsvarianten und verfügbaren Extras moderner Autos ist eine genaue Bestimmung des Fahrzeugtyps nicht immer nur anhand der Fahrgestellnummer möglich. Wenn Sie also eine Werkstatt aufsuchen, die Ihren Wagen noch nicht kennt, sollten Sie alle Unterlagen mitnehmen (Serviceheft, Radiocode, ABEs und Zubehörunterlagen). Berücksichtigen Sie auch vorhandenes Zubehör wie Sonderfelgen mit Schloss. Bei Arbeiten an der Wegfahrsperre oder den Schließsystemen werden in der Regel alle Fahrzeugschlüssel benötigt. Ansonsten räumen Sie Ihr Auto aus und entfernen alle privaten Sachen und auch die Musik-CDs. So gibt es hinterher keine Diskussionen, ob Dinge fehlen oder nicht.

Diese Angaben braucht die Werkstatt:

- Schlüsselnummer (Hersteller)
- Schlüsselnummer (Typ)
- Zulassungsdatum
- Motorisierung
- Fahrgestellnummer

Das müssen Sie dabei haben:

- Fahrzeugschein
- Serviceheft
- Adapter oder Schlüssel für Felgenschlösser
- Radiocode
- alle Schlüssel (bei Arbeiten am Schließsystem oder an der Wegfahrsperre)
- Bei der HU: alle Unterlagen wie z. B. ABE, EG-Betriebserlaubnis, Bescheinigung über Eintragungen

Der Fahrzeugschein: Hier findet die Werkstatt die wichtigsten Daten und auch die Fahrgestellnummer.

Das Typenschild: Das C-Klassen-Typenschild finden Sie neben dem linken Stoßdämpferdom im Motorraum.

Eine klare Auftragserteilung

Um nicht mit einer Reparaturrechnung konfrontiert zu werden, die weit über dem Erwarteten liegt, sollten Sie der Werkstatt Ihres Vertrauens ein Kostenlimit angeben und darauf bestehen Sie zu kontaktieren, falls es zu unerwarteten Mehrarbeiten kommt. Erteilen Sie Ihren Arbeitsauftrag immer schriftlich, denn mündliche Absprachen sind nur schwer einklagbar und beweisbar. Die Kopie des schriftlichen Arbeitsauftrags in Ihrer Tasche gibt Ihnen die Rechtssicherheit. Dank moderner EDV-Anlagen ist es auch oft kein Problem, auf die Schnelle einen schriftlichen Kostenvoranschlag zu erhalten. Dieser ist ebenfalls verbindlich und in der Regel noch detaillierter als der Arbeitsauftrag. Beachten Sie bitte: Der tatsächliche Rechnungsbetrag darf bis zu 10% über den geschätzten Kosten liegen, ohne dass es einer erneuten Zustimmung Ihrerseits bedarf. Eine termingerechte Fertigstellung einer Standardreparatur ist heutzutage üblich.
Oberste Voraussetzung für ein gutes Arbeitsergebnis in der Werkstatt und einen geringen Geldschwund in Ihrem Geldbeutel ist eine exakte Fehlerbeschreibung mit Angabe des gewünschten Ergebnisses.

Fehlerbeschreibung

Nehmen wir einmal an, Ihr Auto klappert hin und wieder und Sie möchten dieses in einer Werkstatt beseitigen lassen. Bei unserem jetzigen Beispiel spielt es keine Rolle, ob Sie selbst bezahlen oder andere Ansprüche stellen. Denn im Vordergrund steht erst einmal ein nicht funktionierendes Auto, das repariert werden soll, und dem Schaden ist es schließlich egal, wer die Rechnung bezahlt. Damit also der Werkstattmeister nicht viele Stunden und Kilometer in Ihrem Auto zurücklegen muss, um ein Klappern zu lokalisieren, das eventuell gar nicht das ist das Sie meinen, sollten Sie möglichst präzise Angaben machen. Der vorhandene Fehler muss reproduzierbar sein. Das heißt, Sie sollten genau beschreiben, wann der Wagen klappert.

Eine gute Hilfestellung bieten hier die W-Fragen:

Wann tritt das Problem immer auf? »Beim Befahren von Unebenheiten, wie zum Beispiel über die Brücke XY in eine bestimmte Richtung. Bei Temperaturen unter null Grad ist das Klappern am deutlichsten zu hören, die Motortemperatur spielt dabei keine Rolle.«

Wie kann man das Geräusch verstärken oder abschwächen? »Die Geschwindigkeit, mit der man über die Brücke fährt ist egal, aber man darf kein Gas geben, um das Klappern zu hören.«

Wo kommt das Geräusch her? »Es scheint von vorn rechts zu kommen; wenn ich meine Hand auf das Armaturenbrett lege, kann ich es sogar fühlen.«

Wieso sind Sie nicht schon früher damit gekommen? »Weil das Klappern erst seit ein paar Wochen vorhanden ist.«

Wer hat zuletzt an dem Wagen Hand angelegt? »Sie haben hier den letzten Kundendienst gemacht, ich habe nur die Winterräder montiert.«

Was haben Sie schon dagegen unternommen? »Ich habe schon alle losen Gegenstände aus dem Wageninneren entfernt, aber es hat sich nichts geändert.«

Bei einer präzisen Fehlerbeschreibung können Sie sicher sein, dass der Mechaniker den Fehler schneller eingrenzen kann, und auch das Reparaturergebnis ist für alle Beteiligten einfach und schnell überprüfbar. Diese W-Fragen sind mit leichten Abwandlungen auf nahezu alle Mängel anwendbar. Möglicherweise finden Sie das Problem auch selbst, wenn Sie sich die richtigen Fragen stellen. Denn niemand kennt Ihren Wagen besser als Sie selbst. Oftmals sind es Kleinigkeiten, die Sie nebenher erwähnen, aber dem Mechaniker die richtige Richtung weisen.

Der Ton macht die Musik

Oft treten Probleme auf, wenn es um Leistungen der Gewährleistung oder Garantie geht. Auch wenn Sie sich im Recht fühlen und vielleicht auch Recht haben, beachten Sie bitte, das Sie meistens nur mit einem Angestellten sprechen, und dessen Motivation entscheidet in der Regel über die Art und Dauer Ihrer Auftragsabwicklung. Damit Ihr Anliegen zur vollsten Zufriedenheit bearbeitet wird, sollten Sie die üblichen zwischenmenschlichen Verhaltensregeln einhalten, auch wenn Sie schon eine halbe Stunde in der Warteschlange stehen. Nicht jeder Zeitpunkt ist gleich gut für einen Werkstattbesuch, der Freitag vor einem langem Wochenende oder Ferienbeginn ist kein so guter Tag. Wir empfehlen Ihnen, sich vorher anzumelden und dem entsprechenden Mitarbeiter eine kurze Schilderung Ihres Anliegens zu geben. Oft kann dieser schon im Vorfeld wichtige Informationen bereitstellen oder auf etwas hinweisen, das Sie nicht vergessen sollten mitzubringen.

Wenn es doch zu Differenzen kommt

Versuchen Sie, den Vorgang noch einmal mit dem Verantwortlichen sachlich durchzugehen, eventuell auch unter Beteiligung des Mechanikers oder Meisters. Dieses Gespräch sollte in einem separaten Raum stattfinden und nicht vor weiteren Kunden. Für das Unternehmen kann es sehr schädlich sein, wenn laute Streitereien vor der Kundschaft ausgetragen werden, entsprechend wird die Reaktion ausfallen. Nehmen Sie ruhig sachkundige Verstärkung mit, Ihr Gegenüber wird auch nicht alleine sein. Ein Zeuge kann später sehr wichtig sein. Sollte das nicht das gewünschte Ergebnis bringen, haben Sie noch die Möglichkeit ein Schlichtungsverfahren einzuleiten. Ein solches Verfahren, welches unter der Regie der jeweils zuständigen Handwerkskammer durchgeführt wird, stellt ein Angebot sowohl an das Mitgliedsunternehmen der Handwerkskammer als auch an dessen Auftraggeber dar, sich außergerichtlich zu einigen. Ziel eines Schlichtungsverfahrens ist, die Streitigkeiten zwischen dem Handwerker und dessen Auftraggeber schnell und unbürokratisch, möglichst durch eine gütliche Einigung, beizulegen. Sollte dies alles nicht funktionieren, können Sie immer noch den teilweise langwierigen und möglicherweise auch kostspieligen juristischen Weg einschlagen. So weit sollten Sie es aber nicht kommen lassen.

Die Kfz-Schiedsstellen

WISSENSWERTES

Zahn der Beschwerden wächst
Die Beschwerden von Werkstattkunden und Gebrauchtwagenkäufern bei den Schiedsstellen des Kraftfahrzeuggewerbes nehmen von Jahr zu Jahr zu. Das deutet aber nicht auf schlechtere Arbeit in den Kfz-Meisterbetrieben hin. Die Mehrzahl der Kundenaufträge wird nach wie vor beschwerdefrei ausgeführt. Die wachsende Beschwerdezahn resultiert aus der stärkeren Aufklärung der Kunden über ihre Rechte aufgrund von Sachmangelhaftungsrecht (Gewährleistung) und Garantie.

Gründe für Beschwerden
Rund 80 Prozent der Beanstandungen betreffen Werkstattleistungen und 20 Prozent den Gebrauchtwagenhandel. Die häufigsten Beschwerdegründe sind vermeintlich unsachgemäße Ausführung der Werkstattarbeiten, die Rechnungshöhe und technische Mängel.

Auf Innungsschild und Zusatzzeichen achten
Der Kunde sollte beim Werkstattbesuch oder Gebrauchtwagenkauf auf das Meisterschild der Kfz-Innung (Bild 12) und das Zusatzzeichen zum Meisterschild »Gebrauchtwagen mit Qualität und Sicherheit« achten. Nur dann kann im Streitfall die Schiedsstelle der Kfz-Innung tätig werden.
Die Kfz-Schiedsstellen schaffen es in den meisten Fällen, Meinungsverschiedenheiten zwischen Kunden und Kfz-Meisterbetrieben schnell, unbürokratisch und für den Verbraucher kostenlos zu beseitigen. Der Spruch der Schiedsstelle ist für den Kfz-Betrieb verbindlich. Dem Kunden steht in jedem Fall der Rechtsweg weiterhin offen.

Adressen im Internet
Die Kfz-Schiedsstellen setzen sich aus je einem Vertreter der regionan zuständigen Kraftfahrzeuginnung, eines Automobilclubs und einer technischen Überwachungsorganisation zusammen. Zudem führt stets ein zum Richteramt befähigter Jurist den Vorsitz. Informationen über das Schiedsstellenverfahren vermitteln die regional zuständigen Kraftfahrzeuginnungen. Die Adressen der bundesweit rund 130 Schiedsstellen sind im Internet zu finden. Nutzen Sie dazu die Adresse:
www.kfzschiedsstellen.de

Schiedsstellen nutzen

Wenn sich Unstimmigkeiten wirklich nicht ausräumen lassen, helfen die Schiedsstellen der Kfz-Innung kostenlos weiter. Ihre Werkstatt muss dazu aber Mitglied der Innung sein, was Sie am entsprechenden Innungs-Schild erkennen. Als neutrale Institution soll die Schiedsstelle Streitigkeiten aus Werkstattaufträgen und Kaufverträgen über gebrauchte Kraftfahrzeuge ohne gerichtliche Auseinandersetzung beilegen helfen. Bereits vor Gericht anhängige Streitigkeiten werden nicht bearbeitet. Seit Jahren erfolgreiche Schiedsstellen geben folgende Tipps zur (schriftlichen) Anrufung:

- Zuerst klären, ob Werkstatt oder Händler Innungsmitglied sind, erkennbar am Schild.
- Im Telefongespräch den Fall kurz schildern und beurteilen lassen, ob er für ein Schiedsverfahren geeignet ist. Streitigkeiten über den Kaufpreis von Gebrauchtwagen sind vom Schlichtungsverfahren ausgeschlossen. Auf einem Fragebogen ist dann der Antrag konkret zu formulieren. Für allgemeine Rechnungsprüfung ist die Schiedsstelle nicht zuständig.
- Reparaturauftrag oder Kaufvertrag, Rechnungen, eventuell auch Notizen über Telefonate mit Datum und Uhrzeit sowie Zeugenaussagen sind dem Fragebogen beizufügen. Wie vor Gericht müssen die Ansprüche bewiesen werden.
- Zur Beweissicherung können auch ausgebaute Fahrzeugteile gehören. Deshalb eventuell schon beim Reparaturauftrag darauf hinweisen, dass ausgebaute Teile ausgehändigt werden sollen.

Hinweis: Wenn Sie bei Fahrzeugabholung Grund zur Reklamation haben, kann die Werkstatt trotzdem auf Bezahlung in voller Höhe bestehen. Auf der Rechnung (Arbeitsohn und Material müssen getrennt ausgewiesen sein!) notieren, dass die Zahlung unter Vorbehalt erfolgt! Rechnungsfehler können Sie innerhalb von sechs Wochen reklamieren.

Waschtag des W204

Funktionssicherheit und Qualität muss kein Zufall sein. Gerade die C-Klassen stehen eigentlich für diese positiven Aspekte. Ohne Wartung und Pflege allerdings wird auch das beste Auto Ausfallerscheinungen zeigen. Gut gewartete Exemplare sind aber durchaus nach mehreren Jahrzehnten und einigen 100.000 km noch im Alltagsbetrieb eingespannt und auch beim Verkauf sehr wertstabil.

Ein Auto zu besitzen ist für die meisten Menschen weitaus mehr als nur eine bequeme Alternative zu Straßenbahn oder Fahrrad. So auch für Sie. Schließlich haben Sie sich bewusst für ein bestimmtes Modell entschieden, in Ihrer Lieblingsfarbe und mit genau den Ausstattungsmerkmalen, die Sie mögen. Der Lack funkelt in der Sonne, der Innenraum riecht angenehm. Da stellt sich zu Recht ein gewisser Besitzerstolz ein, zumal ein Auto auch eine hübsche Stange Geld kostet. Diesen Wert gilt es zu erhalten, denn vielleicht kommt der Tag, an dem Sie sich doch von Ihrem Schmuckstück trennen wollen oder müssen. Dann geht es um Bares, und wie so oft im Leben zählt hier der erste Eindruck. Und stellen Sie sich einfach vor, Sie müssten ein jahrelang vernachlässigtes Auto vor dem Verkauf in Form bringen. Eine Wahnsinns-Arbeit, nur für den Käufer! Also pflegen Sie Ihr Auto regelmäßig. Sie werden sehen, das macht sogar Spaß!
Wie das am besten geht und was Sie dabei beachten müssen, erfahren Sie hier.

Waschanlage oder Handwäsche?

Eine der wichtigsten Fragen, die ebenso heiß wie häufig diskutiert wird. Und leider können auch wir keine eindeutige Antwort darauf geben. Einerseits ist die Maschinenwäsche natürlich die bequemste Variante und auch in Sachen Umwelt erste Wahl (siehe auch Kasten), andererseits haben die Vertreter der Handwasch-Fraktion natürlich recht, wenn sie vor Kratzern und anderen Beschädigungen warnen. Denn natürlich gehen in Waschanlagen manchmal Außenspiegel zu Bruch oder die Bürsten hinterlassen auf dunklen Lakken leichte Kratzer. Das passiert allerdings nur bei schlecht gewarteten oder veralteten Anlagen, aber auch genauso, wenn der Schwamm bei der Handwäsche nicht sauber ist. Wie die meisten Fahrzeuge hat auch die Karosserie Ihrer C-Klasse viele tückische Stellen. Dazu gehören zum Beispiel die Falze und Kanten an den Türinnenseiten oder auch am Kofferraum. Die Reinigung in der Waschanlage allein kann also zu unbefriedigenden Resultaten führen, und Sie müssen am Ende ein paar Stellen doch von Hand nachputzen.

Woran erkenne ich eine gute Waschanlage?

Zunächst einmal ist natürlich die neuere und weniger frequentierte Waschanlage die bessere Wahl. Moderne Anlagen steuern die Bürsten optisch und besitzen genügend Flexibilität, um auch mit den ungewöhnlichen Formaten moderner Autos zurechtzukommen. Wenn Sie eine alte Anlage sehen, die noch mit Fühlern arbeitet, die über die Konturen der Karosserie schleifen, fahren Sie am besten gleich weiter. Auch gebogene oder ausgefranste Borsten sind kein gutes Zeichen. Dann wird diese Waschanlage sehr oft benutzt, ohne dass der Betreiber gerne Geld investiert. Die Folge ist eine Breitseite für den Lack, da die Borstenenden keine saubere Arbeit leisten können.
Beobachten Sie einfach einen Waschgang eines anderen Kunden und achten Sie auch darauf, ob das Auto zu Beginn des Waschganges mit genügend Wasser benetzt wird. Denn auch hier wird manchmal gespart oder verstopfte Düsen werden erst gar nicht gereinigt.

Schadet häufiges Waschen dem Lack?

Heutige Lacke sind außerordentlich resistent gegen Umwelteinflüsse. Sie müssen selbst bei relativ frisch lackierten Teilen (zum Beispiel nach einer Unfallreparatur) bei der Wagenpflege keine Angst haben, dass Sie dabei dem Lack Schaden zufügen. Die größere Gefahr geht von Vogelkot, Insekten oder Pflanzensäften aus, die den Lack mit der Zeit angreifen. Also am besten gleich abwaschen!

Wichtige Hilfsmittel und Putzutensilien

Egal, ob Sie nur von Hand waschen oder Ihren Wagen zunächst durch eine Waschanlage jagen – Sie brauchen in jedem Fall noch ein paar Dinge, um Ihr Schmuckstück perfekt in Form zu bringen. Denn auch die beste Waschanlage lässt manchmal ein paar Stellen aus. Am besten entfernen Sie mit einer gründlichen Vorbehandlung hartnäckige Verunreinigungen und warten dann mit Schwamm und Leder bewaffnet am Ausgang der Waschanlage, um sofort nacharbeiten zu können.
Und natürlich sollten Sie sich bei dieser Gelegenheit auch gleich den Stellen widmen, die eine Waschanlage niemals erreichen kann: Hierzu zählen beispielsweise die Innenseiten der Scheiben oder auch die Einstiegsleisten. Wir haben darum für Sie hier die wichtigsten Utensilien zusammengestellt, die Sie beim Waschgang unbedingt parat haben sollten.

Putzen gefährdet die Umwelt

GEFAHRENHINWEIS

Ausnahmsweise gilt dieser Gefahrenhinweis nicht Ihnen, sondern der Umwelt. Den Wagen vor der eigenen Hautür zu waschen ist längst nicht mehr überall erlaubt und das aus gutem Grund: Mit dem Abwasser können gefährliche Stoffe in das Grundwasser gelangen. So zum Beispiel Öl oder Chemikalien, die Sie zum Reinigen verwenden. Auch der Trinkwasserverbrauch ist nicht zu unterschätzen. In Waschanlagen werden diese Stoffe durch Abscheider aufgefangen und das Wasser mehrmals aufbereitet und erneut verwendet. Auch die verschmutzten Lappen sind im Grunde genommen Sondermüll, besonders wenn Sie damit dicke Ölkrusten beseitigt haben. Wir raten Ihnen deshalb, grundsätzlich einen ausgewiesenen Waschplatz aufzusuchen. Am besten einen, der überdacht ist, so müssen Sie auch nicht darauf achten, dass Ihnen die Sonne unter Umständen hässliche Wasserflecken in den Lack brennt. Und Sie sind unter Ihresgleichen: Autoliebhaber, die ihr Fahrzeug nicht nur als Fortbewegungsmittel sehen, sondern es mit Hingabe pflegen. Also ein guter Ort für Benzingespräche. Putzen gefährdet die Umwelt.

Grundrüstzeug: Unterschiedliche Pflegesubstanzen und vor allem die richtige Auswahl an Tüchern, Schwämmen und Bürsten sind zur gründlichen Reinigung unerlässlich.

Der große Schwamm: Ein weicher Schwamm ist bei der Handwäsche das wichtigste Putzutensil. Er eignet sich aber auch gut zur Vorreinigung oder zum Nachputzen.

Gegen Insektenreste: Besonders hartnäckig können Insektenreste auf den Streuscheiben der Scheinwerfer anhaften. Rücken Sie dem Fliegendreck mit einem Zellstoffpapier und etwas Schaumreiniger oder Insektenlösemittel zu Leibe.

Vorbehandlung

Vor einer gründlichen Reinigung sollten Sie Ihren Wagen auch einer gründlichen Vorbehandlung unterziehen. Widmen Sie sich akribisch den großen Flächen der Karosserie. Inspizieren Sie gleichzeitig die gesamte Karosserie auf Kratzer. Später gehen wir darauf ein, wie Sie Ihre C-Klasse vor Kleinschäden mit relativ geringem Aufwand und vor allen Dingen vertretbaren Kosten schützen können. Arbeiten Sie von oben nach unten, fangen Sie mit dem Dach an und verteilen Sie von dort den Waschschaum auf die restliche Karosserie. Hilfreich ist die Waschbürste, um alle Stellen am Dach zu erreichen, ohne auf Tuchfühlung mit der Fahrzeugflanke gehen zu müssen. Geben Sie aber Acht, dass die Dreckreste Ihres Vorgängers nicht mehr im Bürstenkopf hängen und so Ihre Lackoberfläche verkratzen. Besonders die Felgen müssen Sie sich gesondert vornehmen.

Bremsstaub an den Felgen: Der schwarze Abrieb an den Radzierblenden und Felgen sieht nicht nur hässlich aus, er greift auch das Material an. Daher immer gut einschäumen.

Grober Dreck an der Karosserie: Die starken Verschmutzungen lösen Sie zunächst mit der Waschbürste. Vorsicht: Kontrollieren Sie den Bürstenkopf, bevor Sie loslegen. Zurückgebliebener Sand und Staub könnten Ihren Lack verkratzen.

Kleiner Schwamm und Bürste: Die Feinarbeit an den Felgen erledigen Sie am besten mit einem kleinen Haushaltsschwamm und einer Bürste an einem flexiblen Drahtstiel.

Dampfstrahler: Den Schaum mit dem Dampfstrahler von oben nach unten abwaschen. Dabei stets auf genügend Abstand, insbesondere von den Reifenflanken, achten.

Vorsicht beim Dampfstrahlen

GEFAHRHINWEISE

Ein Dampfstrahler ist an sich eine tolle Erfindung: Heißes Wasser, das unter extrem hohen Druck aus einer Düse schießt, löst fast jede Schmutzkruste. Besonders gut natürlich dicke Ölkrusten an Motor und Getriebe. Hiervon raten wir aber dringend ab. Denn die im Motorraum verbauten Elektronikteile können durch die eindringende Feuchtigkeit erheblichen Schaden nehmen. Die Folge könnte ein kostspieliger Austausch des Motorsteuergerätes sein. Der Motorraum sollte daher nur mit geeigneten, so genannten Kaltreinigern und in Handarbeit, oder noch besser vom Profi gesäubert werden. Auch für den Kühler ist ein Dampfstrahler Gift. Denn der scharfe Strahl dringt mit großem Druck durch die feinen Lamellen und kann diese deformieren. Bleiben noch die Felgen. Tatsächlich kann der Dampfstrahler hier im Kampf mit Bremsstaub und anderen Verschmutzungen viel bewirken. Meistens reflektieren die Speichen den Strahl jedoch in die Richtung, in der Sie gerade stehen. Und wehe Sie kommen dem Reifen zu nah! Auch in der Seitenwand moderner Pneus kann der enorme Druck des Wasserstrahls Schaden anrichten. Also wenigstens 50 cm Abstand halten!

Heckdeckel innen: Kontrollieren Sie die Umlaufkante des Heckdeckels auf Restverschmutzung. Reiben Sie die betreffenden Stellen gründlich, aber vorsichtig sauber.

Türkanten: Jede Tür einzeln öffnen und mit dem Tuch nachfahren. Genauso an den Einstiegsleisten und eventuell auch die Schwellerkanten behandeln.

Spiegelgehäuse und Glas: Restfeuchtigkeit an den Seitenspiegeln mit dem Tuch vorsichtig abwischen. Dabei das Gehäuse mit dem Lappen von hinten festhalten und abreiben.

Denn an den Rädern setzt sich aggressiver Bremsstaub fest und kann dort die Oberfläche angreifen. Reinigen Sie daher die Felgen mit der Bürste vor, um anschließend noch mit dem kleinen Haushaltsschwamm (Vorsicht im Umgang mit der Scheuerfläche) und einer Bürste nachzuarbeiten. Für Insektenreste an der Front empfiehlt sich ein Insektenreiniger zur Vorbehandlung. Zum Schluss waschen Sie den Wagen großzügig mit dem Dampfstrahler ab. Halten Sie dabei aber unbedingt genügend Abstand.

Große Flächen: Um die restlichen Wassertropfen zu entfernen, ist das gute alte Leder immer noch unschlagbar. Aber Vorsicht: Niemals über noch schmutzige Stellen wischen!

Nachbehandlung der kritischen Stellen

Ein perfektes Finish macht den Unterschied. Also ist nach dem Waschgang nochmals Handarbeit angesagt. Nehmen Sie sich insbesondere der schwierigen Stellen an. Hierzu zählen wie bereits erwähnt die Einstiegsleisten, aber auch die Innenseiten und Aussparungen der Türen und des Heckdeckels. Fahren Sie auf gar keinen Fall sofort nach der Wäsche los, denn sonst war die Arbeit bis dahin vergebens. Die noch feuchten Stellen, zum Beispiel an der Unterkante der seitlichen Schweller, nehmen sofort wieder Straßenschmutz auf, der durch die Räder und den Fahrtwind aufgewirbelt wird.

Scheiben: Für den klaren Durchblick sorgt ein fusselfreies Tuch, mit dem die Scheiben innen und außen abgewischt werden. Ohne Reiniger geht auch das Leder: Nachbehandlung der kritischen Stellen.

WISSENSWERTES

Nanotechnologie

Als Forschungsfeld mit Zukunftspotential bietet die Nanotechnologie schon heute viele Anwendungen im und rund ums Fahrzeug. Beispiele sind blendungsfreie Tachoverglasungen oder auch Verbundglas, das Infrarotstrahlung absorbiert und so die Wärmeeinwirkung aufs Fahrzeuginnere reduziert. Der berühmteste Nanoeffekt ist aber der Lotusblüteneffekt, der selbstreinigende Oberflächen ermöglicht. Zur längerfristigen Versiegelung der Lackoberfläche bieten nun auch einige Pflegefachbetriebe diesen Lakkschutz an. Was für den Oberflächenschutz durch

Nach dem Vorbild der Natur: Nanopartikel reduzieren die Benetzbarkeit und verhindern dadurch Schmutzanhaftungen an der Oberflächen.

Anstreichfarben an Häuserfassaden oder auch Dachziegeln gut funktioniert, birgt beim bewegten Fahrzeug noch gewisse Schwierigkeiten. Die Rauigkeit der mikroskopisch kleinen Strukturen, welche eine geringe Benetzbarkeit und damit auch ein hohes Maß an Selbstreinigung bewirken, könnten nämlich schnell durch Insekten verkrustet werden. Dennoch bieten immer mehr Pflegefachbetriebe Nanotechnologie als Langzeitschutz an. Im Unterschied zu einer Wachsversiegelung hält der Nanoschutz mitunter bis zu drei Jahre und das bei vergleichbaren Kosten. Wenige Fahrzeughersteller bieten mittlerweile auch den Nanoschutz ab Werk. Eine Nanoschicht im Klarlack sorgt für höhere Resistenz gegen mechanische Beanspruchung und Korrosion. Was in der Praxis eine höhere Kratzfestigkeit bedeutet. Die Forschung arbeitet derzeit an weiteren praktischen Anwendungen. Selbstreinigende Felgen oder auf Knopfdruck wechselnde Farbe sind so vielleicht schon bald mehr als nur eine Vision.

Polieren und Konservieren

Dem Lackkleid sollten Sie von Zeit zu Zeit eine Politur gönnen. Dadurch kann der Schmutz nicht so leicht anhaften und auch das Wasser perlt einfach ab. Das ist übrigens ein guter Indikator für den richtigen Zeitpunkt: Bildet das Wasser größere Pfützen auf der Karosserie, sollten Sie die Oberfläche neu versiegeln. Im Handel sind zahllose Produkte zu finden, vom leichten Mittel bis zum schleifenden Reiniger für stark verwitterte Lacke. Lesen Sie also die Beschreibung aufmerksam durch und verwenden Sie im Zweifelsfall stets das weniger aggressive Produkt. Etwas anders sieht es unter der C-Klasse aus. Obwohl hier ab Werk ausreichend Korrosionsschutz vorhanden ist, sollten Sie bei Gelegenheit nochmals nacharbeiten. Die Falze und Hohlräume freuen sich über eine Extraportion Wachs, die das Eindringen von Feuchtigkeit und den daraus resultierenden Kantenrost um Jahre verzögert. Dazu muss allerdings der Unterboden zuerst von allen Verkleidungen befreit werden. Behalten Sie diese Spezialbehandlung also im Kopf, wenn Sie weiter hinten im Buch beginnen Teile des Unterbodens zu demontieren. Langfristigen Schutz kann auch die Versiegelung mit Wachs vom Fachmann bieten. Sie kostet summiert auf die Wirkdauer, etwa so viel wie die Wagenwäschen, die man sich dadurch ersparen kann, und hält bis zu einem ganzen Jahr. Neuerdings bieten manche Pflegefachbetriebe auch die Versiegelung mittels Nanotechnologie (siehe Kasten) an. Diese Art das Fahrzeugäußere zu versiegeln kostet zwar mehr, hält dafür aber auch mitunter bis zu drei Jahre.

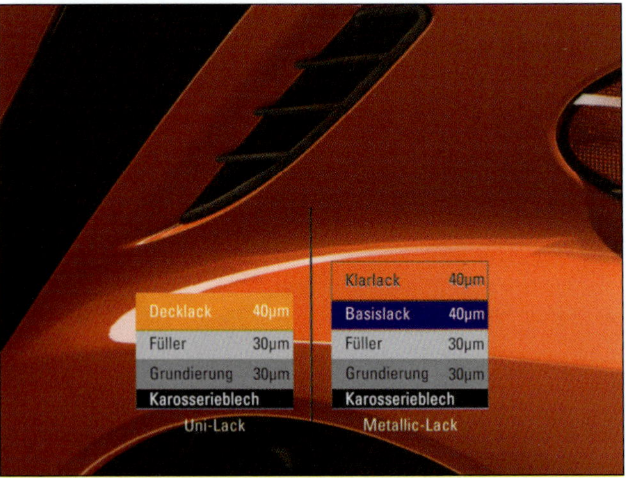

Lackschichten: Durch unterschiedlich dicke Schichten ist die Lackoberfläche aufgebaut und schützt das Blech darunter vor Korrosion.

Türschloss: Gelegentlich ein paar Spritzer Öl halten die Verriegelungsmechanik in Gang. Gelspray verteilt sich bis in den letzten Winkel und haftet länger als normales Öl.

Schließzylinder: Die Mechanik der Schließzylinder können Sie mit Sprayölen in Gang halten. Benutzen Sie bei der Anwendung ein Tuch, um überschüssiges Öl aufzufangen.

Türscharniere: Quietschende Scharniere sind nervig und außerdem der Beleg mangelnder Fürsorge. Beugen Sie durch regelmäßige Öl-Anwendung vor. Dabei auch gleich die Türfeststeller an den im Bild angezeigten Stellen schmieren.

Kleiner Schmierdienst

Überall, wo sich Teile der Karosserie relativ zueinander bewegen, entstehen Reibungskräfte, die nach und nach aber vor allen Dingen bei mangelnder Schmierung das Material der Kontaktflächen verschleißen. Türen, Schlösser und Scharniere müssen daher mit einem Spritzer Öl in Gang gehalten werden. Die Aufbringung der Schmiermittel macht Ihnen wenig Aufwand. Die meisten Spraydosen haben zum gezielten Einbringen einen Sprühkopf als längliches und flexibles Röhrchen. Dadurch ersparen Sie sich zumindest aufwändige Demontagen. Der langfristige Effekt dieser Arbeit ist aber dennoch nicht zu unterschätzen. Empfehlenswert sind so genannte Gelsprays. Sie haften aufgrund ihrer weniger flüchtigen Konsistenz besser und verteilen sich zugleich sehr weitläufig bis in den letzten Spalt. Außerdem haften diese Mittel länger als normales Öl an.

Pflege des Innenraumes

Natürlich gibt es unzählige Mittelchen für die Pflege unterschiedlichster Materialien. Und jede Woche kommt ein Neues hinzu. Wir können daher keine konkrete Produktempfehlung aussprechen, wollen Ihnen aber gerne erklären, welche Art von Produkt an welcher Stelle angebracht ist.

Glas: Für die Reinigung der Scheiben gibt es normale Haushaltsmittel. Wichtig ist ein nicht fusselnder Lappen. Sie können aber auch Spiritus nehmen und mit Zeitungspapier nachreiben.

Aufwändige Geschichte: Die Reinigung des C-Klasse-Innenraumes nimmt viel Zeit in Anspruch und braucht eine Menge unterschiedlicher Mittel. Auf den ersten Blick erkennen wir in diesem Cockpit verschiedene Materialien und Oberflächen. Fast jede braucht eine andere Behandlung. Hier natürlich nicht im Bild: die unangenehmen Gerüche. Aber auch dafür gibt es Lösungen: Eine Schale Essigwasser über Nacht in den Fahrzeuginnenraum gestellt wirkt Wunder.

Kunststoffoberflächen: Bewährt haben sich antistatische Mittel (Cockpitspray), die verhindern, dass Staub und Schmutz vom Kunststoff angezogen werden.

Knöpfe und Schalter: Etwas Cockpitspray auf einen Lappen sprühen und die Knöpfe gründlich säubern – schon setzt sich kein Speck mehr darauf ab.

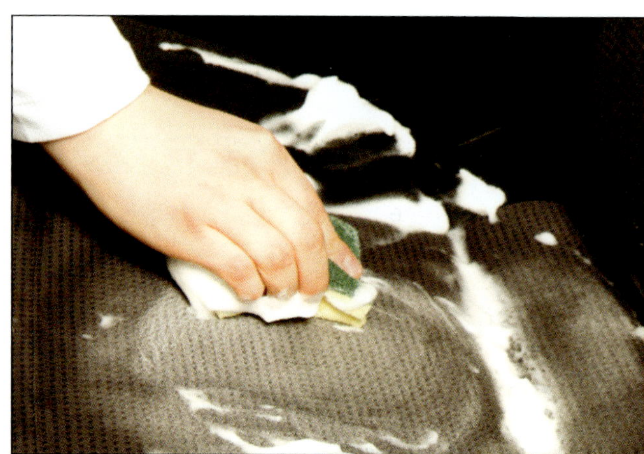

Textilien: Schwierig zu reinigen, da sich der Schmutz in den Fasern festkrallt. Probieren Sie Polsterreiniger, aber zunächst an einer unauffälligen Stelle, um die Verträglichkeit zu testen.

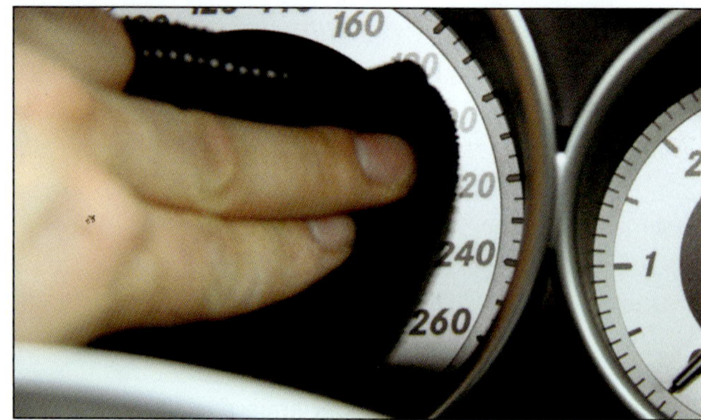

Gläser aus Kunststoff: Hier ist größte Vorsicht angebracht. Zu scharfe Mittel oder schmutzige Lappen verursachen sehr schnell Kratzer oder blinde Stellen.

Lüftungsdüsen: Zum Entfernen von Staub empfiehlt sich eine handelsüblicher Malerpinsel mit langen Borsten, der sich auch für sonst schwer zugängliche Stellen eignet.

Gummidichtungen: Diese müssen innen wie außen geschmeidig bleiben. Besonders wichtig ist das im Winter. Spezielle Gummipflegemittel geben dem elastischen Material zusätzlich den Glanz.

Wertsteigerung durch Aufbereitung

Vielleicht kommt irgendwann leider auch mal die Zeit und Sie müssen oder wollen sich von Ihrer C-Klasse trennen. Möchten Sie nun zur Wertsteigerung beitragen und einen höheren Erlös erzielen, gibt es vor dem Verkauf verschiedene Dinge zu beachten. Erstens sollten Sie Ihre C-Klasse dem Nachbesitzer in einem technisch einwandfreien Zustand überlassen. Der TÜV nimmt Wertgutachten vor und checkt das Fahrzeug auf etwaige Mängel. Verschiedene Prüfpunkte werden in einem detaillierten Bericht aufgelistet, dazu gehören Bremsen, Lenkung, Fahrwerk, Antrieb, Auspuffanlage, Elektrik und Beleuchtung, Karosserie und Lackierung sowie der Innenraum. Ein Gebrauchtwagenzertifikat sorgt zusätzlich für Vertrauen und dient als neutrale Verhandlungsbasis. Außerdem bleiben Sie und der Käufer vor bösen Überraschungen bewahrt, die unnötigen Ärger verursachen. Doch was kann man, außer dem technischen Check-up und der obligatorischen Wagenreinigung innen und außen, noch tun?

Komplettsanierung innen und außen

Eine Möglichkeit, den Wagenwert zu steigern, ist die professionelle Aufbereitung Ihres Fahrzeugs. Innenraum und Karosserie erhalten dabei eine Komplettsanierung, kleinere Mängel und Schönheitsfehler werden beseitigt oder zumindest retuschiert. Ihr Wagen steht anschließend im frischen Glanz da und macht so gleich auf den ersten Blick einen guten Eindruck. Ein Fahrzeug, das vor allem als urbanes Fortbewegungsmittel dem harten Autoalltag ausgesetzt war, trägt wahrscheinlich auch dementsprechende Spuren davon. Kleine Kratzer oder Beulen außen, die Löcher der Handyhalterung im Armaturenträger oder des Rauchers Unachtsamkeit, die sich im Sitzpolster als Brandloch verewigt hat. Die vielfältigen Methoden der Kleinreparaturen helfen diese Schönheitsfehler bei relativ geringem Aufwand zu beseitigen. Aller Euphorie vorangestellt sollten Sie sich aber im Klaren sein, dass die Aufbereitung keinen Neuwagen hervorzaubert. Machen Sie sich daher mit den Leistungen Ihres Profiaufbereiters vertraut und besprechen Sie ausführlich den erwünschten Umfang Ihrer Fahrzeugrenovierung. Machen Sie ihn auf kritische Stellen aufmerksam. So fällt eine sorgfältige Einschätzung, wie das erreichbare Ergebnis aussehen könnte, leichter.

Auspolieren kleiner Kratzer

Kleinere Kratzer lassen sich oft mit wenig Aufwand und ohne besondere Hilfsmittel entfernen.
Wichtig hierbei ist, dass die Kratzer nur in der obersten Lackschicht vorhanden sind.
Zuerst einmal muss das Fahrzeug gründlich gewaschen werden. So wird sichergestellt, dass man beim Polieren nicht mit Schmutzpartikeln die nächsten Kratzer in den Lack einarbeitet. Für den nächsten Schritt darf das Blech der zu polierenden Stelle nicht heiß sein. Bei einem zum Beispiel durch die Sonne aufgeheizten Lack trocknet die Politur zu schnell ab und erschwert die Arbeit ungemein. Für das Auspolieren

Auspolieren eines Kratzers: Auch wenn es nicht so aussieht, es wird geschliffen.

reicht ein etwas kräftigerer Lackreiniger aus. Er übernimmt die Schleifarbeit. Der Trick liegt darin, die Lakkdicke etwas abzuschleifen, um sie wieder in die gleiche Höhe zu bekommen wie den Kratzer. So fällt diese Stelle nicht mehr auf. Je nach Aggressivität des Lakkreinigers, kann das sehr schnell gehen. Grundsätzlich sollte dann in einem zweiten Schritt die Umgebung des Kratzers leicht mitbehandelt werden. So wird vermieden, dass sich diese aufbereitete Stelle vom umliegenden Lackbild abhebt.

Eine weitere Möglichkeit ist das Polieren mit Nassschleifpapier. Die Körnung sollte dann aber um 1500 liegen. Die Vorarbeit wird dann mit dem Schleifpapier und viel Wasser erledigt.

Es sollte aber trotzdem mit Lackreiniger nachgearbeitet werden. Im nächsten Schritt werden die Rückstände des Lackreinigers vollständig entfernt. Zum Abschluss wird die geschliffene Fläche mit einer Wachspolitur versiegelt und nach dem Abtrocknen der Wachsschicht gründlich mit einem weichen Lappen poliert.

Auspolieren eines Kratzers mit Schleifpapier: Sieht eigenartig aus, ist aber sehr effektiv. Wichtig sind die Handhaltung und etwas Erfahrung.

PRAXISTIPP

Aufbereitung vom Profi

Die Abwägung, ob es sich für die vorhandenen Kleinschäden an Ihrem Fahrzeug lohnt einen Profi zu engagieren oder nicht, wird dann relevant, wenn Sie sich von Ihrem Wagen trennen wollen oder müssen. Denn auch bei der Fahrzeugwartung und -pflege hat sich leider die »Geiz-ist-geil«-Mentalität in letzter Zeit bemerkbar gemacht. Trotz des gestiegenen Anteils älterer Fahrzeuge in Deutschland (das Durchschnittsalter des bundesweiten Fahrzeugbestandes beträgt mittlerweile acht

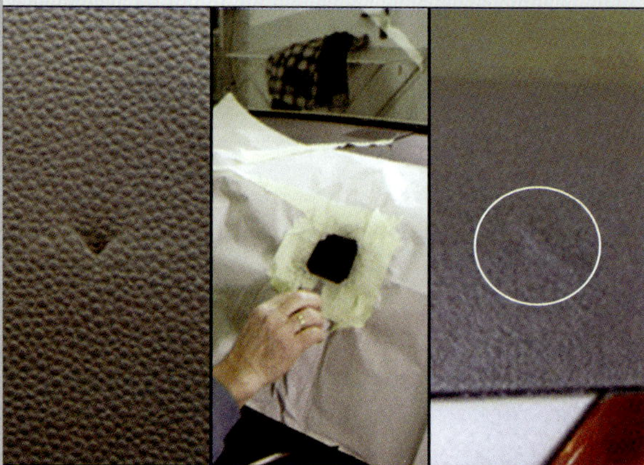

Befriedigendes Resultat: Ein Loch im Armaturenträger vor und nach der Reparatur.

Jahre), scheinen sich immer weniger Besitzer um den Allgemeinzustand ihres Fahrzeugs Gedanken zu machen. Wartung und Kundendienst werden vernachlässigt, die Motivation sinkt, in das Fahrzeug und den fälligen Service Geld zu investieren. Die Folge sind sich anhäufende Kleinmängel, die in ihrer Summe das Gesamtbild und die Erscheinung eines Kfz schnell trüben. Dies ist eine Chance für Besitzer wie Sie, die pfleglich mit Ihrem Automobil umgehen. Sie können sich mit Ihrem ordentlich gepflegten Fahrzeug hervorheben und zusätzlich durch eine optische Generalüberholung den Wiederverkaufswert steigern. Praxistests haben gezeigt, dass professionell aufbereitete Fahrzeuge in aller Regel einen deutlich höheren Verkaufspreis erzielen als ohne vorherige Verschönerungsmaßnahmen. Die Schönheitskur kann so eine Wertsteigerung von bis zu 1000 Euro erzielen. Rechnet man die ca. 400 bis 500 Euro Aufwendungen ein, bleibt immer noch ein schöner Überschuss von mehreren hundert Euro.

Polieren der Fläche: Zum Abschluss muss nun Glanz entstehen.

Punktabzug in der B-Note: Diese Delle kann nicht nur beim Leasing Abzug bedeuten.

Mehr als ärgerlich: Beulen und Kratzer

Die Karosserie ist sehr widerstandsfähig. Doch irgendwann ist es vielleicht doch passiert: Es fällt irgendein Gegenstand auf das Blech oder der Lack ist durch einen tiefen Kratzer verunziert. Im Prinzip bleibt Ihnen dann fast nichts anderes übrig, als die Fahrt zum Lackierer beziehungsweise Karosseriebauer anzutreten. Reparaturversuche zu Hause sind bei allem Aufwand meistens nicht von dauerhaftem Erfolg. Daher wollen wir Ihnen hier bildhaft zeigen, wie der Profi einer Beule in einem Karosserieblech zu Leibe rückt.

Smartrepair ist hier das Zauberwort, das Dellen von geschickter Hand verschwinden lässt, oftmals ohne lackieren zu müssen. Ist die Beule von innen nicht zugänglich, muss also von außen Stück für Stück herausgezogen werden. Hierzu verwendet der Profi einen Zuganker, der an die betroffene Stelle aufgeklebt wird. Mit dieser Behelfsvorrichtung kann der Profi durch Ziehen die Einwölbung wieder herausbekommen. Danach wird der Anker wieder entfernt und die Stelle geglättet sowie anschließend lackiert.

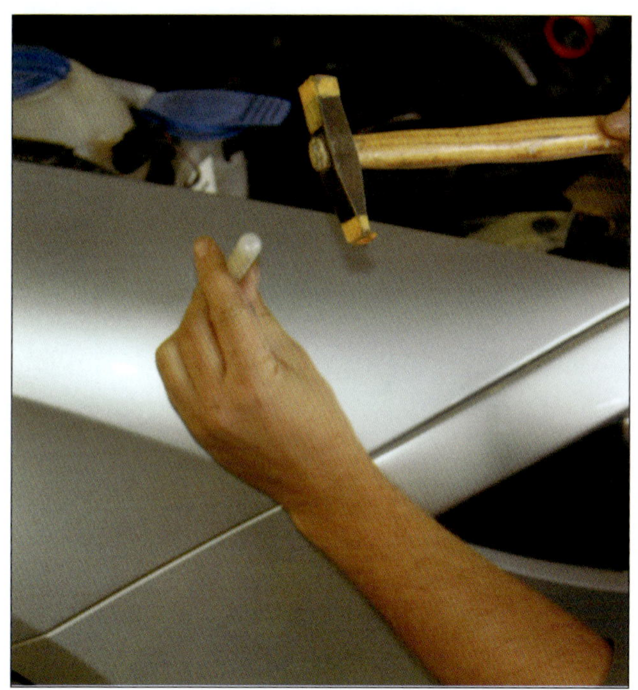

Schlagfertig: Der Randbereich der Beule wird leicht angeschlagen.

Zugwerkzeug: So sieht ein Werkzeug für die hartnäckigeren Beulen aus. Die Anker werden aufgeklebt.

Augenmaß und Erfahrung sind sehr wichtig: Die Delle wird mit einem speziellen Werkzeug ausmassiert

Fit durch den Winter

Auto fahren macht auch im Winter Spaß, vorausgesetzt, Sie haben den Wagen für die kalte Jahreszeit fit gemacht. Auch Sie selber müssen sich natürlich auf den Winter und seine Tükken einstellen und sich rechtzeitig ein paar Gedanken machen.

Eine Frage der Traktion

Ob Allrad- oder Heckantrieb: Die C-Klasse hat im Schnee grundsätzlich gute Karten. Deshalb sind gute Winterreifen Pflicht. Von der Schneekettenpflicht auf manchen Passstraßen sind Sie trotz der überragenden Traktion nicht entbunden. Die Schneeketten sollten immer auf der Hinterachse montiert werden. Die in allen Modellen serienmäßig vorhandenen elektronischen Regelsysteme wie ABS, ASR und ESP helfen natürlich auch im Winter. Damit übertrifft das 204er-Modell sogar die Selbstverpflichtung der europäischen Automobilindustrie (ACEA) vom 1. Juli 2004, nach welcher alle Fahrzeuge unter 2.5 Tonnen zulässigem Gesamtgewicht serienmäßig zumindest mit ABS ausgestattet sein sollen. Beim Herausschaukeln aus Schneeverwehungen sollten diese Fahrhilfen kurzfristig abgeschaltet werden. Es kann in bestimmten Fällen passieren, dass die Fahrdynamikregelung in das Notprogramm fällt und die Warnlampe leuchtet. Zum Beispiel, wenn Sie die Hinterräder lange auf einer glatten Stelle durchdrehen lassen und dabei stark lenken, oder auch bei der Verwendung von Schneeketten aufgrund unterschiedlicher Abrollumfänge der Räder. Starten Sie in solchen Fällen den Motor neu, um die Systeme zu reaktivieren.

Winterausrüstung mitnehmen

Damit Sie gut gerüstet sind, empfehlen wir Ihnen die folgenden Utensilien mitzuführen:

- Eine fertige Mischung Frostschutz für die Scheibenwaschanlage (A).
- Damit der Sprit nicht ausgehen kann, einen Reservekanister (B).
- Eine warme Decke (C), falls Sie festsitzen und der Sprit doch ausgeht.
- Eine kleine Schaufel für eine Tiefschneehavarie (D). Damit kann der Schnee vor den Rädern weggeschaufelt werden.
- Eine Kopflampe, bei der Sie im Dunkeln die Hände frei haben (E).
- Ein Seil oder, besser noch, einen langen Schwerlast-Spanngurt (F). Damit können Sie andere Autofahrer aus dem Graben ziehen oder selbst geborgen werden. Mit Hilfe der Ratsche und einem Baum können Sie sich sogar selbst helfen.
- Ein Starthilfekabel (G).

Winter-Grundausrüstung: (A) Frostschutz für die Scheibenwaschanlage, (B) Reservekanister, (C) Decke, (D) kleine Schaufel, (E) Kopflampe, (F) Abschleppseil oder Spanngurt, (G) Starthilfekabel.

Startschwierigkeiten im Winter vermeiden

Der Motorstart wird unter winterlichen Bedingungen schnell einmal zu einem Problemfall. Denn nicht nur das Motoröl wird bei niedrigen Temperaturen dikkflüssiger, sondern auch die Batterie gibt bei Frost weniger Leistung ab. Zusammengenommen können dies im Winter K.-o.-Kriterien für das Fortkommen sein. Denn gerade jetzt braucht der (Anlasser-)Motor mehr Leistung, um die erhöhten Reibwiderstände zu überwinden. Sie können es der Batterie aber so leicht wie möglich machen, indem Sie auf Strom fressende Funktionen bei stehendem Motor verzichten (Radio, Innenbeleuchtung, etc.). Schalten Sie vor dem Start unnötige Verbraucher ab, hierzu zählen zum Beispiel die Lüftung oder das Radio. Das Licht sollte beim Startvorgang aus sein, ebenso die Innenraumbeleuchtung oder Sitzheizung. Wenn Sie dies beachten, wird die Batterie am wenigsten in Anspruch genommen und kann Startschwierigkeiten im Winter vermeiden.

Winterreifen

Grundvoraussetzung für sicheres Vorankommen bei Minusgraden sowie Eis und Schnee ist die richtige Bereifung Ihres 204ers. Denn die vier Handtellerflächen aus Gummi zwischen Ihnen und der Fahrbahnoberfläche stellen nun einmal das wichtigste Bindeglied zur Straße dar. Seit 2006 schreibt selbst die Straßenverkehrsordnung eine »geeignete Bereifung« (§2 Abs. 3a) für den Winter vor. Wie diese aber auszusehen hat, oder welche Spezifikationen sie erfüllen muss, ist nicht näher definiert. Ganzjahresreifen können für unkritische Wetterlagen mit milden Temperaturen ausreichend sein. Bei plötzlichem Kälte- und Schneeeinbruch sind sie aber schlichtweg ungeeignet. Weder die geübte Hand, noch die Elektronik können dann bei unzureichender Bodenhaftung/Bereifung das Fahrzeug noch kontrollieren. Gehen Sie also auf Nummer sicher, was das Vorankommen auf vier Rädern angeht – verwenden Sie einen vernünftigen Satz Winterreifen. Welche Winterreifen geeignet sind und vor allen Dingen passen, erfahren Sie auf den folgenden Seiten genauso, wie Sie ohne Risiko beim Winterreifenkauf auch Geld sparen können und die Winterreifen auch sicher anbringen. Damit Sie keinen Fehlgriff machen, haben wir die wichtigen Prüfkriterien ebenfalls aufgeführt.

WISSENSWERTES

Das Schneeflockensymbol

Der großen Verunsicherung vieler Autofahrer, welche Reifen sich im Winter am besten eignen, soll durch das Schneeflockensymbol Einhalt geboten werden. Die Entstehungsgeschichte dieses Symbols rührt auch aus dem zum Teil betriebenen Missbrauch mit der »M+S«-Kennung (engl.: Mud and Snow = Matsch und Schnee), die nicht als geschützte Kennzeichnung für unbeschränkte Wintertauglichkeit gilt. Denn nicht alle mit M+S gekennzeichneten Reifen weisen die Lamelleneinschnitte in den Profilblöcken auf, die für gute Traktion auf Schnee sorgen. Daher tragen etwa auch Reifen für den Geländeeinsatz dieses Symbol. Doch gerade gröbere Allradreifen sind für den Einsatz im Winter höchst ungeeignet. Für die Experten des Deutschen Verkehrssicherheitsrats ist der Winterreifen mit Schneeflockensymbol daher Favorit für die sichere Fahrt. Die auf der Reifenflanke dargestellte Schneeflocke hat sich im Jahr 2002 europaweit als freiwilliges Hersteller-Kennzeichen von Winterreifen zusätzlich zur M+S-Markierung durchgesetzt. Angebracht wird sie aber nur an Reifen, die auch streng den vorgegebenen Spezifikationen entsprechen. Dies gilt für Reifen, die im Vergleich mit einem Standard-Referenzreifen mindestens sieben Prozent mehr Traktion auf Schnee bieten und zudem über einen um ebenfalls sieben Prozent kürzeren Bremsweg verfügen. M+S-Reifen hingegen müssen per Definition nur ein besonders grobes Profil besitzen. Die M+S-Kennzeichnung auf der Reifenflanke allein fordert aber keine bestimmte Schnee-Performance.

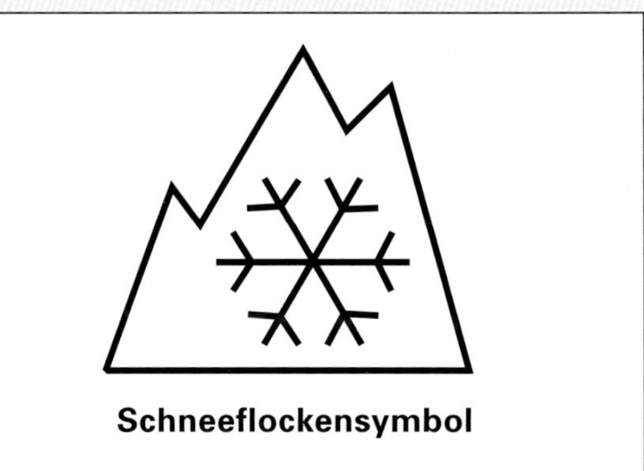
Schneeflockensymbol

Garant für Wintertauglichkeit: Reifen mit der Schneeflocke zusätzlich zur M+S-Kennung

Die 7-Grad-Empfehlung

Ob die so genannte 7-Grad-Empfehlung als Marketingmaßnahme oder aufgrund früherer Reifenentwicklungen entstanden ist, lässt sich auch von uns nicht mehr nachvollziehen. Ihre Kernaussage ist, dass Winterreifen bei Temperaturen bis 7 Grad Celsius angeblich bessere Eigenschaften als Sommerreifen hätten. Dem entgegen haben verschiedene Tests jedoch solche pauschale Aussagen widerlegt. Denn auch bei Temperaturen knapp über dem Gefrierpunkt können mit Sommerreifen sowohl auf nasser als auch auf trokkener Fahrbahn kürzere Bremswege erzielt werden als mit vergleichbaren Winterreifen. Winterreifen sind vor allen Dingen für winterliche Straßenverhältnisse ausgelegt. Sie verfügen über eine kälteresistente Gummimischung, die bei Minustemperaturen weniger verhärtet und damit eine bessere Verzahnung und Kraftübertragung mit dem Untergrund ermöglicht. Winterreifen sind mit dem M+S-Symbol und einer stilisierten Schneeflocke gekennzeichnet (s. Kasten). Anders als bei Sommerreifen ist es bei Winterreifen erlaubt, abweichend von den einzuhaltenden Angaben des Fahrzeugscheines, Reifen mit niedrigerem Geschwindigkeitsindex einzusetzen. In Deutschland ist in diesem Fall auch ein Aufkleber mit dem Aufdruck »160 km/h« im Sichtbereich des Fahrers anzubringen.

Die richtigen Winterreifen für die C-Klasse

Die Wahl der richtigen Winterreifen fällt angesichts der vielen Angebote auf dem Markt nicht leicht. Muss es ein teurer High-Performance-Pneu sein oder reicht auch das günstige No-Name-Fabrikat? Die Fahrzeughersteller empfehlen immer Markenreifen, da hier die Qualität keinen Schwankungen unterliegt und auch die Modellwechsel nachvollziehbar werden. Darüber hinaus sind aber auch jede Saison neue Modelle verfügbar. Ausgiebige Tests, zum Beispiel vom ADAC, zeigen, welche Winterreifen auch für die C-Klasse-Dimensionen empfehlenswert und welche weniger geeignet sind. Die Tests gehen daher auf unterschiedliche Eigenschaften der Pneus beispielsweise die Bremseigenschaften, auch bei trockener, unbeschneiter Fahrbahn ein. Sie können Ihre Kaufentscheidung nach den für Sie relevanten Kriterien fällen, dabei sollte aber in jedem Fall die Fahrsicherheit vor Sparsamkeit stehen.

Bessere Haftung dank Lamellen

Durch Forschung und Entwicklung der Reifenhersteller kam man nicht nur darauf, kälteresistente Gummimischungen zu verwenden, sondern auch die einzelnen Profilblöcke mit feinen Lamellen-Einschnitten und vielen Rillen zu versehen. Diese dienen als scharfe Greifkanten beim Abrollen des Rades auf der Fahrbahn. Der dynamische Prozess an der Auflagefläche erhöht die Verzahnungskräfte besonders mit losem Untergrund wie z. B. Schnee. Mit anderen Worten: Der lamellierte Reifen hat dadurch, dass er sich in den Untergrund rein krallt, mehr Grip. Die Lamellen sind andererseits auch ein guter Verschleißindikator: Mit zunehmender Abnutzung verschwinden die unterschiedlich tief geschnittenen Lamellen. Ihre beschriebene Wirkung nimmt ab. Unter 4 mm Profilstärke verlieren Winterreifen auf Schnee daher ihren Nutzen und sollten durch neue ersetzt werden. Es spricht allerdings wenig dagegen, Winterreifen im Frühjahr noch bis auf eine Profiltiefe von rund 3 mm aufzubrauchen.

Fast so gut wie Stollen: Stollen sind am Autoreifen tabu, aber mit Lamellen wird dennoch ein guter Kraftschluss auf Schnee erreicht.

Geringer Geräuschpegel

Auch bei der Minderung der Geräuschemission ging man mit Cleverness vor: Die Lamellenprofile erlaubten zum einen eine geringere Höhe der einzelnen Profilblöcke, was sich insbesondere auf das Geräusch verursachende Eigenschwingverhalten positiv auswirkte. Zum anderen wurden die Profilblöcke unterschiedlich groß gestaltet werden, sodass die nach dem Abrollen nachschwingenden Blöcke unterschiedliche Eigenschwingfrequenzen aufweisen. Ein eigendynamisches und geräuschvolles Schwingen bei einer bestimmten Geschwindigkeit wird so unterbunden.

Gebrauchte Winterreifen

PRAXISTIPP

Seit dem 01. Januar 2006 sind Autofahrer verpflichtet, im Winter ihr Fahrzeug mit »geeigneter Bereifung« auszurüsten. Damit gibt es für Autofahrer keine Ausrede mehr, auf Winterreifen zu verzichten. Wer dennoch ohne erwischt wird, riskiert ein Bußgeld und im Falle eines Unfalls sogar den Versicherungsschutz. Nicht selten ist der Erwerb von Winterrädern, also dem Komplettsatz von Reifen und Felgen, aber auch eine Kostenfrage. Bares Geld lässt sich beim Kauf gebrauchter Winterreifen sparen. Diese finden Sie zum Beispiel bei Winterreifen-Börsen, die vielerorts meist Anfang November stattfinden. Achten Sie auf Hinweise in Ihrer Tageszeitung oder informieren Sie sich im Internet, z. B. auf den Seiten des ADAC. Notieren Sie sich vor dem Kauf unbedingt die für Ihr Fahrzeug passenden Reifengrößen. Sie sind im Fahrzeugschein hinterlegt. Der Reifenhersteller Continental schafft zudem auf seinen Internetseiten mit dem »Reifenkonfigurator« Klarheit. Nach Eingabe der Schlüsselnummer (s. Fahrzeugschein), werden auch alternative Reifengrößen aufgeführt. Haben Sie nun einen passenden Satz gefunden, inspizieren Sie ihn nach den Prüfkriterien: Profiltiefe, Reifenalter und Erscheinungsbild (Beschädigungen etc.), bevor Sie zugreifen. Informationen zu den Bezeichnungen und Beschriftungen finden Sie auch in diesem Buch.

Münztest: Winterreifen bieten nur genug Traktion auf Schnee, wenn die Profiltiefe mindestens vier Millimeter beträgt. Das entspricht etwa dem goldenen Rand einer Ein-Euro-Münze.

Trockenübung hilft: Schon ein paar Gartenhandschuhe schützen die Finger, es empfiehlt sich die Anleitung evtl. in einer Klarsichthülle zu verstauen.

Schneeketten anlegen üben

Spezielle Schneeketten für Ihr C-Klasse-Modell gibt es beim Mercedes-Händler oder auch im Zubehörhandel. Ein gutes Set umfasst zwei Schneeketten im wasserfesten Transportbeutel, der problemlos im Kofferraum verstaubar ist und sich auch als Unterlage bei der Montage verwenden lässt. Schneeketten können aber auch beim ADAC ausgeliehen werden. Für die Montage ist das Mitführen einer zusätzlichen Fußmatte dringend zu empfehlen. Das erspart einem die obligatorischen durchweichten Hosen, besonders im Kniebereich. Gefütterte Arbeitshandschuhe erleichtern die Arbeit mit den kalten Schneeketten im Schnee erheblich.

Scheibenwaschanlage

Der einwandfreie Zustand der Waschanlage an Ihrer C-Klasse ist ein wichtiges Sicherheitsmerkmal. Denn saubere Scheiben und eine klare Sicht sind Grundvoraussetzung für Ihre Sicherheit beim Fahren. Damit Sie unterwegs auch bei widrigsten Umständen wie Regen oder Schnee den Durchblick behalten, sollten Sie sich regelmäßig von der fehlerfreien Funktion Ihrer Wischanlage überzeugen. Die meisten Arbeiten sind leicht zu erledigen. Wir zeigen Ihnen auf den folgenden Seiten, worauf Sie insbesondere zu achten haben und welche Arbeitsschritte nötig sind. Hierzu gehören zum Beispiel die Kontrolle der Wischergummis und gegebenenfalls deren Austausch.

Wischwasser

Vergessen Sie nicht das Wischwasser aufzufüllen und achten Sie dabei auf den richtigen Wischwasserzusatz. Mercedes empfiehlt das Scheibenreinigungskonzentrat A 001 986 8071 für den Sommer und A 001 986 1471 für den Winter. Die Verwendung eines falschen Waschmittelzusatzes kann zum Aufschäumen an den Spritzdüsen führen, was ein Grund unzureichender Waschleistung sein kann. Mercedes proklamiert für das Scheibenreinigungskonzentrat eine optimale Strahlverteilung an den Düsen. Außerdem bietet es im Mischungsverhältnis ein Drittel Konzentrat zu zwei Drittel Wasser einen Frostschutz bis zu Temperaturen von -25 °C. Damit dürfte auch im Winter eine sichere Funktion der Waschdüsen gewährleistet sein.

Wasser reicht nicht: Um Wasserflecken im Motorraum zu vermeiden, nehmen Sie am besten eine Plastikgießkanne zum Nachfüllen der Scheibenwaschanlage.

Die Mischung machts: Ein Drittel Zusatz auf zwei Drittel Wasser schützt vor Einfrieren des Wischwassers bis -25 °C.

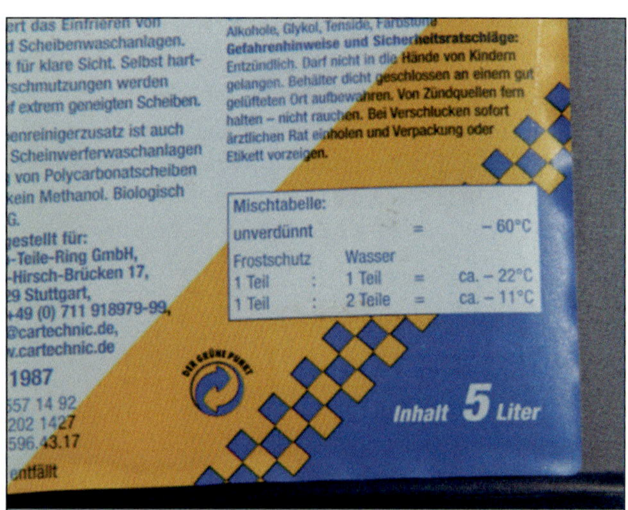

Misch-Verhältnisse sind angegeben: Achten Sie auf die Angaben auf der Scheibenreiniger-Flasche.

Eigenarten der Scheibenwischanlage

»Was soll denn da anders sein?«, wird oftmals gefragt. »Wischer gibt's doch schon immer!« Der Unterschied liegt, wie Sie wahrscheinlich schon erwarten, in der elektronischen Steuerung. Der Wischermotor hat zwar wie früher auch eine mechanische Verbindung, die die Wischerarme an den Motor koppeln, die Ansteuerung ist allerdings gänzlich anders. Die Wischersteuerung erfolgt über zwei unterschiedliche Datenbussysteme. Der Wischerschalter am Lenkrad meldet den Fahrerwunsch an das Steuergerät für Lenksäulenelektronik. Hier wird eine Nachricht verfasst und über den CAN-Datenbus zum Bordnetzsteuergerät übertragen. Die Nachricht wird nun unverschlüsselt und über den LIN-Datenbus an das Wischermotorsteuergerät weitergeleitet. Dieses Steuergerät setzt nun die geforderten Wischvorgänge um.

Hier ergeben sich einige Sonderfunktionen, die mit den konventionellen Wischanlagen nicht oder nur schwer zu realisieren wären. Die Wischer liegen aerodynamisch günstig hinter der Haubenkante in Ruhelage. Der Intervallbetrieb des Scheibenwischers reagiert geschwindigkeitsabhängig. Das wird meist nicht bemerkt, das »komische Zucken« des Wischers aber schon. Es handelt sich hier um die so genannte »alternatierende Ruhelage«, damit die Wischerblätter sich nicht wie beim konventionellen System verformen können. Dazu wird der Wischer bei jedem zweiten Ausschalten geringfügig aufwärts gefahren. Selbst wenn der Scheibenwischer nicht benutzt wird, wird diese Lageänderung durch das Steuergerät von Zeit

zu Zeit durchgeführt. Das kommt dann zu den erstaunten Fahrerbeobachtungen hinsichtlich der ungewollten Wischerbetätigung.
Erschreckend ist auch die Antiblockierfunktion des Wischers. Das Schneeräumen mit dem Scheibenwischer kann keinen Schaden an Wischermotor und Mechanik anrichten. Das Steuergerät erkennt über die Stromaufnahme des Motors das Hindernis. Ist der Wischer nicht kräftig genug, um das Hindernis wegzuschieben und bleibt stehen, versucht er fünfmal das Hindernis zu überwinden. Dann schaltet der Motor ab. Der Fahrer muss das Hindernis beseitigen und den Wischer erneut betätigen. Dasselbe passiert auch im Winter, falls die Scheibenwischer angefroren sind.

Wischerblätter wechseln

Wischerblätter prüfen

Die Pflege der Wischergummis wird nur allzu gerne vernachlässigt. Dies kann sich aber später bei einer langen Fahrt im Regen bitter rächen. Eingerissene und poröse Gummilippen ziehen Schlieren anstatt die Scheibe vom Wasser zu befreien. In der Dunkelheit laufen Sie dadurch Gefahr im Blindflug unterwegs sein zu müssen, da der Blendeffekt durch die Lichtbrechungen stark zunimmt. Heben Sie zur Kontrolle die Wischerarme von der Scheibe und fahren Sie mit der Fingerkuppe die Auflagefläche ab. Rillen und Vertiefungen sind ein klares Indiz für den fälligen Austausch. Kontrollieren Sie auch die Wischermechanik. Sie darf nicht verbogen sein.

Wischerblatt vorne wechseln

Fahrer- und Beifahrerwischerblatt dürfen beim Einbau nicht vertauscht werden. Die gelenkfreien Scheibenwischer sind sehr flexibel. Fassen Sie die Wischerblätter zum Abheben von der Frontscheibe nur im Bereich der Wischerblattbefestigung an. Zum Ausbau der Wischerblätter müssen die Wischerarme in die oberste Stellung.

- Schalten Sie den Scheibenwischer ein, am obersten Punkt der Scheibe müssen Sie nun die Zündung ausschalten. So können Sie bequem die Scheibenwischerblätter tauschen.
- Wischerarm hochklappen.
- Scheibenwischer um ca. 90 Grad drehen und nach oben herausziehen. Achtung! Scheinwischerarm immer mit Lappen auf die Frontscheibe legen, andernfalls laufen Sie Gefahr, die Frontscheibe zu zerstören.

Montage:

- Wischerarm auf den vorgesehenen Stift schieben und um ca. 90 Grad drehen.
- Wischerarm vorsichtig auf die Frontscheibe zurückklappen.

Servicestellung: Die Wischerstellung nach oben schützt nicht nur vor Festfrieren, sondern verhindert auch Schäden an der Haube bei der Montage.

Wischerblätter um 90° schwenken und nach oben abnehmen.

Wischerblatt hinten wechseln (T-Modell)

Die gelenkfreien Scheibenwischer sind sehr flexibel. Das Wischerblatt zum Abheben von der Heckscheibe nur im Bereich der Wischerblattbefestigung anfassen.

- Wischerarm hochklappen.
- Wischerblatt in Pfeilrichtung 1 schwenken.
- Den Scheibenwischer mit etwas Kraft nach unten aus der Fixierung drücken und nach oben herausnehmen.

Montage

- Wischerblatt von oben bis zur entsprechenden Halböffnung schieben und vorsichtig hineindrücken.
- Scheibenwischer um 90° drehen und den Wischerarm vorsichtig auf die Heckscheibe zurückklappen.

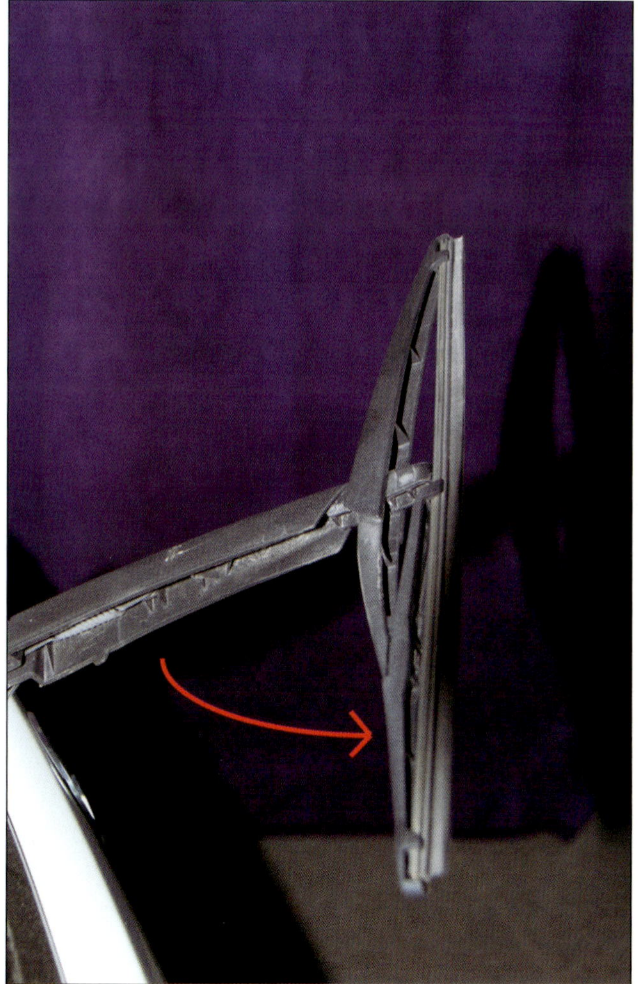

Einstellen und Prüfen der Endlagen der Scheibenwischer vorne

Für Fahrzeuge mit Rechtslenkung sind die Angaben zu den Scheibenwischern spiegelverkehrt.

- Die Wischer in die Endablage laufen lassen und anschließend die Zündung ausschalten.
- Jetzt die Einstellung der Scheibenwischerblätter-Endablage über die Wischerarme vornehmen (Mutter 12 Nm).

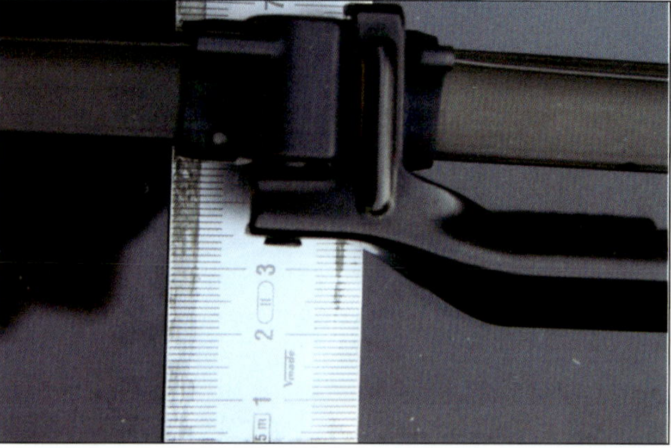

Einstellung: Der Abstand zwischen der Spitze der Wischerhalterung-Oberkante und der Oberkante der Wasserkastenabdeckung muss für beide Wischer 35 ± 2 mm betragen.

Einstellen und Prüfen der Endlagen der Scheibenwischer hinten

- Der Abstand (a) zwischen Wischergummi und Scheibenunterkante muss 25 mm betragen. Die Heckscheibenwischer-Endablage gegebenenfalls durch Versetzen des Wischerarmes auf der Wischermotorwelle einstellen.
- Die Schraubverbindung anziehen (Mutter 12 Nm).

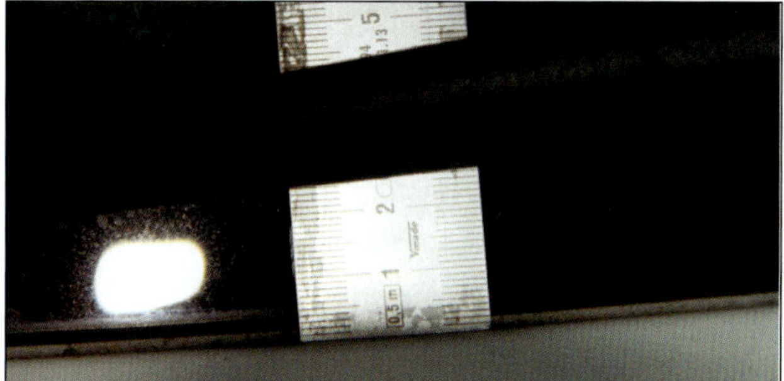

Wischer hinten: Der Abstand muss 25 mm von der Scheibenkante betragen.

Waschdüsen prüfen und einstellen

Waschdüsen vorne einstellen

Die Spritzdüsen sind voreingestellt. Es können aber kleine Höhenunterschiede ausgeglichen werden. Im Falle eines ungleichmäßigen Spritzfelds durch Verunreinigungen in der Spritzdüse bauen Sie die Spritzdüse aus und spülen Sie sie entgegen der Spritzrichtung mit Wasser durch.

- Liegen die beiden Spritzfelder nicht auf gleicher Höhe, kann die Einstellung nach oben bzw. unten korrigiert werden.
- Spritzdüse durch Verdrehen am Einsteller (1) mit einem Torx-Schraubendreher einstellen.

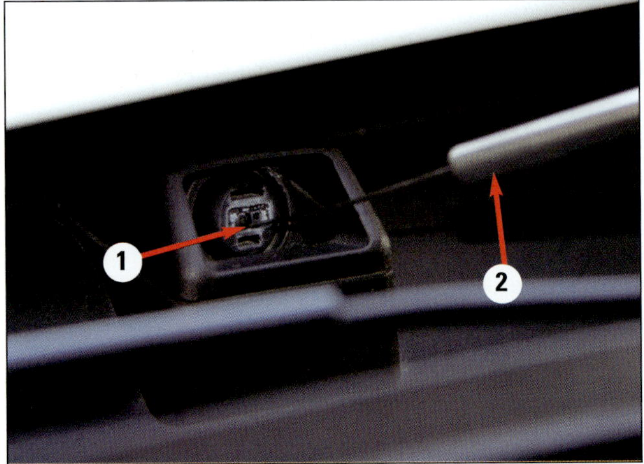

Waschdüse vorne: 1 Waschdüsenaustritt, 2 Einstellwerkzeug.

Waschdüse hinten einstellen

Die Spritzdüse mit Einstellwerkzeug so einstellen, dass der Wasserstrahl wie gezeigt auf das obere Drittel der Heckscheibe auftrifft.

Auftreffpunkt auf der Scheibe: A ca. 100 mm, B ca. 80 mm.

Spritzdüseneinstellung der Scheinwerferreinigungsanlage prüfen

Die Spritzdüsen dürfen nur auf Funktion kontrolliert, aber nicht eingestellt werden.

- Schalten Sie das Abblendlicht ein.
- Betätigen Sie die Scheibenwaschanlage für vorne. Die Scheinwerfer werden gewaschen, wenn der Scheibenwischerhebel mindestens 1.5 Sekunden in »Wischstellung« gehalten wird.
  Der Sprühstrahl sollte mittig auf die Scheinwerferlampen auftreffen, siehe (A) und (B). Weicht das Spritzbild ab, müssen Reparaturmaßnahmen durchgeführt werden.

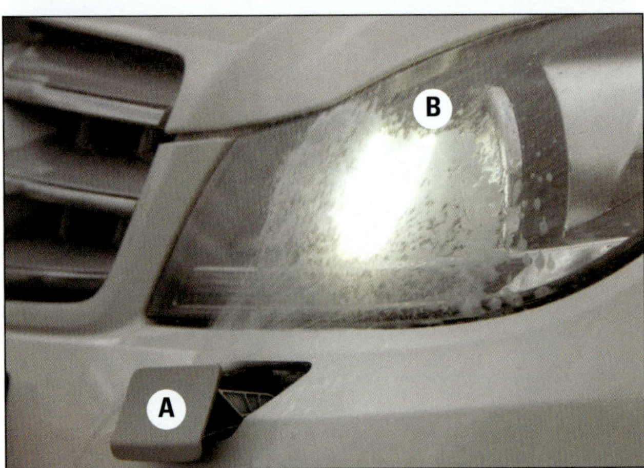

Auftreffpunkt auf dem Scheinwerfer. A und B Mitte des Lichtaustrittes.

Unzureichende Waschleistung der Düsen
Drei mögliche Ursachen kommen in Betracht.
Erstens können die Düsen falsch eingestellt sein, zweitens die Verwendung eines zum Aufschäumen oder zu Ablagerungen neigenden Waschmittelzusatzes und drittens ein unzureichender Wasserdurchsatz durch Verunreinigung einer Düse oder durch einen abgeknickten oder undichten Schlauch. Stellen Sie stets sicher, dass keine ungeeigneten Waschmittelzu-

sätze verwendet werden, die Schaumbildung an der Spritzdüse verursachen. Kontrollieren Sie auch, ob der Sprühstrahl beider Düsen gleichmäßig stark ist. Ist dies nicht der Fall, dann bauen Sie die »schwächere« Düse aus und blasen die Düse mit Druckluft aus. Sollte diese Maßnahme zu keinen Erfolg führen, prüfen Sie bitte, ob der betreffende Schlauch abgeklemmt oder undicht ist.

Bei Fahrzeugen mit Scheinwerferreinigungsanlage muss natürlich auch die Einstellung der Spritzdüsen überprüft werden. Hier gilt, dass der Reinigungsstrahl die Mitte des jeweiligen Reflektors treffen soll.

Wischerkontrolle: Inspizieren Sie die Gummilippe auf Rillen und Vertiefungen. Das Gelenk muss leichtgängig sein damit die Wischergummis satt auf der Scheibe aufliegen.

Nur gezielte Treffer reinigen gut!

Wenn sie eingestellt werden müssen, wird es allerdings etwas hektisch. Nach dem Einschalten des Fahrlichtes, also das Abblendlicht oder das Fernlicht, bei laufendem Motor, muss die Scheibenwaschanlage 10mal betätigt werden, dann wird mit der Hochdruckpumpe die Scheinwerferreinigung durchgeführt. Die Spritzdüsen werden hierzu ausgefahren. Nun können die Spritzdüsen eingestellt werden. Die Betätigung der Waschdüsen erfolgt hydraulisch über den Druck des Reinigungsmittels.

Die Rückstellung erfolgt über eine Rückzugsfeder, die in der Waschdüse verbaut ist. Die Waschdüse ist nicht zerlegbar und sollte ausgetauscht werden, wenn sie sich nicht mehr einstellen lässt oder andere Defekte wie Schwergängigkeit oder Verstopfung aufweist.

PRAXISTIPP

Scheiben schonend enteisen

Für viele, die keinen Garagenstellplatz ihr Eigen nennen, gehören zugefrorene Scheiben im Winter zum alltäglichen Graus. Und wer hat schon Lust, am frühen Morgen oder späten Abend sich mit dem ungemütlichen Gekratze und Geschabe aufzuhalten? Wer jedoch, egal ob aus Faulheit oder Unvernunft, nur ein kleines Guckloch freilegt und dann losfährt, begibt sich und andere beim anschließenden Blindflug in höchste Gefahr. Zudem nimmt man so das Risiko in Kauf, bei einem Unfall haftbar gemacht zu werden und ein saftiges Bußgeld zu kassieren. Der Gesetzgeber schreibt nämlich dem Fahrzeughalter vor, dass er laut §23 StVO dafür zu sorgen hat, dass die Sicht weder durch Beladung noch durch den Zustand des Fahrzeugs beeinträchtigt ist. Was also tun, will man sich und die durch die Kratzprozedur stark in Mitleidenschaft gezogene Scheibenoberfläche schonen? Eine Möglichkeit ist die Verwendung eines Scheiben-Enteisers, den es als Spray- oder Pumpdose zu kaufen gibt. Dieser sorgt mit einer konzentrierten alkoholischen Formel dafür, dass die Eisschicht abtaut. Qualitätsunterschiede der Produkte lassen sich zum Beispiel am Sprühbild erkennen: Wird die Scheibe gleichmäßig benetzt, ist die Wirkung effektiver. Besonders die kratzempfindlichen Stellen wie Außenspiegel oder Gummiteile, aber auch die Kunststoff-Heckscheibe einiger Cabrios, profitieren durch kaum erforderliche mechanische Beanspruchung.

Heizung und Lüftung prüfen

Damit im Winter die Scheiben auch von innen möglichst schnell und zuverlässig frei werden, müssen Heizung und Lüftung, aber auch die Klimaanlage in tadellosem Zustand sein. Die Klimaanlage kann nämlich auch im Winter wertvolle Dienste leisten: Die Luft wird getrocknet und das Beschlagen der Scheiben vermindert. Leider behindert der im Frischluftkanal integrierte Wärmetauscher einer Klimaanlage die Frischluftzufuhr von außen, weshalb Sie das Gebläse im Winter immer mindestens auf Stufe 1 mitlaufen lassen müssen.

- Prüfen Sie zunächst, ob da Gebläse in allen Stufen wirkungsvoll arbeitet, indem Sie die Luft auf die mittleren Ausströmer lenken und alle Schalterstellungen durchprobieren. Eventuell den Reinluftfilter wechseln.
- Ab einer Motortemperatur von 60 Grad oder nach ca. fünf Kilometern Fahrt, muss aus den Ausströmern warme Luft kommen, sobald Sie die Einstellung der Temperatur verändern.
- Prüfen Sie zum Abschluss noch, ob die Luftverteilung funktioniert. Sie können das an den jeweiligen Düsen erfühlen und auch hören. Beim Umschalten öffnen und schließen sich die jeweiligen Klappen des Lüftungssystems. Gerade die Funktion zur Belüftung der Frontscheibe ist sehr wichtig. Sie muss sich auch so einstellen lassen, dass keine zusätzlichen Austrittsstellen für die Luft geöffnet werden. Nur so bleibt die Frontscheibe gerade in der Phase, in der das Auto noch nicht warm ist, beschlagfrei.

Ausströmdüsen dürfen nicht verstopfen: Testen Sie den Luftstrom einzelner Düsen regelmäßig durch Drehen des Reglers bzw. Drücken der Taste der Klimaautomatik.

Frostschutz prüfen

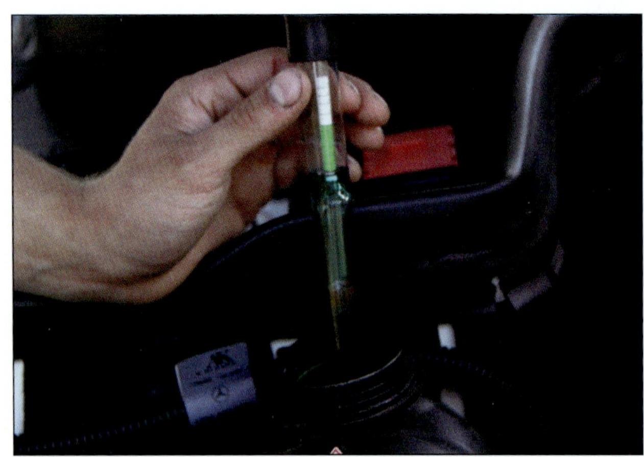

Kühlmittel: Das Frostschutzmittel sorgt zusätzlich für einen Korrosionsschutz im Motor und bleibt deshalb das ganze Jahr im Kühlsystem.

- Die Flüssigkeit kann mit einer Spindel geprüft werden. Ziehen Sie so viel Flüssigkeit in das Gerät, bis der Schwimmer frei schwebt. Sie können dann ablesen, bis wie viel Grad der Frostschutz gewährleistet ist. Mit minus 30 Grad sind Sie gut gerüstet.
- Der Ausgleichsbehälter für das Kühlwasser befindet sich in Fahrtrichtung gesehen rechts, nahe dem Kotflügel.
- Der Vorratsbehälter für das Waschwasser sitzt im Motorraum direkt hinter dem Scheinwerfer der Fahrerseite und ist an dem blauen Deckel zu erkennen. Achtung: Hier kommen andere Frostschutzmittel zum Einsatz!

Dichtungsgummis pflegen

Die Dichtungsgummis sind bei Minustemperaturen besonderen Anforderungen ausgesetzt. Kaputte Gummidichtungen sind nicht nur optisch ein Problem, sondern können im Extremfall zu Wassereinbruch und übermäßigen Scheibenbeschlag führen. Sparen Sie also nicht bei der Pflege, denn der Wechsel defekter Dichtungen ist aufwändig und insofern auch nicht billig. Verwenden Sie lieber regelmäßig einen Gummipflegestift. Dieser verhindert im Winter das Festkleben von Gummidichtungen an Türen, Scheiben und Kofferraumdekkeln. Zusätzlich wird das Gummi geschmeidig gehalten, was vor dem Brüchigwerden schützt.

Gummidichtungen:
Diese müssen innen wie außen geschmeidig bleiben. Besonders wichtig ist das im Winter. Spezielle Gummipflegemittel geben dem elastischen Material zusätzlich den Glanz zurück.

Schmieren und Pflegen: Den Gummidichtungen müssen Sie in der kalten Jahreszeit besondere Beachtung schenken. Verwenden Sie dazu am besten einen Glycerinstift. Er hält die Dichtungen geschmeidig.

Türschlossenteiser

Auch die Verwendung eines Türschlossenteisers kann nicht schaden, insbesondere wenn Sie an Ihrer C-Klasse die Türen nicht per Funkschlüssel öffnen. Beachten Sie aber, dass der Enteiser nicht ins Fahrzeug gehört. Dort nutzt er im Fall der Fälle nämlich nichts. Das Feuerzeug ist im Übrigen keine Alternative. Denn durch die Erhitzung des Schlüssels riskieren Sie einen Schaden am integrierten Mikrochip der Wegfahrsperre. Haben Sie dennoch das Schloss auf diese Art geöffnet, kommen Sie erst recht nicht vom Fleck.

Am besten griffbereit in der Tasche: Den Türschlossenteiser nicht im Fahrzeug vergessen. Ist das Schloss zugefroren, bringt er Ihnen dort am allerwenigsten. Unterlassen Sie bitte auch das Zündeln mit dem Feuerzeug am Schlüssel.

PRAXISTIPP

Schmutz kostet Leuchtkraft

Waschen Sie, besonders in der schmuddeligen Jahreszeit, die Scheinwerfer häufiger als die Karosserie. Denn Schmutzpartikel auf den Abdeckgläsern schlucken die Lichtstrahlen oder leiten sie in die Irre. Folge: geringere Sichtweite, unkontrolliertes Streulicht, starke Blendung – vornehmlich bei Nebel. Schon nach einer etwa halbstündigen Fahrt auf feuchter Straße können die Scheinwerfer Ihres Autos zu über 60 Prozent verschmutzt sein. Entsprechend mager ist dann die Lichtausbeute – ein Gefahrenpotenzial für Sie und andere Verkehrsteilnehmer. Die an der C-Klasse angebrachten Halogenscheinwerfer können Sie beim Tankstellenstopp mit den vorhandenen Mitteln schnell von der Schmutzschicht befreien. Eine Reinigung unterwegs mit Wasser und Schwamm wirkt Wunder und sichert anschließend wieder die volle Leuchtkraft des Scheinwerfers. Achten Sie aber darauf, dass die Schmutzpartikel nicht die Klarglasleuchten der Scheinwerferabdeckung beschädigen oder verkratzen. Die Kunststoffscheibe der C-Klasse-Scheinwerfer kann nämlich nicht als separates Teil ersetzt werden. Dies hat zur Folge, dass im Fall von (durch falsche Pflege) verkratzten oder gebrochenen Glasscheiben (durch einen Unfall bedingt) der Austausch des kompletten Scheinwerfers fällig wird.

Bessere Wischerblätter

In der kalten und nassen Jahreszeit ist eine gute Sicht das A und O beim Autofahren. Wechseln Sie daher am besten zu Herbstbeginn die Wischerblätter gegen einen neuen Satz. Bei dieser Gelegenheit wäre der Umstieg auf die Aerotwin-Wischer aus dem Hause Bosch günstig. Diese etwas teureren Wischblätter werden durch mathematische Berechnungen individuell an die Wölbung der Windschutzscheiben zugeschnitten. Der Anpressdruck ist damit gleichmäßig auf die gesamte Wischerblattlänge verteilt. Der übliche Spoiler wird überflüssig, was auch den Geräuschpegel und Luftwiderstand minimiert.

Standheizung nachrüsten

Eine Standheizung ist ein echter Zugewinn an Komfort und Sicherheit. Lästiges Scheibenkratzen entfällt und der bereits warme Motor läuft vom Start weg schadstoffarm und abgasreduziert. Den Einbau müssen Sie allerdings dem Fachmann überlassen. Besonders günstig kommen Besitzer eines CDI davon. Verfügt der Diesel-Direkteinspritzer über einen Zuheizer, muss er um nur wenige Module erweitert werden, und schon wird aus dem Zuheizer eine vollwertige Standheizung.

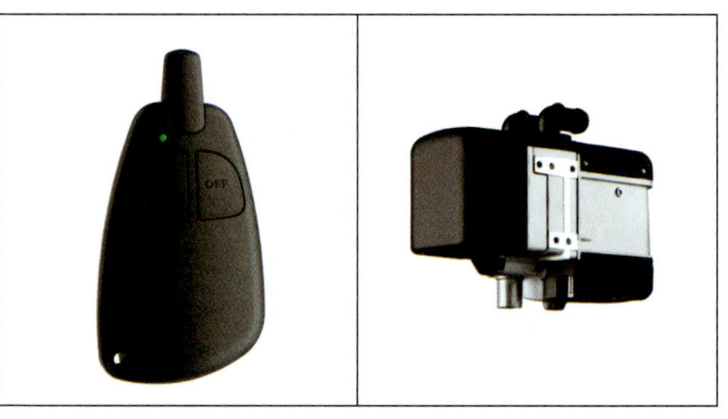

Starthilfebooster

Wollen Sie bei Fahrten in entlegene Wintergebiete auf Nummer sicher gehen, was das Starten des Motors betrifft, sollten Sie einen so genannten Starthilfebooster mit an Board haben. Dieser hilft Ihnen, auch wenn die Autobatterie den Dienst verweigert, sei es wegen der Kälte oder des schlechten Ladezustands (oder schlimmstenfalls beidem).
Der Starthilfebooster agiert dann als kleines Kraftwerk, sodass auch die müdeste Batterie Ihnen nicht zum Verhängnis werden kann und Sie Ihren Wagen starten können.

Sitzheizung nachträglich einbauen

Wer seine C-Klasse mit einem Komfortmerkmal erweitern möchte, hat dazu reichlich Möglichkeiten. Eine dieser Möglichkeiten ist die Nachrüstung einer Sitzheizung. Die im Zubehör angebotenen Carbon-Heizmatten sind wesentlich bruchfester als die ab Werk verbauten Elemente, ohne deshalb wesentlich mehr zu kosten. Ein einfacher Nachrüstkit ist inklusive Schalter und Kabel schon für rund 100 Euro pro Sitz zu haben. Der Einbau muss allerdings nach TÜV-Auflage durch einen Fachbetrieb erfolgen.

CHECKLISTE

Fit für den Winter

Bereich	Worauf Sie achten sollten	Was zu tun ist
A Motor	**1** Motoröl	Das Motoröl wird durch extreme Kaltstarts und die großen Temperaturschwankungen stärker belastet als im Sommer. Vielleicht etwas kürzere Intervalle fahren und ein gutes Öl mit niedriger Viskosität spendieren. (Beachten Sie dazu unbedingt die Hinweise im Kapitel »Antrieb«).
	2 Kühlmittel	Ist der Frostschutzgehalt zu niedrig und das Kühlwasser friert ein, kann das Eis den Motor sprengen. Also rechtzeitig messen und einen anstehenden Wechsel auf den Herbst legen.
	3 Thermostat	Wenn im Winter der Thermostat nicht vollständig schließt, braucht der Motor lange, um warm zu werden. Beobachten und bei langer Warmlaufphase wechseln.
B Räder und Reifen	**1** Winterreifen	Winterreifen funktionieren auf Schnee nur gut, wenn noch mindestens 4 mm Profiltiefe übrig ist. Reifen im Oktober montieren. Falls Sie neue Reifen brauchen: Nicht erst auf die ersten Schneeflocken warten, denn dann hat der Reifenhändler garantiert keine Zeit.
C Licht und Sicht	**1** Beleuchtung	Kontrollieren Sie regelmäßig die Beleuchtungsanlage und reinigen Sie die Kunststoffabdeckungen der Scheinwerfer. Im Winter sind einwandfrei funktionierende Scheinwerfer unentbehrlich.
	2 Verglasung **3** Scheibenwischer	Die Scheiben sollten frei von Kratzern und Steinschlägen sein. Spendieren Sie im Herbst neue Wischer und füllen Sie genügend Frostschutz in die Waschanlage.
D Karosserie	**1** Türen und Hauben	Sprühen Sie die Dichtungen großzügig mit Silikonspray ein. Das verhindert das Festfrieren.
	2 Schlösser und Scharniere	Die Gelenke freuen sich über eine Extraportion Öl bzw. Fett. Das verhindert nebenbei auch Korrosion.
	3 Lack	Gönnen Sie dem Lack regelmäßiges Waschen. So setzt sich erst gar keine Salzkruste fest.
E Elektrik	**1** Batterie	Lassen Sie eine Batterie-Kurzschlussprüfung durchführen, um festzustellen, wie viel Kapazität noch vorhanden ist. Batterien leiden unter Kälte, das gilt übrigens auch für die Fernbedienung.
	2 Heizung und Lüftung	Eventuell Reinluftfilter wechseln.

Fit durch den Sommer

Der Betrieb in der Sommerzeit, vielleicht auch mit einer Fahrt mit Familie und Gepäck in den Urlaub, will gut vorbereitet sein. Pannen und Defekte mit kleiner Ursache, die oft schon im Vorfeld erkennbar waren, sind dann besonders nervig.

Reifen

Sommerzeit ist Reisezeit, und die will gut vorbereitet sein. Nach dem Packen kommt Ihr Wagen dran. Passen Sie in jedem Fall den Reifendruck dem Beladungszustand an. Im Tankdeckel oder in der Bedienungsanleitung finden Sie dazu eine tabellarische Übersicht.
Auch der Reservereifen darf nicht vergessen werden. Nur ein intaktes Reserverad kann bei einer Reifenpanne auch weiterhelfen. Die Notfallausrüstung wie Warndreieck, Sicherheitswesten und natürlich auch das Werkzeug sollte zweckmäßig und griffbereit untergebracht werden. Eine Reifenpanne findet eher selten auf einem Parkplatz statt. Wenn nun auf der Autobahn das halbe Auto wieder ausgeräumt werden muss, nur um die notwendigen Utensilien zusammenzusuchen, vergeht nicht nur Urlaubszeit, sondern die Gefährdung auf der Autobahn nimmt mit der Standzeit zu. Hilfreich ist es sicherlich, das Werkzeug in einer solchen Tasche zu platzieren.
Vergewissern Sie sich, dass Ihre Sommerreifen noch genügend Profil haben. Gesetzlich vorgeschrieben sind zwar lediglich 1,6 mm Profiltiefe; wer jedoch mit diesen Reifen eine Vollbremsung hinlegen muss oder gar in den Regen kommt, hat schlechte Karten. Denn schon bei ca. 4 mm, also rund der Hälfte des Profils neuer Reifen, verlängert sich der Bremsweg aus 100 km/h bereits um mehr als zwei Wagenlängen.

Bremsweg aus 100 km/h (regennasse Fahrbahn)

Profiltiefe	Bremsweg	Verlängerung (relativ)
8 mm	70 m	–
4 mm	82 m	17%
3 mm	87 m	24%
2 mm	97 m	39%

Erschreckende Zahlen: Die Profiltiefe ist ein entscheidender Sicherheitsfaktor vor allem bei Nässe (Quelle: www.kfztech.de)

Profiltiefe korrekt bestimmen

Zur Ermittlung der Profiltiefe empfiehlt sich ein Profiltiefenmesser (Bild 2). Entscheidend sind die Hauptprofilrillen. Messen Sie nicht auf den Erhebungen des TWI (Tread Wear Indikator = Profil-Abnutzungsanzeiger). Die Profiltiefe messen Sie in den Hauptprofilrillen an den am stärksten verschlissenen Stellen des Reifens. Die Positionen der TWI-Indikatoren (Bild 1) sind an der Reifenschulter sichtbar und zeigen die gesetzliche Mindestvorgabe von 1,6 mm an.

1

2

Kleine Reifenkunde

PRAXISTIPP

Seit 01. Januar 2006 ist es Gesetz, dass laut Straßenverkehrsordnung (§2 Abs. 3a) bei Kraftfahrzeugen die Ausrüstung an die Wetterverhältnisse anzupassen ist. Hierzu gehört insbesondere eine »geeignete Bereifung«. Damit sollte es nun nicht mehr nur für Fachleute, sondern auch für alle Autofahrer selbstverständlich sein, dass Sommer und Winter ihre eigenen Reifen hinsichtlich Profil und Gummimischung benötigen. Gerade auf der Fahrt in den Urlaub kommt es darauf an, der Bereifung besondere Aufmerksamkeit zu schenken. Wer weiß schon, dass ein moderner Reifen aus bis zu 16 verschiedenen Gummimischungen bestehen kann, die zum Beispiel folgende Anforderungen erfüllen müssen: Geringst möglicher Abrieb, Rissfestigkeit, Rutschwiderstand, geringer Rollwiderstand, dynamische Beständigkeit, Luftdichtigkeit, Laufruhe sowie Alterungsbeständigkeit. Allerdings bestimmen nicht nur Gummimischung und Auslegung des Profils – zum Beispiel das Lamellenprofil eines Winterreifens – die Leistung eines Reifens. Mindestens genau so wichtig sind nach Aussage der Kfz-Innungsexperten die unterschiedlichen Profiltiefen. Zwar schreibt der Gesetzgeber hier nur einen Mindestwert von 1,6 Millimetern vor, aber in der Praxis ergeben sich andere und realistischere Werte. Auf eine einfache Formel gebracht: Profiltiefe Sommerreifen: Minimum 3 Millimeter, Profiltiefe Winterreifen: Minimum 4 Millimeter. Die Gründe für diese Empfehlungen sind zahlreich und absolut sicherheitsrelevant. Mit dem Minimumprofil von 1,6 Millimeter verlängert sich bei Nässe der Bremsweg bereits um das Doppelte. Wenn man weiter weiß, dass bei nasser Fahrbahn die Drainagerillen bei 80 km/h bis zu 25 Liter Wasser pro Sekunde und bei 140 km/h bis zu 43 Liter kanalisieren müssen, erübrigt sich wohl jede weitere Diskussion um falsche Sparsamkeit. Gerade vor der sommerlichen Urlaubsreise mit ihren erhöhten Anforderungen an Temperaturen, Fahrzeuggewicht und Geschwindigkeit raten die Fachleute der Kfz-Meisterbetriebe zu einer detaillierten Reifenkontrolle, bei der neben der Erhöhung des Luftdrucks speziell auf Beschädigungen an Lauffläche, Seitenwand und Ventilabdichtung sowie auf Profiltiefe geachtet werden muss. Gehen Sie also beim einzigen Bindeglied zwischen Ihnen und dem Straßenbelag keine unnötigen Risiken ein und kontrollieren Sie regelmäßig Ihre Fahrzeugbereifung.

Der Blick unter die Motorhaube ist sehr wichtig

Prüfen Sie alle wichtigen Flüssigkeitsstände des Fahrzeuges. Dazu gehören vor allen Dingen der Kühlwasserstand, der Ölstand und auch die Scheibenwaschanlage.

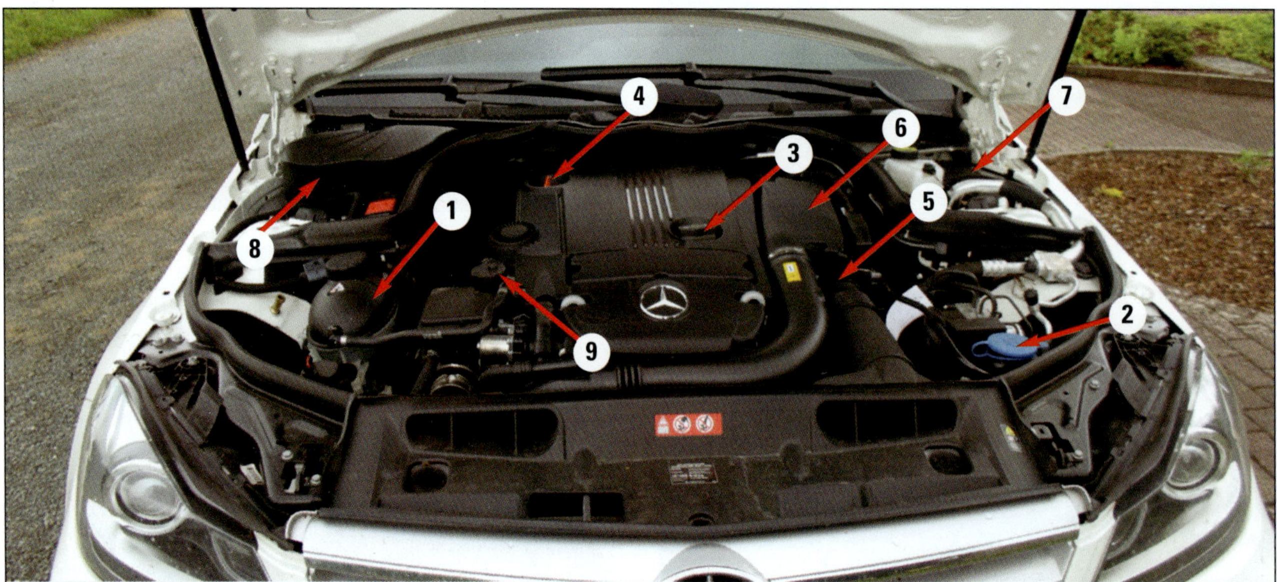

Motorraum und Übersicht der Kontrollpunkte: 1 Kühlwasserbehälter, 2 Scheibenwaschbehälter, 3 Öleinfüllstutzen, 4 Ölpeilstab, 5 Luftmassenmesser, 6 Luftfilterkasten, 7 Elektrik und Relais, 8 Gebläse, 9 Servoölbehälter.

Wie funktioniert die Klimaanlage?

Eine Klimaanlage ist eine feine Sache, keine Frage, doch wie funktioniert diese Anlage eigentlich? Das Funktionsprinzip ist vergleichbar mit dem des heimischen Kühlschranks. Ein vom Motor angetriebener Kompressor (1) verdichtet das dampfförmige Kältemittel, welches sich dabei erhitzt. Beim anschließenden Abkühlen im Kondensator (10) wird das Mittel wieder flüssig. Durch ein Ventil (12) wird diese abgekühlte Flüssigkeit nun in den Verdampfer (13) eingespritzt. Beim Verdampfungsprozess wird nun der außen an dem Waben- und Röhrensystem vorbeiströmenden Luft aus dem Fahrgastraum Wärme und Feuchtigkeit entzogen. Die Luft kühlt ab und wird zurück in den Innenraum geleitet. Die Intensität der Abkühlung hängt im Wesentlichen vom Luftdurchsatz und der eingestellten Temperatur ab. Das heißt: Je höher die Gebläsestufe und je niedriger die gewählte Temperatur, desto kälter wird es. Intelligente Klimasysteme zeichnen heutzutage zusätzliche Sensoren und Steuereinheiten aus. Diese bestimmen nicht nur anhand der Gurtschlösser die Anzahl der klimabedürftigen Insassen, sondern können auch mittels Fotodioden die Sonneneinstrahlung berechnen und so den hitzegeplagtesten Passagier ausmachen und dementsprechend die Kälteverteilung koordinieren.

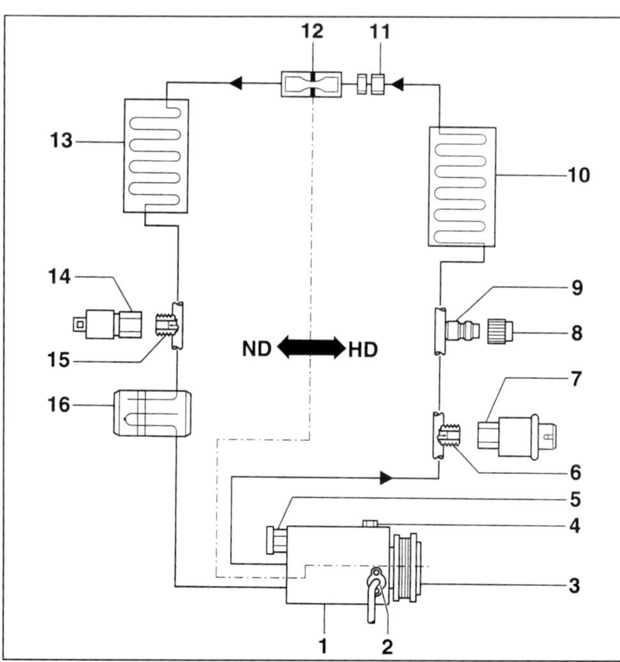

Funktionsprinzip Klimaanlage. Prinzip der Klimaanlage: Der Kreislauf ist in einen Nieder- und einen Hochdruckkreis aufgeteilt.

PRAXISTIPP

Gebrauch der Klimaanlage

Beim ausgiebigen Sonnenbad Ihres Fahrzeugs heizt sich der Innenraum auf Temperaturen bis zu 60 °C oder gar noch mehr auf. Sie sollten daher vor dem Losfahren zunächst alle Türen öffnen und die größte Hitze entweichen lassen. Danach erst die Fahrt antreten und zum zügigen Herunterkühlen zunächst volle Gebläsestufe wählen. Dann schnell kleiner drehen, um unnötige Zugluft zu vermeiden. Die automatische Klimaanlage regelt sensorgesteuert Temperatur, Gebläsestufe und Luftverteilung selbsttätig. Bei

Einstellungssache: Reglereinheit der Klimaanlage.

manuell geregelten Klimageräten übernehmen Sie diese Aufgaben selbst. Die Wohlfühl-Temperatur liegt im Sommer bei etwa 22 °C, bei extremer Hitze etwa drei bis vier Grad höher. Kurz vor dem Ziel die Klimaanlage abschalten, dann lässt sich ein Temperaturschock beim Aussteigen vermeiden. Im Winter ist eine Temperatur von etwa 21 °C ideal.

Apropos: Auch im Herbst und Winter sollten Sie gelegentlich die Klimaanlage aktivieren. Dies vermindert nicht nur durch die Aufnahme der Feuchtigkeit aus der Luft das Anlaufen der Scheiben, sondern dient auch dem Schutz des Klimasystems und seiner Aggregate vor Korrosion. Folgende Indizien deuten auf einen Defekt der Klimaanlage hin und erfordern einen sofortigen Werkstattbesuch: Schlechte Gerüche aus den Lüftungsdüsen, verminderte oder gar keine Kälteleistung der Anlage, erhöhter Kraftstoffverbrauch oder eine ständig beschlagene Windschutzscheibe. Vermeiden Sie durch unregelmäßige Checks auch, dass Bakterien und Pollen sowie Sporen dem Innenraumfilter übel zusetzen können. Vor allem bei Allergikern können Husten und Niesen gefährliche Situationen beim Fahren hervorrufen.

Die Thermatic

Das Schrauben am Klimatisierungs-System scheitert weniger an Sicherheitsrisiken. Es ist vielmehr die komplizierte Technik, die dem Heimwerker das Leben schwer macht. Mercedes unterscheidet zwischen Klimaanlage (Thermatic) und Klimatisierungsautomatik (Thermotronic). Die Thermotronic hält ebenso wie die Thermatic vollautomatisch die gewählte Fahrzeuginnentemperatur. Weiterhin werden jedoch die Temperatur der ausströmenden Luft sowie die Gebläsedrehzahl (Luftmenge) und Luftverteilung automatisch verändert. Die Anlage berücksichtigt auch starke Sonneneinstrahlung. Ein Nachregeln von Hand ist überflüssig. Das Klima-Steuergerät verarbeitet vielfältige Informationen von Sensoren. Die gesamte Anlage wird über elektrische Stellmotoren gesteuert. Sämtliche Luftklappen bewegen sich vollautomatisch. Das Steuergerät hat ebenfalls die Magnetkupplung am Klimakompressor im Griff. Empfohlen wird folgende Standardeinstellung für alle Jahreszeiten: Stellen Sie die Temperatur auf 22 °C und drücken Sie die Taste AUTO. Bei dieser Einstellung wird am schnellsten ein behagliches Klima erreicht. Die Einstellung sollte nur verändert werden, wenn das persönliche Wohlbefinden es erfordert. Damit die Thermotronic einwandfrei funktionieren kann, muss der Lufteinlass vor der Windschutzscheibe frei von Eis, Schnee und Blättern sein. Empfohlen wird, bei Umluftbetrieb im Fahrzeug nicht zu rauchen, da sich der aus dem Fahrzeuginnern angesaugte Rauch auf dem Verdampfer absetzt und zu dauerhafter Geruchsbelästigung führt. Wenn nach Einschalten der Zündung alle Symbole im Anzeigenfeld etwa 15 Sekunden blinken, liegt eine Störung vor, die nur in der Fachwerkstatt behoben werden kann. Sollte die Kühlanlage einmal nicht arbeiten, kann entweder die Außentemperatur niedriger als etwa +5 °C sein, der Kompressor der Kühlanlage wegen zu hoher Motor-Kühlmitteltemperatur vorübergehend abgeschaltet haben oder die Sicherung durchgebrannt sein.

⚠ Kältemittel

GEFAHRHINWEISE

Die Bauteile des Klimasystems sowie alle Kältemittelschläuche und -leitungen, finden Sie bei der C-Klasse vorn links halb neben und halb vor dem Motor, den sie fast ganz umgeben. Doch Vorsicht: Hier müssen Sie sich selbst als passionierter Schrauber bremsen! Denn bei den Komponenten der Klimaanlage bestehen gesundheitliche Risiken und auch die Gefahr, Ihre Klimaanlage bei Reparaturversuchen zu beschädigen! So kann der Umgang mit Kältemitteln Erfrierungen bei Berührung verursachen oder gar zum Ersticken am Boden oder in unteren Räumen, wegen der Schwere des Mittels, führen.
Klimaanlagen dürfen also nur von Mercedes oder in Service-Stützpunktwerkstätten instand gesetzt bzw. ersetzt werden. Riskieren Sie hier keine gesundheitlichen Schäden oder teure Nachreparaturen. Denn der Kältemittelkreislauf der Klimaanlage darf nicht geöffnet werden. Das Neubefüllen ist Werkstatt-Sache. Zudem könnten Sie sich bei unsachgemäßer Handhabung auch strafbar machen: Das Ablassen von Kältemittel in die Umwelt ist eine strafbare Handlung. Sollte Ihre Klimaanlage also der Wartung bedürfen, fahren Sie am besten gleich in Ihren Servicebetrieb.

Nach Werksvorgabe: Die Idealtemperatur im Fahrzeuginnenraum beträgt rund 22 °C.

Der Pollenfilter

Funktion von Staub- und Pollenfilter mit Aktivkohleeinlage
Je nach Fahrzeugausstattung kann auch ein Staub- und Pollenfilter mit Aktivkohleeinlage verbaut sein. Zusammen mit dem Sensor für Luftgüte wird ein Staub- und Pollenfilter mit zusätzlicher Aktivkohle-Filtereinlage eingebaut. Bei Fahrzeugen mit Sensor für Luftgüte sollte die Klimaanlage immer in der Funktion »automatischer Umluftbetrieb« betrieben werden. Der Filter mit Aktivkohle kann auch bei Fahrzeugen ohne Sensor für Luftgüte eingebaut werden. Der Filter mit Aktivkohleeinlage übernimmt die Aufgabe eines Staub- und Pollenfilters. Er kann aber zusätzlich auch gasförmige Schadstoffe wie z. B. Ozon, Benzol, Stikkstoffdioxid usw. aus der durchströmenden Luft ausfiltern. Die Aufgabe der Aktivkohle ist es, die gasförmigen Verunreinigungen der durchströmenden Luft so lange aufzunehmen, bis die Frischluftklappe geschlossen ist und die Klimaanlage im Umluftbetrieb arbeitet. Die Umschaltung erfolgt durch das Steuergerät für Thermotronic, sobald der Sensor für Luftgüte im »automatischen Umluftbetrieb« gasförmige Verunreinigungen in der Umgebungsluft erkannt hat. Die Aktivkohleschicht im Staub- und Pollenfilter wirkt auf die verschiedenen Schadstoffe unterschiedlich: Bestimmte Schadstoffe werden fest in der Aktivkohleschicht gebunden, andere werden wie in einem Katalysator in unschädliche Verbindungen umgewandelt. Für de Rest wirkt die Aktivkohle wie ein Kondensator. Bei ansteigender Belastung werden zunächst so viele Schadstoffe aufgenommen, bis eine bestimmte Sättigung erreicht ist. Nimmt der Anteil der Schadstoffe ab, gibt die Aktivkohleschicht die aufgenommenen Teilchen wieder kontinuierlich ab.

Montage des Staub- und Pollenfilters

Der Staub- und Pollenfilter befindet sich im Beifahrerfußraum.

- Drehen Sie die Torxschrauben (2) heraus.
- Nehmen Sie die Fußraumverkleidung (1) im Beifahrerfußraum heraus.
- Entriegeln Sie den Pollenfilterdeckel (3) in Pfeilrichtung und nehmen Sie ihn ab.
- Nehmen Sie den Pollenfilter heraus.

Die Montage erfolgt sinngemäß in umgekehrter Reihenfolge.

Beifahrerfußraum: 1 Verkleidung, 2 Kunststoffschrauben.

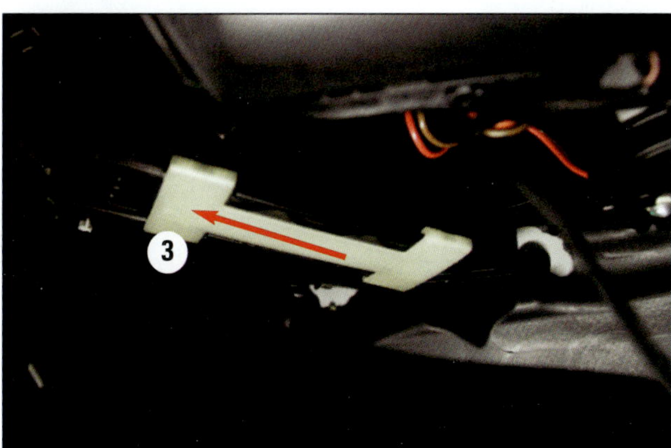

Verschlussdeckel von unten: Zum Öffnen in Pfeilrichtung verschieben.

Klimaanlage desinfizieren

Die Komponenten der Klimaanlage sollten regelmäßig, mindestens einmal im Jahr oder alle 15.000 Kilometer desinfiziert werden. An den Wärmetauschern setzen sich sonst Bakterien ab, die zu üblen Gerüchen, beschlagenen Scheiben und sogar zu Erkrankungen der Atemwege führen können. Sie brauchen dazu Desinfektionsspray und eine Atemschutzmaske. Sprühen Sie zunächst eine Ladung Spray in die Austrittsdüsen. Schalten Sie das Gebläse auf Umluft und maximale Geschwindigkeit. Um die Batterie nicht unnötig zu belasten, kann dabei der Motor laufen. Sprühen Sie nun das Desinfektionsspray in Ansaugrichtung vor den Wärmetauscher. Tragen Sie dabei eine Atemschutzmaske. Lassen Sie die Lüftung bei geschlossenen Scheiben rund 10 Minuten bei voller Leistung laufen. Die Luft im Innenraum wird dadurch mehrmals umgewälzt.

12V-Kühltasche für's Auto

Getränke und ein Vesper sind auf langen Reisen eine willkommene Erfrischung in den Pausen und stärken die Insassen für die Weiterfahrt. Zum Transport des Reiseproviants empfiehlt sich daher logischerweise eine Kühlbox. Darin lassen sich dank des ausreichenden Stauvolumens (bei ca. 20 Liter Fassungsvermögen hält sich der Platzbedarf im Kofferraum noch in Grenzen) auch Lunchpakete und genügend Getränkeflaschen (bis zu 2 Liter große PET-Behälter) für die ganze Familie hervorragend transportieren und gekühlt aufbewahren. Den besten Kühleffekt erzielen Sie mit einer Kühltasche, die sich auch an die 12-Volt-Stekkdose (Zigarettenanzünder bzw. zusätzliche Stekkdose im Kofferraum) anschließen lässt. Besonders praktische Geräte können dann, am Urlaubsziel angekommen, auch gleich am normalen Stromnetz und an Steckdosen mit 230 Volt betrieben werden. Der Kostenpunkt dieser intelligenten Boxen liegt bei ca. 200 Euro. Die Bedienung erfolgt über ein Softtouch-Bedienpanel, dessen Elektronik über mehrere Thermostate die Regelung der Kühlboxtemperatur übernimmt. LEDs dienen zur Kontrolle der Funktionstüchtigkeit, um den Inhalt auf bis zu 30 Grad unterhalb der Umgebungstemperatur zu kühlen. Zusätzliche Kühlakkus helfen, eine konstante Kühlung auch über längere Zeit aufrecht zu erhalten. Für diesen Preis kann die Kühltasche fürs Auto aber noch mehr: Eine weitere Funktion erlaubt die Umschaltung von Kühl- auf Heizbetrieb, was nicht nur Pizzataxis freuen dürfte. Übrigens: Der ADAC empfiehlt auf langen Fahrten ausgiebige Pausen zur Erholung insbesondere des oder der Fahrer. Dabei sollte auch auf den Wasserhaushalt Acht gegeben werden! Also gilt es, genügend Flüssigkeit (min. 3 l), am besten Mineralwasser oder verdünnte Fruchtsäfte, zu sich zu nehmen, damit die Konzentration und Ausdauer bei Hitze nicht auf der Strecke bleiben. Wer nun meint, mit Klimaanlage gänzlich unbetroffen zu sein, irrt: Denn die Umwälzung über den Verdampfer entzieht der Luft die Feuchtigkeit, was gleichermaßen zu einem Austrokknungseffekt führt.

Frischhaltebox: Die Kühlbox im Auto versorgt die Insassen auf der langen Urlaubsreise mit Getränken und Snacks.

Urlaub und Reise

Gerade im Ausland ist die Absicherung auch im Falle des Unfalls oder auch nur einer Panne sehr wichtig. Große Autofahrervereine wie der ADAC oder der AVD bieten Schutzbriefe an, die die Absicherung auch im Ausland garantieren. Auch über einige Kraftfahrzeugversicherer kann ein solcher Schutzbrief beantragt und abgeschlossen werden.

Engel auf Rädern

Nein, Schutzbriefe sind nicht für Weicheier oder Warmduscher. Sie sind gerade heute eine sinnvolle Ergänzung des Reisegepäcks. Eine Panne kann im Ausland erhebliche Kosten verursachen. Wer bereits einen Abschleppdienst finanziell kennen gelernt hat, kann sich sicherlich noch an die nicht gerade günstig ausgefallene Rechnung erinnern. Gehen Sie ruhig davon aus, dass der freundliche Abschlepper in Frankreich oder Italien Ihnen auch keinen Freundschaftsrabatt anbieten wird. Ein Schutzbrief, der vertraglich die Kosten regelt und dafür sorgt, dass Ihr Auto auch tatsächlich wieder bei Ihnen zu Hause oder einer Werkstatt Ihres Vertrauens landet, ist dann Gold wert.
Betrachten wir uns einige aus unserer Sicht sinnvolle Inhalte, die Ihnen ein Schutzbrief bieten sollte. Ein Vergleich der unterschiedlichen Anbieter fällt Ihnen dann wesentlich leichter.

Fahrzeug-Rücktransport

Fällt Ihr Fahrzeug im Ausland aus und kann vor Ort nicht oder erst wesentlich später repariert werden, sollte durch den Schutzbrief der Rücktransport zu Ihrem Wohnsitz organisiert und bezahlt werden. Zusätzliche Leistungen wie Abschlepp- und Einstellkosten sollten auch abgedeckt sein.

Fahrtkosten nach Fahrzeugausfall

Sollten Sie auf Grund einer Panne oder eines Unfalls liegen bleiben oder Ihr Fahrzeug ist gestohlen worden, sollte der Schutzbrief die Kosten für die Bahnfahrt zum Zielort und zurück zum Schadensort oder zurück zu Ihrem Wohnsitz übernehmen. Die Kosten für einen Mietwagen sollten dann für die Dauer des Fahrzeugausfalls, max. bis zu sieben Tagen, übernommen werden.

Übernachtung nach Fahrzeugausfall

Natürlich kann bei Panne oder nach einem Unfall auch schnell eine außerplanmäßige Übernachtung die Urlaubskasse belasten. In der Regel tragen die Schutzbrieforganisationen dann die zusätzlichen Hotelübernachtungen für Sie und alle Insassen des Fahrzeugs.

Abschleppen und Bergung

Für das Abschleppen oder die Fahrzeugbergung nach einem Unfall fallen schnell erhebliche Kosten an. In der Regel ist auch dies Leistung der großen Schutzbrieforganisationen.

Hilfe bei verlorenen oder defekten Fahrzeugschlüsseln

Den Schlüssel am Strand verbuddelt? Oder sonst wie verloren? Gerade bei den großen Organisationen wie dem ADAC werden auch solche schon kuriosen Vorfälle organisiert und die Kosten hierfür übernommen.

Ersatzteilversand

Gerade in den abgelegenen Winkeln dieser Erde sind nicht unbedingt alle notwendigen Ersatzteile immer greifbar. Um die Urlaubszeit nicht ins Ungewisse zu verlängern, wird sogar der Ersatzeilversand für solche Fälle auch weltweit organisiert.

Vor und nach jeder großen Fahrt

CHECKLISTE

Bereich	Worauf Sie achten sollten	Was zu tun ist
A Motor	**1** Motorölstand	Wurde der Motor lange auf Kurzstrecken betrieben, sammeln sich flüchtige Substanzen. Deshalb kann es sein, dass der Ölstand bei heißem Motor schlagartig absinkt. Nach den ersten 100 Kilometern nachmessen.
	2 Kühlmittelstand	Den Kühlmittelstand im kalten Zustand auf Maximum auffüllen.
	3 Zustand der Schläuche	Alle Wasserschläuche müssen dicht und elastisch sein. Schläuche kräftig kneten. Kalkablagerungen an den Anschlüssen und harte oder poröse Schläuche sind kein gutes Zeichen. Im Zweifel austauschen.
	4 Kühlerventilator prüfen	Lassen Sie den Motor im Leerlauf laufen, bis sich der Kühlerventilator ein- und später wieder ausschaltet. Sie werden Ihn brauchen, wenn Sie im Stau stehen.
B Räder und Reifen	**1** Luftdruck	Der Luftdruck in den Reifen muss an die Beladung angepasst werden. Nach der Reise nicht vergessen den Luftdruck wieder abzusenken.
	2 Zustand	Die Reifen sollten natürlich auch am Ende der Reise noch genug Profil haben. Das sollten Sie besonders bei Winterreifen bedenken, die mindestens vier Millimeter Profiltiefe haben müssen.
C Fahrwerk	**1** Stoßdämpfer	Wird das Auto richtig vollgeladen, sind die Stoßdämpfer besonders gefordert. Fahnden Sie nach Ölspuren und lassen Sie beim kleinsten Verdacht einen Stoßdämpfertest durchführen. Mit Wippen an der Karosserie lassen sich schwache Dämpfer kaum entlarven.
	2 Manschetten und Gelenke	Sind Achsmanschetten oder die Gummis der Gelenke rissig und porös, werden die Teile bei hoher Belastung rasant verschleißen. Besser vorher austauschen.
D Sonstiges	**1** Beleuchtung	Schalten Sie alle Lichter durch und nehmen Sie Ersatzlampen für Scheinwerfer und Rückleuchten mit.
	2 Scheibenwaschanlage	Prüfen Sie die Einstellung der Spritzdüsen und füllen Sie den Vorratsbehälter mit geeignetem Gemisch bis zum Maximum auf.
	3 Zubehör	Einen Fünf-Liter-Reservekanister, einen Liter Motoröl und eine Rolle Textilklebeband mit auf die Reise nehmen.

Pannen unterwegs

Sie gehören zu den Tücken des Alltags und machen einem das Autofahrerleben schwer – kleinere Pannen und Schäden. Dennoch können gerade diese Kleinigkeiten eine umso größere Wirkung haben. Denn manchmal ist es nur eine Nichtigkeit wie die Batterien der Autoschlüssel, die das Fortkommen verhindern. Wie Sie in solchen und ähnlichen Fällen Ihre C-Klasse wieder flottkriegen, steht in diesem Kapitel.

Womit muss ich immer rechnen?

Sie müssen zur Arbeit und sind spät dran. Es ist Winter, ungemütlich kalt und dunkel. Eine dicke Eisschicht überzieht die Scheiben. Schnell ein Guckloch kratzen und los, so denken Sie. Aber: Sie drehen den Schlüssel im Zündschloss und nichts passiert! Vielleicht ist das auch besser so, denn nur ein Guckloch frei zu kratzen ist lebensgefährlich und wird mit Bußgeld geahndet. Doch auch das Startproblem geht eventuell auf Ihr Konto. Oder es wäre mit etwas mehr Pflege und Aufmerksamkeit durchaus zu vermeiden gewesen. Die leere Batterie ist jedenfalls einer der Klassiker unter den kleinen Pannen und langweilige Routine für die gelben Engel vom ADAC. Damit Sie die Herren nicht langweilen und vor allem nicht stundenlang warten müssen, verraten wir Ihnen, was in einem solchen Fall zu tun ist. Ärgerlich ist zum Beispiel auch, wenn die Batterie im Schlüssel schwächelt und Ihnen eines Tages den Zugang zu Ihrem Ibiza verwehrt. Dann müssen Sie sich an die eigene Nase fassen, denn der regelmäßige Wechsel der Batterie ist kinderleicht und kostet nicht die Welt.

Was tun bei einer Reifenpanne?

Etwas anders sieht die Sache mit einem platten Reifen aus. Statistisch gesehen erlebt jeder Autofahrer nur etwa alle 70.000 km dieses Malheur. Dann aber heißt es richtig reagieren und umsichtig handeln. Schätzen Sie die Situation hinsichtlich des Gefahrenpotentials ein. Können Sie an dieser Stelle einen Radwechsel durchführen, ohne sich zu gefährden? Befinden Sie sich beispielsweise auf einer zweispurigen Autobahn ohne Standstreifen, unterlassen Sie zu Ihrer eigenen Sicherheit einen Radwechsel. Rufen Sie stattdessen sofort Hilfe per Handy oder versuchen Sie sich im Schritttempo zum nächsten Rastplatz zu retten.

Mit einer Panne weiterfahren oder lieber stehen bleiben – ab wann wird es kritisch?

Abgesehen von dieser Panne, die bei jedem Auto auftreten kann, gilt die C-Klasse als relativ unkompliziert und robust. Verlassen Sie sich stets auf Ihren gesunden Menschenverstand und verzichten Sie im Zweifelsfall lieber auf einen Reparaturversuch vor Ort. Genauso wichtig ist es zu wissen, wann es besser ist, nicht mehr weiter zu fahren. Sie ersparen sich damit nicht nur teure Folgeschäden, sondern setzen auch nicht Ihre Gesundheit und die Ihrer Mitmenschen aufs Spiel. Wir haben darum in unseren Störungsbeiständen die wichtigsten Symptome aufgeführt, die auf einen schlimmen Schaden hindeuten. Oder auch auf Dinge hingewiesen, die einen schlimmen Schaden verursachen können. So reagieren alle direkt einspritzenden Diesel absolut allergisch auf eine Falschbetankung mit Benzin. Fatalerweise passt nämlich die dünnere Zapfpistole der Otto-Kraftstoffe immer in die große Öffnung der Dieselfahrzeuge, der große Rüssel der Diesel-Zapfsäule jedoch nicht in die kleinen Tankstutzen der Benziner. Sollten Sie Ihren falsch betankten Diesel dennoch starten, werden Sie mit einiger Sicherheit aufgrund der Folgeschäden einen vierstelligen Euro-Betrag los.

Und wenn ich nun doch in die Werkstatt muss?

Lässt sich ein Abschleppen mit anschließendem Werkstattbesuch nicht vermeiden, sollten Sie unbedingt folgende Dinge beachten: Generell ist die Mitgliedschaft in einem Automobilclub und ein spezieller Schutzbrief immer von Vorteil, besonders fern der Heimat. Lesen Sie sich beizeiten in Ruhe das Kleingedruckte durch und legen Sie die entsprechende Notrufnummer in das Handschuhfach. Bestellen Sie einen Abschleppwagen nur über diese Nummer und lassen Sie sich vom Fahrer eine Bestätigung über seinen Auftraggeber zeigen. Es ist ja auch möglich, dass der Abschleppwagen rein zufällig des Weges kam... Schildern Sie der Werkstatt dann ganz in Ruhe und chronologisch den Schadenshergang. Je mehr die Werkstatt weiß, umso kürzer ist die Zeit für die Fehlersuche.
Wichtige Informationen sind zum Beispiel:

- In welchem Betriebszustand trat der Schaden auf? (Temperatur, Geschwindigkeit, Drehzahl)
- Haben Sie vorher ungewöhnliche Geräusche oder ein ungewöhnliches Fahrverhalten bemerkt?
- Wie ist die Vorgeschichte des Wagens (wurden vor Kurzem Reparaturen oder Inspektionen durchgeführt)?
- Bestehen Sie auf einen schriftlichen Auftrag und einen Kostenvoranschlag. Ziehen Sie vor Reparaturbeginn eine finanzielle Grenze, über der die Werkstatt Ihr Einverständnis braucht.

Fahrzeug richtig aufbocken

Im Bordwerkzeug Ihrer C-Klasse finden Sie unter anderem auch den Scherenwagenheber. Damit lässt sich der Wagen für die meisten Arbeiten hoch genug anheben. Zur Vergrößerung der Hubhöhe können Sie einen Holzklotz unterstellen. Ebenso sollten Sie stets ein kleines Brett mit etwa den Abmaßen 30 cm x 30 cm und 2 cm Dicke zur Sicherheit unterstellen. Damit verringert sich die Gefahr, dass der Wagenheberfuß in den Boden einsinken kann. Gehen Sie mit Unterstellböcken auf Nummer sicher. Wenn Sie ernsthaft unter dem Fahrzeug arbeiten wollen, raten wir dringend zur Verwendung von Unterstellböcken. Nur so können Sie Ihre angehobene C-Klasse sichern. Begeben Sie sich niemals unter das angehobene Fahrzeug, wenn dieses nicht durch Unterstellböcke gesichert ist, Sie begeben sich sonst in Lebensgefahr!

Fahrzeug aufbocken:
Der Wagen muss auf festem, ebenem Untergrund stehen.

- Feststellbremse aktivieren und zumindest eines der Räder gegenüber der Anhebestelle mit Holzkeilen, notfalls mit geeigneten Steinen gegen Wegrollen sichern. Nur auf die Feststellbremse dürfen Sie sich nicht verlassen.

- Der Bordwagenheber ist (soweit überhaupt noch vorhanden) zusammen mit anderem Bordwerkzeug leicht zugänglich unter der Abdeckung in der Reserveradmulde zu finden. Schwenken Sie die Kurbel durch Verdrehen heraus und öffnen Sie den Heber um etwa fünf Umdrehungen.

- Nun den Wagenheber senkrecht zum gekennzeichneten Aufnahmepunkt am Schweller heben. Der Schlitz des Wagenheberkopfes muss waagerecht in den Schwelleraufnahmepunkt greifen.

Achtung! Fahrzeug nur an diesen vorgesehenen Aufnahmepunkten anheben! Die Schweller sind in diesem Bereich extra hierfür verstärkt! Wagenheberkopf mit der linken Hand gegen den Aufnahmepunkt drücken, während man mit der rechten Hand die Kurbel im Uhrzeigersinn dreht und den Wagenheberfuß gegen den Boden drückt. Immer darauf achten, dass der Wagenheber senkrecht steht und nicht nach einer Seite abkippt!

- Bevor der Wagenheber auf die Arbeitshöhe hochgekurbelt ist, nochmals vergewissern, dass ein Wegkippen des Hebers ausgeschlossen ist. Ist der senkrechte Stand nicht gewährleistet, den Wagenheber nochmals neu ansetzen. Ansonsten nun auf nötige Höhe kurbeln.

- Der Unterstellbock darf nur an den Bodenverstärkungen angesetzt werden. Zwischen der Auflage des Bocks und den Fahrzeugboden sollten Sie einen Gummi- oder Hartholzklotz legen, der die Last verteilt. Kontrollieren Sie vor dem Ansetzen des Bockes, ob eventuell ein Blechfalz im Weg ist, der eingedrückt oder deformiert werden könnte, oder gar die Bremsleitung eingeklemmt werden kann.

- Der Dreibein-Unterstellbock steht am sichersten, wenn eines seiner Beine nach außen und zwei zur Wagenmitte hin zeigen. Achten Sie auf diese Stellung, wenn Sie das Fahrzeug aufbocken. Sonst kann es passieren, dass beim Anheben des Wagens der auf der anderen Seite bereits angesetzte Unterstellbock seitlich weggedrückt wird.

Erreichbar: Werkzeugfach unter der Ablage.

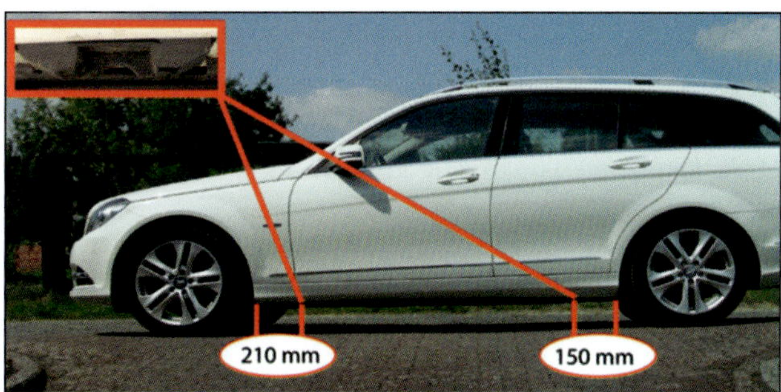

Fahrzeug aufbocken: Aufnahmepunkte.

Fahrzeug abschleppen

Abdeckung demontieren: Die Schraube, mit welcher diese fixiert ist, lösen Sie mit einem Kreuzschlitzschraubenzieher.

Abdeckung abnehmen: Die Abdeckung nach vorne wegziehen, dahinter verbirgt sich das Einschraubgewinde des Hakens. Den Abschlepphaken können Sie mit Hilfe des Radschlüssels als Hebel ordentlich festziehen.

Beachten Sie beim Abschleppen folgende Grundsätze:

- Nie den Wagen weiter als 50 km schleppen, ansonsten können Schäden am Getriebe entstehen.
- Nicht schneller als mit 50 km/h schleppen.

Vorschriften beim Abschleppen

WISSENSWERTES

Beachten Sie nach einer Havarie beim Abschleppen die nach §15a der Straßenverkehrsordnung geltenden Grundsätze: Beim Abschleppen eines auf der Autobahn liegengebliebenen Fahrzeugs ist die Autobahn bei der nächsten Ausfahrt zu verlassen. Ist Ihr Fahrzeug außerhalb der Autobahn liegengeblieben, dürfen Sie nicht auf die Autobahn auffahren. Während des Abschleppens müssen beide Fahrzeuge das Warnblinklicht einschalten. Zudem steht der Nothilfegedanke im Vordergrund, das heißt, ein abzuschleppendes Fahrzeug ist nicht über weite Strecken zu transportieren, sondern nur bis zur nächstgelegenen oder nächstgeeigneten Werkstatt. Der Fahrzeugführer des abschleppenden Kfz benötigt eine Fahrerlaubnis der Klasse, die dem ziehenden Kfz zugehört. Der Lenker eines abzuschleppenden Kfz muss indes keinen Führerschein besitzen. Außerdem besteht kein gesetzliches Mindestalter zur Steuerung des abgeschleppten Fahrzeugs. Da derjenige allerdings für das Bremsen und Lenken verantwortlich ist und Sie für die Einweisung in diesen Vorgang, ist es ratsam sich im Zweifelsfall davon zu überzeugen, dass Ihr »Pannenhelfer« dies auch kann. Verwenden Sie eine starre Abschleppstange, damit auch das Bremsen ohne Pedalkraftverstärkung nicht zur bösen Überraschung wird.

Starthilfe geben

Verwenden Sie zur Überbrückung von einer vollen zu einer leeren Batterie spezielle Elektronik-Starthilfekabel. Damit schützen Sie die elektronischen Bauteile Ihres Wagens vor gefährlichen Spannungsspitzen. Sicherheitshalber können Sie einen Verbraucher wie beispielsweise das Standlicht einschalten, um Spannungsspitzen zu vermeiden.

- Hilfsfahrzeug dicht an Ihr Fahrzeug heranfahren, damit die Batterien durch die Starthilfekabel verbunden werden können. Schalten Sie in Ihrem Fahrzeug (fast) alle Stromverbraucher ab.

- Die Pluspole mit dem Starthilfekabel verbinden, zuerst die leere, dann die volle Batterie anklemmen.

- Das andere Kabel zuerst am Minuspol der Fremdbatterie und dann am Minuspol der entladenen Batterie (oder an Masse) anschließen.

- Motor des Hilfswagens starten und mit erhöhter Drehzahl laufen lassen, damit die Lichtmaschine viel Strom liefert.

- Starten Sie Ihr Fahrzeug. Wenn der Motor nicht gleich anspringt, sollten Sie nach weiteren Versuchen immer wieder eine Pause einlegen, damit der Anlasser abkühlen kann. Dabei den Motor des Hilfsfahrzeugs weiterlaufen lassen – die leere Batterie in Ihrem Wagen wird dadurch schon nachgeladen.

- Zum Abnehmen der Starthilfekabel zuerst den Minuspol der eigenen Batterie, dann den der Fremdbatterie abklemmen. Anschließend Kabel von den Pluspolen abnehmen, erst Vollbatterie, dann Leerbatterie.

Anschluss an die Batterie: Das Starthilfekabel als Stromleitung von Fahrzeug zu Fahrzeug.

Überhitzung durch Wasserverlust

Wenn der Motor überhitzt, droht ein kapitaler Motorschaden. In den meisten Fällen fehlt dem Motor Kühlwasser. Drehen Sie niemals den Ausgleichsbehälter sofort auf. Er steht gerade bei überhitzten Kühlsystemen unter hohem Druck. Das Kühlwasser kann durchaus überspannt sein. Das bedeutet, es hat eine Temperatur über 100 °C bzw. über 115 °C erreicht. Wasser ist bei ca. 100 °C schon gasförmig. Schwere Verbrennungen wären so unausweichlich! Stellen Sie den Motor sofort ab. Warten Sie einige Zeit ab und öffnen Sie den Kühlerdeckel langsam. Halten Sie niemals den Kopf in den Bereich des Kühlwasserbehälters, wenn Sie den Deckel abschrauben wollen. Vor dem eigentlichen Abdrehen hat der Kühlerdeckel noch eine Raststufe. Kurz nach dieser Stufe wird hörbar der Druck entweichen. Warten Sie ab, bis der Druckausgleich stattgefunden hat und drehen Sie den Kühlerdeckel langsam und sehr vorsichtig mit einem Lappen als Handschutz ab.

Bevor Sie jedoch nur fehlendes Kühlwasser auffüllen, sollten Sie als Erstes versuchen, die Ursache des Wasserverlustes zu lokalisieren.

Stellen Sie regelmäßigen Wasserverlust fest, kann das mehrere Ursachen haben. Ein undichter oder beschädigter Schlauch kommt als Ursache genauso in Frage wie eine beschädigte Wasserpumpe oder ein Schaden an Kopfdichtung oder anderen Teilen des Kühlsystems. Suchen Sie gezielt nach Wasserspuren im Motorraum. Zumeist lässt sich der Schaden recht gut einkreisen, wenn man den »weißen« Spuren folgt. Der Einsatz von »Kühlerdichtmitteln« ist sicherlich keine Lösung, die als Reparatur bezeichnet werden kann. Die chemischen Zusätze können zwar ein vorhandenes Leck zuerst einmal verschließen, bedeuten aber keine Betriebssicherheit. Defekte Bauteile und Dichtungen sollten am besten sofort ausgetauscht werden.

- Wenn der Ventilator streikt und der Motor nur im Stand heiß wird, können Sie die Fahrt bei freier Strecke fortsetzen. Im Stand und an roten Ampeln dann jeweils den Motor abstellen.

- Stellen Sie die Heizung auf maximale Wärme bei höchster Gebläsestufe, um zusätzlich etwas Hitze aus dem Motor abzuführen.

- Ist ein Kühlerschlauch nur leicht undicht, zum Beispiel durch einen Marderbiss, können Sie den Schlauch provisorisch mit festem Gewebeklebeband umwickeln. Der Schlauch muss dazu fettfrei, trocken und am besten kalt sein. Wickeln Sie ein paar Lagen um die schadhafte Stelle, das hält locker bis nach Hause oder in die nächste Werkstatt. Anschließend sollte der Motorraum oder besser gesagt jeder Schlauch und jedes Kabel genau in Augenschein genommen werden. Marder ernähren sich nicht von Autoteilen, sie spielen nur damit. Ein durchgebissenes Zündkabel kann aber leicht einen Katalysatorschaden um 2500 Euro verursachen, wenn er nicht bemerkt wird und das Auto nicht auf allen Zylindern weiterlaufen sollte. Im Zweifelsfall zuerst genau untersuchen und notfalls das Fahrzeug abschleppen. Eine Weiterfahrt kann leicht Schäden verursachen, die die Kosten des Abschleppens um das 10-fache übersteigen.

Für kurze Zeit: Bei kleinen Undichtigkeiten kann das Loch, aus dem das Kühlwasser tropft oder spritzt, mit zwei bis drei Lagen Gewebeband umwickelt werden. Das hält jedenfalls bis zur nächsten Werkstatt.

Falschbetankung beim Diesel Elektronik im Notlaufprogramm

Zu meiner Lehrzeit durfte ich erleben, wie der Meister einen Kunden beschimpfte, »wie dämlich man sein müsse den falschen Kraftstoff zu tanken«. Nach der Tankreinigung fuhr er dann selbst los, um das Kundenauto wieder vollzutanken. Nicht mal eine halbe Stunde später mussten wir unseren Meister mit deutlich verfinsterter Miene von der Tankstelle abschleppen. Ein leichtes Grinsen der Werkstattbesatzung löste für den Rest des Tages lautstarke Wutäußerungen des Meisters und heftiges Türenschlagen aus. Morgens noch gelästert und mittags selber falsch getankt...

Lachen Sie jetzt bitte nicht: Eine Falschbetankung kommt häufiger vor als Sie denken. Etwas Hektik, schlecht beschriftete Zapfpistolen und schon ist es passiert, schließlich gibt es heute ja an jeder Zapfsäule alle Kraftstoffe – Ihr Fahrzeug hat Benzin statt Diesel geschluckt. Wenn Sie es noch rechtzeitig merken, haben Sie Glück gehabt. Der Tank kann ausgepumpt werden. Wenn Sie aber den Motor starten und so lange fahren, bis er ausgeht (und das wird er früher oder später), kann die Rechnung in die Tausende gehen. Fatalerweise schmiert nämlich der Dieselkraftstoff auch die Hochdruckpumpe, und Benzin wäscht diesen Schmierfilm in Sekundenschnelle ab. Die Folge: Die Pumpe frisst und die Späne verteilen sich anschließend im kompletten Kraftstoffsystem. Starten Sie also auf keinen Fall den Motor und versuchen Sie auch nicht, die Falschbetankung mit Diesel aufzufüllen! Schon wenige Liter Benzin können zum kapitalen Schaden führen! Um es zu verdeutlichen: In diesem Fall müssen alle Bauteile des Kraftstoffsystems in der Regel erneuert werden. Das bedeutet im Extremfall alles zwischen Tankdeckel und Motorblock. Jede Leitung, jeder Schlauch, jeder Filter bis zum Pumpenelement.

Der Schaden beläuft sich schnell auf 3000 Euro und mehr. Nach der Falschbetankung also niemals Selbstversuche starten. Ohne Abschleppen und Absaugen des Tanks geht es nicht. Das wahrscheinlich länger anhaltende Geläster der Bekanntschaft ist leichter zu ertragen als die Werkstattrechnung.

Wenn Sie dagegen einen Benziner fahren, brauchen Sie sich nicht allzu viel Sorgen machen. Das wesentlich dickere Einfüllrohr der Diesel-Pistolen passt erst gar nicht in den Einfüllstutzen. Selbst wenn Sie sich innerhalb der Benzin-Palette vergriffen haben, ist das halb so schlimm. Der Klopfsensor der Motorsteuerung erkennt minderwertigen Kraftstoff und regelt entsprechend die Zündung in einen unkritischen Bereich. Trotzdem sollten Sie natürlich so bald als möglich den richtigen Kraftstoff nachtanken.

Wenn im Cockpit eine Warnleuchte leuchtet und der Motor nur noch mit halber Kraft läuft oder das Getriebe seltsam schaltet, befindet sich die Motorsteuerung im Notlaufprogramm. Dasselbe gilt für die Bremsen-Warnleuchte. Sie können damit noch einen sicheren Ort erreichen, dann sollten Sie allerdings der Sache auf den Grund gehen. Denn wenn Motor, Getriebe oder ABS/ESP in das Notlaufprogramm fallen, hat das meist einen schwerwiegenden Grund. In jedem dieser Systeme ist allerdings eine Rückfallebene hinterlegt, die dafür sorgt, dass Ihr Auto weiter mobil bleibt. Wenn Sie keinen schwerwiegenden Schaden entdekken, kann es aber auch sein, dass die Elektronik nur in einem bestimmten Betriebszustand einen nicht plausiblen Vorfall registriert hat. Dieser Vorgang wird im Fehlerspeicher abgelegt und kann mit einem Diagnosegerät ausgelesen werden. Viele Steuergeräte legen neben dem erkannten Fehler auch die Peripheriedaten dazu im Steuergerät ab. Aus diesem Grund sollte der Fehlerspeicher nicht einfach gelöscht werden, zumal das CAN-Bus-System je nach Fehler diesen auch in mehreren Steuergeräten hinterlegt haben kann. Das hilft dem Mechatroniker dann erheblich den Fehler »einzukreisen«.

Empfindlich: Bauteile einer Einspritzanlage, die durch Falschbetankung Schaden nehmen können.

Grundausstattung für kleine Pannen

Der serienmäßige Ausstattungsumfang in der C-Klasse ist, was den Pannenfall angeht, einigermaßen akzeptabel. Schraubendreher, Wagenheber, Reserverad (optional Notrad oder Tirefit-Kit). Bei einer Reifenpanne kann man sich meist mit dem Reserverad oder Notrad bzw. dem optionalen Mobilitätsset mit Reifendichtmittel und Kompressor behelfen. Pech hat nur derjenige, dessen Reserverad jahrelang ein Schattendasein geführt hat und nun platt ist. Wenn Sie also auch folgende kleine Grundausrüstung mit sich führen, können Sie sich bei vielen anderen kleinen Pannen wahrscheinlich selber helfen oder zumindest das Fortkommen sichern. Denn nicht nur ein platter Reifen kann Sie erheblich aufhalten, sondern auch ein leerer Tank. Vielleicht verliert der Motor auch auf Grund eines porösen Schlauches Wasser. Oder weil ein hungriger Marder herzhaft in die Schläuche gebissen hat. Mit folgenden Dingen sind Sie schon recht gut ausgestattet:

- Reifendichtmittel: Dichtet kleinere Durchstiche im Reifen von innen ab. Vorsicht: nicht in praller Sonne liegen lassen: Explosionsgefahr!

- Kühlerdichtmittel: Funktioniert ähnlich wie das Reifendichtmittel und hilft bei Marderbissen.

- Hochfestes Klebeband: Damit können Sie lose Karosserieteile befestigen (zum Beispiel nach einem Unfall) oder auch Kühlerschläuche flicken.

Das kleine Überlebensset: (A) Reifendichtmittel, (B) hochfestes Klebeband, (C) Kabelbinder, (D) Kühlerdichtmittel, (E) Scheibenreinigungskonzentrat, (F) Insektenreiniger, (G) Reservekanister.

- Kabelbinder: Funktionieren bei guter Qualität sogar als Schlauchschellenersatz.
- Scheibenreinigungskonzentrat (auch pur anzuwenden) und Insektenlöser helfen Ihnen besonders in der Nacht oder wenn die Scheibe durch Öl oder Kühlwasser verschmiert ist.
- Reservekanister: Sichert genügend Reichweite, um bis zur nächsten offenen Tankstelle zu gelangen.

Pannenset

Pannensets für die Reifen können das Reserverad ersparen. Die Voraussetzung ist aber, dass es sich um einen Plattfuß handelt, der keinen weiteren Schaden am Reifen zur Folge hatte. Wurde der platte Reifen weitergefahren oder zeigt er schon blaue Verfärbungen, sollte der Reservereifen zum Einsatz kommen. Die Anwendung ist nicht weiter schwer und geht in den meisten Fällen auch schneller als ein Radwechsel. Nach Verwendung des Kits kann das Fahrzeug dann sicher bis zur nächsten Werkstatt weitergefahren werden. Das Dichtmittel hinterlässt meist einen Schmierfilm auf Reifen und Felge, der für die Reparatur erst wieder entfernt werden muss. Zum Teil verweigern die Reifenhändler eine Reifenreparatur nach dem Einsatz von Dichtmitteln. Im Zubehörhandel gibt es dutzende Varianten zu erwerben

Mercedes bietet diese Dichtmittelkits auch als Originalteil an: Unter der Ersatzteilnummer 8DO 012619 kann das Reifendichtmittel bestellt werden. Hinter der Ersatzteilnummer 8DO 012 615 verbirgt sich der Kompressor.

Pannenhilfeset für Fahrzeuge ohne Runflatreifen: 1 Zangen, 2 Reparatureinsätze, 3 Ahle, 4 Druckgasflaschen, 5 Ventilaufsätze, 6 Schutzhandschuhe, 7 Pannensettasche, 8 Reifenpilot (als weiteres Hilfsmittel).

Problemlösungen

Clips und Tricks

Natürlich gibt's es auch bei der C-Klasse einige Clips, Schrauben und Muttern, die sich im Laufe des Autolebens entweder verlieren oder nicht mehr lösen lassen. Selbstverständlich fällt das immer dann auf, wenn der Mercedes-Partner seine Pforten schon fest verschlossen hat. Mit wenigen Euros kann sich so das Schrauberherz ganz sicherlich erfreuen, wenn sich wenige Kleinteile in der Werkzeugkiste finden lassen:

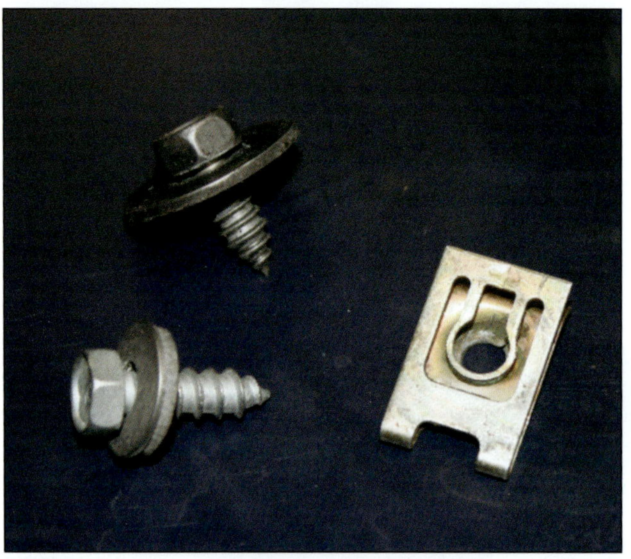

Blechschraube mit Blechmutter: Sie hilft Verkleidungsteile wieder sicher zu befestigen.

Kunststoffmutter: Sie eignet sich für alle Gewindestücke, die auch für die Blechmuttern oder Sicherungsringe geeignet sind, lassen sich aber deutlich besser festziehen und rosten nicht.

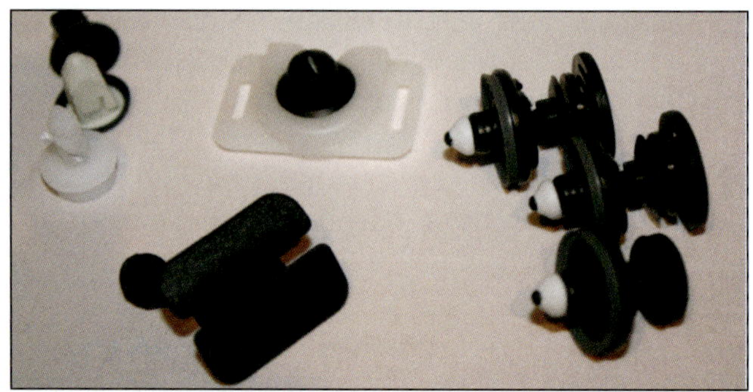

Die Stopfensammlung.

Spezialwerkzeug

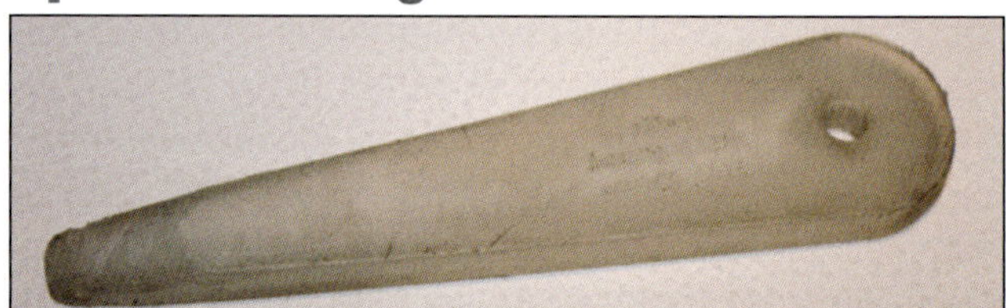

Der Keil zur Verkleidungsmontage: Dieses Werkzeug erleichtert die Demontage der Verkleidungsteile an allen Fahrzeugen erheblich. Er ist aufgrund der empfindlichen Kunststoffoberflächen der heutigen Fahrzeuge aus einem PE-Kunststoff gefertigt, der sehr weich ist. Er eignet sich hervorragend, um aneinander geclipste oder eingerastete Rahmen, wie beispielsweise im Armaturenbrett, zu demontieren.

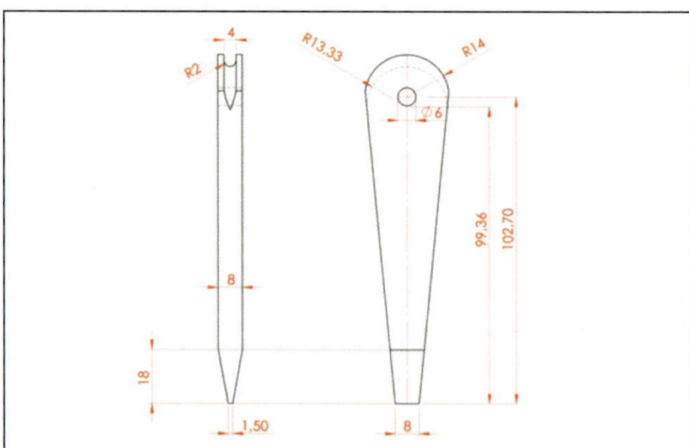

Der Keil zur Verkleidungsmontage: Für die Selbermacher mit viel Geduld und handwerklichem Geschick stellen wir natürlich auch eine Zeichnung für den Selbstbau zur Verfügung. Die Abmessungen entsprechen dem Original. Der Werkstoff sollte dann ein PE-Kunststoff sein, um auch den schonenden Eigenschaften des Originals nahe zu kommen.

Hebel zur Stopfen- und Verkleidungsdemontage: Dieser Hebel erleichtert die Demontage der Verkleidungsteile an allen Fahrzeugen erheblich.

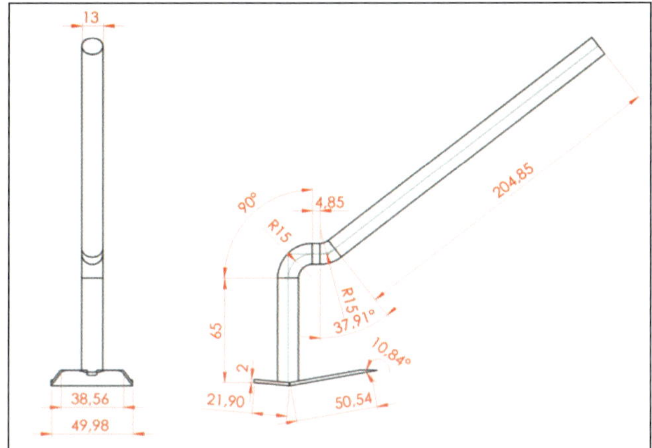

Skizze Hebel zur Stopfen- und Verkleidungsdemontage.

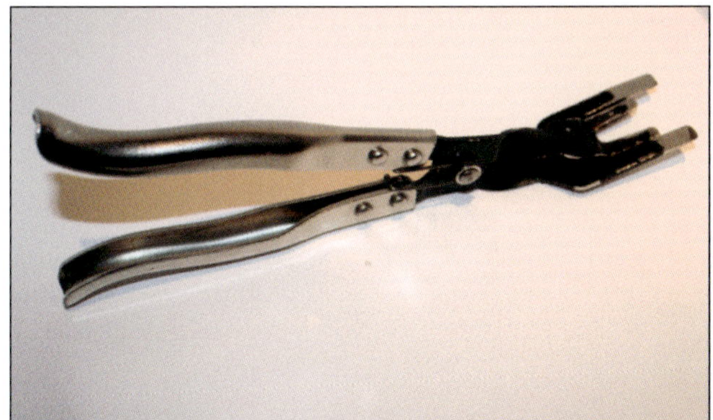

Zange zur Stopfen- und Verkleidungsdemontage: Die Zange sorgt gerade bei Verkleidungen der Türe mit schwer zugänglichen Stopfen für eine sachgerechte Demontage. Der Eigenbau ist hier zu aufwändig. Bei Mercedes kostet die Zange in der Regel um 30 Euro. Eine lohnende Investition, die sicherlich einigen Ärger ersparen kann.

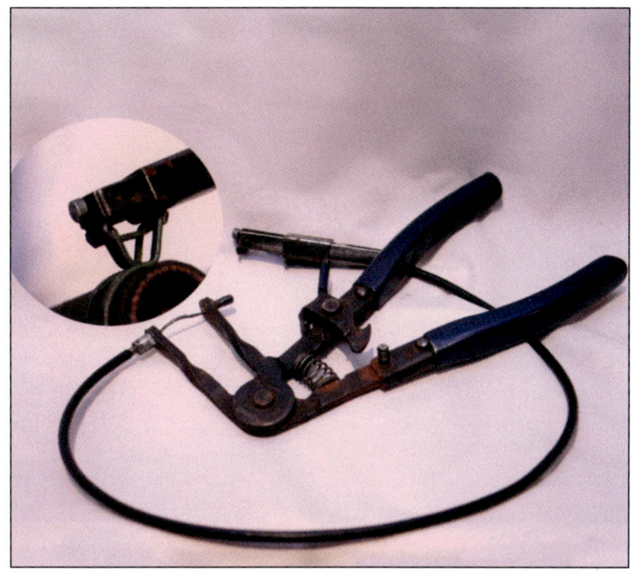

Schlauchklemmenzange: Gerade die Schlauchklemmen aus Stahl stellen häufig ein Problem bei den Montagearbeiten dar. Wenn die Wasserpumpenzange abrutscht, verletzt man sich recht leicht oder man wird durch die schwierige Handhabung in den Wahnsinn getrieben. Die beste Möglichkeit ist die Verwendung einer Schlauchklemmenzange. Sie ist auf die Arbeiten an Ihrem Fahrzeug abgestimmt und stellt die optimale Lösung für den Umgang dar. An den meisten Stellen kann man sich aber auch durch eine Gripzange behelfen. Sie kann zwar auch abrutschen, lässt aber immerhin ein etwas erleichtertes Arbeiten zu.

Grippzange.

Ersatzbirnen

Glühlampe für	Typ	Leistung
Glühlampen für	Typ	Leistung
Abblendlicht (Halogen)	H7	55 W
Fernlicht (Halogen)	H7	55 W
Abblendlicht / Fernlicht(Xenon)	D1s	35 W
Standlicht / Parklicht vorn	W	5 W
Abbiegelicht (Xenonscheinwerfer)	H7	55 W
Blinklicht vorn (Glühlampe)	P	21 W
Blinklicht vorn (Leuchtdioden)	LED	–
Zusatzblinklicht	LED	–
Tagfahrleuchte	LED	–
Nebelscheinwerfer	H11	55 W
Bremslicht / Rücklicht	P	21 W
Standlicht / Parklicht	W	5 W
Blinklicht	P	21 W
Nebelschlusslicht	P	21 W
Rückfahrlicht	P	21 W
Rückfahrlicht ohne		
LED Blinklicht (T-Modell)	W	16 W
Dritte Bremsleuchte	LED	–
Kennzeichenleuchte	W	5 W

Räder, Radwechsel

Reifen und Felgen

In der Kombination spricht man von den Rädern eines Fahrzeuges. Sowohl der Reifendurchmesser als auch die Reifenbreite beeinflussen das Fahrverhalten unter Umständen deutlich. Inwieweit andere Reifenhaftungspotenziale und auch andere Kräfte, die an der Lenkung entstehen, einen Einfluss auch auf die Regelungssysteme des Fahrwerks haben, wurde entweder noch nicht untersucht oder noch nicht veröffentlicht. Das Urteilsvermögen eines Sachverständigen muss hinsichtlich der Eintragungen auch um Kenntnisse über Einflüsse und Störungen bezüglich der Regelsysteme erweitert werden. Gerade in diesem Punkt ist es sehr erstaunlich, welche Rad-Reifenkombination abgenommen und eingetragen werden. Fahrwerksteile wie Spurplatten und Komplettfahrwerke weichen zum Teil erheblich von den Herstellervorgaben ab. Der Tuner will sein Produkt Fahrzeug schließlich auch deutlich von den Serienmodellen abheben.
Als verantwortungsbewusster Autofahrer sollten Sie grundsätzlich gerade die fachlichen Hintergründe hinterfragen und im Zweifelsfall auf Serienausrüstung oder zumindest auf baugleiche Bauteile zurückgreifen, die vom Hersteller auch freigegeben wurden.

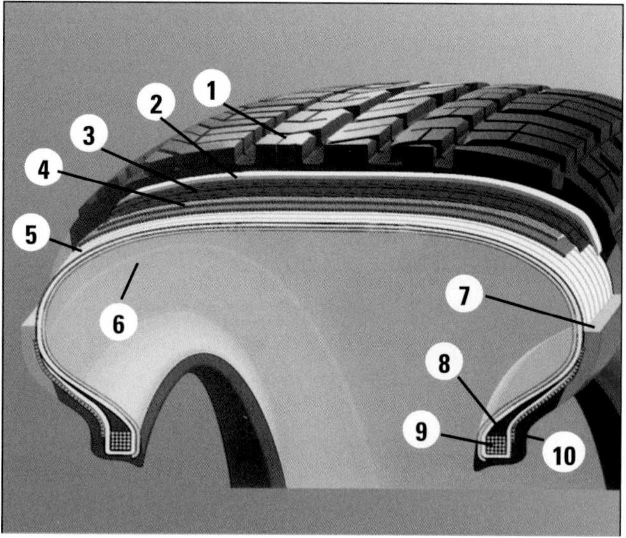

Das vielschichtige Innenleben eines Pkw-Reifens:
1 Laufstreifen: Profil und Mischung beeinflussen die Eigenschaften
2 Base: Senkt den Rollwiderstand
3 Nylon-Spulbandagen
4 Stahlcord-Gürtellagen: Steigern die Fahrstabilität
5 Karkasse: Form- und Festigkeitsträger des Reifens
6 Innenseele: Gasdichte Innenschicht ersetzt den Schlauch
7 Seitenteil: Schützt Karkasse vor Beschädigungen
8 Kernprofil: Unterstützt Lenk- und Fahrpräzision
9 Kern: Sorgt für festen Sitz auf der Felge
10 Wulstverstärker: Für präzises Lenkverhalten und hohe Fahrstabilität

Das Bindeglied zur Straße – der Reifen

Reifenunterbau, Gummimischung und das ausgefeilte Reifenprofil machen moderne Reifen zu echten Hightech-Produkten, die einen wichtigen Beitrag zur passiven Sicherheit Ihres Autos leisten. Sie tragen das Gewicht eines Fahrzeugs, fangen kleinere Stöße der Fahrbahn ab und übertragen die Kräfte, die bei Antrieb, Bremsen und Kurvenfahrt entstehen. Die Reifen an den Hinterrädern bringen es durchschnittlich auf eine Laufleistung von 15.000 bis 35.000 Kilometer, die Pneus der Vorderräder auf 30.000 bis 50.000 Kilometer. Aber auch wenn Sie Ihr Fahrzeug nur selten bewegen – spätestens nach sieben, acht Jahren sind die Reifen am Ende, weil sich die Mischung des Gummis mit der Zeit auflöst und/oder versprödet bzw. verhärtet.

Reifen und Luftdruck

Durch das Gewicht des Fahrzeuges wird der Reifen im Bereich seiner Aufstandsfläche auf der Fahrbahn verformt. Diese Verformung nennt man Abplattung. Am drehenden Rad läuft diese Abplattung um den Umfang herum. Diese zwangsmäßige Verformung des Reifens ergibt einen größeren Rollwiderstand. Hieraus ergeben sich wiederum ein höherer Reifenverschleiß und Kraftstoffverbrauch und, nicht zu vergessen, ein höheres Sicherheitsrisiko.
Ein zu hoher Luftdruck führt zu Mittenverschleiß und schlechtem Abrollkomfort. Grundsätzlich sollte immer der Luftdruck eingehalten werden, den der Hersteller in Tankdeckel und/oder Fahrerhandbuch angibt.

Anforderungen an den Reifen

Mit der Kreisfläche soll das Leistungsvermögen des Reifens dargestellt werden. Die Kreisteile zeigen den Anteil der Anforderung in der Gesamtanforderung an die Leistung des Reifens.

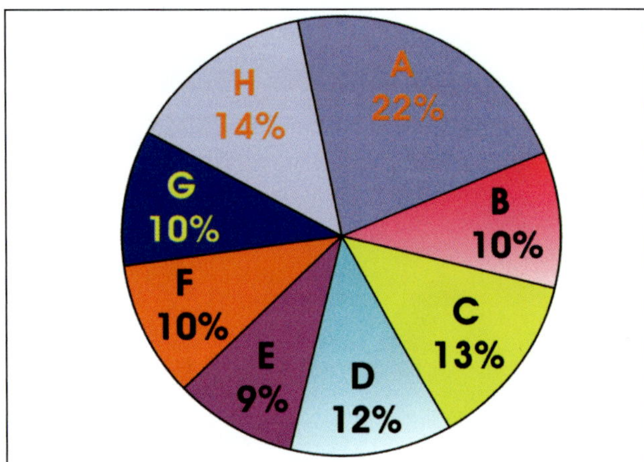

Anforderung an den Reifen: A Nassbremsverhalten, B Fahrkomfort, C Lenkpräzision, D Fahrstabilität, E Reifengewicht, F Lebenserwartung, G Rollwiderstand, H Aquaplaningverhalten.

An der begrenzten Form des Kreises kann man recht schnell die begrenzten definierten Eigenschaften einsehen, die ein Reifen für den Hersteller erfüllen muss. Es wird sehr anschaulich, was passiert, wenn eine Eigenschaft deutlicher hervortreten soll. Mindestens eine Eigenschaft muss dann für diese vorrangige Eigenschaft zurückgestellt werden. Das erklärt auch die durchaus unterschiedlichen Testergebnisse bei Reifentests.

Verschleißverhalten von Reifen

Die Anforderungen an die Reifen eines Autos steigen ständig, Faktoren wie steigendes Fahrzeuggewicht, höhere Geschwindigkeiten und höhere Fahrzeugsicherheiten verursachen naturgemäß einen größeren Verschleiß an den Reifen.

Achsweise Radtausch

Der Verschleiß an der Antriebsachse ist durch eventuell höhere Lasten (Gepäck, Kofferraumbeladung) und durch den Antrieb auf der Hinterachse, deutlich höher als auf der Vorderachse. Solange das Ablaufbild »normal« ist und der Reifen auch gleichmäßig abgenutzt wird, sollten spätestens von Saison zu Saison die Reifen ausgetauscht werden.

Bei Reifen ohne Laufrichtungsbindung können die Räder durchaus auch diagonal getauscht werden. Diese Möglichkeit gleicht auch die Sägezahnbildung der Reifen zum Teil aus.

Montageort vorher	Montageort nachher
Vorne rechts	Hinten links
Vorne links	Hinten rechts
Hinten rechts	Vorne links
Hinten links	Vorne rechts

Reifen mit Laufrichtungsbindung dürfen niemals entgegen ihrer Laufrichtung betrieben werden.

Hier müssen die Räder achsweise von vorne nach hinten getauscht werden.

Montageort vorher	Montageort nachher
Vorne rechts	Hinten rechts
Vorne links	Hinten links
Hinten rechts	Vorne rechts
Hinten links	Vorne links

Standplatten am Reifen

Der Begriff Standplatten, oder auch Abflachung oder Abplattung, beschreibt eine ebene Fläche auf dem Reifenprofil, die durch das Abstellen des Fahrzeugs oder der Reifen über einen längeren Zeitraum verursacht wurde. Standplatten können Unruhe in der Lenkung verursachen, die gefühlsmäßig durchaus dieselben Symptome wie die Reifenunwucht aufweisen. Standplatten lassen sich nicht durch Auswuchten beseitigen. Dieser Fehler muss vor der Wuchtung durch den Monteur erkannt werden. In der Regel verschwinden diese Verformungen im normalen Betriebsalltag des Reifens wieder von selbst. In jedem Fall muss zuerst einmal der Reifenluftdruck überprüft werden. Es sollte auch ausgeschlossen werden, dass irgendwelche Schäden an den oder dem entsprechenden Reifen vorliegen. Sind diese Grundlagen geschaffen, können Sie auch durch Warmfahren des Reifens in vielen Fällen schon den Standplatten beheben. Auf einer Autobahn sollten Sie nun, soweit es Straße, Verkehr und Sichtverhältnisse zulassen, eine Strecke von 20-30 km mit etwa 120 km/h bis 150 km/h zurücklegen. Anschließend sollte das Fahrzeug sofort angehoben und die Räder demontiert und neu gewuchtet werden.

Die Ursachen für einen Standplatten können vielseitig sein:

- Das Fahrzeug stand mehrere Wochen auf einer Stelle, ohne dass es bewegt wurde.
- Der Luftdruck der Reifen ist zu gering.
- Das Fahrzeug wurde nach einer Lackierung in eine trockene Kammer gestellt.
- Das Fahrzeug wurde mit warmen Reifen in einer kühlen Garage oder Ähnlichem abgestellt. In einem solchen Fall kann schon über Nacht der »Standplatten« entstehen.

Radschrauben an der C-Klasse

An Ihrer C-Klasse werden in der Serienausstattung pro Rad fünf Radschrauben verwendet. Sie haben die Gewindebezeichnung M14x1,5x27. Die Verwendung von kürzeren oder längeren Schrauben kann Schäden am Gewinde oder auch anderen Bauteilen der Radaufhängung verursachen. Die Radschrauben sollen nach Herstellerangaben angezogen werden. Für die Stahlfelgen ist ein Anzugsdrehmoment von 130 Nm erforderlich. Es ist nicht erlaubt und auch aus fachlicher Sicht unsinnig, die Bolzen oder das Gewinde einzufetten. Der Hintergrund hier liegt in der leichteren Lösbarkeit gerade nach dem Winter. Das Fett erleichtert tatsächlich das Lösen und auch das Festziehen der Radschrauben. Leider ist das Anzugsdrehmoment genau auf diesen Reibwert der Schraube ausgelegt. Dreht diese sich jetzt leichter, wird die Schraube stärker belastet, als das vom Hersteller vorgesehen war. Die Folgen sind hier leicht abreißende oder sich selbst lösende Radschrauben sowie Schäden am Gewinde der Radnabe.

Lagerung von Reifen

Auch die Lagerung der Reifen muss mit Sorgfalt erfolgen. Aufgrund der Hintergründe für so genannte Standplatten sollten Reifen niemals aufrecht stehend gelagert werden. Reifen sollten immer gut geschützt vor Sonneneinstrahlung und größeren Temperaturschwankungen eingelagert werden. Auch vor Einwirkungen von Öl, Lösemittel oder Feuchtigkeit sollten sie geschützt werden. Grundsätzlich sollten die gerade demontierten Felgen am besten vor der Lagerung auf einem Felgenbaum gründlich gereinigt werden. Sauber und trocken stehen sie für den nächsten Einsatz bereit. Wer bei der Reinigung der Räder den Zustand und auch das Alter der Reifen genauer betrachtet, kann schon frühzeitig vor der jeweiligen Saison den eventuell notwendigen Ersatz bei seinem Reifenhändler in Auftrag geben.

Felgenbaum.

Hinweise für die Benutzung von Noträdern

Je nach Fahrzeugausstattung kann ein Fahrzeug auch mit einem Notrad ausgerüstet sein. Das Notrad ist, wie der Name schon sagt, nur für die Notsituation gedacht. Es taugt nicht für den langfristigen Betrieb und muss so schnell wie möglich gegen ein normales Rad ersetzt werden. Das Notrad verschlechtert die Fahreigenschaften des Fahrzeuges merklich. Gerade bei schlechter Witterung muss die Geschwindigkeit auch deutlich unter die vorgeschriebenen 80 km/h verringert werden. Nach der Montage muss der Fülldruck des Notrades so schnell wie möglich geprüft und wenn erforderlich korrigiert werden. Der zulässige Luftdruck ist auch hier von der Modellvariante abhängig und ist im Fahrerhandbuch sowie im Tankdeckel ausgewiesen.

WISSENSWERTES

Ultraleichtreifen

Besonders interessant ist der ULW-, der Ultraleichtreifen, der z. B. für den C 180 in der Reifengröße T 125/90 angeboten wird. Bei diesem Reifen sind die Stahleinlagen durch Aramidfasern ersetzt. Aramid ist ein Kunststoff, der gegenüber Stahl sechsmal leichter und etwa zehnmal zugfester ist. Außerdem ist die Außenwandstärke des Reifens zehn Prozent geringer. Der ULW-Reifen ist so etwa drei Kilogramm leichter als ein herkömmlicher Reifen. Das spart nicht nur Kraftstoff. Wegen der geringeren rotierenden Radmassen sind auch höhere Regelfrequenzen beim ABS möglich. Auf rutschigem Untergrund kann so ein kürzerer Bremsweg erreicht werden. Und noch ein Vorteil des Aramid-Reifens: Er lässt sich besser runderneuern, weil der Kunststoff nicht rostet.

WISSENSWERTES

Der Hump

Die Größe einer Felge gibt man stets in Zoll an. Als Größe wird der Durchmesser der Felge an der Stelle bezeichnet auf dem der Reifen sitzt. Die Bezeichnung 6 J x 15 H2 zum Beispiel bezeichnet eine Tiefbettfelge (x) mit einer Breite von sechs Zoll und einem Durchmesser von 15 Zoll. Der Buchstabe »J« steht für die Form des Felgenhorns. H2 weist auf eine sich an beiden Schultern der Felge rundumlaufende Erhöhung (Hump) hin. Sie verhindert, dass bei schneller Fahrt durch eine Kurve der Reifenwulst durch die Seitenkräfte von der Schulter der Felge ins Tiefbett gedrückt wird. Das Tiefbett ist für die Reifenmontage unerlässlich.

Felgendurchmesser
Einpresstiefe
Innenkreis
Lochkreis
Felgenbreite

Abmessungen an der Felge.

Die angegebene Höchstgeschwindigkeit von 80 km/h darf niemals überschritten werden. Vollgasbeschleunigungen, starkes Bremsen und schnelle Kurvenfahrten müssen vermieden werden. Die Verwendung von Schneeketten auf einem Notrad ist untersagt. Sollte ein Vorderrad durch eine Reifenpanne ausfallen und die Verwendung von Schneeketten lässt sich nicht vermeiden, muss zuerst der intakte hintere Reifen gegen das Notrad getauscht werden. Als Nächstes wird dann dieses Rad als Ersatz für den defekten Reifen verbaut.

Da nur Schneeketten auf »normalen« Reifen verwendet werden dürfen, ist diese Vorgehensweise zwar umständlich, leider aber die einzig legale Variante, auch eine winterliche Fahrt sicher fortsetzen zu können.

Reifenbezeichnungen und Abkürzungen

Auch die Reifen tragen neben den Kürzeln zu ihrer Größe eine Vielzahl von Angaben, die neben der Größe die Eigenschaften und Besonderheiten der Reifen genau beschreiben.

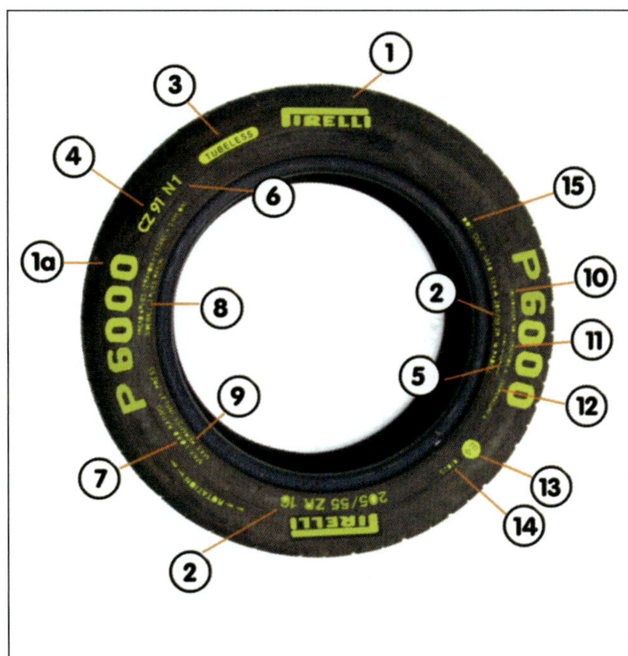

Die Reifenbezeichnungen: 1 Reifenhersteller, 1a Bezeichnung, 2 Abmessungen, 3 Schlauch/schlauchlos, 4 Traglast und Geschwindigkeitsindex, 5 Herstellerland, 6 ungenormte Bezeichnung, 7 US-Markt Angabe für die Traglast, 8 Aufbau des Reifens, 9 US-Markt Angabe Druck, 10 US-Markt Standfestigkeit, 11 US-Markt Nassbremsverhalten, 12 US-Markt Temperatur, 13 Europaprüfzeichen, 14 ECE R 30-Zulassungsnummer, 15 DOT-Nummer (Baujahrschlüssel).

Kennbuchstaben für die Geschwindigkeit (der so genannte SI = Speedindex)

Der Buchstabe am Ende der Reifenbezeichnung verrät die zugelassene Geschwindigkeit des Reifens. Als Beispiel die wichtigsten Angaben:

SI	Q	R	S	T	H	V	W	Y	ZR
km/h	160	170	180	190	210	240	270	300	>240

Übersicht über das Kürzel für die Geschwindigkeit (Speed-Index).

Das Reifenalter

Das Datum der Herstellung verrät die »DOT«-Nummer. Bis zum Produktionsjahr 1989 besteht die DOT-Nummer aus drei Zahlen. In unserem Beispiel wurde der Reifen in der 49. Woche 1989 produziert.
Ab dem Produktionsjahr 1990 steht hinter dieser Zahl ein kleines Dreieck. Unser Beispiel sagt aus, dass der Reifen in der 12. Woche des Jahres 1999 produziert wurde.
Das Jahr 2000 wurde mit der Einführung der vierstelligen DOT-Nummer eingeläutet. Diese kann uns nun, jedenfalls theoretisch, bis ins Jahr 2099 begleiten. Die DOT-Nummer in diesem Beispiel stellt den Produktionszeitraum 32. Woche im Jahr 2001 dar.

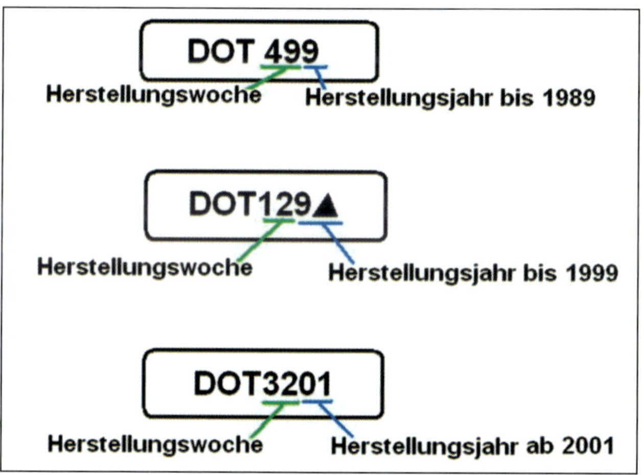

Neureifen, die nach dem 1. Oktober 1998 hergestellt wurden, müssen eine ECE-Prüfnummer auf der Reifenflanke tragen. Diese Nummer besagt, dass der Pneu ein typgeprüftes Bauteil entsprechend dem Qualitäts-Standard der Economic Commission of Europe (ECE) ist. Sind nach dem 1. Oktober 1998 produzierte Neureifen ohne Prüfnummer an Ihrem Fahrzeug montiert, erlischt die Allgemeine Betriebserlaubnis.

Tire Fit: Überlegungen Vor- und Nachteile

Die Bezeichnung »Tire Fit« kommt aus dem Englischen und bedeuten Reifenreparatur. »to fit a tire« = »Reifen reparieren«. Dieser Reparaturart sind allerdings Grenzen gesetzt. Die Struktur des Reifens muss erhalten sein. Rissbildungen, Fehlstellen oder Reifenplatzer werden nicht durch dieses Reparaturset ausgeglichen. Hier bleibt die gute alte Methode »kaputten Reifen abschrauben – neuen Reifen festschrauben« nicht aus. Das Handschuhset in unserem empfohlenen Pannenset hat also noch lange nicht ausgedient.

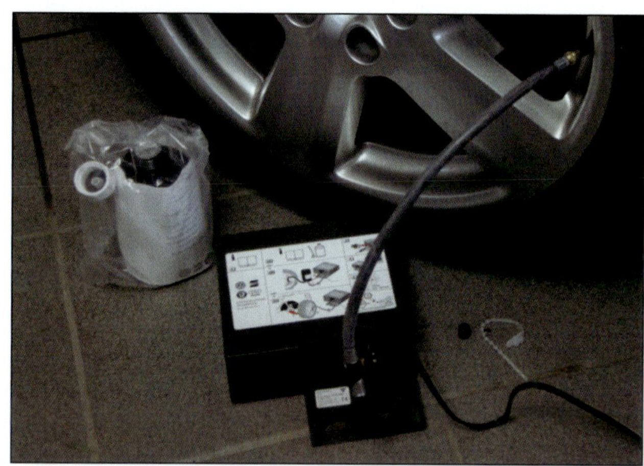

Füllset am Vorderrad.

Bei der C-Klasse finden Sie den kleinen Kompressor und das Reifenfüllset in der Einlage der Reserveradmulde. Um den Kompressor benutzen zu können, müssen Sie den kleinen Deckel an der Frontseite öffnen, um den Luftanschluss sowie das Anschlusskabel für den Zigarettenanzünder herausnehmen zu können. Beim Zusammenpacken des Hilfesets sollten Sie darauf achten, dass das Anschlusskabel und der Luftschlauch in der gleichen Weise eingelegt werden, wie sie auch original verpackt waren. Der Stauraum für beides ist sehr eng bemessen.
Im Pannenset finden Sie einen Kompressor sowie ein Dichtmittel. Das Dichtmittel hat wie ein Lebensmittel auch eine Mindesthaltbarkeit. Um sich im Falle des Falles vor bösen Überraschungen zu schützen, sollte das Füllmittel regelmäßig auf Haltbarkeit und der Kompressor auf Funktion geprüft werden. Grundsätzlich sollte das Pannenset rechtzeitig vor Ablauf der Mindesthaltbarkeitsgrenze ersetzt werden. Die Füll-

flasche gibt's beim Mercedes-Händler, in diversen Zubehörshops oder auch im Bereich der Online-Auktionen. Für die Kontrolle muss lediglich das Pannenset herausgenommen werden. Das Ablaufdatum findet sich auf dem Aufkleber der Dichtmittelflasche.

Zustand der Reifen kontrollieren

Die Hinterräder treiben das Fahrzeug an. Allerdings haben die Vorderräder die Hauptbelastung beim Bremsen. Den Zustand der Reifen kontrollieren Sie am besten bei aufgebocktem Wagen.

- Drehen Sie jedes Rad einmal komplett durch. Entfernen Sie Steinchen und andere Fremdkörper vorsichtig mit einem kleinen Schraubendreher aus den Profillamellen. Sitzt in der Reifendecke eine Glasscherbe oder ein Nagel, kann an dieser Stelle Luft entweichen.
- Achten Sie auf Unregelmäßigkeiten wie Einstiche, Schnitte, Risse und herausgebrochene Profilstücke. Bei einem beschädigten Gummi dringt leicht Feuchtigkeit ins Reifeninnere. Sie können jedoch von außen nicht erkennen, ob der stabilisierende Stahlgürtel schon vom Rost angefressen ist. Lassen Sie den Reifen zur Sicherheit vom Fachmann prüfen. Das gilt übrigens auch bei auffälligem Reifenabrieb.
- Das Reifenprofil muss über die gesamte Lauffläche mindestens 1,6 Millimeter tief sein. Bei dieser Marke wird auf der Lauffläche an mehreren Stellen ein Profilstandsanzeiger sichtbar. Die Buchstaben »twi« (tread wear indicator) auf der Reifenflanke zeigen, wo sich diese Anzeiger befinden. Das Fahrverhalten wird mit abnehmendem Profil schlechter, vor allem auf nasser Fahrbahn. Tauschen Sie Sommerreifen zur Sicherheit bereits bei einer Profiltiefe von zwei Millimetern, Winterreifen bei vier Millimetern.
- Kontrollieren Sie, ob alle Reifen gleichmäßig abgefahren sind und sehen Sie sich die Seitenwände (Reifenflanken) der Reifen genau an. Beulen deuten auf eine Beschädigung des Reifenunterbaus hin.

TWI: Die Erhebung der TWI zeigt die Mindestprofitiefe an.

Risikofaktor geringer Luftdruck

GEFAHRHINWEISE

Prüfen Sie den Reifendruck regelmäßig alle drei bis vier Wochen. Bei Markenreifen ist ein Druckverlust von 1,5 Prozent im Monat normal. Verliert der Reifen mehr Luft, sollten Sie sich ihn genauer ansehen. Ein schlecht oder gar nicht gewarteter Reifen kann sich zum Risikofaktor entwickeln. Fahren Sie z. B. einen Reifen mit zu geringem Luftdruck unter sehr hoher Last, kann dies zu teilweisen Ablösungen der Reifenlauffläche führen. Diese Schäden bleiben jedoch oft längere Zeit verborgen. Wird der vorgeschädigte Reifen dann stark beansprucht, können durch die enormen Fliehkräfte bei hohen Geschwindigkeiten sogar einzelne Reifenteile abreißen. Passen Sie also auch stets den Reifendruck dem Beladungszustand an. Die Tabelle auf der Rückseite des Tankdeckels gibt Anhaltswerte für den korrekten Reifenluftdruck bezogen auf die Größe der Reifen und der Last.

Lebensgefährlich: Wird der Druck falsch gewählt, kann sich die Lauffläche vom Reifen ablösen.

Reifendruck prüfen

Den Luftdruck sollten Sie stets bei kalten Reifen messen. Denn während der Fahrt erwärmt sich der Reifen – der Reifendruck steigt. Sie erhalten daher falsche Werte, wenn Sie direkt nach einer Autobahnfahrt zum Luftdruckprüfer greifen. Erhöhen Sie den Luftdruck bei Winterreifen um 0,2 bar. Prüfen Sie den Reifendruck regelmäßig alle drei bis vier Wochen. Bei einem Markenreifen ist ein Druckverlust von 1,5 Prozent im Monat normal. Verliert der Reifen mehr Luft, sollten Sie sich ihn genauer ansehen.

Druck	Verlust im Monat	Verlust im 1/4 Jahr	Verlust im Jahr
2,2 bar	0,033 bar	0,099 bar	0,396 bar
2 bar	0,03 bar	0,09 bar	0,36 bar
1,8 bar	0,027 bar	0,081 bar	0,324 bar
1,5 bar	0,0225 bar	0,0675 bar	0,27 bar

Das Reifenbild

Im Fahrbetrieb kann es beispielsweise durch Fehleinstellungen der Achsgeometrie oder Überbeanspruchung durch zu schnelle Kurvenfahrt zu unterschiedlicher Reifenabnutzung kommen. Welche Ursache bei dem entsprechenden Reifenbild vorliegt und was Sie im entsprechenden Fall unternehmen sollten, finden Sie hier aufgeführt:

Außenseite abgefahren (Vorderreifen)
Flotte Fahrweise in Kurven. Reifen auf den Felgen drehen lassen oder gegen Hinterräder austauschen. Außenseiten stärker abgefahren als Profilmitte. Der Reifen wurde lange Zeit mit zu niedrigem Luftdruck gefahren. Gleichmäßige Auswaschungen. Vermutlich Stoßdämpfer defekt. Ungleiche Abnutzung (an mehreren Stellen). Unwucht im Rad. Auswuchten lassen. Stelle mit starker Abnutzung. Bremsung mit blockiertem Rad (Bremsplatte). Selbst das ABS kann kurzzeitiges Blockieren und damit einen gewissen Reifenverschleiß (Abflachungen) nicht verhindern.

Starke Abnutzung in der Profilmitte
Die mittige Abnutzung entsteht durch häufiges Fahren mit Höchstgeschwindigkeit. Die Reifen »bauchen« durch die Fliehkraft aus (die Reifenlauffläche wird runder) und nutzen daher in der Mitte stärker ab. Dieser Effekt tritt besonders deutlich an den Hinterrädern auf. Dasselbe Bild zeigt sich bei zu hohem Reifendruck.

Radunwucht

Eine Unwucht im Rad zeigt sich durch Vibrationen am Lenkrad oder Schütteln im Vorderwagen. Ursache ist eine ungleichmäßige Gewichtsverteilung am Rad, die auch für erhöhten Reifenverschleiß sorgt. Man unterscheidet statische und dynamische Unwuchten. Statische Unwucht zeigt sich bereits, wenn das Rad frei auspendelt: Der Schwerpunkt wird sich von selbst nach unten begeben. Ein Rad mit statischer Unwucht hüpft beim Fahren, die Stoßdämpfer verschleißen schneller. Dynamische Unwucht kommt erst beim schnellen Drehen des Rades vor. Die übergewichtige Stelle sitzt nicht in der Mittelebene des Rades, sondern etwas nach außen bzw. innen versetzt. Das Rad flattert und wackelt bei schneller Fahrt. Die Beseitigung einer Unwucht ist Sache der Werkstatt.

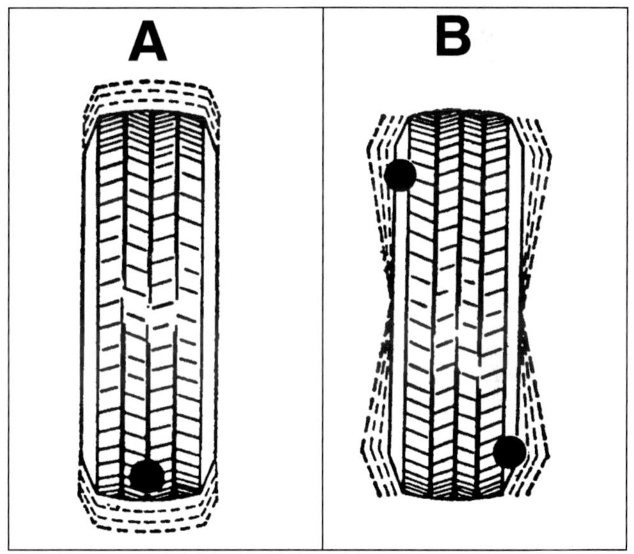

Statische (A) und Dynamische Unwucht (B): Beide sorgen für ein ungleichmäßiges Abnutzen der Reifen und fallen durch Flattern in der Lenkung beim Fahren unangenehm auf.

Rad-Reifenkombinationen des 204ers

Grundsätzlich dürfen nur Felgen und Räder einer Bauart und Abmessung auf dem Fahrzeug verbaut werden. Ausnahmen stellen besondere Radreifenkombinationen dar, die dann aber auch mit entsprechenden Gutachten von einem technischen Sachverständigen der Prüforganisationen abgenommen werden müssen.
Die Mercedes-Unterlagen geben eine Vielzahl von Rad- und Reifenkombinationen vor, die selbst zusammengefasst und unter Verzicht der Felgendesigns

noch immer eine mehrseitige Tabelle ergeben würden. Wir haben aufgrund des Umfangs und der ohnehin erforderlichen Erkundigung durch den Leser beim Händler auf diese Tabellen verzichtet und wollen an dieser Stelle lediglich einige Standardreifen vorstellen, die für die meisten Modelle verwendet werden dürfen. Diese Information erlaubt Ihnen beispielsweise die Beschaffung der Winterreifen oder klärt ab, inwieweit bei einem Fahrzeugwechsel auch neue Winterräder fällig werden. Die Felgendimensionen und die dazugehörigen ET (Einpresstiefen) geben Ihnen wertvolle Informationen über die werksmäßig geprüften Rad/Reifen-Kombinationen. Die Abstimmung der Werkstechniker lässt sich sicherlich nicht einfach übertreffen. Verwenden Sie auch beim Kauf im freien Zubehörhandel nur die freigegebenen Felgen- und Reifendimensionen. Erfragen Sie ruhig einmal Preise und natürlich die technischen Eckdaten von Reifen und Felge in der gewünschten Größe bei Ihrem Mercedes-Händler. Vergleichen Sie, ob die technischen Daten auch mit denen der Zubehörfelgen übereinstimmen.

Daten für alle Fahrzeugtypen

Anzugsdrehmoment Radschrauben	130 Nm
Anzahl der Radschrauben	5
Lochkreis der Radschrauben	120 mm

Auszug der Reifenfülldrücke

Modell	Reifenfülldruck in bar			
	halbe Zuladung		gesamte Zuladung	
	Vorne	Hinten	Vorne	Hinten
C200 / C220 CDI	2,0	2,2	2,2	2,7
C230 / C280	2,0	2,2	2,2	2,8
C350 (Vorderachse)	2,4	2,6	2,6	3,1
C350 (Hinterachse)	2,4	2,6	2,6	3,1

Umrüsten von Rad-Reifenkombinationen

Tiefer, breiter, Keilformfahrwerk: Diverse Fahrwerksumrüstsets werden für Tuningzwecke auch bei der C-Klasse herangezogen. Vielfach enden solche Tuningorgien in der totalen technischen Katastrophe. Bevor wir nun alles verteufeln, was nicht original ist, möchten wir dem technisch interessierten Schrauber einige Überlegungen mit auf die Werkzeugkiste legen.

Negativ ist positiv

Ein Fahrzeughersteller wie Mercedes konzipiert seine Fahrzeuge so, dass sie auch in extremen Situationen beherrschbar bleiben sollen. Der Fahrer soll das nur an gutmütigem Fahrverhalten und notfalls auch an erfolgreich gemeisterten Extremsituationen merken. Nehmen wir einmal an, an Ihrem Fahrzeug platzt während der Fahrt der Reifen vorne rechts. Was wird passieren? Zuerst nimmt man mal an, dass das Fahrzeug sofort und extrem zu der rechten Seite ziehen wird. Der Hersteller allerdings hat diese Situation in der Lenkgeometrie anders ausgelegt. Zwar steht das Lenkrad nach dem Platzer schief, das Auto aber fährt geradeaus weiter.

Vereinfacht lässt sich die Reaktion des Fahrzeugs so darstellen. Eine konstruktive Auslegung ist der Lenkrollhalbmesser einer Vorderachse. Die C-Klasse ist werkseitig mit einem »negativen« Lenkrollhalbmesser ausgelegt worden. Das bedeutet nichts anderes, als dass der Drehpunkt des Rades auf der Fahrbahn etwas weiter nach außen als der eigentliche Mittelpunkt der Radaufstandsfläche auf der Fahrbahn gelegt wurde. Betrachten wir nun wieder den geplatzten vorderen rechten Reifen. Er wird einen deutlich höheren Rollwiderstand produzieren als das intakte linke Vorderrad. Da der Drehpunkt des Rades nicht im Radaufstandsflächenmittelpunkt liegt, erzeugt der platte rechte Reifen eine Lenkbewegung nach links. Der linke Reifen läuft nun nicht mehr gerade zur Fahrbahn und erzeugt auch einen höheren Rollwiderstand. Die

Lenkgeometrie will nun einen Kräfteausgleich der beiden Räder erzeugen und sucht sich den neuen »Mittelpunkt«. Sind die Rollwiderstände gleich, fährt das Fahrzeug wieder geradeaus. Der Kräfteausgleich bewirkt wiederum die Schiefstellung des Lenkrades. Derselbe Vorgang ergibt sich übrigens auch bei unterschiedlichen Reifen oder auch unterschiedlichem Luftdruck der Reifen.

Positiv ist negativ

Eine der Lieblingsumbauten der Tuner ist der Umbau auf breite Reifen und natürlich auch auf Spurplatten oder Felgen mit kleineren Einpresstiefen. Beides bewirkt oftmals eine erhebliche Veränderung des Lenkrollhalbmessers. Der im ungünstigsten Fall nun positive Lenkrollhalbmesser bewirkt das Gegenteil der Überlegungen des Fahrzeugherstellers.

Betrachten wir nun wieder die Fahrsituation mit dem geplatzten vorderen rechten Reifen. Er wird einen deutlich höheren Rollwiderstand produzieren als das intakte linke Vorderrad. Da der Drehpunkt des Rades zwar auch nicht im Radaufstandsflächenmittelpunkt liegt, sondern etwas weiter innen, erzeugt der platte rechte Reifen eine Lenkbewegung nach rechts. Zwar läuft der linke Reifen nun auch nicht mehr gerade zur Fahrbahn und erzeugt auch einen höheren Rollwiderstand, die Wirkrichtung ist aber leider nach rechts. Da keine Kräfte entgegenstehen, kann die Lenkgeometrie keinen Kräfteausgleich der beiden Räder erzeugen und lenkt nach rechts.

Die Kräfte werden schlagartig auftreten und durch die unterschiedliche Radbelastung stark an- und abschwellende Gegenkräfte vom Fahrer einfordern. In der Regel wird es kaum möglich sein, das Fahrzeug auf der Straße zu halten und einen Unfall zu vermeiden.

An diesem Beispiel sieht man sehr drastisch, wie ungewollte Einflüsse auf das Fahrzeug ausgeübt werden, die fatale Folgen nach sich ziehen können. Hinterfragen Sie ruhig auch die Auswirkungen der breiteren Räder auf das Fahrverhalten des Fahrzeugs und natürlich auch auf die Auswirkungen auf den Lenkrollhalbmesser. Ein Händler, der nicht in der Lage ist diesen Zusammenhang darzustellen, ist sicherlich ungeeignet Ihr Fahrzeug durch Tuningmaßnahmen zu verbessern.

Neben der Veränderung des Lenkrollhalbmessers verändern auch Höhenlage, Sturz, Spur und Nachlauf das Fahrverhalten des Fahrzeuges. Ohne tiefgehende Kenntnisse über die Fahrwerkstechnik sollten Sie niemals Veränderungen, Reparaturen oder Umbauten an Achsbauteile vornehmen. Rad-Reifenkombinationen sollten grundsätzlich vom Hersteller freigegeben worden sein oder zumindest hinsichtlich der Abmessungen (inkl. der Einpresstiefe) den Abmessungen der Hersteller entsprechen.

Winterreifen

Für einen Winterreifen genügt die schmalste Reifenbreite, die für Ihr Fahrzeug angegeben ist. Je kleiner die Reifenaufstandsfläche Ihres Reifens, umso höher wird der Druck auf die Fläche. Investieren Sie das für breitere Pneus gesparte Geld lieber in einen zweiten Satz passender Felgen – das Ummontieren der Reifen im Frühjahr und Herbst kommt auf die Dauer viel teurer und birgt bei jeder Montage und Demontage die Beschädigung des Reifens.

Zudem müssen die Räder nach jeder Montage neu ausgewuchtet werden.

Felgen gibt es heutzutage in jedem Autofahrermarkt. Auch Aluminiumfelgen sind heute gar nicht oder kaum teurer als die Felge aus Stahl. Achten Sie darauf, dass die Abmessungen der Felge und natürlich auch die Einpresstiefen mit der Originalfelge übereinstimmen. Fragen Sie nach, ob die Originalradschrauben auf die neue Felge passen oder ob ein neuer Schraubensatz für die neuen Felgen fällig ist.

Manche Händler und Werkstätten lagern Ihre Winterreifen gegen eine geringe Gebühr bis zum nächsten Tausch ein.

Wenn die Höchstgeschwindigkeit der Winterreifen (bis zu 160 km/h) unter der Ihres Fahrzeugs liegt, sollten Sie sich zur Erinnerung einen entsprechenden Aufkleber ins Blickfeld (nicht an die Windschutzscheibe!) kleben.

Nach jedem Radwechsel müssen die Räder nochmals nachgezogen werden. Das liegt nicht etwas an der möglichen Unfähigkeit des Monteurs, sondern daran, dass sich gebildete Oxidation, Farbreste oder sonstige Ablagerungen vom Schraubensitz abnutzen können und so eventuell ausreichend Spiel für die Schraube entstehen könnte, sich eigenständig zu lösen.

Montieren der Winter- und Sommerräder

Das Montieren der Winter- und Sommerräder können Sie schnell und sicher erledigen. Beachten Sie aber beim Anheben des Fahrzeugs die Sicherheitsbestimmung aus dem Abschnitt »Pannen unterwegs, Fahrzeug richtig aufbocken«.
Nach der Demontage der Räder müssen diese eingelagert werden. Empfehlenswert ist hierzu ein Felgenbaum, der verhindert, dass die Flanken oder Laufflächen während der Einlagerung belastet werden. Das Anzugsdrehmoment liegt bei 130 Nm, nach 100 km sollten Sie alle Schrauben nochmals zur Sicherheit mit einem Drehmomentschlüssel nachziehen!

- Suchen Sie eine ebene Stelle mit festem Untergrund für den Radwechsel.
- Ziehen Sie die Handbremse fest an und lösen Sie vor dem Anheben des Wagens alle Radbolzen zunächst nur um eine Viertelumdrehung.
- Heben Sie nun das Fahrzeug so weit an, bis das Rad ein paar Zentimeter über dem Boden ist.
- Entfernen Sie dann die fünf Radbolzen und nehmen Sie das Rad ab. Wechseln Sie immer ein Rad nach dem anderen.
- Kontrollieren Sie den Zustand der Radnabe. Säubern Sie diese gegebenenfalls mit der Drahtbürste und tragen Sie eine hauchdünne Schicht Kupferpaste auf. Das schützt vor weiterer Korrosion.
- Setzen Sie jetzt das Rad an. Drehen Sie alle Radbolzen über Kreuz ein und achten Sie darauf, dass das Rad gerade an der Nabe anliegt.
- Ziehen Sie zunächst alle Räder handfest an.
- Ziehen Sie die Radbolzen mit einem Drehmoment von 130 Nm an. Wichtig: Ziehen Sie die Räder nach rund 100 Kilometern nochmals nach!

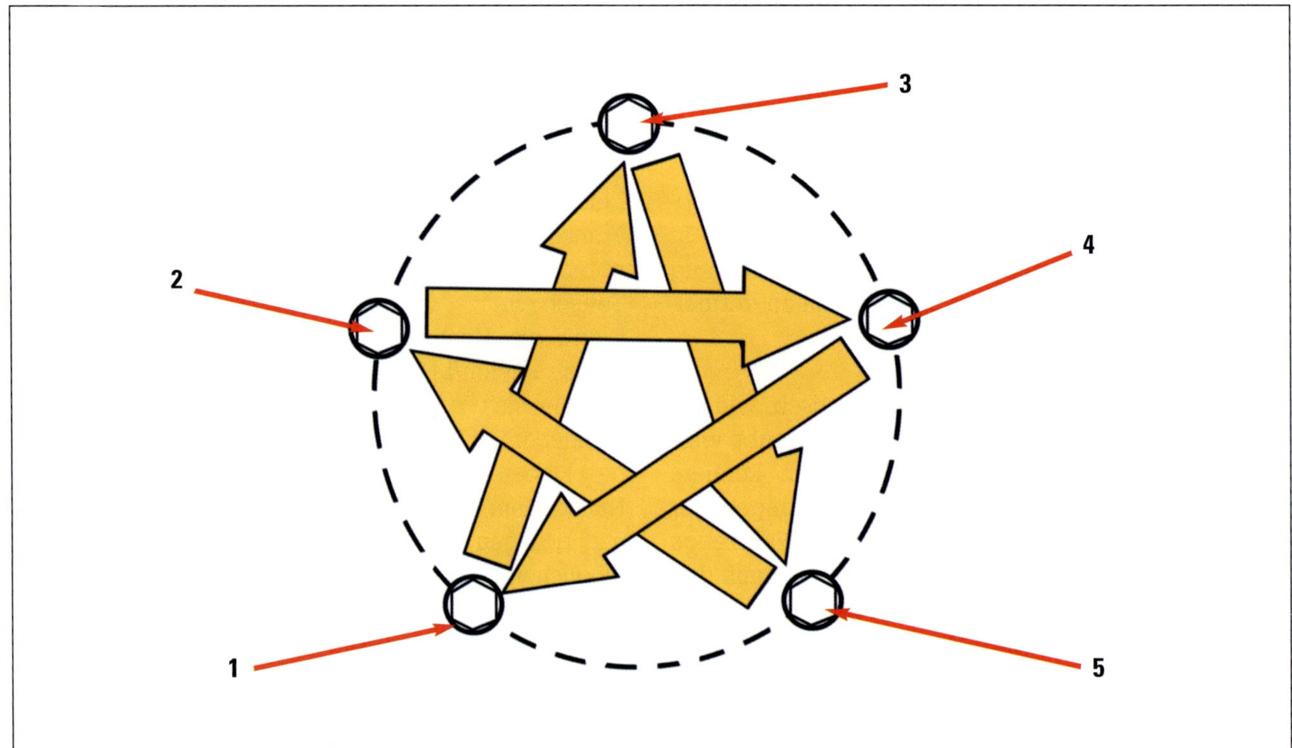

Anzugsfolge immer der Reihe nach (1-5).

STÖRUNGSBEISTAND

Reifen

Störung	Was kann das sein?	Was kann ich tun?
A Schwammiges Fahrverhalten	**1** Reifen zu geringer Luftdruck	Luftdruck prüfen
	2 Stoßdämpfer undicht	Ölverlust mit Finger prüfen, bleibt Öl am Finger: tauschen
	3 Stoßdämpfer verschlissen	Kolbenstange auf Riefen und Abplatzung prüfen
	4 Spurwerte stimmen nicht	Achsvermessung durchführen
	5 Federn erlahmt	Federn prüfen, ggf. austauschen
	6 Gummis Querlenker hinten	neue Streben einbauen
B Reifen	**1** starker, unregelmäßiger Verschleiß	Spurwerte stimmen nicht, Achsvermessung durchführen
	2 Verschleiß innen	zu viel negativer Sturz
	3 Verschleiß außen	zu viel positiver Sturz
	4 Verschleiß in der Mitte	zu viel Luftdruck
	5 Verschleiß innen und außen	zu wenig Luftdruck
	6 Stoßdämpfer verschlissen	Stoßdämpfer prüfen, ggf. austauschen
C Schütteln am Lenkrad	**1** Räder unwuchtig	Räder wuchten lassen
	2 Spiel in der Lenkung	Kreuzgelenk prüfen
	3 Spiel in Fahrwerksteilen	Traggelenk und Spurstangen prüfen
… beim Bremsen	**4** Bremsscheiben verzogen	neue Bremsscheiben und Beläge
D Geräusche bei Kurvenfahrt	**1** Radlager defekt	Richtige Seite durch Wechselkurven feststellen
	2 Spurwerte stimmen nicht	Reifenprofil kontrollieren (siehe B)

Fahrwerk, Achsen, Lenkung

Als Fahrwerk werden die Teile des Fahrzeugs bezeichnet, die für die präzise Radführung mit bestmöglichem Bodenkontakt, die Richtungsstabilität und für eine komfortable und ausgeglichene Führung der Karosserie über dem Boden zuständig sind. Eigentlich gehören die Reifen auch schon dazu. Diese haben wir schon im letzten Kapitel behandelt und betrachten hier die Radführungskomponenten genauer.

Was ist eigentlich ein Fahrwerk?

Im Volksmund versteht man unter Fahrwerk eher nur die Stoßdämpfer und die Federn. Dass hinter diesem Begriff eine Konstruktion aus sehr vielen Bauteilen steht, die aufeinander abgestimmt den Spagat zwischen Komfort und präziser Radführung abdecken müssen, ahnt zuerst mal niemand. Zum Fahrwerk gehört alles, was zwischen Karosserie und Straße für die Radführung sorgt. Jede Veränderung, sei es durch Verschleiß oder aber auch durch Umbau, erfordert erhebliches Fachwissen durch den Monteur. Gerade bei Tuningmaßnamen rund ums Fahrwerk darf nie vergessen werden, dass es sich um ein Kraftfahrzeug handelt, das sicher im Straßenverkehr bewegt werden soll. Kunstwerke werden nicht gefahren, sondern ausgestellt.

Auslegung des Fahrwerks

Damit ein Fahrzeug überhaupt geradeaus fahren kann, ist der Bezug zur Hinterachse extrem wichtig. Jeder, der mal erlebt hat, wie ein Auto reagiert, wenn die Hinterachse ausbricht (das Fahrzeug übersteuert dann...), weiß, welche Auswirkung es hat, wenn die Hinterachse als so genannte spurgebende Achse das Fahrzeug nicht mehr führt. Alle Fahrwerkswerte beziehen sich immer auf die Hinterachse. Sie ist der Bezugspunkt für die Konstruktion und natürlich auch für die Fahrwerksvermessung. Aus diesem Grund ist es gelinde ausgedrückt unsinnig die Vorderachse einzeln zu vermessen. Ein Rad kann neben der Drehbewegung sich auch seitlich neigen oder auch nach vorn oder hinten versetzt werden. Die Räder werden sogar beim Einlenken angehoben oder abgesenkt. Alle diese Funktionen entstehen aus dem Zusammenspiel der Bauteile und sind gewollt.
Sogar die Veränderung der Höhenlage eines Fahrzeuges folgt solchen »Kennlinien« und hat selbstverständlich Einflüsse auf die Achsgeometrie und das Fahrverhalten. Auch wenn es kaum vorstellbar ist, haben sogar die Felgengröße und ihre Einpresstiefe Einfluss auf das Fahrwerk und seine Funktionen.

Ohne Reibung keine Kraftübertragung. Das kennen wir schon von der einen oder anderen Glatteisfahrt. Man kann sich vorstellen, dass für eine »spurgenaue« Fahrzeugführung der Kontakt der Reifen von entscheidender Wichtigkeit ist. Geht die Verbindung zwischen Reifen und Fahrbahn verloren, können weder Vortriebs-, Brems-, Seitenführungs- oder Lenkkräfte mehr übertragen werden. Wichtige Elemente für diese Aufgabe sind Federung und Stoßdämpfung. Bodenunebenheiten werden so durch Ein- und Ausfedern des einzelnen Rades möglichst ausgeglichen. Unerwünschtes Nachschwingen des Aufbaus verhindern die Stoßdämpfer.
Sie müssten eigentlich Schwingungsdämpfer heißen, da sie zwar auch Stöße dämpfen, aber in der Hauptsache durch Federn verursachte Schwingungen abschwächen.

Lenkung und Fahrsicherheit

Die Lenkung soll möglichst feinfühlig sein und zielgenaues Lenken ermöglichen. Sie ist genau auf die Achsen und die Lenkgeometrie abgestimmt. Wie bei fast allen Autos heutzutage kommt bei der C-Klasse eine Zahnstangenlenkung zum Einsatz. Sie gilt als besonders präzise und sorgt trotz der serienmäßigen Servounterstützung für ein noch direkteres und feinfühligeres Ansprechen der Lenkung. Die Lenkung ist ein Bauteil, von dem die gesamte Fahrsicherheit in besonderem Maße abhängt. Defekte, falsche Einstellungen und fehlerhafte Reparaturarbeiten können deshalb fatale Auswirkungen haben.

GEFAHRHINWEISE

⚠ Lenkung und Fahrwerk

Die Arbeiten an Teilen des Fahrwerks und der Lenkung sind nicht immer fürs Do-it-yourself geeignet. Sie setzen Erfahrung und oft auch spezielle Werkstattgeräte sowie Spezialwerkzeuge voraus. Fehlerhafte Reparaturen werden damit nicht nur zur Gefährdung für Sie selbst, sondern auch für andere Verkehrsteilnehmer. Denn genauso wie bei den Bremsen Ihres Fahrzeugs kann nur die einwandfreie Funktion aller Teile des Fahrwerks und der Lenkung die Fahrsicherheit gewährleisten. Die Teile der Lenkung und des Fahrwerks sind nach einer Beschädigung, zum Beispiel durch einen Unfall, meist zu ersetzen. So dürfen Sie beispielsweise defekte Teile der Radaufhängung nicht etwa einfach richten oder schweißen – sie müssen grundsätzlich erneuert werden. Wenn Sie nicht sicher sind, ob Sie die betreffende Reparatur selbst ausführen können, oder wenn Sie die dafür benötigten Werkzeuge nicht besitzen – überlassen Sie die Arbeit besser der Werkstatt.

Die Vorderachse der C-Klasse

Die Vorderachse vorne besteht aus einem McPherson-Federbein und einem Drehstab-Stabilisator. Die Radführung wird auf jeder Seite von zwei Querlenkern übernommen, zudem dient die Spurstange als dritter Vorderachslenker und verbindet durch das Lenkgetriebe beide Räder miteinander. Die serienmäßigen Stoßdämpfer regeln die Kräfte je nach Fahrsituation automatisch. So wirken bei normaler Fahrweise weniger Kräfte auf den Stoßdämpfer, wodurch sich der Abrollkomfort erhöht. Bei sportlicher Fahrweise werden die Stoßdämpfer stärker belastet und das Auto wird stärker stabilisiert.

Die Hinterachse der C-Klasse

Die Hinterachse der Mercedes C-Klasse besteht aus einem Hinterachsträger, an welchem die Hinterachslenker über Gummi-Metall-Lager verschraubt sind. Bei Kurvenfahrten soll sich das Auto nicht zu stark neigen bzw. anheben, hierzu wird ein Stabilisator verwendet, der vor der Hinterachse sitzt.
Die Abfederung der Karosserie wird durch zwei Schraubenfedern übernommen, jeweils eine auf jeder Seite. Bei diesem Modell sitzen die Schraubenfedern getrennt von den Stoßdämpfern.
Der Antrieb erfolgt über eine Kardanwelle (Gelenkwelle) auf das Differential von dort aus wird es über die Antriebswellen auf das jeweilige Rad übertragen.

Die Lenkung

Die verbaute Lenkung in der Mercedes C-Klasse besteht aus einem Lenkrad, der Lenksäule, dem Lenkgetriebe und den Spurstangen. Die Lenksäule überträgt die Lenkbewegung auf das Lenkgetriebe. Im Lenkgetriebe werden die Lenkkräfte auf eine Zahnstange

WISSENSWERTES

McPherson-Federbein

Fahrbahnunebenheiten erzeugen an den Rädern Auf- und Abwärtsbewegungen. Mit Hilfe der Federbeine, bestehend aus Federn und Dämpfern, werden diese Bewegungen der Räder durch Ein- und Ausfedern kompensiert und der Kontakt zur Straße gehalten. Die Kombination der Feder- und Dämpfereinheit am Fahrzeug beeinflusst dabei wesentlich den Fahrkomfort, die Fahrsicherheit und auch das Kurvenverhalten. Im Gegensatz zum Nutzfahrzeug kommt hierzu im Pkw fast durchgängig die Einzelradaufhängung zum Einsatz. Mit ihr können die ungefederten Massen gering gehalten werden und die Räder beeinflussen

McPherson-Federbein: Bauraum- und kostengünstige Einzelradaufhängung an der Vorderachse.

sich nicht gegenseitig beim Ein- und Ausfedern, wie beim Starrachsenprinzip. Als kostengünstig und platzsparend hat sich das sogenannte McPherson-Federbein erwiesen. Seinen Namen verdankt es seinem Erfinder, dem US-Amerikaner Earl S. McPherson, dessen Patent erstmals 1948 zum Einsatz kam. Es entstand aus dem Doppelquerlenker-Federbein und ist, durch seine kompaktere Bauweise, besonders zum Einsatz in Klein- und Mittelklassewagen geeignet. Die Platzersparnis resultiert aus der Ersetzung des oberen Querlenkers durch ein Schwingungsdämpferrohr, an dem die Achsschenkel befestigt sind. Das Stoßdämpferaußenrohr ist mit dem radlagertragenden Achszapfen und dem Spurstangenhebel fest verbunden. Beim Lenken schwenkt diese Einheit um die Stoßdämpferkolbenstange, die mit ihrem oberen Ende in einem Gummilager der Karosserie sitzt, während unten am Federbein ein frei bewegliches Kugelgelenk über einen Querlenker die zweite Verbindung zur Karosserie herstellt.

übertragen, auch der entsprechende Lenkeinschlag wird vom Lenkgetriebe bestimmt. Die Zahnstange überträgt die Lenkkräfte auf die Spurstangen, welche mit dem Achsschenkel verbunden sind. Durch den Achsschenkel werden die Lenkkräfte direkt auf die Räder übertragen.

Die Bedienung der Lenkung wird durch eine Servolenkung erleichtert. Diese sorgt für einen geringen Kraftaufwand beim Einschlagen der Lenkung. Die Lenkhilfe in Ihrer C-Klasse besteht aus einem Vorratsbehälter und der Servopumpe.

Die Servopumpe saugt das Hydrauliköl aus dem Vorratsbehälter und fördert es mit einem hohen Druck zum Steuerventil, welches im Lenkgetriebe sitzt. Das Steuerventil ist mechanisch mit dem Lenkgetriebe verbunden und leitet das Hydrauliköl je nach Lenkrichtung in den entsprechenden Arbeitszylinder. Dort drückt das Öl gegen den Zahnstangenkolben und unterstützt dadurch die Lenkbewegung des Fahrers. Gleichzeitig drückt der gegenüberliegende Arbeitskolben das Öl durch die Rücklaufleitung zurück zum Vorratsbehälter.

Vorsicht: Richt- und Schweißarbeiten an Bauteilen der Lenkung sind nicht zulässig. Selbstsichernde Schrauben und Muttern sind im Reparaturfall immer zu ersetzen.

Radlager und Achsgelenk prüfen

Radlager prüfen

Radlager unterliegen, wie alle beweglichen Teile eines Fahrzeuges, dem Verschleiß. Schäden können Sie anhand zweier Merkmale schnell selbst ausmachen. Zum einen werden Sie ein vorhandenes, übermäßiges Lagerspiel mit der nachfolgend beschriebenen Prüfung feststellen. Zum anderen werden Sie im Rahmen einer Probefahrt ein beschädigtes Radlager oftmals an der Geräuschentwicklung erkennen können. Da dieses Geräusch im Schadensverlauf nur langsam zunimmt, wird es vom Fahrer oft nicht erkannt. Er hat sich im Laufe der zunehmend lauter werdenden Geräuschkulisse, über oft schon mehrere Monate, an das Geräusch gewöhnt. Durch die Lastwechselreaktionen bei Kurvenfahrten können Sie oft auch die Position des beschädigten Radlagers im Rahmen einer Probefahrt feststellen. Radlager können nicht eingestellt werden, man muss sie bei Schäden austauschen. Das ist auf jeden Fall für die Lager der Vorderachse eine Sache für die Werkstatt. Lager, Laufringe, Nabe und Lenk-Schwenklager sind in engen Toleranzen gefertigt, die bei der Montage Spezialwerkzeug erforderlich machen.

- Gut prüfen können Sie die Radlager auf etwaiges Spiel, wenn das Fahrzeug leicht angehoben wird.
- Das Rad vorsichtig in der Senkrechten bewegen, Radlagerspiel bemerken Sie an einem geringfügigen Kippeln.
- Grundsätzlich kann ein Radlager geringfügiges Spiel aufweisen. Es sollte aber im besten Fall gerade so spürbar sein.
- Gibt es Spiel an den vorderen Radlagern, lassen Sie einen Helfer die Bremse treten. Wiederholen Sie die Kontrolle! Wenn immer noch Spiel festgestellt wird, müssen Achsgelenke, Spurstangengelenke und Domlager geprüft werden.

Bewegung in der Senkrechten: Das Lagerspiel in dieser Richtung kann etwas (aber kaum merklich) größer ausfallen, als das Lagerspiel für die waagerechte Ebene.

Bewegung in der Waagerechten: Das Lagerspiel in dieser Richtung sollte in der Regel kaum feststellbar sein.

Achsgelenke kontrollieren

Die Kugelgelenke der Achsgelenke (rechts und links zwischen Querlenker und Lenk-Schwenklager) sitzen in einer Fett-Dauerfüllung in Kunststoffschalen. Staubkappen aus Kunststoff schützen sie vor Nässe und Schmutz. Die Gelenke sind wartungsfrei. Eine beschädigte Staubkappe bedeutet allerdings das vorzeitige Aus fürs Gelenk – eindringender Schmutz wirkt wie Schmirgelsand, Feuchtigkeit lässt es mit der Zeit festrosten.

- Fahrzeug vorne aufbocken, ideal wäre für die Prüfung eine Hebebühne.
- Lenkung nach einer Seite voll einschlagen.
- Staubkappen der Achsgelenke rechts und links auf Beschädigungen kontrollieren. Achsgelenke kontrollieren und dabei die Kappen zusammendrücken – so entdekken Sie auch versteckte Risse.

- Eine schadhafte Staubkappe kann nicht einzeln ersetzt werden, der Gelenkbolzen muss komplett ausgetauscht werden.
- Das Axialspiel prüfen, indem der Achslenker kräftig nach unten gezogen und wieder hochgedrückt wird (1).
- Das Radialspiel prüfen, indem das Rad kräftig nach innen und außen gedrückt wird (2).
- Hinteres Lager für Achslenker und Achslenker vorne genau prüfen. Dabei vor allem auf Risse des Gummilagers achten (3).

Spurstangenköpfe und Manschetten prüfen

Manschetten der Lenkzahnstange

Die aus dem Zahnstangengehäuse austretende Zahnstange wird links und rechts durch eine Gummimanschette geschützt. Dringen durch einen rissigen oder beschädigten Faltenbalg Schmutz und Feuchtigkeit ein, verbinden sie sich mit dem Fett des Lenkgetriebes zu einer Schleifpaste, die ständig am Lenkritzel nagt. Eine verschlissene Manschette sollten Sie daher sofort ersetzen. Um die Lenkungsmanschette zu prüfen, müssen Sie weit in die vorderen Radkästen hinein greifen. Durch Auseinanderziehen der Falten lassen sich Undichtigkeiten am besten erkennen.

- Leuchten Sie mit einer Taschenlampe jeden Faltenbalg ab. Schlagen Sie die Lenkung voll nach rechts und links ein; ziehen Sie dann den Faltenbalg Stück um Stück auseinander, um Risse in den Falten zu erkennen.

Spurstangengelenk

Das Spurstangengelenk sitzt rechts und links zwischen Spurstange und Spurstangenhebel des Lenk-Schwenklagers. Selbstschmierender Kunststoff umhüllt den stählernen Kugelkopf, eine Manschette schützt ihn vor Schmutz und Feuchtigkeit. Spurstangenköpfe mit defekter Manschette oder Spiel müssen Sie umgehend ersetzen. Die Kontrolle sollten Sie im regelmäßigen Abstand, am besten einmal jährlich oder nach ca. 15.000 gefahrenen Kilometern, durchführen.

- Prüfen Sie, ob das Gelenk Spiel hat. Fahren Sie das Auto dazu am besten über eine Grube.

- Lassen Sie einen Helfer das Lenkrad mehrmals kurz nach links und rechts drehen. Sie können mit der Hand fühlen, ob die Spurstangengelenke Luft haben.

- Kontrollieren Sie die Manschetten der Spurstangengelenke auf Risse und Beschädigungen. Durch Auseinanderziehen der Falten lassen sich Undichtigkeiten am besten erkennen. Leuchten Sie dabei mit einer Taschenlampe jeden Faltenbalg einzeln ab.

- Ist die Manschette defekt, sollte der komplette Spurstangenkopf gewechselt werden (Werkstattarbeit).

Genau inspizieren: Nehmen Sie bei der Kontrolle der Manschette jede Falte einzeln in Augenschein.

Spurstangenkopf prüfen: Spurstangenkopf kräftig nach oben und unten drücken.

Manschette prüfen: Bei einem Defekt wie einem Riss oder einem Loch ist die Gelenkwellenmanschette auszutauschen.

Begriffe der Lenkgeometrie

WISSENSWERTES

Von der Stellung der Vorderräder wird die Straßenlage wesentlich bestimmt. Man unterscheidet:

Nachlauf: Abstand (in Fahrtrichtung) zwischen der gedachten Verlängerungslinie der Lenkdrehachse zum Boden und dem Mittelpunkt der Reifenaufstandsfläche. Durch den Nachlauf werden die Räder gezogen (und nicht geschoben). Sie neigen deshalb dazu, sich von selbst geradeaus zu stellen und diese Stellung auch beizubehalten (A in Bild 1).

Sturz: Die Neigung des Rades zu einer Senkrechten. Vermindert Fahrbahnstöße auf die Teile der Lenkung, reduziert Lenkkräfte und Reibung der Räder auf der Fahrbahn. Die Vorderräder haben positiven Sturz. Sie stehen oben im Radkasten geringfügig weiter auseinander als unten am Boden (B in Bild 1).

Spreizung: Die Neigung der Lenkungsdrehachse zu einer Senkrechten. Denkt man sich eine Linie dieser Achse zum Boden und misst den Abstand zur Mittellinie durch das Rad (Mittelpunkt der Reifenaufstandsfläche), erhält man den Lenkrollradius. Dieser soll möglichst klein sein, um die Störkräfte in der Lenkung zu verringern. Die Spreizung bewirkt zusammen mit dem Nachlauf, dass sich bei eingeschlagenen Rädern das Fahrzeug etwas anhebt. Lässt man das Lenkrad los, stellen sich die Räder selbst in die Mittelstellung zurück (C in Bild 1).

Vorspur: Der vordere Abstand der Räder einer Achse ist kleiner als der hintere (Bild 2). Das gleicht die Reibung zwischen Rad und Straße aus, die das linke Rad nach links und das rechte nach rechts drücken will. Die Vorspur verhindert Flattern der Räder und Radieren der Reifen. Bei der Fahrt durch eine Kurve schwenkt das kurveninnere Rad zur Unterstützung der Lenkbewegung und der Lenkkräfte stärker ein als das kurvenäußere. Die Vorspur geht in Nachspur über (Räder einer Achse hinten enger zusammen).

Spurdifferenzwinkel: Für die Vorderradaufhängung festgelegte Abweichung zwischen den Radeinschlagwinkeln bei Stellung eines Rades auf 20°.

Radeinstellung

Die richtige Stellung der Vorderräder entscheidet darüber, ob Ihr Fahrzeug auf ebener Strecke und in Kurven ruhig und sicher auf der Straße liegt. Nach harter Berührung des Bordsteins kann die Geometrie der Vorderradaufhängung bereits empfindlich gestört sein. Auch verschlissene Gelenke und Gummilager oder unsachgemäße Reparaturen wirken sich spürbar negativ auf das Fahrzeugverhalten aus.

Unternehmen Sie deshalb ganz gezielt eine kurze Probefahrt zur Überprüfung der Lenkgeometrie. Dazu müssen beide Vorderreifen dieselbe Reifensorte und Profiltiefe aufweisen und den vorgeschriebenen Luftdruck haben.

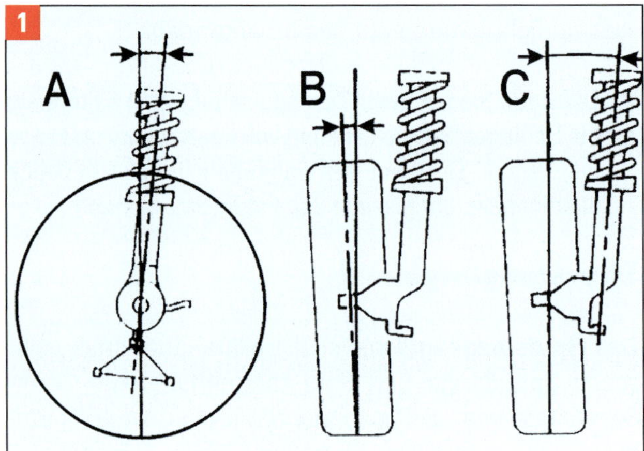

Lenkgeometrie – Die wichtigsten Radeinstellungen:
A – Nachlauf, B – Radsturz, C – Spreizung.

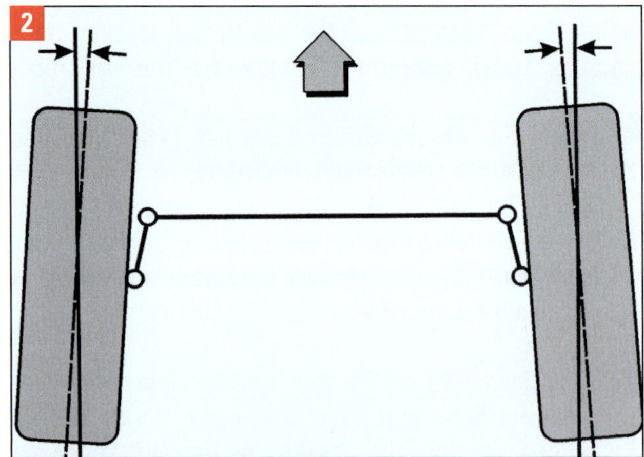

Lenkgeometrie – Der Stand der Räder:
Schematische Darstellung der so genannten Vorspur.

Zustand der Stoßdämpfer prüfen

Nach zwei verschlissenen Reifensätzen besitzen die Stoßdämpfer meist nur noch die Hälfte ihrer Wirkung. Sie sind dann reif für den Austausch. Schlechte Dämpfer gehören zu den schleichenden Verschleißerscheinungen.
Die meisten Fahrer gleichen Mängel am Stoßdämpfer mit der Zeit unbewusst durch verändertes Fahrverhalten aus. Lassen Sie zu Ihrer Sicherheit das Bauteil zur exakten Diagnose einmal im Jahr auf dem Prüfstand eines Automobilclubs oder von TÜV/DEKRA kontrollieren.
Die Schaukelmethode, bei der man den Wagen am betreffenden Kotflügel aufschaukelt und plötzlich loslässt, ersetzt keine Prüfung. Damit können Sie nur einen total ausgefallenen Stoßdämpfer feststellen. Dies gilt auch für die Sichtprüfung. Erkennen Sie bereits das ausgelaufene Dämpferöl, ist der Dämpfer ebenfalls schrottreif. Mit einigen Kontrollfragen können Sie dennoch die nachlassende Wirkung Ihrer Dämpfer feststellen.

Beim Fahren auf Folgendes achten

- Flattert die Lenkung? In diesem Fall haben die Räder nicht ständig Kontakt zum Boden.
- Schwingt die Karosserie bei Fahrbahnunebenheiten nach?
- Wirkt das Fahrzeug in Kurven schwammig? Dann werden die kurveninneren Räder nicht genügend auf den Asphalt gedrückt, die äußeren nicht stark genug entlastet.

Sichtprüfung

- Nutzen die Reifen gleichmäßig ab?
- Sind die Aufnahmen in den Radhäusern unbeschädigt?
- Weisen die Dämpfer offensichtlich Schaden auf (z. B. auslaufendes Dämpferöl, wie in Bild 2 zu erkennen)?

1 *Aufnahme im Radlauf:* Die Aufnahme der Feder-Dämpfer-Einheit steht unter großer Beanspruchung. Eine Sichtkontrolle schadet daher von Zeit zu Zeit nicht.

2 *Schadensbild Stoßdämpfer:* Das ausgelaufene Dämpferöl, wie hier zu sehen, bedeutet einen Totalausfall. Sieht Ihr Stoßdämpfer auch so aus wie dieser, ist ein Wechsel fällig.

Federbein vorne ausbauen

Benötigtes Werkzeug
– Knarre
– Kugelbolzenabzieher

- Fahrzeug an der betreffenden Seite aufbocken und Rad abbauen. Bei Fahrzeugen mit Bremsbelagverschleißanzeige Anschlussstecker an der Steckverbindung trennen.
- Sechskantmuttern der Koppelstangen abschrauben.
- Bremsschlauch aus dem Halter herausziehen. Dabei Bremsschlauch nicht knicken oder biegen.
- Leitung für den Drehzahlfühler vom Federbein aushängen.
- Schraube der oberen Verbindung vom Achsschenkel/Federbein durch Lösen der Schrauben trennen.
- Schrauben der unteren Verbindung vom Achsschenkel/Federbein durch Lösen der Schrauben trennen. Achtung: Der Achsschenkel kommt Ihnen jetzt entgegen!
- Muttern des Domlagers abschrauben und den Stoßdämpfer nach unten herausnehmen.

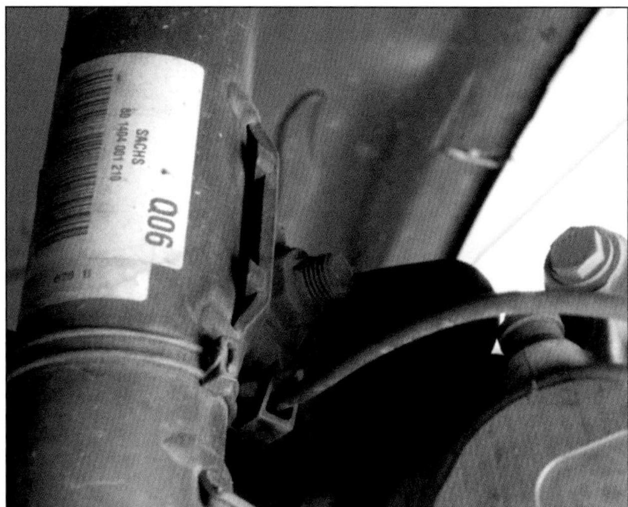

Stoßdämpfer hinten und Federn hinten ausbauen

Wegen des getrennten Aufbaus von Feder und Dämpfer an der Hinterachse ist der Wechsel der beiden Teile relativ leicht zu bewerkstelligen. Für den Ausbau müssen Sie allerdings das Fahrzeug aufbocken, dabei sollte darauf geachtet werden, dass die Achswellen nicht frei hängen. Die Gelenke könnten durch Überdehnen beschädigt werden.

Ausbau Dämpfer:

- Bocken Sie das Auto auf beiden Seiten auf und sichern es mit Unterstellböcken.
- Bauen Sie die Kofferraumseitenverkleidung aus.
- Bauen Sie die Verkleidung am Federlenker ab, um an die Befestigungsschraube des Stoßdämpfers zu gelangen.
- Lösen Sie die Befestigungsschraube unten und die Mutter am Stoßdämpfer oben.
- Dämpfer nach unten herausheben.

Ausbau Feder:

- Bocken Sie das Auto auf beiden Seiten auf und sichern es mit Unterstellböcken.
- Drücken Sie die Feder mit einem geeigneten Federspanner zusammen, bis Sie diese herausnehmen können.
- Nehmen Sie die Schraubenfeder heraus.
- Beim Einbau in umgekehrter Reihenfolge achten Sie darauf, dass die Zapfen der Federauflage unten sich im Federlenker einsetzen und dass die Federenden an den jeweiligen Anschlägen der Federauflage unten und oben sitzen.
- Entspannen Sie die Federspanner gleichmäßig.

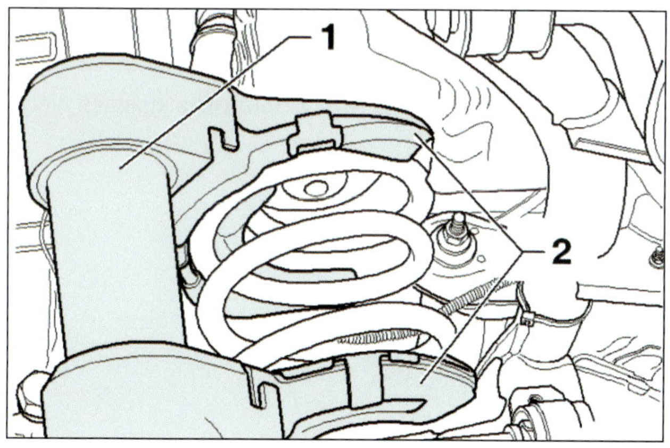

1 Federspanner, 2 Halteklammern

Fahrwerk

	Störung	Was kann das sein?	Was kann ich tun?
A	Schwammiges Fahrverhalten	1 Reifen zu geringer Luftdruck	Luftdruck prüfen
		2 Stoßdämpfer undicht	Ölverlust mit Finger prüfen, bleibt Öl am Finger: tauschen
		3 Stoßdämpfer verschlissen	Kolbenstange auf Riefen und Abplatzung prüfen
		4 Spurwerte stimmen nicht	Achsvermessung durchführen
		5 Federn erlahmt	Federn prüfen, ggf. austauschen
		6 Gummis Querlenker hinten	neue Streben einbauen
B	Reifen	1 starker, unregelmäßiger Verschleiß	Spurwerte stimmen nicht, Achsvermessung durchführen
		2 Verschleiß innen	zu viel negativer Sturz
		3 Verschleiß außen	zu viel positiver Sturz
		4 Verschleiß in der Mitte	zu viel Luftdruck
		5 Verschleiß innen und außen	zu wenig Luftdruck
C	Klackern beim Überfahren von Unebenheiten	1 Koppelstange defekt	Koppelstangen auf Spiel prüfen und gegebenenfalls ersetzen
		2 Spiel in der Lenkung	Lenkung prüfen
		3 Spiel in Fahrwerksteilen	Domlager, Traggelenk und Spurstangen prüfen
D	Geräusche bei Kurvenfahrt	1 Radlager defekt	Richtige Seite durch Wechselkurven feststellen
		2 Spurwerte stimmen nicht	Reifenprofil kontrollieren (siehe B)

Bremsanlage

Hauptaufgabe der Bremsanlage ist die Umwandlung von kinetischer Energie (Bewegungsenergie) in Wärmenergie, die durch Reibung entsteht. Temperaturen von mehreren hundert Grad können dabei die Bremsscheibe zum Glühen bringen. Umso wichtiger ist daher die vernünftige Wartung. Wir zeigen Ihnen alle Funktionen sowie alle Do-it-yourself-Arbeiten, die Sie an Ihren Bremsen durchführen können.

Grenzen der Belastbarkeit

Die Bremsanlage der C-Klasse gilt allgemein als robust und standfest. Der breiten Vielfalt unterschiedlicher Motorleistungen kommt Mercedes mit dem Einbau verschieden dimensionierter Anlagen nach.
Die C-Klasse hat an Vorder- und Hinterachse Scheibenbremsen – vorne innenbelüftet. Obwohl die Bremsanlage also im Prinzip ausreichend dimensioniert ist, stößt die Anlage früher oder später an die Grenzen. Das ist ganz natürlich, denn eine Bremsanlage kann nichts anderes tun, als Bewegungsenergie in Wärme umzuwandeln.
Je mehr Masse und Belüftung die Bremsscheiben haben, umso mehr Energie kann aufgenommen werden. Bei rasanten Passabfahrten kann es also durchaus passieren, dass der Druckpunkt immer schwammiger und der Pedalweg immer länger wird. Ist die Bremsflüssigkeit alt und der Wassergehalt groß, werden jetzt mit Sicherheit Dampfblasen entstehen. Das kann gefährlich werden, denn irgendwann geht der Tritt ins Leere.
Bei extremer Beanspruchung meldet sich die Bremsanlage dann auch akustisch: Ein Wummern oder Brummen deutet auf eine thermische Überlastung hin. Die Scheibe beginnt sich zu verziehen, die Beläge fangen an zu schmieren. Kommen jetzt noch spürbare Vibrationen hinzu, ist es höchste Zeit die Anlage bei mittlerer Geschwindigkeit, möglichst ohne Bremsbetätigung abkühlen zu lassen.

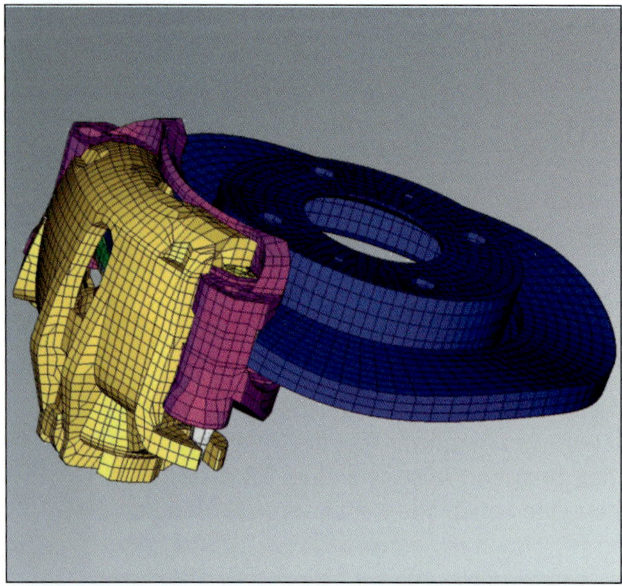

Verzug bei hohen Temperaturen: Diese CAD-Simulation zeigt, wie sich die Scheibe bei hoher Belastung verformt.

Wie funktionieren die Bremsen?

Wenn Sie auf das Bremspedal treten, presst eine mit dem Pedal verbundene Druckstange zwei hintereinander liegende Kolben in den Hauptbremszylinder, der sich im Motorraum befindet. Die Kolben übertragen die Kraft auf die dort eingeschlossene Bremsflüssigkeit. Der so entstehende hydraulische Druck in der Bremsflüssigkeit gelangt über Rohr- und Schlauchverbindungen zu den Radzylindern in den Bremssätteln. In diesen drücken Kolben die Bremsklötze gegen die Bremsscheiben. Dadurch verschiebt sich die auf langen Bolzen geführte Bremszange und überträgt den gleichen Druck auf den äußeren Bremsklotz. Liegt der Bremsdruck nicht mehr an, wird die Rechteckmanschette zurückverformt und zieht den Kolben von den Bremsscheiben zurück. So entsteht zwischen Bremsklotz und Scheibe ein Spiel von weniger als einem Millimeter – die Bremsscheibe dreht wieder frei.

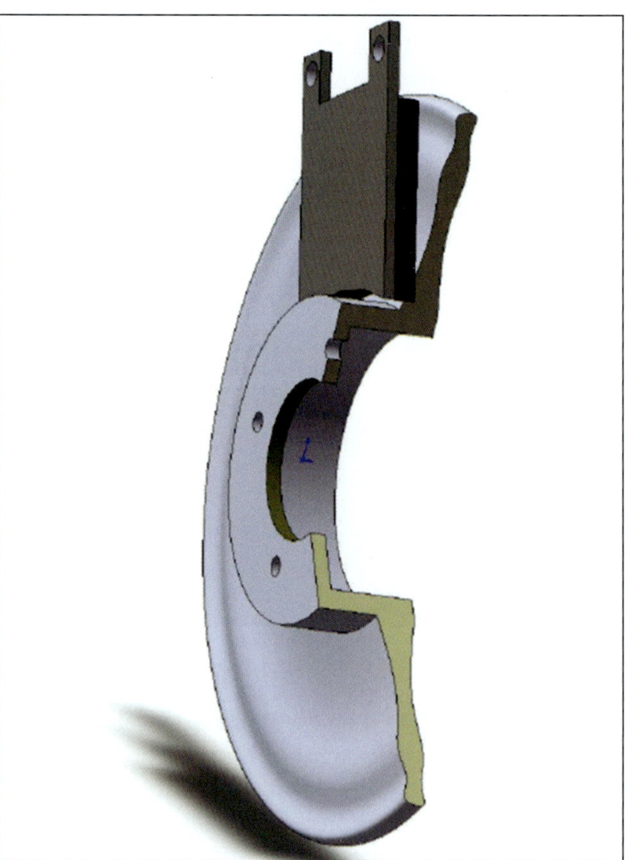

Im Laufe der Zeit nute sich auch die Bremsscheiben ab: Ist die Scheibenfläche uneben, müssten die neuen Beläge erst einschleifen. Die Folge: geringere Bremsleistung und stark ungleichmäßige Temperaturentwicklung an der Bremsscheibe.

Die Zweikreisbremse-Bremsanlage

Die StVZO (Straßenverkehrs-Zulassungsordnung) fordert für jedes Kfz zwei Bremsanlagen, die unabhängig voneinander arbeiten. Wenn ein System ausfällt, soll das andere das Fahrzeug immer noch abbremsen können. Deshalb verfügt auch Ihr Auto über eine diagonal aufgeteilte Zweikreisbremsanlage analog Bild 1: Ein Bremskreis ist für linkes Vorderrad (1) und rechtes Hinterrad (2), der andere für rechtes Vorderrad (3) und linkes Hinterrad (4) zuständig. Fällt ein Bremskreis aus, bleiben ein Vorder- und ein Hinterrad bremsfähig. Man muss kräftiger aufs Pedal steigen, es lässt sich weiter durchtreten, der Anhalteweg wird länger.

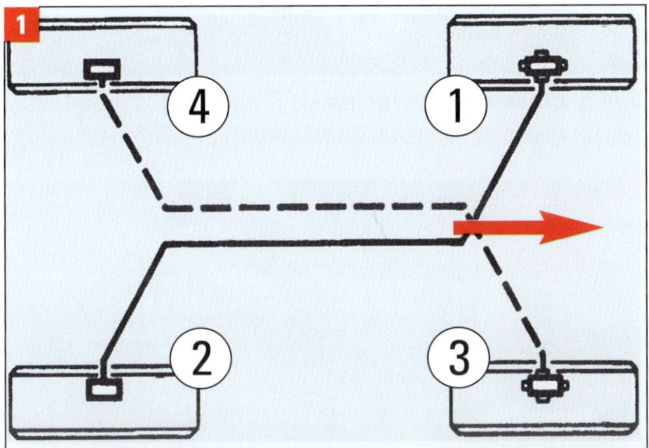

Hydraulischer Druck

Beim Bremsen presst eine Druckstange am Pedal einen Doppelkolben in den Hauptbremszylinder (2). Dieser bildet mit dem Bremskraftverstärker (1) eine Einheit, weshalb man auch vom »Tandem-Hauptbremszylinder« spricht. Die Kolben übertragen die Fußkraft auf die in den Ausgleichs- oder Vorratsbehälter (3) eingefüllte und von dort über Bremsleitungen (4) ins System verteilte Bremsflüssigkeit (Bilder 2 und 3). Der hydraulische Druck wird in dem mit pneumatischem Unterdruck versorgten Bremskraftverstärker etwa verdoppelt. Der Bremskraftverstärker bringt damit rund 60% der Bremskraft auf. Unterdruck wird durch Vakuumpumpen erzeugt oder (Benzinmotor) dem Saugrohr entnommen. Der hydraulische Druck geht über Leitungen zur »Hydraulikeinheit«. Vom Bremskraftverstärker setzt sich der (Unter)Druck über Schlauch- und Rohrleitungen zu den Bremssätteln fort. In den Bremssätteln (siehe Bild zum Kapitelauftakt) drücken die Kolben der Radbremszylinder die Bremsklötze gegen die Bremsscheiben. Beim Lösen des Bremspedals werden die Kolben und dadurch die Bremssättel von den Bremsscheiben zurückgezogen. Diese können dann wieder frei drehen (Bilder 4 und 5).

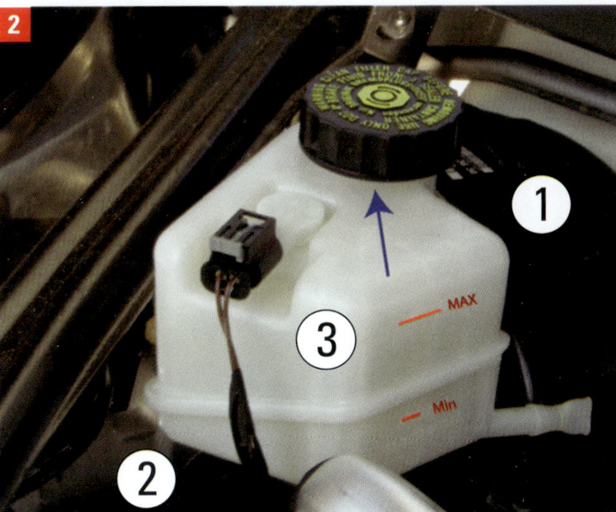

Hydraulik-Komponenten von links/rechts: 1 Bremskraftverstärker, 2 Hauptbremszylinder, 3 Bremsflüssigkeitsbehälter, 4 Bremsleitungen zur ABS-Hydraulik, der so genannten Hydraulikeinheit.

Die Radbremsen von Mercedes

Wie wir schon in der Modellvorstellung erwähnt haben, weist das Bremssystem des 204er eine komplexe Funktionsvielfalt auf, die ein eigentlich ganz normales ABS-System durch intelligente Softwareanbindungen in das Gesamtsystem »Fahrzeug« perfekt eingliedert. Arbeiten sollten Sie lediglich dann in eigener Regie an diesem System durchführen, wenn Sie sicher sind, einen Einblick in die Systeme erhalten und Erfahrungen in der Wartung und im Umgang mit der Bremse haben. Das Fahrzeug ist mit einer elektromechanischen Bremsanlage ausgerüstet. Schon die Prüfung der Handbremse ist ohne Prüfstand nicht möglich.

Bild 4, Bremse vorne links: (1) Bremssattel mit (2) Sattelträger, (3) Bremsscheibe, (4) Zentrierschraube Bremsscheibe. An der linken Vorderradbremse befinden sich Fühler für die Bremsbelag-Verschleißanzeige."

Bild 5, Bremse hinten rechts: (1) Bremssattel, (2) Sattelträger, (3) Bremsscheibe, (4) Zentrierschraube Bremsscheibe.

Bild 6, Bremse hinten rechts/Blick von unten: (1) Bremszylinder im Bremssattel, (2) Bremsschlauch. Roter Pfeil: Entlüftungsnippel; weiße Pfeile: Abdeckkappen der Führungsbolzen.

Funktionsprüfungen an der Bremsanlage

Regelmäßige Kontrolle der Bremsanlage ist für Autofahrer die beste Lebensversicherung. Im Straßenverkehr entscheiden die Bremsen über Ihre Sicherheit und die anderer Verkehrsteilnehmer. Scheuen Sie sich nicht, die Räder abzunehmen und den Zustand von Bremsscheiben und Bremsbelägen gründlich zu prüfen! Ans Schrauben sollten Sie sich nur dann wagen, wenn Sie sich wirklich auskennen. Suchen Sie sonst besser die Werkstatt auf. Beim Reinigen der Anlage fällt Bremsstaub an, der zu schweren gesundheitlichen Schäden führen kann. Niemals Bremsstaub einatmen! Immer strikt darauf achten, dass Mineralöl, Schmierfett o. Ä. nicht in die Bremsanlage gelangen.

Prüfschritte in Eigenregie

- **Sichtprüfung:** Bremskraftverstärker, Hauptbremszylinder (Montage-Einheit mit Bremsflüssigkeitsbehälter links hinten im Motorraum) und Bremssattel auf Beschädigungen und Undichtigkeiten prüfen. Alle Anschlüsse und Verbindungen von Schläuchen und Rohrleitungen auf richtigen Sitz, Undichtigkeiten und Korrosion untersuchen.

- **Sichtprüfung:** Kontrollieren Sie besonders, ob Hydraulikleitungen geknickt oder Anschlüsse an der Hydraulikeinheit undicht sind. Undichtigkeiten und Schmutznester am Hydrauliksystem müssen beseitigt werden.

- **Sichtprüfung:** Bremsschläuche dürfen nicht in sich verdreht und nirgendwo porös und brüchig sein. Bei maximalem Lenkeinschlag muss ihr Abstand zu anderen Achsteilen mindestens 15 mm betragen. Die Rastnasen der Leitungen müssen einwandfrei in den Haltern sitzen.

- **Sichtprüfung:** Wenn Bremsschläuche, elektrische Leitungen und Steckkupplungen Scheuerstellen aufweisen und Schläuche feucht oder aufgequollen sind: auswechseln!

- **Funktionsprüfung:** Bei laufendem Motor eine Minute lang mit voller Kraft aufs Bremspedal treten. Das Pedal darf nicht nachgeben. Eine exakte Druckprüfung ist allerdings Sache der Werkstatt mit Spezialgerät und Diagnosesystem.

- **Funktionsprüfung:** Auf 50 km/h beschleunigen, Lenkrad loslassen, Hände griffbereit halten. Zuerst sanft, dann scharf bis zum Stillstand bremsen. Das Fahrzeug soll die Spur halten. Nach dem Test auf leicht abschüssiger Strecke Fahrzeug aus dem Stand losrollen lassen. Drehen die Räder frei?

- **Wärmeprobe / kalt:** Räder anfassen. Alle vier Felgen müssen gleich warm sein. Eine einzelne kalte Felge weist auf mangelhafte Bremsfunktion an diesem Rad hin.

- **Wärmeprobe / warm:** Wenn eine Felge ungewöhnlich warm ist (oder wenn Ihnen das bei allen Felgen so scheint), muss weiter gesucht werden. Eine Ursache für zu hohe Temperatur können z. B. schleifende Bremsen oder defekte Radlager sein.

- **Auswertung:** Ratsam ist es, die Bremsentests von DEKRA, TÜV oder ADAC in Anspruch zu nehmen. Alle festgestellten Mängel müssen unverzüglich in eigener Arbeit oder durch die Werkstatt beseitigt werden.

Bremsbelag und Bremsscheibe Vorderachse

Kontrollieren Sie regelmäßig die Stärke der Bremsbeläge, mindestens jedoch alle 15.000 km oder einmal im Jahr. Zur Prüfung von Scheiben und Bremsbelägen können Sie durch einen Raddurchbruch schauen. Dabei sind Handlampe, Spiegel und Messschieber hilfreich. Für exakte Messung der Belagdicke ist aber meist die Demontage der Räder empfehlenswert. Kontrollieren Sie den Zustand der Bremsscheiben stets gemeinsam mit dem der Beläge.

- Beim Erneuern von Bremsbelägen beachten: grundsätzlich immer auf beiden Seiten austauschen!
- Mit neuen Bremsbelägen sollten Sie auf den ersten 200 Kilometern häufige Vollbremsungen vermeiden. Der Belag kann verhärten (»verglasen«) und erreicht dann nicht mehr seine beste Bremswirkung.
- Bremsbeläge, die Sie weiter verwenden können, sollten Sie beim Ausbau kennzeichnen. Sie müssen an gleicher Stelle wieder eingebaut werden.

Der Aus- und Einbau on Scheiben und Belägen sind im Prinzip für alle Bremsentypen gleich. Daher demonstrieren wir die Arbeiten an einzelnen Beispielen als allgemeines Prinzip, das sich dann auf die jeweilige konkrete Situation bei Ihrem Fahrzeug übertragen lässt.

Verschleißanzeige demontieren: Befestigungsschraube (1) des Bremsbelagverschleißfühlers entfernen.

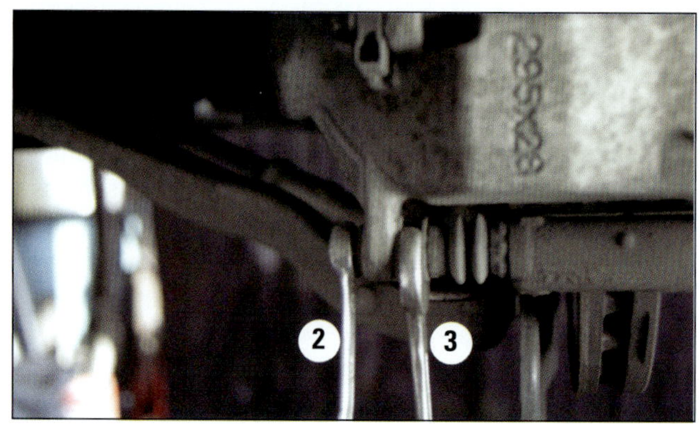

Befestigungsschrauben: SW13 (2) und SW15 (3) zum Gegenhalten des Lagerbolzens.

Demontage der Bremsbeläge

- Fahrzeug angeben, Räder abbauen, elektrische Stekkverbindung (stets nur rechts) für Belagverschleißanzeige trennen und die Befestigungsschraube (1) des Plastikhalters am Bremssattel demontieren. Bremsschlauch aus dem Halter ziehen.
- Die Befestigungsschraube (2) von den Führungsbolzen (3) demontieren. Bremssattel abnehmen und so mit Draht befestigen, dass das Gewicht des Bremssattels den Bremsschlauch nicht belastet bzw. beschädigt.
- Die Bremsbeläge und das Belaghalteblech entfernen. Anlageflächen für Beläge am Bremsträger gründlich reinigen und Korrosion entfernen.

Demontage des Bremssattels

Diese Arbeit sollte nur dann durchgeführt werden, wenn der Bremssattel für Reparaturzwecke entfernt oder ersetzt werden muss. Soll die Demontage für den Wechsel der Bremsscheibe erfolgen, bleibt die hydraulische Anlage unberührt und der Bremsträger wird vom Radlagergehäuse abgeschraubt.

- Die Steckverbindung für Bremsbelagverschleißanzeige trennen und die Befestigungsschraube (1) des Plastikhalters am Bremssattel demontieren.
- Die Befestigungsschraube (2) von den Führungsbolzen (3) demontieren.

- Stecken Sie den Entlüfterschlauch der Entlüfterflasche auf das Entlüftungsventil des Bremssattels und öffnen Sie dann das Entlüftungsventil.
- Das Entlüftungsventil schließen und die Entlüfterflasche abnehmen.
- Den Bremssattel vom Bremsträger abziehen.
- Die Bremsbeläge aus dem Bremssattel herausnehmen.

Die Montage erfolgt sinngemäß in umgekehrter Reihenfolge. Achten Sie darauf, dass der Bremskolben zurückgedrückt wurde. Verwenden Sie nur neue Belahaltebleche, um eine sichere Funktionsweise zu gewährleisten. Setzen Sie den äußeren Belag auf den Bremsträger und schieben Sie den inneren Belag in den Bremskolben ein.

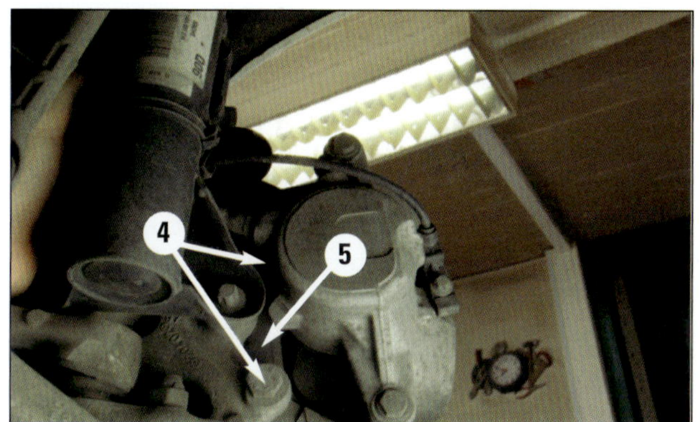

4 Befestigungsschrauben des Bremssattelträgers, 5 Bremssattelträger.

Demontage der Bremsscheibe

- Nehmen Sie wie beim Belagwechsel beschrieben den Bremssattel ab.
- Die Befestigungsschraube (2) von den Führungsbolzen (3) demontieren.
- Drehen Sie die beiden Rippschrauben (4) heraus und nehmen Sie den Bremsträger (5) ab.
- Drehen Sie die Torxschraube heraus und nehmen Sie die Bremsscheibe ab.

Die Montage erfolgt sinngemäß in umgekehrter Reihenfolge. Achten Sie darauf, dass die Auflagefläche der Bremsscheibe korrosionsfrei ist. Streichen Sie die gereinigte Fläche mit etwas Kupferpaste ein. Entfetten Sie die neue Bremsscheibe gründlich. Erneuern Sie grundsätzlich die Bremsbeläge, wenn Sie neue Bremsscheiben verbauen.

> **Achtung:** Nach jedem Bremsbelagwechsel das Bremspedal im Stand mehrmals kräftig durchtreten, damit die Bremsbeläge ihren dem Betriebszustand entsprechenden Sitz einnehmen.

Bremsbelag und Bremsscheibe Hinterachse

Bei diesem Modell finden Sie wie früher üblich immer noch ein Handbremsseil. So muss das Handbremsseil für den Bremsbelagwechsel zurückgestellt werden, damit die Bremsscheibe demontiert werden kann.

Achten Sie auf den Bremsflüssigkeitsstand im Vorratsbehälter. Bevor Sie die Kolben zurückstellen, müssen Sie eventuell Bremsflüssigkeit aus dem Bremsflüssigkeitsbehälter absaugen. Sonst kann, jedenfalls wenn zwischenzeitlich Bremsflüssigkeit nachgefüllt wurde, Bremsflüssigkeit auslaufen und zu Schäden führen.

Demontage der Bremsbeläge

Benötigtes Werkzeug

- Spezialwerkzeug zum Zurückdrücken des Bremskolbens (Rücksetzwerkzeug 000 589 52 43 00)
- 1 Stück stabiler, gebogener Draht
- Drahtbürste zum Reinigen der Nabe
- Spiritus zum Reinigen des Sattelgehäuses
- Neue Bremsbeläge zum Austausch
- Inbusnuss 7
- Schraubendreher zum Entfernen der Halteklammer

Ausbau

- Fahrzeug an der betreffenden Seite aufbocken und Rad/Räder abbauen.
- Bei Fahrzeugen mit Bremsbelagverschleißanzeige Anschlussstecker an der Steckverbindung trennen.
- Entfernen Sie die Haltefeder (1) des Bremssattels.
- Entfernen Sie die Abdeckkappen (2), damit die Schrauben des Bremssattels entfernt werden können.
- Demontieren Sie die Führungsbolzen und nehmen Sie den Bremssattel (3) vom Bremsträger (4) ab.
- Befestigen Sie den Bremssattel mit Draht so, dass das Gewicht des Bremssattels den Bremsschlauch nicht belastet bzw. beschädigt.
- Bauen Sie nun die Bremsbeläge aus.
- Reinigen Sie am Bremsträger die Auflageflächen für die Bremsbeläge gründlich, Korrosion entfernen. Für das Reinigen des Bremssattels ist ausschließlich Spiritus zu verwenden.

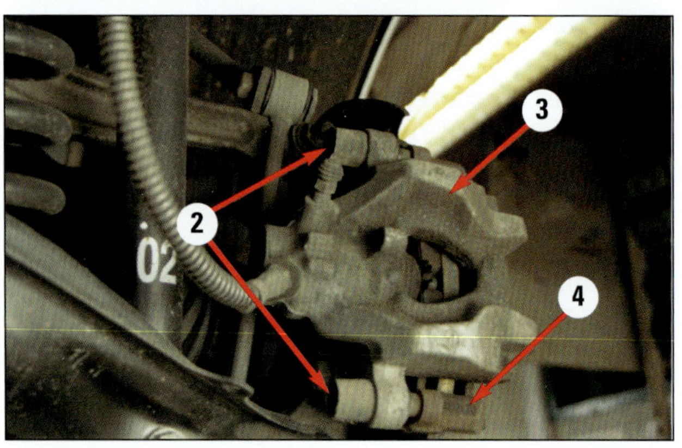

Einbau

- Kolben mit dem Rücksetzwerkzeug 000 589 52 43 00 zurückdrücken.
- Bremsbeläge in den gereinigten Bremssattel einsetzen und den Bremssattel auf den Bremssattelträger einsetzen.
- Befestigen Sie den Bremssattel mit den Führungsschrauben am Bremssattelträger.
- Räder montieren.
- Bremspedal im Stand mehrmals betätigen, damit Bremsbeläge ihren dem Betriebszustand entsprechenden Sitz einnehmen können.
- Bremsflüssigkeitsstand überprüfen.

Demontage der Bremsscheibe

Beachten Sie: Vor dem Ausbau der Bremsscheiben zunächst, wie unter »Bremssattel ausbauen« und »Bremsbeläge ausbauen« beschreiben, die Bremsbeläge sowie den Bremssattel abbauen. Meist sitzt die Kreuzschlitzschraube, welche die Scheibe auf der Nabe fixiert, durch Korrosion fest. Diese können Sie aber problemlos mit ein paar Hammerschlägen auf den Kopf des angesetzten Kreuzschlitzschraubenziehers wieder lösen. Anschließend ein paar vorsichtige Schläge auf die Scheibe, danach müssten Sie bereits die Scheibe problemlos herunternehmen können.

Benötigtes Werkzeug

- Spezialwerkzeug zum Zurückdrücken des Bremskolben (Rücksetzwerkzeug 000 589 52 43 00)
- 1 Stück stabiler, gebogener Draht
- Drahtbürste zum Reinigen der Nabe
- Spiritus zum Reinigen des Sattelgehäuses
- Neue Bremsscheibe zum Austausch
- Inbusnuss 7
- Torx-Schraubenzieher
- Kupferpaste
- Flachschraubenzieher als Hebelwerkzeug
- Neue selbstsichernde Schraube

Aus- und Einbau

- Sorgen Sie dafür, dass die Feststellbremse nicht betätigt ist.

- Entspannen Sie die Handbremse, indem Sie an der Zahnscheibe (5) der Handbremse drehen. Achtung! Wenn Sie diesen Schritt auslassen, werden die Handbremsbeläge beschädigt.
  Drehrichtung:
  Rechtes Stellrad: In die Fahrtrichtung drehen, um diese zu lösen.
  Linkes Stellrad: Gegen die Fahrrichtung drehen, um diese zu lösen.
- Bremssattelträger (4) durch Lösen der Schrauben (2) demontieren.
- Schraube anlösen: Zum Lösen der Halteschraube wenige Hammerschläge bei angesetztem Kreuzschlitzschraubenzieher ausüben. Danach Schraube herausdrehen.
- Bremsscheibe lockern: Zum Lockern der korrodierten Scheibe ebenfalls wenige Hammerschläge ausüben.
- Bremsscheibe entnehmen: Danach Scheibe vorsichtig von Nabe abziehen, sodass die umgebenden Teile nicht beschädigt werden.
- Mit etwas Aufwand kann bzw. sollte die Nabe von Schmutz oder Korrosion gesäubert oder auch poliert werden.
- Nach dem Reinigen sollte die Nabe mit Kupferpaste eingepinselt werden. Sie verhindert das Festbacken der Bremsscheiben bei hoher Temperatur.
- Montieren Sie die neue Bremsscheibe und fixieren diese mit der neuen Halteschraube.
- Bevor der Bremssattel montiert wird, sollte der Bremskolben mit dem Rücksetzwerkzeug 000 589 52 43 00 zurückgedrückt werden.
- Rad montieren.

Handbremsbeläge ersetzen

Beachten Sie: Vor dem Ausbau der Handbremsbeläge zunächst die Bremsbeläge, den Bremssattel und die Bremsscheibe abmontieren.

Benötigtes Werkzeug
- Drahtbürste zum Reinigen der Nabe
- Bremsenreiniger
- Neue Handbremsbeläge zum Austausch
- Torxschraubenzieher
- Kupferpaste
- Flachschraubenzieher als Hebelwerkzeug
- Flachschraubenzieher zum Handbremse einstellen
- Spitzzange zum Entfernen/Montieren der Haltefedern
- Neue selbstsichernde Schraube
- Hammer

Aus- und Einbau
- Sorgen Sie dafür, dass die Feststellbremse nicht betätigt ist.
- Bevor Sie die Handbremse auseinanderbauen, achten Sie bitte auf den genauen Zusammenbau. Demotieren Sie eine Seite und danach die andere, damit Sie immer eine Bremse zum Kontrollieren haben.
- Entfernen Sie die Federn (1) mit einer Spitzzange oder Zange Ihrer Wahl.
- Um die Bremsbeläge demontieren zu können, müssen die Federn (2) entfernt werden. Dies geschieht, indem man die Federn zusammendrückt und um 90° nach links oder rechts dreht. Danach können sie entnommen werden. Achtung: Die Bremsbacken sowie die Exzenterwelle könnten Ihnen jetzt entgegenfallen!

- Säubern Sie zunächst die Auflageflächen sowie die Exzenterwelle und das Spreizschloss.
- Bevor Sie nun die neuen Handbremsbacken einbauen, sollten Sie die Exzenterwelle, das Spreizschloss und die Auflageflächen (3) sowie die inneren Auflageflächen der Handbremsbacken gut einfetten.
- Beim Zusammenbau bitte darauf achten, dass Sie kein Fett auf die Handbremsbelagflächen bekommen.
- Der Zusammenbau erfolgt in umgekehrter Reihenfolge
- Achten Sie bitte auf den korrekten Zusammenbau.
- Grundsätzlich wird im nächsten Schritt die Handbremse eingestellt, siehe nächster Abschnitt.

Handbremse einstellen

Häufiges Benutzen der Handbremse beim Parken beansprucht die Handbremszüge. Prüfen Sie die Wirkung daher regelmäßig. In seltenen Fällen müssen die Züge nachgestellt werden. Die Neueinstellung der Handbremsseile ist nur nach erfolgten Wartungsarbeiten notwendig, bei denen das Handbremsseil oder die Handbremsbeläge demontiert oder erneuert wurden.

- Mit einer Lampe die Exzenterwelle (4) durch die Schraubenöffnung suchen.
- Mit dem Stellrad werden die Bremsbacken und die Bremsscheibe angelegt, sodass diese nicht mehr mit der Hand zu drehen ist. Dies sollten Sie auch testen damit die Handbremse ordentlich eingestellt werden kann.

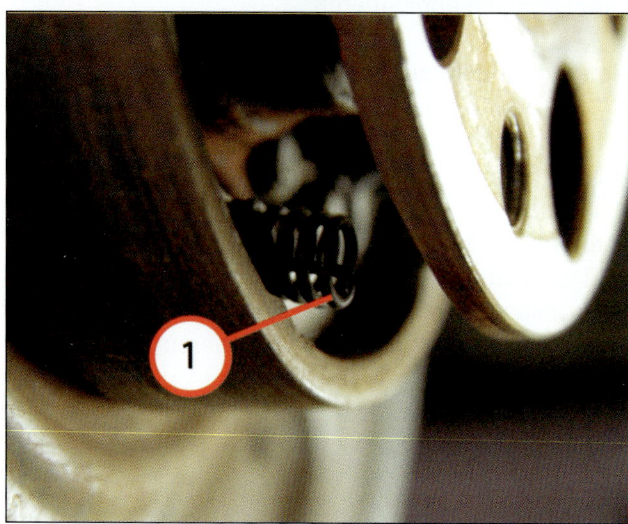

Drehrichtung:
Rechtes Stellrad: Gegen die Fahrtrichtung drehen, bis die Handbremsbacken an der Feststelltrommel anliegen.
Linkes Stellrad: In die Fahrtrichtung drehen, bis die Handbremsbacken an der Feststelltrommel anliegen.

- U die Handbremse richtig einstellen zu können, müssen Sie nun beide Exzenterwellen um die gleiche Anzahl Zähne zurückdrehen, sodass die Bremsscheiben sich mit der Hand vollkommen frei drehen lassen.

- Feststellbremse betätigen und überprüfen, ob sich die Bremsscheiben nun nicht mehr von Hand drehen lassen.

- Räder montieren.

Bremsflüssigkeit

Mercedes setzt Bremsflüssigkeit nach dem Standard »FMVSS 116 DOT 4« ein, wovon auch die Weiterentwicklung »DOT 4 plus« erhältlich ist.

Bremsflüssigkeit kontrollieren

Viele Arbeiten an der Bremsanlage, vor allem Wartungen, können Sie selbst ausführen. Auch bei einer intakten Bremsanlage kann zum Beispiel der Bremsflüssigkeitspegel sinken. Ursache ist der Verschleiß an den Bremsbelägen. Ein sinkender Pegel kann aber auch mit Defekten am Kupplungssystem zusammenhängen. Regelmäßige Kontrolle des Standes ist auf jeden Fall eine gute Wartungsarbeit.

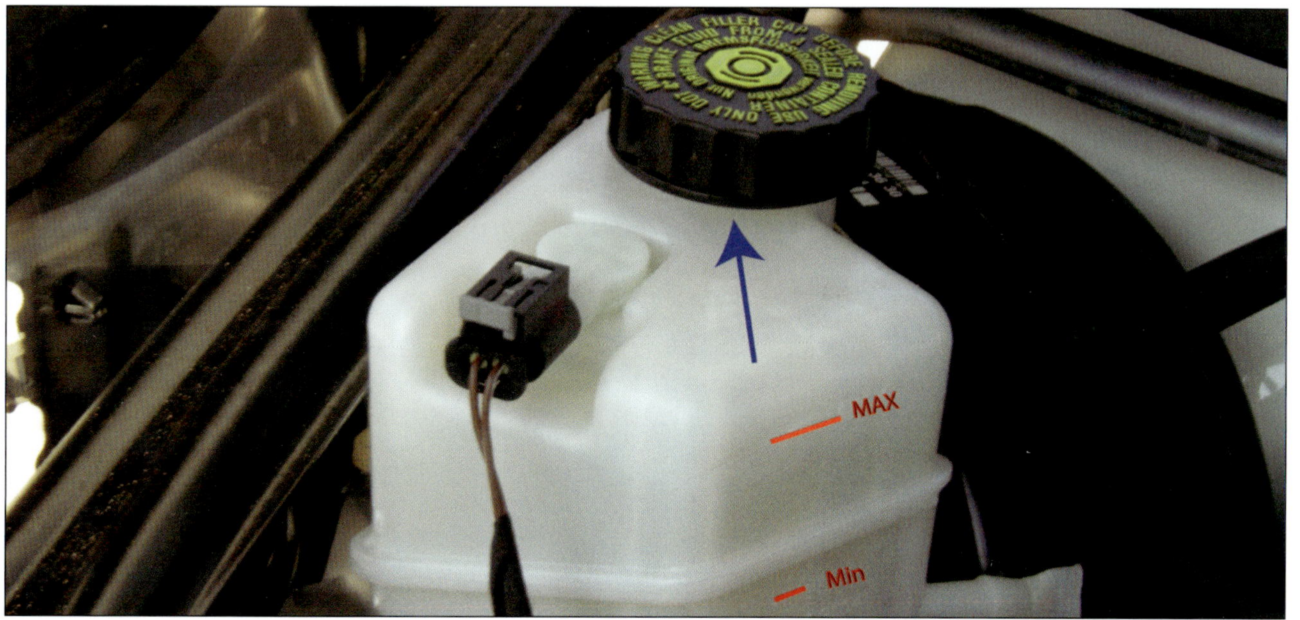

- Flüssigkeitsstand von außen am Behälter (Bild 1) kontrollieren. Der Pegel muss zwischen den Markierungen »MIN« und »MAX« liegen.

- Wenn die Bremsbeläge schon sehr abgefahren sind (und bald erneuert werden müssen), ist ein Pegelstand leicht über »MIN« noch zulässig. Bei Einbau neuer Beläge werden dann namentlich die Bremskolben zurückgedrückt, wodurch der Stand im Bremsflüssigkeitsbehälter wieder ansteigt.

- Sind aber die Bremsbeläge noch neuwertig und hat die vorangegangene Prüfung keine Undichtigkeiten im Bremssystem ergeben, muss zur Überbrückung bis zum nächsten Wechsel der Bremsflüssigkeit etwas nachgefüllt werden.

- Nachfüllen nur die schon erwähnte Bremsflüssigkeit nach Norm DOT 4.

- Den Deckel (blauer Pfeil) abschrauben. Bremsflüssigkeit nachfüllen. Der Füllstand muss stets ausreichend sein, damit keine Luft ins Bremssystem gelangen kann.

Bremsflüssigkeit wechseln

Nach statistischen Erhebungen muss seit Jahren jedes fünfte Kraftfahrzeug auf deutschen Straßen wegen Mängeln an der Bremsanlage beanstandet werden. Die Sachverständigenorganisation DEKRA verweist immer wieder darauf, dass sehr viele Fahrzeuge mit Bremsflüssigkeit unzulänglicher Qualität unterwegs sind. Bei 20 Prozent der auf Bremsflüssigkeit überprüften Fahrzeuge wird der äußerst kritische Siedepunkt von 150 °C (neuwertige Bremsflüssigkeit: 270-300 °C) unterschritten. Das kann zum Versagen der Bremsen führen, weshalb der Wechsel alle zwei Jahre dringend zu empfehlen ist. Sie benötigen dazu einen Liter frische Bremsflüssigkeit der Spezifikation FMVSS 116 DOT 4 Für einen sachgerechten Bremsflüssigkeitswechsel ist ein Bremsenentlüftungsgerät erforderlich. Lassen Sie diese Arbeit grundsätzlich in einer Werkstatt durchführen.

STÖRUNGSBEISTAND

Bremsanlage

Störung	Was kann das sein?	Was kann oder muss ich tun?
A Bremsen quietschen	**1** Hochfrequente Schwingungen	Längskanten der Beläge mit einer Feile anschrägen, dazu Anti-Quietsch-Paste auf Rückseite der Beläge
	2 Verglaste Beläge nach extremer Überhitzung	Die Bremsklötze müssen ersetzt werden; dabei die Scheiben genau prüfen
	3 Beläge verschlissen, der Verschleißanzeiger liegt an	Die Bremsklötze müssen ersetzt werden, dabei die Scheiben genau prüfen
B Schwache Bremswirkung	**1** Ungünstige Materialpaarung zwischen Scheiben und Belägen	Scheiben und Beläge ersetzen und dabei zumindest Teile vom gleichen Hersteller, am besten die original verbauten Teile verwenden
... bei zu hartem Bremspedal	**2** Bremskraftverstärker ausgefallen	Unterdruckanschluss prüfen. Evtl. ein Marderbiss?
... bei zu weichem Bremspedal	**3** Bremse überhitzt	Bei langsamer Fahrt abkühlen lassen
	4 Luft im System	Mit speziellem Gerät entlüften lassen und dabei die Bremsflüssigkeit erneuern
C Übermäßiger Verschleiß	**1** Überstrapazieren der Bremse	Lieber etwas stärker und dafür weniger lang bremsen
... an einer Bremse	**2** Schwergängiger Sattel oder Belag verklemmt	Zerlegen und reinigen. Etwas stärkerer Verschleiß an der Kolbenseite ist jedoch normal
... nur vorne	**3** Ungünstige Materialpaarung	Scheiben und Beläge ersetzen und dabei Originalteile verwenden. Evtl. größere Bremsanlage verwenden
... nur hinten	**4** Luftspiel zu gering	Park- und Feststellbremse überprüfen. Sie sollte erst nach der ersten Tastung greifen
D Parkbremse reagiert träge oder gar nicht	**1** Parkbremse funktioniert nicht	Handbremsseil oder Handbremsbeläge sind ggf. festgerostet, ggf. tauschen
	2 Beläge hinten abgenutzt oder verglast	Bremsbeläge tauschen und dabei die Bremsscheibe genau inspizieren. Bei Riefen austauschen

Bremsanlage

Störung	Was kann das sein?	Was kann oder muss ich tun?
E Bremsflüssigkeitsstand zu niedrig	**1** Starker Verschleiß an den Bremsbelägen	Alle Bremsen auf Verschleiß prüfen und ggf. ersetzen. Beim Zurücksetzen der Kolben steigt der Stand an
	2 Flüssigkeitsverlust	Undichte Stelle lokalisieren (Bremsleitungen?). Bei deutlichem Leck: Auto abschleppen lassen
F Warnleuchte geht an	**1** Bremsflüssigkeitsstand prüfen	Wenn nötig, etwas nachfüllen
	2 ABS- und/oder ESP-Ausfall	Wagen neu starten. Den Fehlerspeicher auslesen lassen. Manchmal ist der Bremslichtschalter schuld
G Schiefziehen beim Bremsen	**1** Reifenzustand fehlerhaft	Reifenprofil und Luftdruck überprüfen
	2 Eine Bremse ist defekt	An den Felgen die Temperatur erfühlen. Ist eine heißer als die anderen, hängt der Bremssattel; ist eine zu kalt, kommt hier kein Bremsdruck an
H Hässliche Schleifgeräusche beim Bremsen	**1** Bremsscheiben angerostet	Vor und nach längeren Standphasen die Bremsanlage freibremsen
	2 Bremsbeläge verschlissen	Prüfen, ob der Verschleißanzeiger bereits an der Bremsscheibe kratzt
	3 Fremdkörper in der Bremsanlage	Fahren Sie ein paarmal rückwärts und bremsen sie dann
I Vibrationen beim Bremsen	**1** Bremsscheiben verzogen	Scheiben genau anschauen! Blaue Verfärbung deutet auf thermische Überlastung hin, dabei können sich die Scheiben verzogen haben
	2 Bremsscheiben verschmiert	Auf den Scheiben können Spuren von Fremdmaterial verblieben sein, die für ein Rubbeln sorgen
	3 Spiel in der Radaufhängung	Querlenker und andere Bauteile prüfen
	4 Ungünstige Materialpaarung	Scheiben und Beläge ersetzen und dabei Originalteile verwenden. Falsche Fahrwerk- und Lenkungsteile können zu Bremsflattern führen

Karosserie

Bestwerte für statische und dynamische Steifigkeit der Karosserie sorgen bei der C-Klasse für Qualität, Sicherheit, gute Fahrdynamik und Schwingungskomfort sowie für ausbalancierte Akustik.
Was man hier im Bedarfsfall selbst warten und reparieren kann, zeigen wir in diesem Kapitel.

Bestwert aus dem Windkanal

Die C-Klasse gewann durch die Neugestaltung deutlich an Dynamik. Die Designer präzisierten die Formen nicht nur, sondern schliffen sie im Windkanal. Der Cw-Wert schwankt von 0,26 bei der Limousine bis hin zu 0,29 beim T-Modell.

Hoch- und höchstfeste Stähle

Steifigkeit und Crashsicherheit werden unter anderem durch hochfeste Stähle perfektioniert. So bestehen mehr als 60 Prozent der Karosserie aus diesen besonders festen, beziehungsweise höchstfesten Blechvergütungen. Die C-Klasse wurde im Europa und USA in drei Jahren(2009, 2010, 2011) im Insurance Institute for Highway Safety (IIHS) zum Top Safety Pick erklärt. Gefertigt wird die in weiten Teilen verzinkte Sicherheitskarosserie aus einem Stahlverbund per Laserschweißtechnik. Rund 70 Meter Laserschweißnähte lassen aus den eingesetzten Stahlteilen eine sehr verwindungssteife, erfolgreich crashoptimierte Karosserie entstehen. Im Bild zum Kapitelauftakt bedeuten die grauen Partien weiche, die blauen Träger und Bleche normale, die blauen Flächen hochfeste und die roten Abschnitte ultrahochfeste, warm umgeformte Stähle. Das hochfeste Material ist optisch »normales« Blech, aber durch unterschiedliche Legierungen besitzt es eine höhere Streckgrenze als übliches Karosserieblech. Bei gleichem Krafteinfluss auf das Blech ist eine Beule in höherfestem Blech nicht so tief wie in normalem Karosserieblech.

Hohe Crashsicherheit

Über die hoch- und höchstfesten Stähle sowie entsprechend gestaltete Karosserie-Knotenpunkte wird eine hohe statische Steifigkeit erreicht. Dies ist ein zentraler technischer Kennwert, wichtig, wenn es um Sicherheit, Qualität und Fahrkomfort geht. Denn bei einem Frontalcrash mit jeweils halber Überdeckung der kollidierenden Fahrzeuge stellt eine steife Fahrgastzelle den Überlebensraum für Fahrer- und Mitfahrer sicher. Vorne sorgt ein extrem fester Stoßfängerquerträger dafür, dass die Aufprallenergie auch auf die nicht direkt vom Crash betroffene Seite gelenkt wird: Beide Längsträgerbereiche absorbieren dann zusammen Energie. Durch Optimierung der Längsträger wird der Verzögerungsverlauf bei einem Frontalcrash so gestaltet, dass sich die Belastung der Insassen deutlich reduziert. Der untere Querträger im Fußraum ist ein formgehärtetes Bauteil. Die biomechanischen Belastungen der Füße und Unterschenkel werden so erheblich reduziert. Der besonders gestaltete Seitenbereich der Karosserie sorgt in Verbindung mit der sich darin abstützenden Tür auch bei Frontalunfällen mit nur sehr geringer Überdeckung für Formstabilität. In den »Lastpfaden« wie A- und B-Säule, Türbrüstung, Dachrahmen und Schweller kommen erneut höchstfeste Blechverstärkungen zum Einsatz. Besonderen Wert legen die Entwickler stets auf effektiven Seitenschutz, da die Knautschzone im Bereich der Türen besonders klein ist. Trifft der neue C-Klasse seitlich auf ein Hindernis, wird die Energie über die formgehärtete B-Säule und die diagonal profilierten

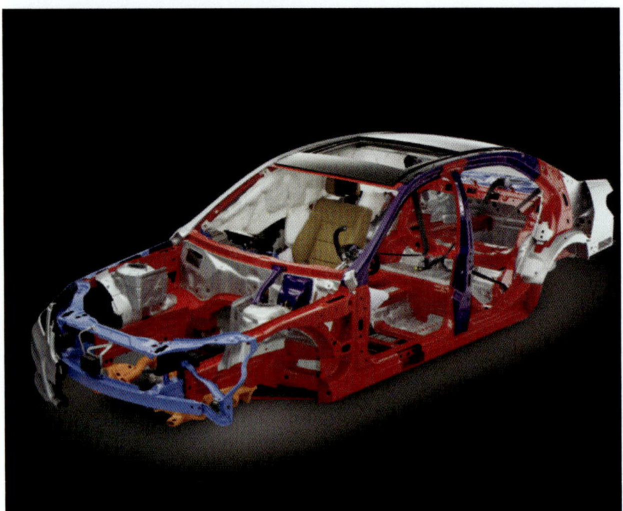

Präzision in der Planung: Das Fahrzeuggerippe mit den verschiedenen Materialien.

Simulation mit Dummy: Die Simulation eines Crashs in der C-Klasse.

Aufprallträger in der Tür abgeleitet. Stark schützend wirken der Sitzquerträger und die Seitenschweller. Sehr kritisch sind in der Regel Unfälle, bei denen der Wagen seitlich auf einen Baum trifft. Dieser Fall wird immer wieder auch in den Crashtests simuliert. Die Karosserie der C-Klasse bietet bei dieser Crashart dank eines warm umgeformten und dadurch sehr stabilen Dachrahmens und der steifen Seitenschweller ein extrem hohes Sicherheitsniveau. Der Heckbereich wird durch besonders starke Längsträger verstärkt. Die Kraftstoffanlage ist geschützt untergebracht.

Besonderheiten bei Reparaturen

Durch die erwähnte größere Beulfestigkeit ergibt sich aber auch ein größeres Rückfederverhalten, sodass beim Ausbeulen mehr Kraftaufwand nötig ist. Wenn Knicke rückverformt werden, können Materialbrüche auftreten. Wird höherfestes Blech zu stark überdehnt, springt es plötzlich auf eine größere Länge als gewünscht! Das Erwärmen von höherfestem Karosserieblech beim Rückverformen ist übrigens aus Sicherheitsgründen verboten, was auch für normales Karosserieblech gilt. Durch den innovativen Verbund der verschiedenen Materialqualitäten werden einerseits unangenehme Karosseriebewegungen und Knistergeräusche weitgehend eliminiert, andererseits die Grundlagen für präzise Fahreigenschaften gelegt. Dach und Karosserie sind teilweise durch Laser verschweißt. Beim Laserschweißen wird ein Lichtstrahl hoher Energie über optische Linsen oder Lichtleitfasern auf die Schweißstelle gelenkt. Das obere Blech wird durch- und das untere Blech angeschmolzen. Die Verschweißung wird also ohne Zusatzwerkstoff durchgeführt. Bei der Reparatur mit Ausnahme von Dachreparaturen werden Laserschweißnähte durch Schutzgas-geschweißte Lochnähte oder Widerstands-geschweißte Punktnähte ersetzt.

Seitliche Merkmale: 1 breite Türen, 2 kleine Türen hinten, 3 lackierte Außenspiegel, 4 markante Radläufe.

Geräuschdämmungselemente versteckt

Diverse Karosseriehohlräume sind mit Schaumformteilen versehen. Durch sie wird die Übertragung von Fahrgeräuschen in den Innenraum verringert. Bei Reparaturen müssen ihre genauen Positionen beachtet werden.

GEFAHRHINWEISE

Gurt, Klimaanlage, Elektrik

- Die Gurtstraffer, die bei einem Crash die Sicherheitsgurte schlagartig anziehen, zwingen zu besonderer Vorsicht bei Arbeiten außen und innen an der Karosserie. Aktiviert werden sie von elektrisch gezündeten Gasgeneratoren. An diesen Rückhaltesystemen ist jedes Do-it-yourself untersagt. Montage und Demontage sind Sache der Werkstatt.

- In der Umgebung der Gurtrolle nicht mit Schlagschrauber oder Hammer arbeiten! Die Gurtstraffer reagieren empfindlich auf Vibrationen und harte Schläge und können auslösen. Ziehen Sie auch vor allen Arbeiten unter dem Fahrzeug die Sicherung für die Gurtstraffer ab und warten Sie fünf Minuten, bis sich die Kondensatoren entladen haben.

- Eine zweite Gefahrenquelle bei Karosseriearbeiten ist die Verzinkung. Die Karosserie ist außen elektrolytisch und innen feuerverzinkt. Bei Schweißarbeiten entsteht giftiges Zinkoxid. Sorgen Sie für gute Belüftung am Arbeitsplatz.

- Ein weiteres Tabu: Es dürfen keine Schweiß- oder Lötarbeiten durchgeführt werden, bei denen sich Teile der Klimaanlage erwärmen könnten. Der Kältemittelkreislauf darf nicht geöffnet werden!

- Soweit Schweißarbeiten oder andere Funken erzeugende Arbeiten durchgeführt werden, müssen grundsätzlich die Batterie abgeklemmt und beide Polklemmen sorgfältig isoliert werden.

Spalt- und Fugenmaße

Ein Qualitätsmerkmal des Karosseriebaus bei jedem Auto sind möglichst geringe Maße des Spalts oder der Fugen zwischen beweglichen Teilen wie Klappen und Türen und den festen Strukturen der Karosserie (Bilder). Die Einhaltung dieser Spalt- oder Fugenmaße ist auch ein Gradmesser für die Güte von Reparaturen an der Karosserie. Nach jedem Austausch oder Aus- und Wiedereinbau von Motorhaube, Gepäckraumklappe oder einzelner Tür muss dieses Maß so stimmen, wie es der Hersteller bei Fahrzeugauslieferung vorgibt. Verlaufen die beiden Grenzkanten der Fuge nicht parallel, ist das schon mit bloßem Auge zu erkennen.

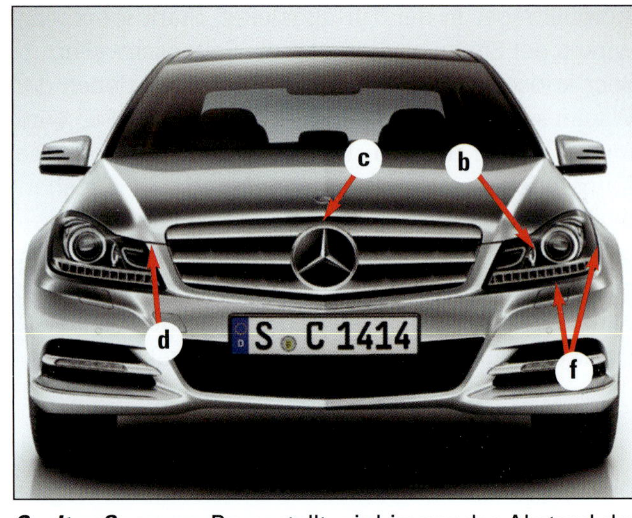

Spaltmaße vorne: Dargestellt wird immer der Abstand der Bauteile voneinander.

Spalt- und Fugenmaße

Fuge	Spaltmaß	Toleranz
a	4 mm	± 1 mm
b	4 mm	± 1 mm
c	6 mm	± 1 mm
d	4 mm	± 1,5 mm
e	4,5 mm	± 1 mm
f	3 mm	± 1 mm
g	4 mm	+ 1 mm / - 0,5 mm
h	4 mm	+ 1 mm / - 0,5 mm
i	15 mm	+ 0,5 mm / - 1 mm
j	15,5 mm	+ 0,5 mm / - 1 mm
k	4 mm	+ 1 mm / - 0,5 mm
l	4 mm	± 1 mm
m	4 mm	± 1 mm
n	5,5 mm	± 1 mm
o	1 mm	± 1 mm
p	2 mm	± 0,5 mm

Präzisionsklappe: Die Passmaße und Toleranzen machen genaues Arbeiten erforderlich.

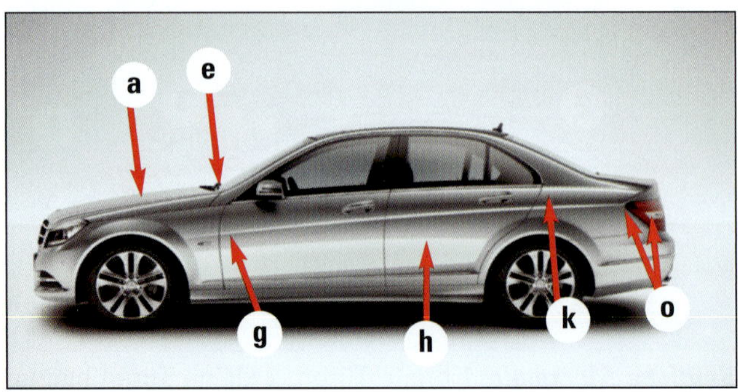

Spaltmaß seitlich: Es ist nur ein leichter Überstand der vorderen Tür zulässig.

GEFAHRHINWEISE

Karosseriearbeiten

Gurtstraffer: Bei Fahrzeugausstattungen mit Gurtstraffern, die bei einem Crash die Sicherheitsgurte schlagartig anziehen, ist besondere Vorsicht geboten. Aktiviert werden die Gurtstraffer von elektrisch gezündeten Gasgeneratoren. Dieses Rückhaltesystem ist fürs Do-it-yourself tabu. Montage und Demontage der Gurtstraffer sind Sache der Werkstatt, die dabei strenge Sicherheitsvorschriften einhalten muss. Wenn Sie an der Karosserie arbeiten, dürfen Sie nicht ohne weiteres in der Umgebung der Gurtrolle mit Schlagschrauber oder Hammer arbeiten – die Gurtstraffer reagieren empfindlich auf Vibrationen und harte Schläge und können auslösen. Lassen Sie sich das Airbagsystem von einem Sachkundigen außer Betrieb setzen und Bauteile der Airbaganlage, die sich im Reparaturbereich befinden, fachgerecht ausbauen und einlagern.

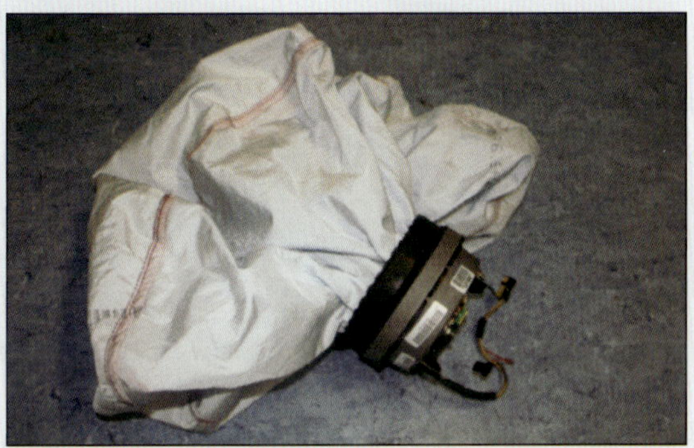

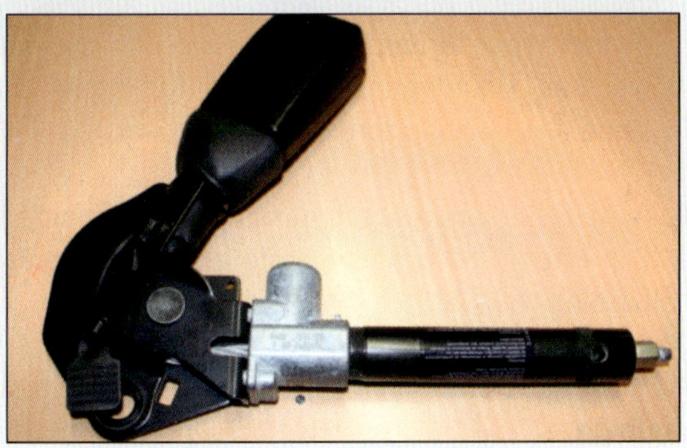

Verzinkung: Die Karosserie ist außen elektrolytisch und innen feuerverzinkt. Bei Schweißarbeiten entsteht giftiges Zinkoxid. Sorgen Sie für gute Belüftung am Arbeitsplatz.

Klimaanlage: Es dürfen keine Schweiß- oder Lötarbeiten durchgeführt werden, bei denen sich Teile der Klimaanlage erwärmen können. Der Kältemittelkreislauf darf nicht geöffnet werden.

Elektrische Anlage: Aufgrund der Schweißarbeiten müsste eigentlich die Batterie abgeklemmt werden. Da es aber zu Problemen mit der Datensicherung kommen kann, raten wir davon ab. Bei Schweißungen an der Auspuffanlagen müssen aber eventuell verbaute NOX- Sonden und Steuergeräte demontiert werden. Soweit Schweißarbeiten oder andere Funken erzeugende Arbeiten durchgeführt werden, können Gefahren durch die elektrischen Ströme, deren Magnetfelder, aber auch durch die Hitze oder sogar Feuer entstehen. Ein Feuerlöscher sollte wie in jeder Werkstatt immer griffbereit sein.

Am besten werden die zu bearbeitenden Bauteile zuerst aus dem Fahrzeug demontiert. Ist das nicht möglich, sollte die Masseverbindung immer in der Nähe der Reparatur und in direkter metallischer Verbindung zur Schweißstelle stehen. Fehlerströme können so deutlich verringert werden. Zur Sicherheit kann ein so genannter »Spannungsspitzen-Killer« das Bordnetz zusätzlich absichern.

Demontage des Kühlergrills

- Demontieren Sie die Frontstoßstange.
- Bei der Demontage des Kühlergrills muss die Stoßstange auf einer weichen Unterlage liegen, damit der Lack nicht verkratzt wird.
- Für die Demontage sollten Sie sich mehrere Schraubendreher zurechtlegen. Im nebenstehenden Bild sehen Sie den Aufbau eines solchen Clipsystems (1).
- Fangen Sie am besten auf einer Seite an und arbeiten Sie sich dann Stück für Stück weiter. Am besten funktioniert diese Arbeit mit zwei Personen und ein paar weichen Unterlagen, damit der Kühlergrill nicht in seine alte Position zurückrutschen kann.
- Achten Sie bitte darauf, dass bei der Demontage kein Clip bricht, denn dies könnte zu Klappergeräuschen führen.

Die Montage erfolgt sinngemäß in umgekehrter Reihenfolge.

Aufbau des Clipsystems des Kühlergrills.

Stoßfänger

Demontage des Stoßfängers vorne

- Bauen Sie die Radhausverkleidung vorne links und rechts aus.
- Drehen Sie die Schrauben (1) unter den Radhausverkleidungen, die den Kotflügel mit der Stoßstange verbinden, heraus.
- Motorraumverkleidung der Stoßstange entfernen.
- Befestigungsschraube (2) des Schlossträgers entfernen.
- Unterbodenverkleidungen entfernen.
- Schrauben (3) unter der Stoßstange entfernen.
- Steckverbindung der Nebelscheinwerfer bzw. Tagfahrleuchten abziehen.

Der weitere Ausbau ist nur mit der Hilfe eines zweiten Monteurs möglich.

- Stoßstange vorsichtig aus den Rastnasen herausziehen und Stoßstange abnehmen.
- Steckverbindung der Abstandssensoren abziehen und Stoßstange auf eine weiche Unterlage ablegen.

Die Montage erfolgt sinngemäß in umgekehrter Reihenfolge. Bevor Sie die Stoßstange vollständig befestigen, sollte die Funktion der Nebelscheinwerfer bzw. Tagfahrleuchten sowie der Abstandssensoren getestet werden.

Demontage des Stoßfängers hinten

- Bauen Sie die Heckleuchten aus.
- Bauen Sie die Radläufe aus.
- Seitliche Schrauben (1) in den Radläufen links und rechts entfernen.
- Bauen Sie die Innenverkleidung am Heckklappenschloss aus. Darunter befindet sich in der Mitte des Rahmens eine Zentralschraube zum Demontieren der Stoßstange, diese muss entfernt werden.
- Lösen Sie die Schrauben (2) sowie die restlichen Schrauben an der Unterseite der Stoßstange.
- Lösen Sie die Muttern (4), bitte nicht die Stoßstange aus der Halterung ziehen, da sonst ein Defekt des Halters bzw. der Stoßstange auftreten könnte.

Der weitere Ausbau ist nur mit der Hilfe eines zweiten Monteurs möglich.

- Mit Hilfe des zweiten Monteurs können Sie nun die Stoßstange aus der Halterung (1 und 3) herausziehen. Seien Sie vorsichtig, diese Halterung reißt gerne.
- Je nach Ausstattung die Steckverbindungen der vorhandenen elektrischen Bauteile trennen.

Die Montage erfolgt sinngemäß in umgekehrter Reihenfolge.

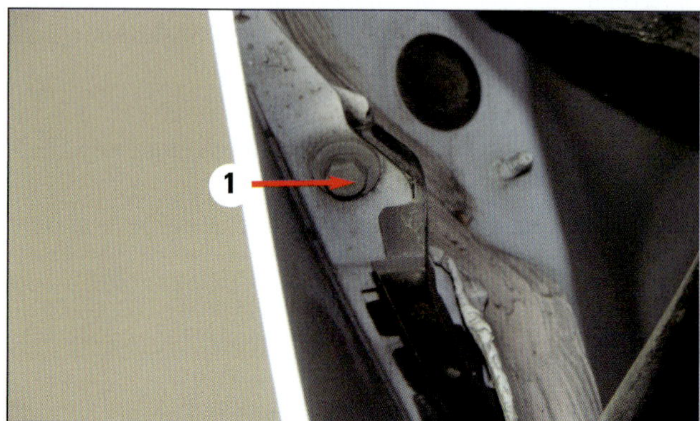

Innenradlauf hinten: Entfernen Sie die Schraube (1), welche die Stoßstange fixiert.

1

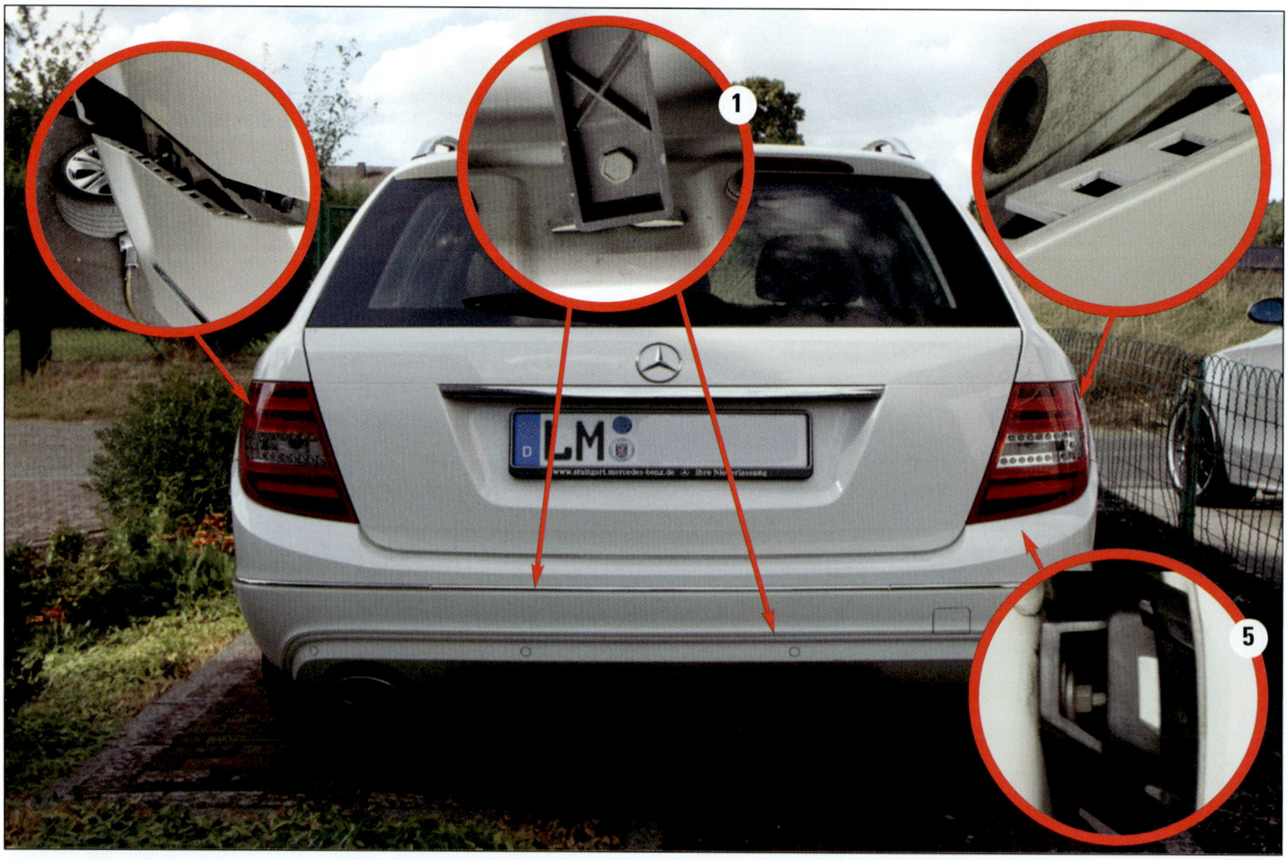

1

5

Die wichtigsten Stoßstangen-Halterungen bzw. Schraubverbindungen.

Radhausschalen

Demontage Radhausschale vorne

Der Aus- und Einbau erfolgt nur für die linke Radhausschale. Der Aus- und Einbau der rechten Radhausschale ist sinngemäß daraus abzuleiten. Je nach Modellvariante müssen beim Aus- und Einbau geringfügige Abweichungen berücksichtigt werden.

- Drehen Sie die Plastikmutter (1) heraus.
- Entfernen Sie die Plastikspreiznieten (2).
- Drehen Sie den Plastikspreizniet (3) um 90° und entfernen Sie diesen. Dieser wird vermutlich bei der Demontage defekt sein.
- Nehmen Sie die Radhausschale (1) aus dem Kotflügel heraus.

Die Montage erfolgt sinngemäß in ungekehrter Reihenfolge. Drehen Sie zuerst alle Befestigungsschrauben handfest vor. Ziehen Sie die Schrauben von oben beginnend erst nach vorne gehend und dann von oben nach hinten gehend fest, um Verspannungen zu vermeiden.

Montageübersicht Radhausschale vorne: 1 Plastikmuttern, 2 Spreizniete, 3 Plastikspreizniet.

Demontage Radhausschale hinten

Gefahr: Für die hintere Radhausschale sind spezielle »gasdichte« Spreizmuttern verbaut. Die gasdichten Spreizmuttern sind auf Beschädigungen zu prüfen und ggf. zu ersetzen. Die Spreizmuttern dichten den Innenraum gegen Abgase ab. Sie müssen bei Beschädigung auf jeden Fall ersetzt werden!

- Bauen Sie die Hinterräder aus.
- Drehen Sie die Schrauben (5) und (6) heraus.
- Nehmen Sie die Radhausschale (1) aus dem Kotflügel heraus.

Die Montage erfolgt sinngemäß in umgekehrter Reihenfolge. Drehen Sie zuerst alle Befestigungsschrauben handfest vor, um Verspannungen zu vermeiden.

Montageübersicht Radhausschale hinten.

Geräuschdämmung und Unterbodenverkleidungen

Die Montagearbeiten für die Geräuschdämmungen und Unterbodenabdeckungen unterscheiden sich nicht wesentlich. Achten Sie darauf, dass Sie die Schrauben an die richtige Position verbauen.

- Drehen Sie die Befestigungsschrauben heraus.
- Nehmen Sie die Unterbodenverkleidung oder die Geräuschdämmung ab.

Achten Sie auf mögliche Verlaschungen zu anderen Bauteilen (Geräuschdämmung vorne zum Schlossträger).
Ziehen Sie die Verschraubungen der Kunststoffverkleidungen zwar ausreichend fest, aber achten Sie darauf den Kunststoff nicht zu beschädigen.

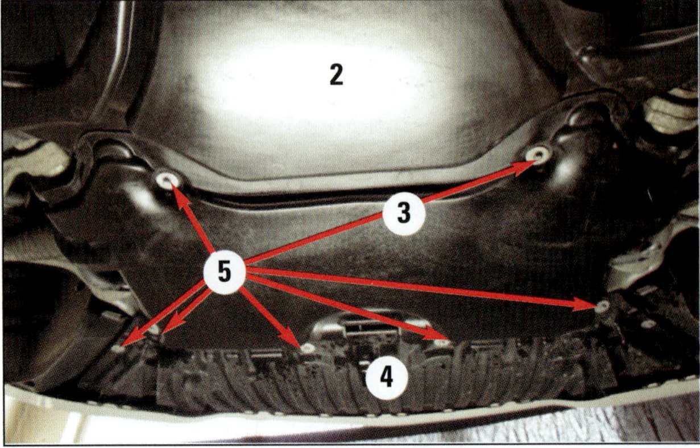

Montageübersicht Geräuschdämmung vorne, Mitte: 2 Unterbodenverkleidungen hinten, 3 Unterbodenverkleidungen Mitte, 4 Unterbodenverkleidungen vorne, 5 Schraubverbindungen zum Demontieren der Unterbodenverkleidungen.

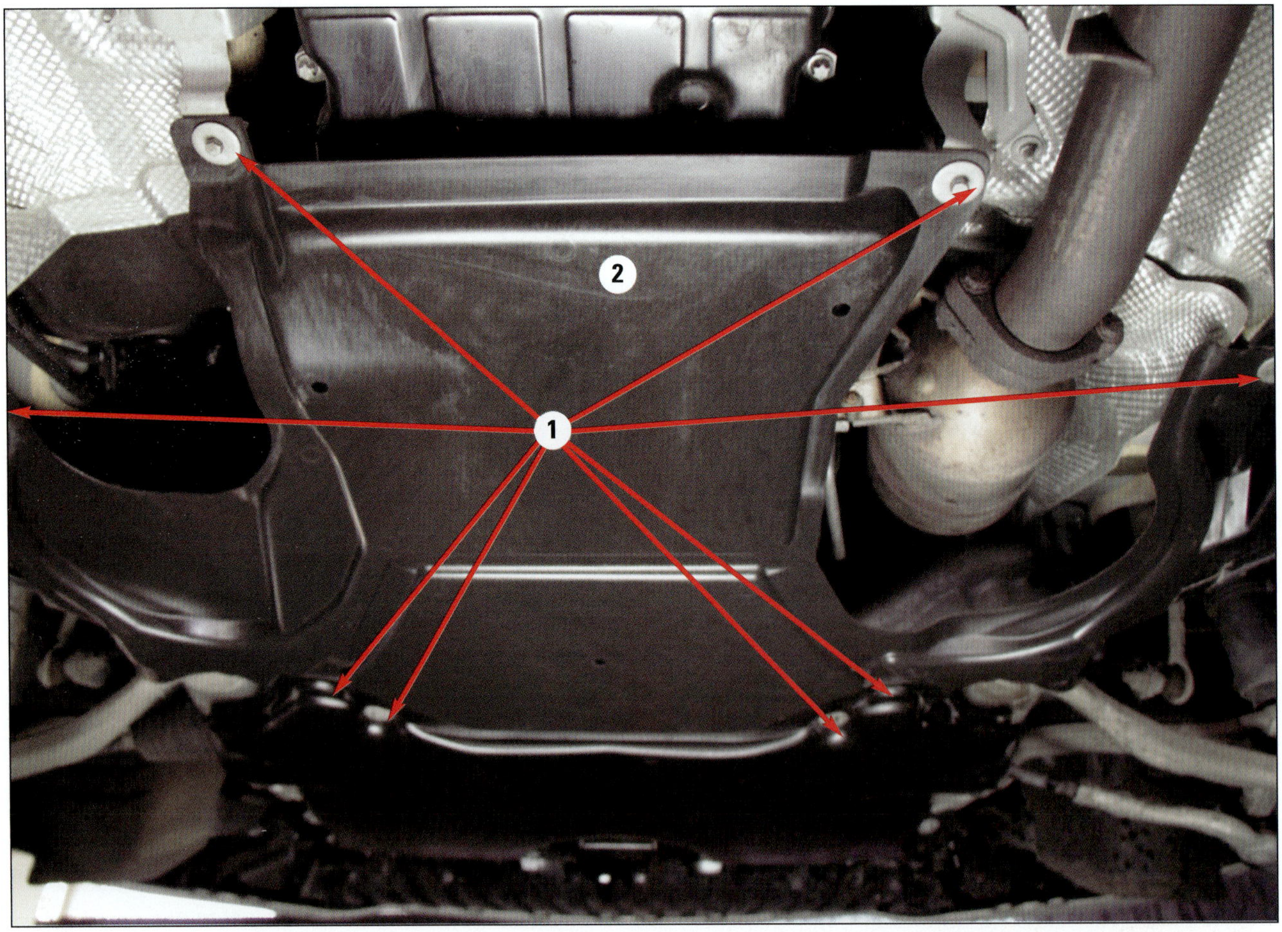

Montageübersicht Geräuschdämmung hinten: 1 Schraube 10er-Schlüsselweite, 2 Unterbodenerkleidungen.

Kotflügel vorne demontieren

Beim Demontieren des Kotflügels vorne links oder rechts sollten Sie immer zu zweit arbeiten. Kleben Sie Stellen wie die A-Säule, Scheinwerfer oder zum Beispiel die Türkanten mit Kreppband ab, damit hier der Lack nicht beschädigt wird. Achten Sie auch stets auf Schraubenlänge und Plastikschrauben. Falls diese defekt sind, sollten sie sofort erneuert werden, andernfalls können Wind- oder Klappergeräusche entstehen.

- Bauen Sie die Radhausschale vorne aus.
- Demontieren Sie die Schrauben (1).
- Öffnen Sie die Tür und demontieren Sie neben dem Türscharnier die Schraube (2).
- Demontieren Sie den Schweller (4) vorne so weit, bis Sie an die Schrauben des Kotflügels herankommen.
- Drehen Sie bei geöffneter Motorhaube die letzten drei Schrauben (3) los, die den Kotflügel halten.
- Nehmen Sie den Kotflügel vorsichtig ab.

Der Einbau erfolgt sinngemäß in umgekehrter Reihenfolge. Achten Sie auf Parallelität und Spaltmaße der Karosseriefugen zu den anderen Bauteilen der Karosserie.

PRAXISTIPP

Lack vor der Montage

Lassen Sie den Kotflügel vor der Montage lackieren. Prüfen Sie, ob im Bereich des Schwellers die Lakkfläche zuerst mit Steinschlagschutz behandelt werden muss. Ist das der Fall, zeichnen Sie dem Lackierer die Höhe mit einem Edding an. Sprühen Sie dann vor der Montage Hohlraumwachse in die Bereiche, die Sie nachher nicht mehr erreichen können.

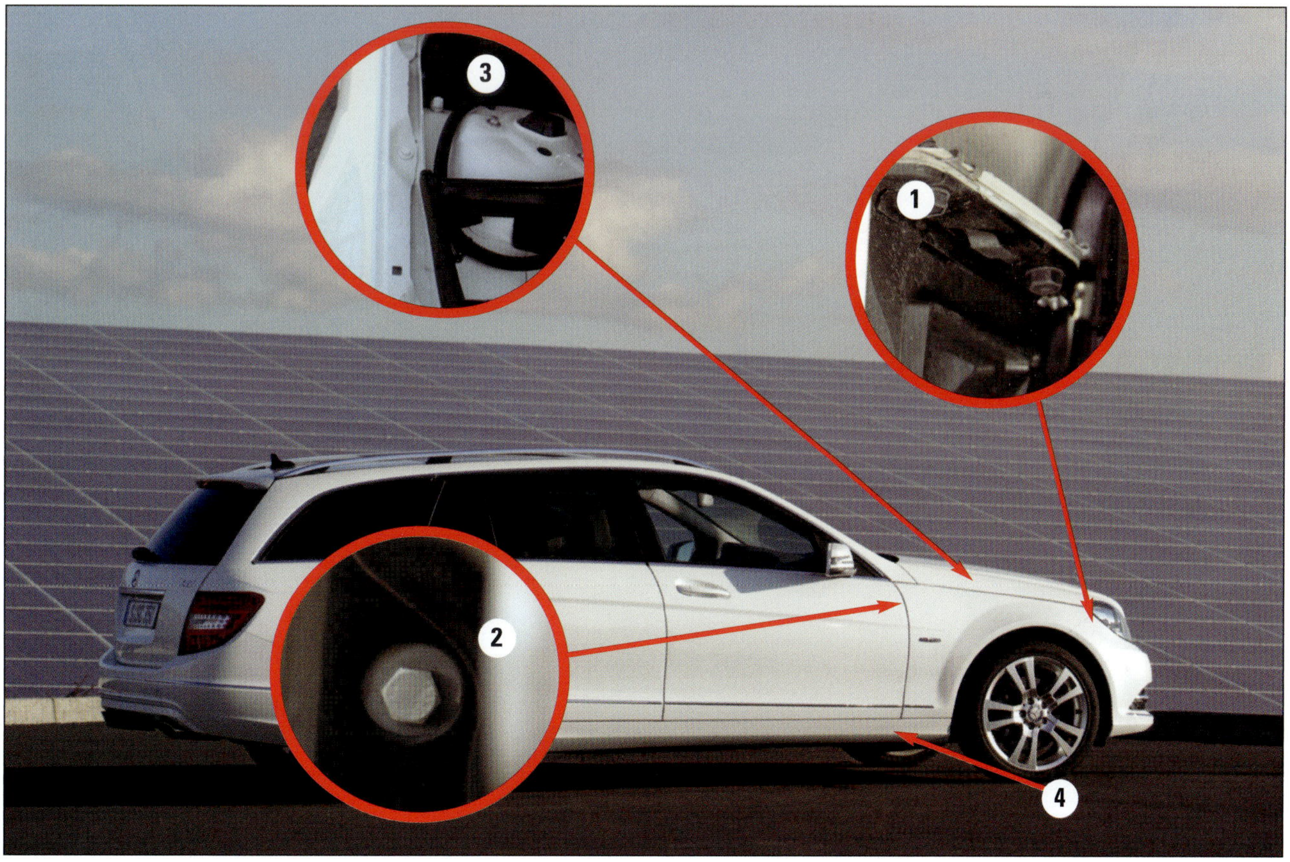

Motorhaube

Motorhaube ausbauen

- Lösen Sie an beiden Scharnieren 2 Schrauben und drehen Sie die anderen vier Schrauben heraus.
  Der weitere Ausbau ist nur mit einem zweiten Monteur möglich.

- Bauen Sie die Gasdruckfeder (1) aus.

- Drehen Sie die Schrauben erst jetzt heraus und heben Sie die Frontklappe von den Scharnieren ab.

Der Einbau der Frontklappe erfolgt sinngemäß in umgekehrter Reihenfolge.

Motorhaube einstellen

- Zuerst den Schließbügel ausbauen.

- Die Einstellpuffer durch Drehen einstellen.

- Durch Lösen der Schrauben an den Klappenscharnieren links und rechts (1) (nicht abschrauben!) kann die Frontklappe zwischen den Kotflügeln ausgemittelt werden.

- Darauf achten, dass die Spaltmaße gleichmäßig sind.

- Nach Einstellarbeiten sind Korrosionsschutzmaßnahmen am Scharnier und an den Schrauben durchzuführen.

- Nachdem die Frontklappe eingestellt ist, kann der Schließbügel wieder eingebaut und eingestellt werden.

- Mit dem Klappenschloss kann die Frontklappe im vorderen Bereich in der Höhe zu den Kotflügeln eingestellt werden.

Tür vorne

Tür vorne ausbauen

- Öffnen Sie die entsprechende Tür.
- Öffnen Sie die Abdeckung (3), darunter finden Sie das entsprechende Türsteuergerät. Entsprechende Kabel ausclipsen.
- Demontieren Sie den Faltenbalg.
- Abdeckungen der Türscharnierschrauben entfernen und diese demontieren. Beim Abnehmen der Tür kann eine zweite Person sehr hilfreich sein.

Der Einbau erfolgt sinngemäß in umgekehrter Reihenfolge. Beachten Sie die Spaltmaße der Tür.
Anzugsdrehmoment der Türscharnierschraube: 34 Nm.

Tür vorne einstellen

- Für eine korrekte Einstellung der Spaltmaße müssen die Schrauben unter der Fußraumverkleidung oder unter dem Handschuhfach gelöst werden.
- Zur Einstellung es Schlossbügels müssen die beiden Schrauben an der B-Säule gelöst werden. Der Schlossbügel kann dann auf der B-Säule vertikal und horizontal verschoben werden.

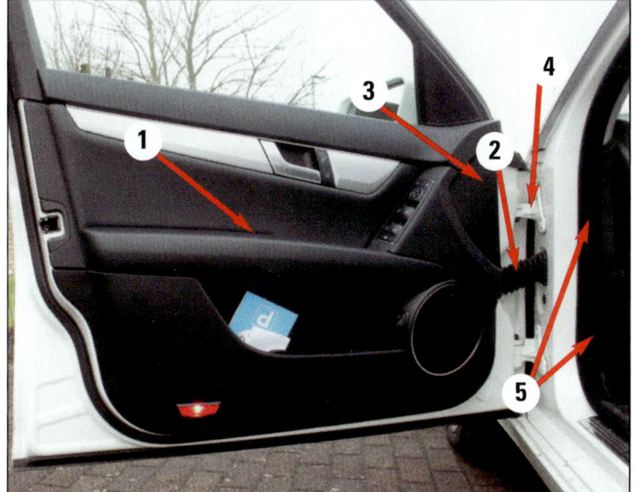

Montageübersicht Tür: 1 Tür, 2 Faltenbalg, 3 Abdeckung, 4 Türhalteband mit Schraube, 5 Einstellschrauben.

Die Grundeinstellmaße können Sie auf Seite 120 einsehen.

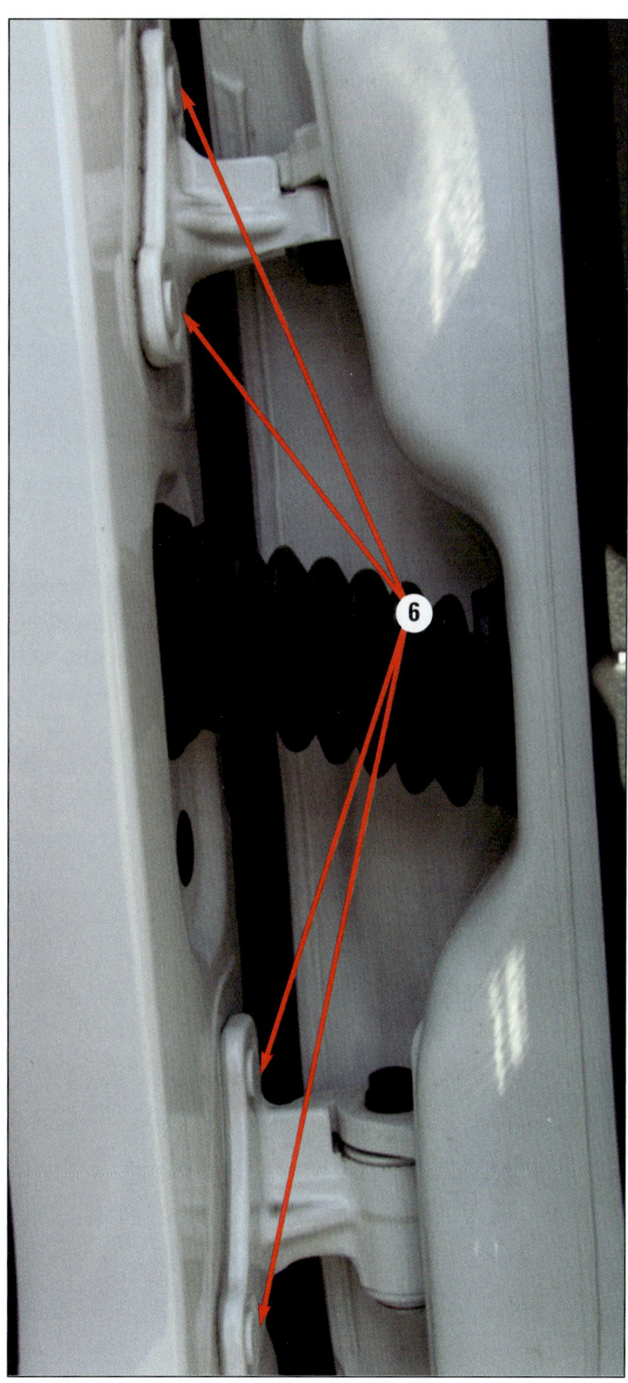

Einstellung der Spaltmaße der Tür vorne links: (6) Einstellschrauben in der Tür.

Tür hinten

Tür hinten ausbauen

- Fahren Sie die Fensterscheibe der entsprechenden Tür herunter.
- Zündung ausschalten und Schlüssel aus dem Zündschloss entfernen.
- Demontieren Sie die Steckverbindung (2).
- Lösen Sie die Schrauben (3) der Scharniere.

Der weitere Ausbau ist nur mit einem zweiten Monteur möglich.

- Drehen Sie die Schraube (3) heraus.
- Entnehmen Sie die Tür und legen sie auf eine geeignete Unterlage.

Der Einbau der Tür hinten erfolgt sinngemäß in umgekehrter Reihenfolge. Nachdem die Tür eingebaut wurde, sollten Sie einen Test der Fensterheber und der anderen elektronischen Komponenten durchführen.

Tür hinten einstellen

- Für eine korrekte Einstellung der Spaltmaße müssen die Schrauben (4) gelöst werden.
- Zur Einstellung des Schlossbügels müssen die beiden Schrauben an der C-Säue gelöst werden. Der Schlossbügel kann dann auf der C-Säule vertikal und horizontal verschoben werden.

Die Grundeinstellmaße können Sie auf Seite 120 einsehen.

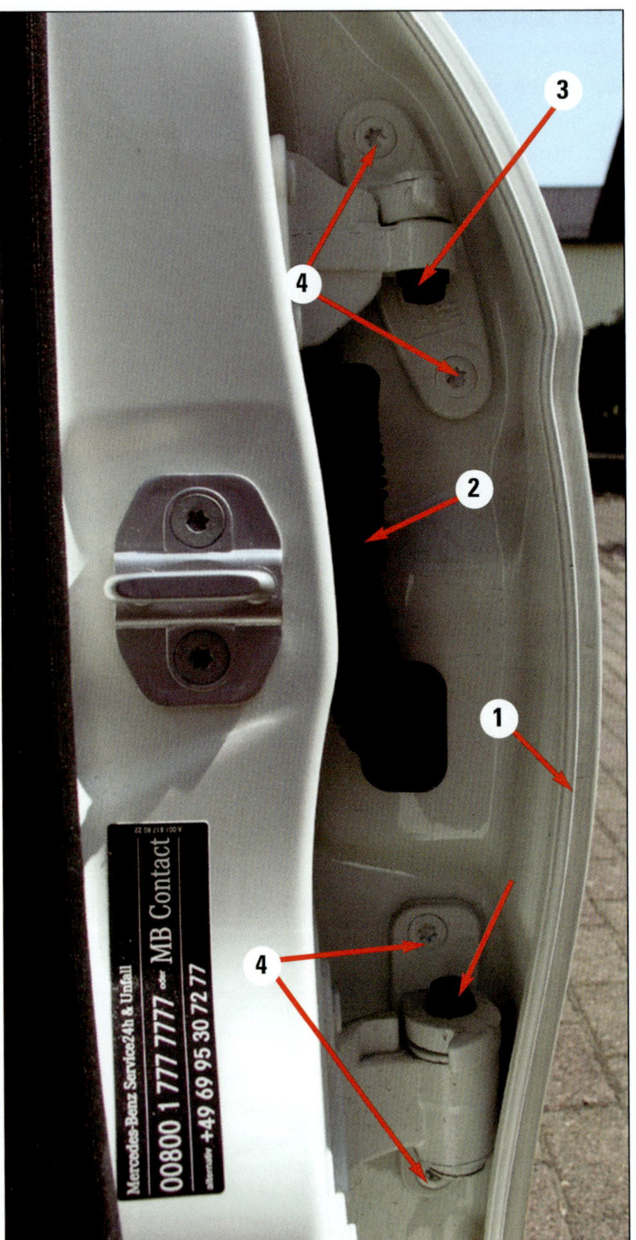

Zum Ausbau der Tür hinten: 1 Tür hinten, 2 Steckverbindung, 3 Scharnierschraube, 4 Einstellschrauben der Tür.

Heckklappe

Heckklappe ausbauen

- Öffnen Sie die Heckklappe und bauen Sie die Verkleidung der Heckklappe aus.
- Demontieren Sie den Dachhimmel.
- Heckklappe mit einem Stab stützen und den Lack an gefährlichen Stellen wie zum Beispiel an den Scharnieren mit einem Lappen schützen.
- Faltenbalg an der Heckklappe ausclipsen und Masseleitung an der Heckklappe demontieren.
- Die Schrauben an den Heckklappenscharnieren(5) lösen. Achtung nicht herausziehen!
- Stoßdämpfer links sowie rechts ausclipsen, diese Arbeit sollte man mit zwei Personen durchführen.
- Im nächsten Schritt können Sie nun mit der zweiten Person die Schrauben der Scharniere entfernen und die Heckklappe abnehmen.

Der Einbau der Heckklappe erfolgt sinngemäß in umgekehrter Reihenfolge. Bevor die Heckklappe (1) geschlossen wird, ist eine Funktionsprüfung der Entriegelungsbauteile durchzuführen.

Heckklappe einstellen

- Schrauben (5) der Scharniere lösen, jedoch nicht herausdrehen. Vorsicht!
- Nun kann die Heckklappe eingestellt werden.

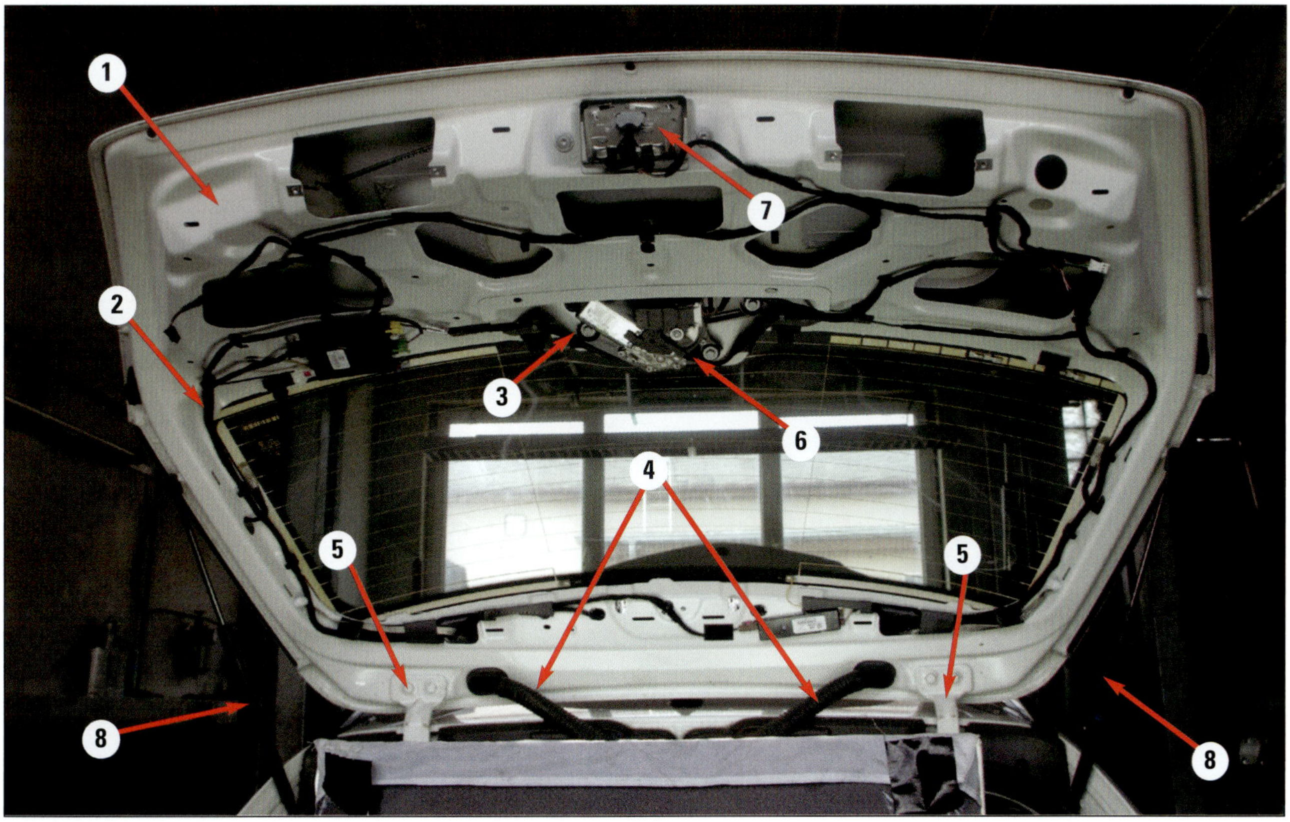

Heckklappe von innen: 1 Heckklappe, 2 Leitungen, 3 Schläuche, 4 Faltenbalg (Steckkontakt in der D-Säule), 5 Scharniere, 6 Scheibenwischermotor, 7 Heckklappenschloss, 8 Stoßdämpfer.

Tankdeckel / Tankklappe

Tankdeckel/Tankklappe ausbauen

- Clip (4) drücken und Tankdeckel abnehmen.

Die Montage erfolgt fast in umgekehrter Reihenfolge. Das Stellelement sollte vorher eingebaut sein.

Tankmulde ausbauen

- Innenradhausverkleidung ausbauen.
- Plastikniete (1) entfernen.
- Entwässerungsschlauch demontieren
- Clip (4) drücken und Tankdeckel abnehmen.
- Metallring durch Drehen entfernen.
- Spreizclip (3) entfernen.
- Dichtlippe mit Silikonspray einsprühen und über den Tankdeckel ziehen.
- Mit einem Bohrer in das Loch drücken, damit man die Tankmulde herausziehen kann.
- Wenn die Tankmulde nur zur Hälfte herausgezogen werden kann, müssen Sie den Notentriegelungszug aushängen.
- Sie können die Tankmulde nun abnehmen.

Die Montage erfolgt in umgekehrter Reihenfolge. Denken Sie daran, den Notentriegelungszug wieder einzuhängen.

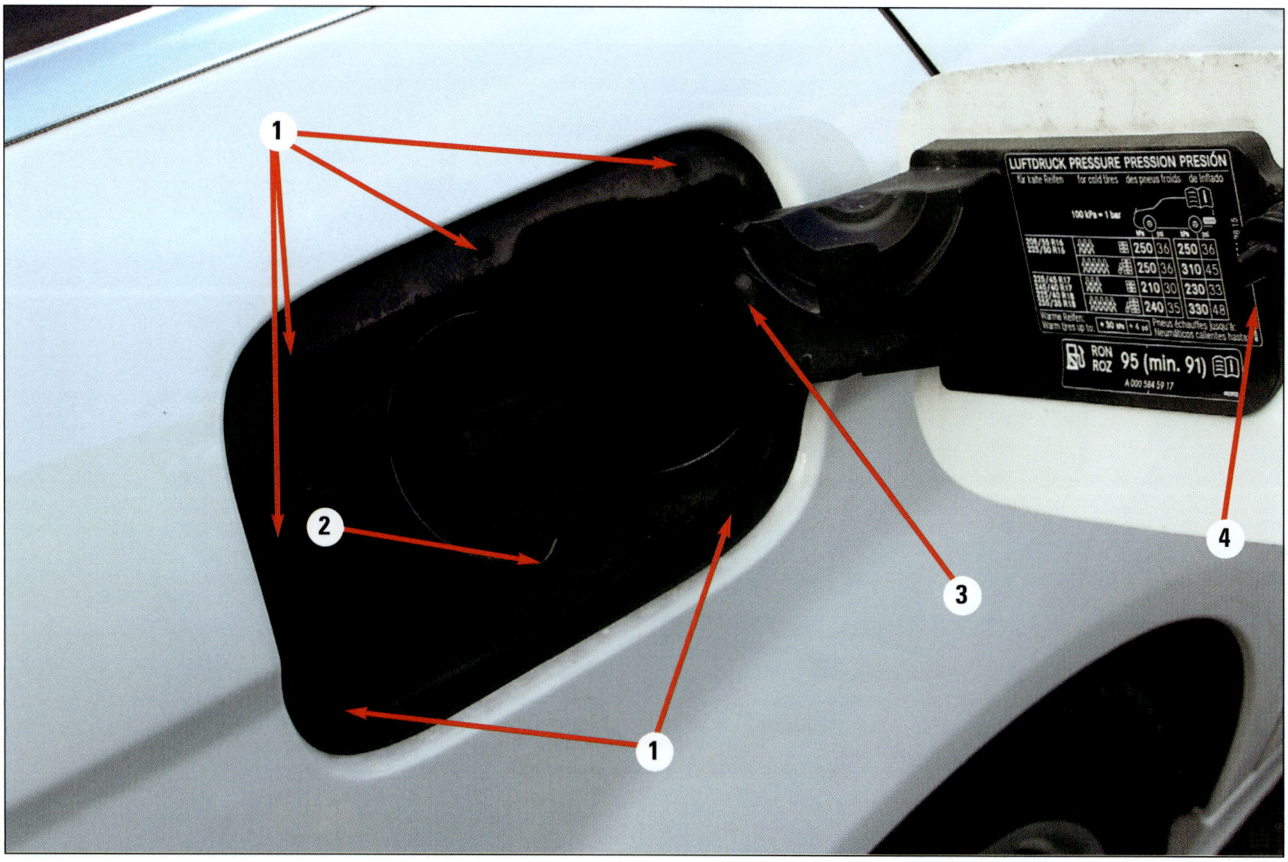

Tankdeckel: 1 Plastikniete, 2 Metallring, 3 Plastikniet, 4 Tankdeckelentriegelung.

Außenspiegel

Außenspiegel ausbauen

- Die entsprechende Türverkleidung vorne ausbauen.
- Die Steckverbindungen (2) am Türsteuergerät (1) abziehen.
- Die drei Schrauben (3) herausdrehen.
- Den Außenspiegel im unteren Bereich etwas von der Tür abheben.
- Dann den Außenspiegel abnehmen.
- Die Anschlussleitung (4) durch die Öffnung in der Tür führen.

Die Montage erfolgt sinngemäß in umgekehrter Reihenfolge.

1 Türsteuergerät, 2 Steckverbindung Spiegel.

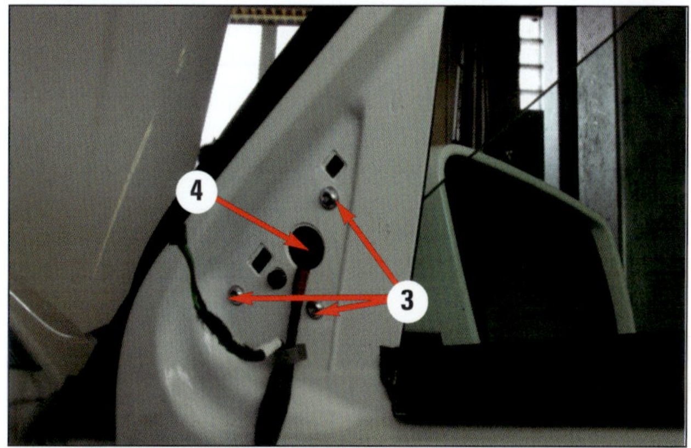

3 Schrauben des Außenspiegels, 4 Steuerungskabel.

Spiegelglas wechseln

- Zuerst die Spiegelgehäusekante durch Abkleben mit textilverstärktem Klebeband vor Beschädigung schützen.
- Das Spiegelglas von außen unten in das Spiegelgehäuse eindrücken (Verstellung nach unten).
- Dann das Spiegelglas mit einem Karosseriemontagekeil vom Halter abdrücken. Dabei ist darauf zu achten, dass die Clips nicht beschädigt werden. Falls dies jedoch passieren sollte, muss das Spiegelglas erneuert werden.

Demontage des Spiegelglases: (5) Spiegelglasclips.

STÖRUNGSBEISTAND

Karosserie außen

	Störung	Was kann das sein?	Was kann ich tun?
A	**Klappergeräusch einer Tür**	**1** Türschloss schließt nicht richtig	Einstellung des Türschlosses prüfen (lassen).
		2 Türschloss defekt	Türschloss und Funktion prüfen lassen (Tester erforderlich), eventuell Türschloss ersetzen.
		3 Fanghaken defekt	Befestigung des Fanghakens prüfen und instandsetzen, eventuell Fanghacken ersetzen.
		4 Einstellung der Türe falsch	Türeinstellung durchführen (lassen).
		5 Verschraubungen oder Fangbänder lose	Befestigung des Fanghakens prüfen und instandsetzen, eventuell Fanghacken ersetzen.
		6 Anschlaggummi verschlissen	Anschlaggummis prüfen und gegebenenfalls erneuern.
B	**Tür lässt sich nicht öffnen oder verriegeln**	**1** Türschloss defekt	Türschloss und Funktion prüfen lassen (Tester erforderlich), eventuell Türschloss ersetzen.
		2 Steuergerät der Tür defekt	Funktion des Steuergerätes prüfen lassen (Tester erforderlich), eventuell Steuergerät ersetzen.
		3 Defekt am Servo der Zentralverriegelung	Funktion des Servomotors und der Zentralverriegelung prüfen lassen (Tester erforderlich) eventuell Servo ersetzen.
		4 Zentralverriegelung defekt	Funktion der Zentralverriegelung prüfen lassen (Tester erforderlich). Diagnose ist wichtig!

Der Innenraum

Hohe Wertigkeit kennzeichnet auch den Innenraum der neuen C-Klasse. Woran Sie in diesem Bereich edler Oberflächen und Features tätig werden können, wollen wir hier zeigen. Oberstes Gebot: Kratzer und Schäden vermeiden an Kunststoffoberflächen und Verkleidungen!

In diesem Kapitel erfahren Sie, welche Arbeiten im Innenraum selbst erledigt werden können, aber auch wovon Sie besser Abstand nehmen sollten. Denn hinter den vielen Abdeckungen und Verkleidungen in Ihrer C-Klasse lauern durchaus auch Gefahren, wie die pyrotechnischen Elemente des Rückhaltesystems in den Airbags und den Gurtstraffern. Aber wir wollen Sie keineswegs gleich zu Beginn entmutigen. Es gibt noch eine Reihe anderer Dinge, die Sie mit Hilfe der folgenden Abschnitte erledigen können. Dazu gehören zum Beispiel der Lampenwechsel der Innenraumbeleuchtung oder auch der Ausbau diverser Verkleidungen, zum Beispiel an der Türinnenseite. Gerade diese Arbeit kann für Sie früher oder später wichtig werden, wenn der Fensterheber streiken sollte oder Sie vielleicht die Lautsprecherboxen ersetzen wollen.

An welchen Teilen sollte nicht gearbeitet werden?

Wie bereits erwähnt: Vor Arbeiten an Komponenten, die dem Insassenschutz dienen, müssen wir warnen. Wenn es an Kenntnis und Erfahrung mangelt, sollten Sitze und Lenkrad wegen der darin enthaltenen Airbags tabu sein. Denn selbst in den Werkstätten darf nur speziell geschultes Personal an diesen Teilen tätig werden. Das Risiko, bei Reparaturversuchen verletzt zu werden, ist ja nur die eine Seite. Ein bei einem Unfall nicht mehr ordnungsgemäß funktionierender Insassenschutz, stellt die weitaus schwerer wiegende andere Seite dar. Sogar bei einer Verschrottung des Fahrzeugs, etwa nach einem Unfall, müssen die Airbageinheiten und Gurtstraffer nach bestimmten Vorschriften sicher entsorgt werden. Auf keinen Fall dürfen Sie diese Komponenten wie üblichen Abfall behandeln. Das gilt auch für gezündete Einheiten und technischen Ladungen, wozu übrigens auch die Gurtstraffereinheiten zählen. Denn es ist nicht mit Sicherheit zu bestimmen, ob wirklich alle im Fahrzeug vorhandene Pyrotechnik sicher gezündet wurde.

Profitipp: Montagekeil für Verkleidungen

Die teilweise kratzempfindlichen Kunststoffe der Innenraumverkleidung verlangen einen äußerst sensiblen Umgang. Will man nicht gleich beim ersten Demontageversuch hässliche Spuren hinterlassen, empfiehlt sich die Verwendung eines Montagekeils für den Innenraum. Dieser ist aus weichem und elastischem Kunststoff und erlaubt es, mit der flachen Seite auch in den meist sehr engen Spalten problemlos zu arbeiten. Weitere Schutzmaßnahmen sind das Abkleben der entsprechenden Stellen mit Klebeband oder das Unterlegen mit einem schützenden Stofftuch. Die Vielzahl der Verkleidungsteile ist mit Halteclips angebracht, die Sie mit einem Schraubendreher schnell beschädigen oder gar abreißen werden. Ein Ärgernis, denn die Wiederanbringung des Verkleidungsteils kann dann zum Problem werden. Auch hier können Sie mit dem Keil sensibler vorgehen.

GEFAHRHINWEISE – Arbeiten am Rückhaltesystem

Achtung Lebensgefahr!
Grundsätzlich dürfen keine Arbeiten an Systemen der Airbageinheiten von ungeschulten Personen durchgeführt werden. Es handelt sich nicht nur um tatsächliche Sprengsätze, sondern auch um Fahrzeugeinrichtungen, die der Sicherheit des Fahrzeuges dienen. Unsachgemäßer Umgang kann Ihr Leben oder Ihre Gesundheit schon bei der Demontage gefährden. Auch wenn es auf den ersten Blick einfach erscheint, sollten Sie niemals ohne entsprechende Ausbildung an diesen Systemen arbeiten. Für die Arbeit, den Umgang und die Lagerung mit diesen Systemen muss ein »Airbag-Sachkunde-Lehrgang« abgeschlossen und bescheinigt worden sein. Auf die Demontage dieser Systeme wird in diesem Buch absichtlich nicht eingegangen. Das Abklemmen der Batterie reicht nicht aus um eine sichere Montage an diesen Systemen gewährleisten zu können.

Airbag Einheiten sind in folgenden Komponenten zu finden:

Lenkrad
- Gurtstrammer (Fahrer und Beifahrersitz)
- Lenkrad
- Armaturenbrett (Beifahrerseite) und falls vorhanden als Kneebag auf der Fahrer und Beifahrerseite.
- Seitenverkleidung der A-Säule Je nach Ausstattung können sich die Positionen und die Anzahl der Airbags ändern.

Kommt in die meisten Spalten: Ein Montagekeil ist im Fachhandel für wenige Euro zu erhalten und spart bei Montagearbeiten im Innenraum oder generell bei Kunststoffteilen oder anderen empfindlichen Fläche eine Menge Ärger und Kratzer.

Sichtprüfung: Eine einwandfreie Funktion hat der Gurt nur, wenn er keine Beschädigungen aufweist. Beschädigungen können nach häufigem Einklemmen in der Tür auftreten.

Sitzgurte regelmäßig prüfen

Zum Thema Sicherheit im Innenraum gehört auch eine regelmäßige Gurtkontrolle. Achten Sie dabei auf Beschädigungen wie Einrisse oder Ausfransungen. Solche Verschleißerscheinungen können im Ernstfall zur Achillesferse des Rückhaltesystems werden. Denn sollte der Gurt bei einem Unfall durch die hohe Beanspruchung versagen, dann dort, wo er beschädigt ist. Rollen Sie daher bei der Sichtprüfung bei hellem Tageslicht die gesamte Gurtlänge ab. Fahren Sie mit den Fingern über den gesamten Gurt und fühlen Sie dabei, ob es Beschädigungen wie oben beschrieben gibt. Nehmen Sie den Gurt auch genauestens in Augenschein. Die Behandlung mit irgendwelchen Mittelchen ist ebenfalls tabu! Denken Sie daran, dass im Falle eines Unfalls mehrere Tonnen am Gurt zerren.

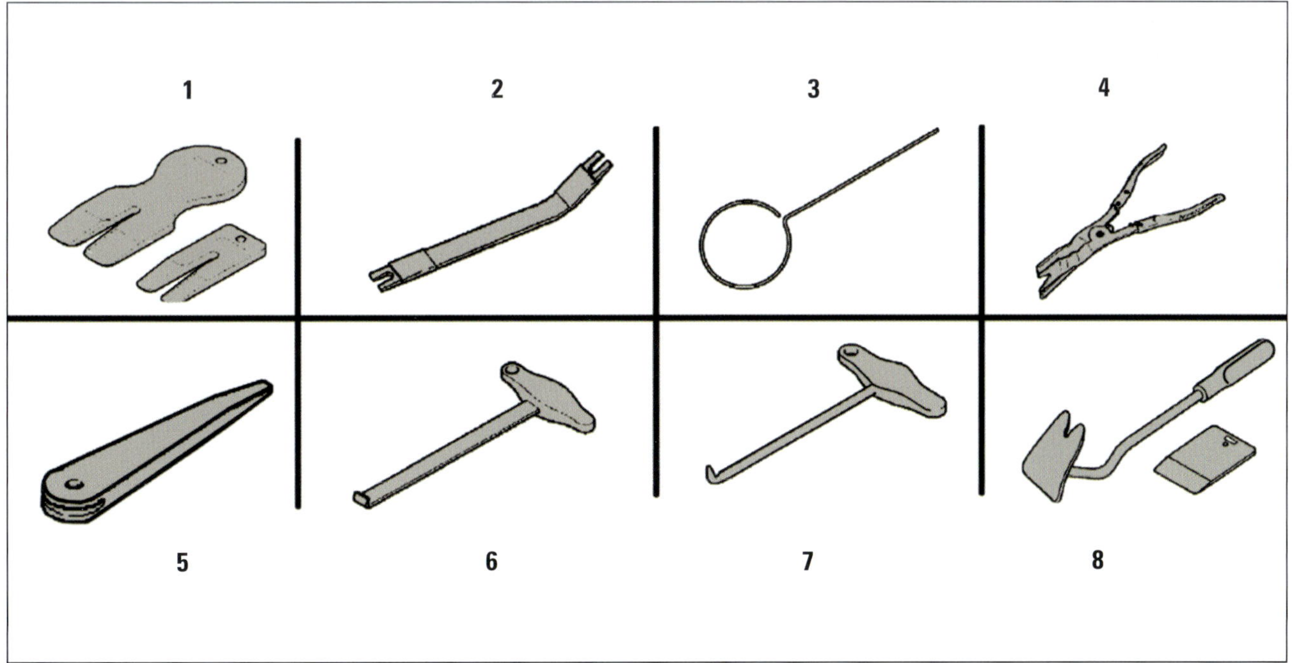

Karosseriewerkzeuge für den Innenraum: 1 geschlitzte Demontagekeile, 2 Lösehebel, 3 Absteckstift, 4 Demontagezange, 5 Demontagekeil, 6 Demontagehaken, 7, Frontend-Haken, 8 Abdrückhebel.

Möbel raus – Möbel rein

Gestühl und Kindersitzlösungen

Sitzbezüge müssen speziell auf die Seitenairbags in dem Gestühl abgestimmt sein. So genannte Reboardkindersitze dürfen auf dem Beifahrersitz nur installiert werden, wenn der Beifahrerairbag deaktiviert wurde! Beachten Sie, dass die einfache Deaktivierung per Schlüssel nicht ausreichen muss, um die Airbageinheit nicht zu zünden. Die meisten Hersteller empfehlen eine Deaktivierung durch Abklemmen und verbauen eine spezielle Kurzschlussbrücke. Die Verwendung von geeigneten Kindersitzen mit der Isofix-Halterung ist daher einfacher und empfehlenswert. Das Isofix-System verfügt über eine Verankerung unter der Rücksitzbank, in welcher die Kindersitze befestigt werden. Vorteil: Der Airbag vorne rechts bleibt aktiviert und kann so bei einer Kollision für Ihren Beifahrer nützlich sein. Zudem bleibt Ihnen auch die Auswahl der Sitzgröße passend zu Ihrem Nachwuchs und dessen Vorlieben.

Vordersitze

Da die Vordersitze Ihrer C-Klasse mit mindestens einem Airbag ausgestattet sind, darf der Ausbau nur durch geschultes Fachpersonal durchgeführt werden. Es handelt sich hierbei um pyrotechnische Ladungssätze. Es besteht Gefahr für Gesundheit oder sogar das Leben. Aus diesem Grund wird die Demontage in diesem Band nicht beschrieben. Ein ausgelöster Airbag kommt selten allein – nach der Auslösung sind das Steuergerät und einige andere Bauteile reif für den Austausch. In Anbetracht der Folgen steckt in den Arbeiten wenig Sparpotenzial gegenüber der Werkstatt.

Ein Blick unter den Sitz verrät, dass dort die Steckverbindungen zu finden sind.

Achtung bei Reboard-Sitzen: Die Anbringung von Reboard-Kindersitzen ist bei aktiviertem Airbag verboten!

Anordnung der Steckverbindungen.

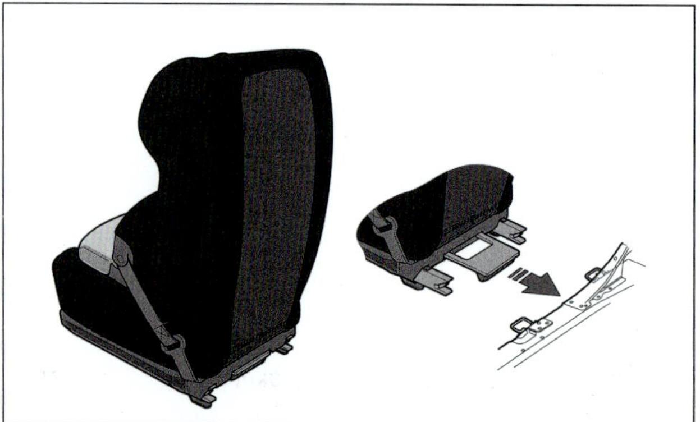

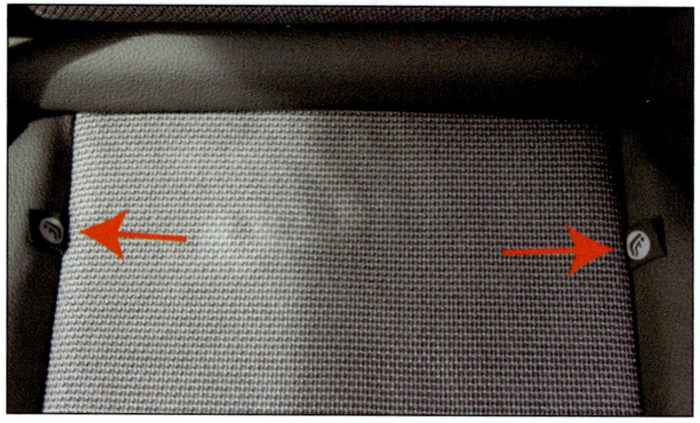

Isofix-Vorrichtung: Zu den Sicherheitsmerkmalen der Innenausstattung gehört auch die Normbefestigung für Kindersitze.

Rücksitzbank

Der Ausbau der Rücksitzbank geht am einfachsten mit zwei Personen.

- Person eins sowie Person zwei ziehen jeweils in der Mitte der Sitzfläche nach oben (2).
- Danach kann die Sitzbank (1) nach vorne aus den Ösen (3) herausgezogen und aus dem Fahrzeug entfernt werden.

Die Montage erfolgt sinngemäß in umgekehrter Reihenfolge.

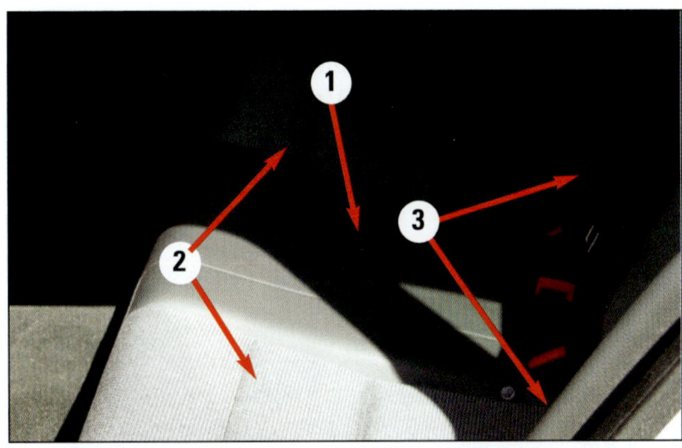

Ausbau der Rücksitzbank: 1 Sitzbank, 2 Clips, 3 Sitzbankösen.

Spiegeldreieck ausbauen

- Die Zündung ausschalten.
- Das Spiegeldreieck ist unter die Türdichtung/Plastikverkleidung geschoben. Diese kann mithilfe eines Montagekeils leicht weggedrückt werden.
- Herausziehen des Spiegeldreiecks in Pfeilrichtung.

Verkleidung im Spiegeldreieck der Fahrertür.

Türverkleidung

Türverkleidung vorne

Der Aus- und Einbau ist für die linke Fahrzeugseite beschrieben. Der Aus- und Einbau für die rechte Seite erfolgt sinngemäß.

- Schalten Sie die Zündung aus.
- Entfernen Sie die Türzierleiste (5) innen mit einem Montagekeil.
- Demontieren Sie die Schrauben (2).
- Ziehen Sie mit einer Spitzzange den Clip (4) heraus, Achtung! Bei falscher Demontage kann dieser Clip auch in die Tür fallen.
- Mit einem Montagekeil kann die Türverkleidung leicht aus den Clips bzw. aus den Befestigungslöchern (3) ausgebaut werden.
- Ziehen Sie leicht die Türverkleidung hoch und zu sich, damit das Gestänge (Sicherungsknopf) aus der oberen Verkleidung rausrutscht.

- Clipsen Sie den Bowdenzug aus dem Türgriff aus.
- Entfernen Sie die Kabel von der Schaltereinheit aus dem Türsteuergerät.

Der Einbau erfolgt sinngemäß in umgekehrter Reihenfolge. Achten Sie auf die Montageposition der Clips und die Lage der Verkabelung und der Bowdenzüge. Clips, welche in der Tür stecken bleiben, bitte demontieren und in der Türverkleidung montieren.

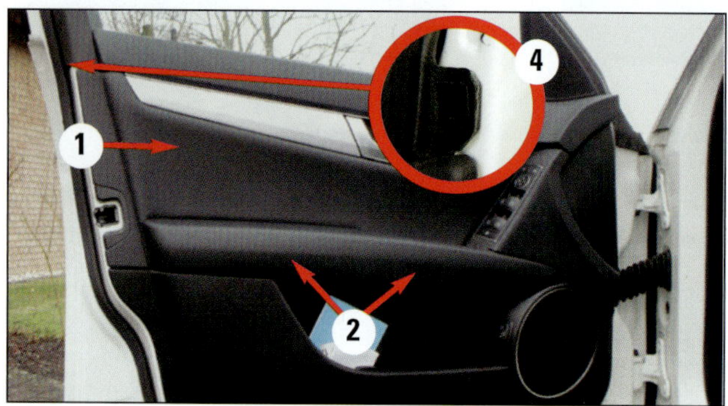

Seitenverkleidung der Fahrertür: 1 Türverkleidung, 2 Befestigungsschrauben der Türverkleidung, 4 Clip.

Türzierleiste (5) mit Montagekeil entfernen.

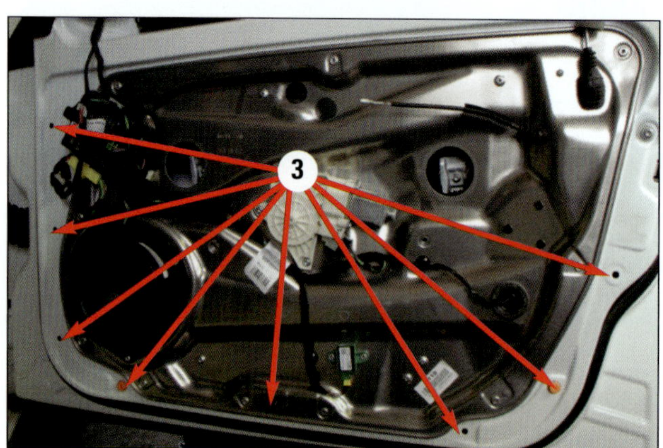

Türverkleidung Befestigungslöcher. (3) Clips.

Türverkleidung hinten

Der Aus- und Einbau ist für die linke Fahrzeugseite beschrieben. Der Aus- und Einbau für die rechte Seite erfolgt sinngemäß.

- Schalten Sie die Zündung aus.
- Demontieren Sie die Schrauben (3).
- Mit einem Montagekeil wird nun die Türverkleidung aus den Clips (4) gehoben.
- Sicherungsknopf (2) aus der Türverkleidung ausclipsen.
- Die Steckverbindungen an der Griffschale trennen.
- Die Schraube (2) und die 3 Schrauben (1) herausdrehen.

Der Einbau erfolgt sinngemäß in umgekehrter Reihenfolge. Achten Sie auf die Montageposition der Clips und die Lage der Verkabelung und der Bowdenzüge. Clips, welche in der Tür stecken bleiben, bitte demontieren und in der Türverkleidung montieren.

Solche Türclips werden in der Türverkleidung verbaut.

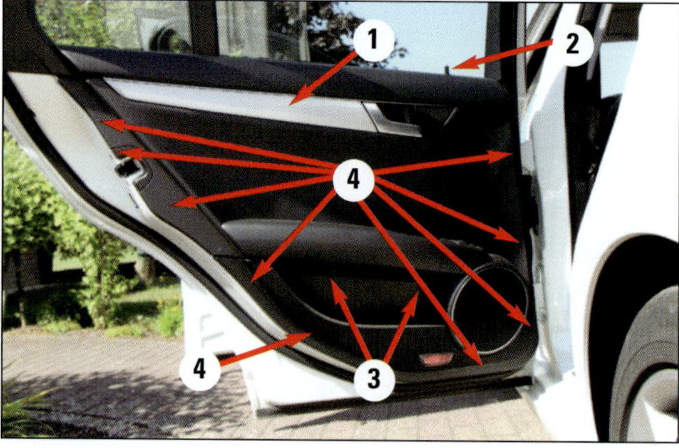

Tür hinten: 1 Türverkleidung, 2 Sicherungsknopf, 3 Türverkleidungsschrauben, 4 Türbefestigungsclips.

Dachsäulenverkleidungen

A-Säulenverkleidung

In der A-Säulenverkleidung kann eine Airbageinheit verbaut sein. Bitte wenden Sie sich an Ihre Fachwerkstatt. Die Arbeiten am Airbagsystem dürfen niemals ohne die entsprechende Sachkunde durchgeführt werden. Es besteht durchaus Lebensgefahr bei unsachgemäßer Handhabung.

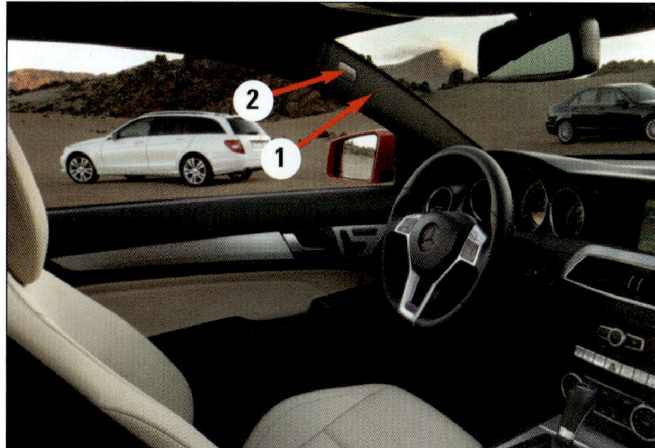

A-Säule: 1 A-Säulenverkleidung, 2 Airbag-Kennzeichnung.

B-Säulenverkleidung

In der B-Säulenverkleidung kann eine Airbageinheit verbaut sein. Bitte wenden Sie sich an Ihre Fachwerkstatt. Die Arbeiten am Airbagsystem dürfen niemals ohne die entsprechende Sachkunde durchgeführt werden. Es besteht durchaus Lebensgefahr bei unsachgemäßer Handhabung.

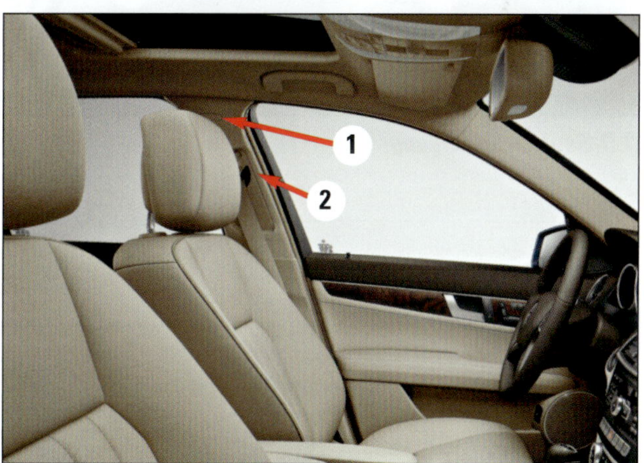

B-Säule: 1 B-Säulenverkleidung, 2 Airbag-Kennzeichnung.

C-Säulenverkleidung

In der C-Säulenverkleidung kann eine Airbageinheit verbaut sein. Bitte wenden Sie sich an Ihre Fachwerkstatt. Die Arbeiten am Airbagsystem dürfen niemals ohne die entsprechende Sachkunde durchgeführt werden. Es besteht durchaus Lebensgefahr bei unsachgemäßer Handhabung.

D-Säulenverkleidung

Beim Ausbau der D-Säulenverkleidung sollten Sie unbedingt darauf achten, dass die Verkleidung beim Ausbau nicht bricht.

- Schalten Sie die Zündung aus.
- Mit einem Montagekeil vorsichtig die Clips (2) und (3) lösen.
- Verkleidung vorsichtig aus der C-Säulenverkleidung herausziehen. Vorsicht: Die Verkleidung kann bei Überdehnung brechen.
- Die D-Säulenverkleidung aus der Haltelasche (5) nach oben herausziehen.
- Elektronische Steckverbindungen lösen und die D-Säulenverkleidung abnehmen.

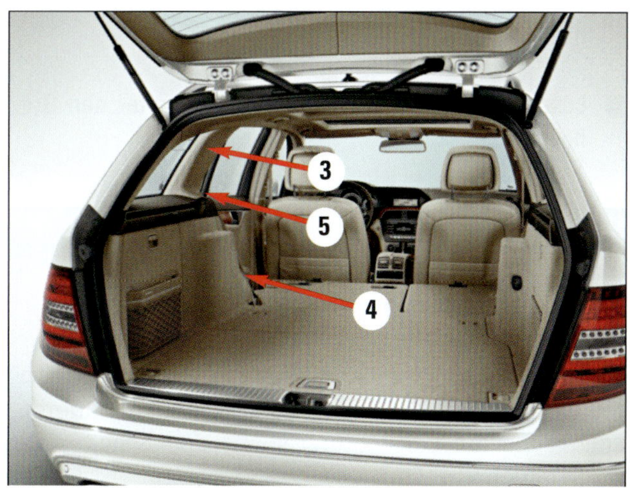

C-Säule: 3 Seitenverkleidung, 4 Dichtung, 5 C-Säulenverkleidung.

Der Einbau erfolgt sinngemäß in umgekehrter Reihenfolge. Achten Sie auf die Montageposition der Clips und die Lage der Verkabelung. Clips, welche in der D-Säule stecken bleiben, bitte demontieren und in der Verkleidung montieren. Beim Zusammenbau sollten auch die Boxen sowie die Kofferraumbeleuchtung getestet werden. Defekte Clips auf jeden Fall ersetzen.

1 D-Säulenverkleidung.

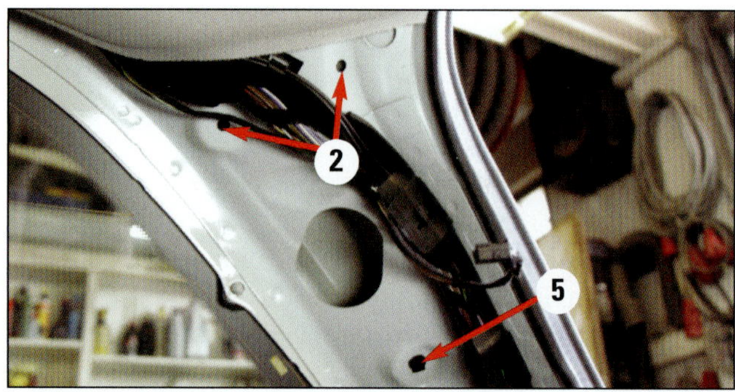

2 Befestigungslöcher, 5 Haltelasche.

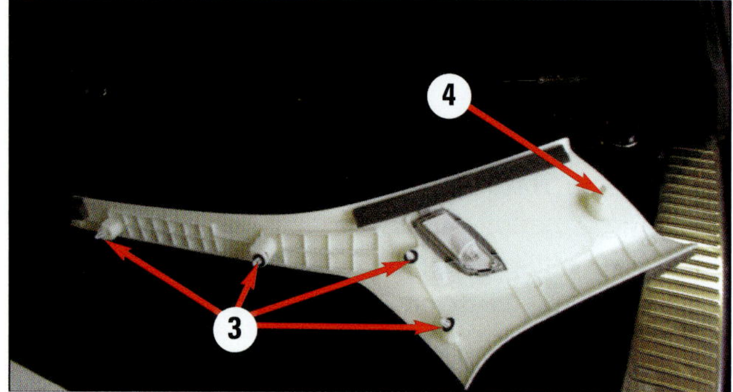

Demontierte D-Säulenverkleidung: 3 Befestigungsclips, 4 Haltelasche.

Heckklappenverkleidungen

Heckklappenverkleidung oben

- Schalten Sie die Zündung aus.
- Demontieren Sie mit einem kleinen Schraubendreher die Griffleisten (siehe Bildausschnitt).
- Lösen Sie die Befestigungsschrauben unter den Griffleisten.
- Lösen Sie mit einem Montagekeil vorsichtig die Verkleidung (1).
- Lösen Sie die Steckverbindungen (5) und (6).

Der Einbau erfolgt sinngemäß in umgekehrter Reihenfolge. Bevor Sie die Verkleidung wieder montieren, sollten Sie die Beleuchtung sowie den Schalter auf Funktion überprüfen.

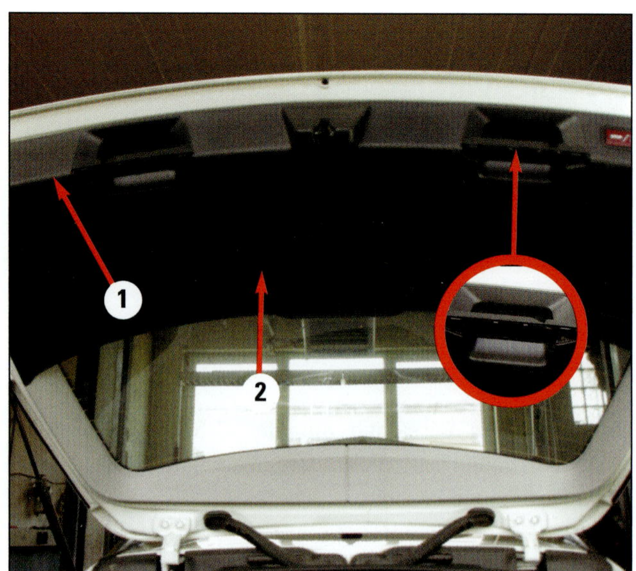

Heckklappenverkleidung: 1 Verkleidung oben, 2 Verkleidung unten.

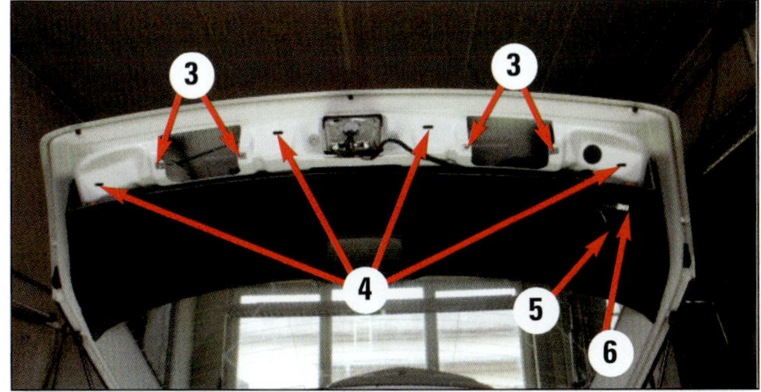

Demontierte Verkleidung oben: 3 Befestigungsgewinde der Griffe, 4 Befestigungslaschen der Clips, 5 Steckverbindung der Beleuchtung, 6 Steckverbindung der elektronischen Heckklappe.

Heckklappenverkleidung unten

- Schalten Sie die Zündung aus.
- Demontieren Sie die Heckklappenverkleidung oben.
- Lösen Sie mit einem Montagekeil vorsichtig die Verkleidung (2).

Der Einbau erfolgt sinngemäß in umgekehrter Reihenfolge. Bevor Sie die Verkleidung wieder montieren, sollten Sie die Beleuchtung sowie den Schalter auf Funktion überprüfen.

Scheibenrahmen-Demontage

- Schalten Sie die Zündung aus.
- Demontieren Sie die Heckklappenverkleidung oben.
- Lösen Sie mit einem Montagekeil vorsichtig die Verkleidung (8).

Der Einbau erfolgt sinngemäß in umgekehrter Reihenfolge. Bevor Sie die Verkleidung wieder montieren, sollten Sie die Beleuchtung sowie den Schalter auf Funktion prüfen.

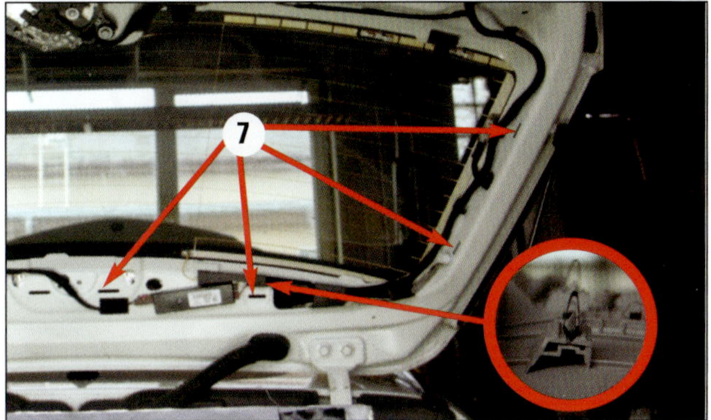

Demontage des Scheibenrahmens: (7) Befestigungslöcher der Clips.

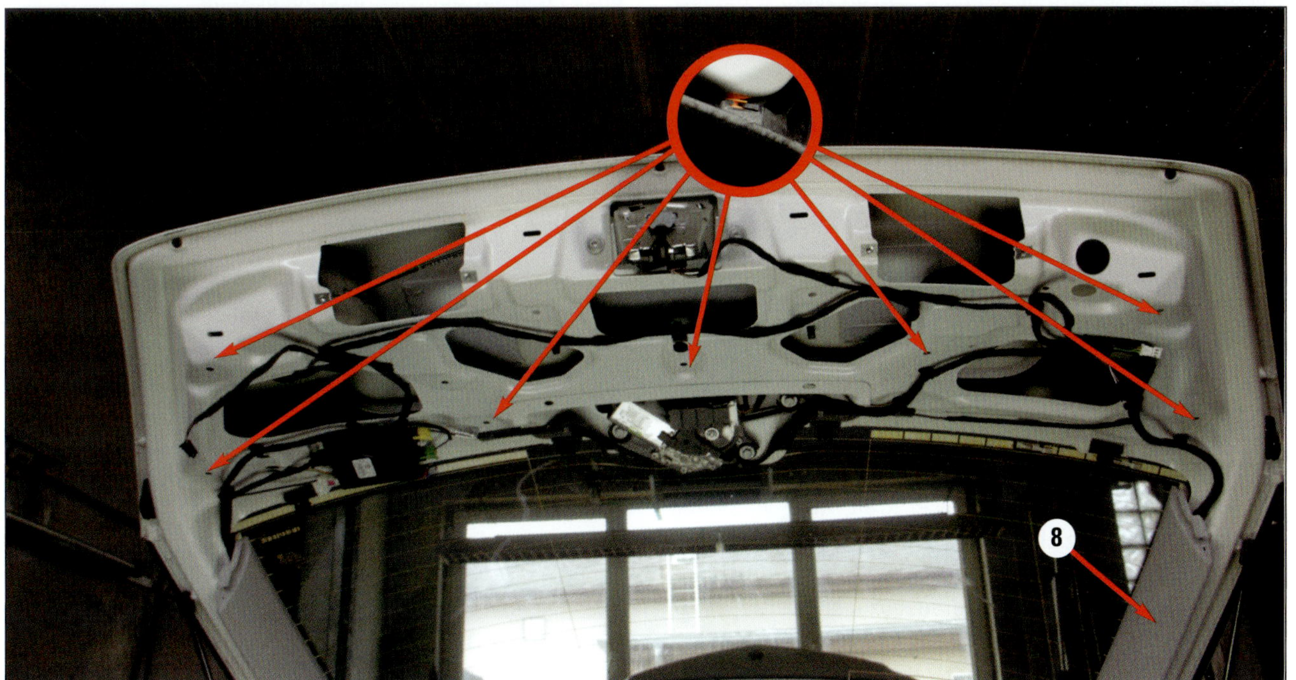

Scheibenrahmen (8).

Kofferraumverkleidungen

Schlossträgerabdeckung

- Kofferraumboden (1) demontieren.
- Verzurrösen (2) demontieren.
- Die Abdeckung vorsichtig mit einem Montagekeil an den dargestellten Clips (4) lösen.
- Nun kann die Verkleidung abgehoben werden.

Der Einbau erfolgt in umgekehrter Reihenfolge.

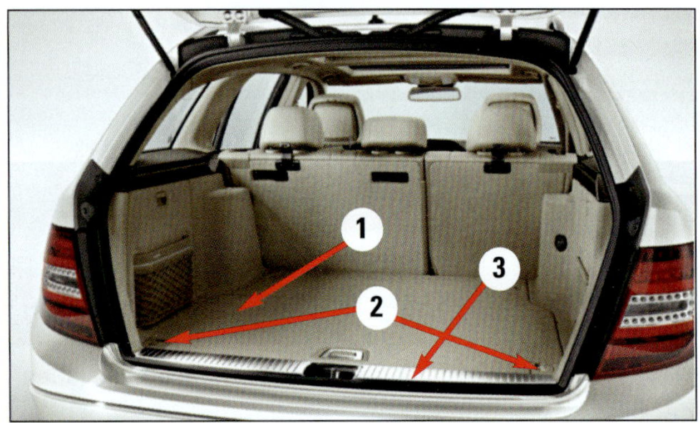

Kofferraum: 1 Kofferraumboden, 2 Verzurrösen, 3 Schlossträger.

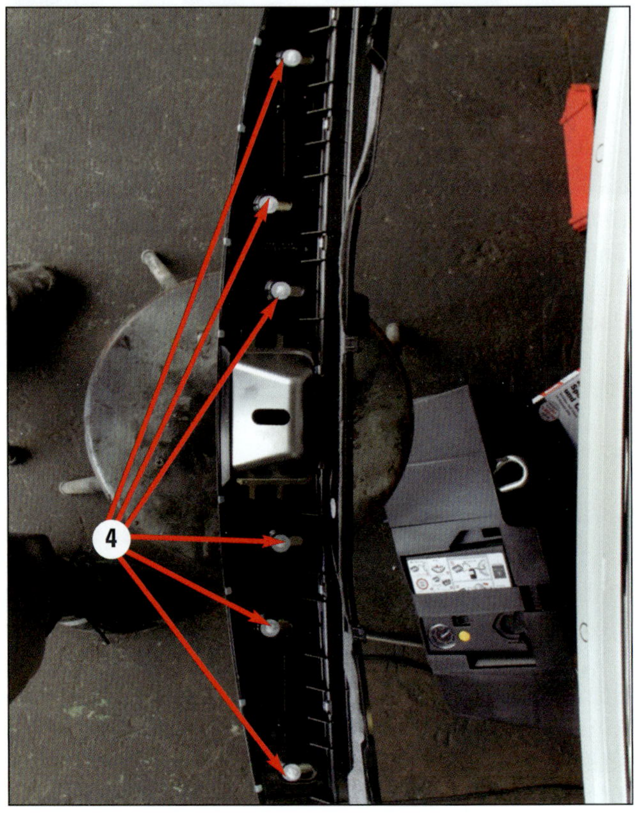

Clips (4) in der Schlossträgerabdeckung.

Haltegriffe und Sonnenblenden

Haltegriff

Der Aus- und Einbau ist für die rechte Fahrzeugseite beschrieben. Der Aus- und Einbau für die linke Seite erfolgt sinngemäß.

- Den Haltegriff nach unten klappen.
- Mit einem kleinen Schraubendreher jeweils die zwei Abdeckkappen (1) mit sehr viel Kraft, aber vorsichtig nach unten rausziehen.
- Nachdem der Spreizniet herausgezogen wurde, müssen Sie mit einem kleinen Schraubendreher die Rastnasen in die Mitte des Schafts drücken.
- Nun können Sie den Haltegriff abnehmen.

Der Einbau erfolgt in umgekehrter Reihenfolge.

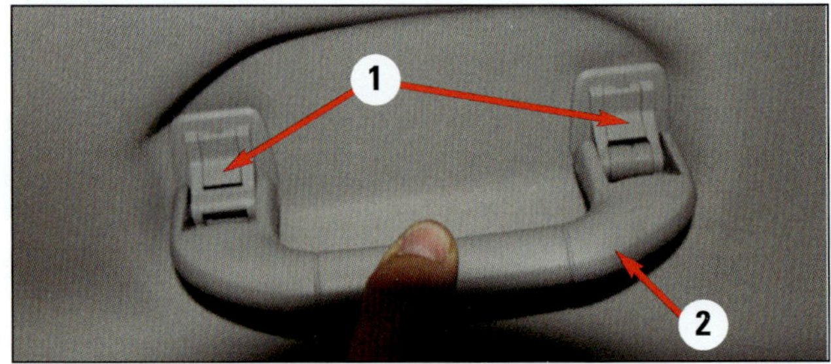

Haltegriff im Dachbereich: 1 Abdeckkappe mit Spreizniet, 2 Haltegriff.

Sonnenblende

Der Aus- und Einbau ist für die rechte Fahrzeugseite beschrieben. Der Aus- und Einbau für die linke Seite erfolgt sinngemäß.

- Zuerst die Zündung ausschalten.
- Die Sonnenblende aus dem Aufnahmelager aushaken.
- Soweit vorhanden, die Abdeckkappe (1) heraushebeln.
- Nachdem der Spreizniet herausgezogen wurde, müssen Sie mit einem kleinen Schraubendreher die Rastnasen in die Mitte des Schafts drücken.
- Die Steckverbindung trennen.

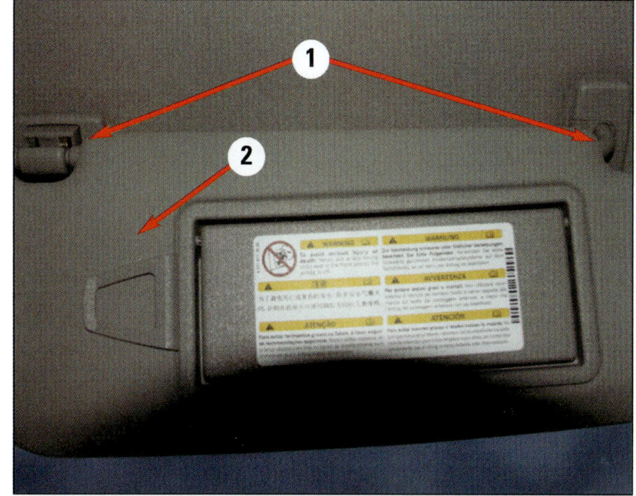

1 Schraube, 2 Sonnenblende.

Innenbeleuchtung aus- und einbauen

Wenn Sie eine der Lampen an der vorderen Dachkonsole wechseln wollen, brauchen Sie nur die Streuscheibe vorsichtig abzuhebeln.

1 Schraube, 2 Sonnenblende.

Ausbau Streuscheibe Lampe in der Dachkonsole vorne

- Ziehen Sie die klare Kunststoffverkleidung gleichmäßig nach unten und nehmen Sie diese ab.
- Trennen Sie, soweit verbaut, die Kabelverbindung zum Mikrofon der Freisprechanlage.
- Drücken Sie die Lampe leicht nach innen und drehen Sie sie ein wenig. Nun können Sie die Lampe herausnehmen.
- Achten Sie beim Wiedereinbau der neuen Lampe auf festen Sitz und biegen Sie ggf. die Kontaktklammern ein wenig nach.

Die Montage erfolgt sinngemäß in umgekehrter Reihenfolge. Zum Einbau clipsen Sie die Streuscheibe wieder ein. Achten Sie darauf, dass Sie alle abgezogenen Kabel wieder aufstecken und prüfen Sie zum Abschluss die Funktion.

Ausbau Blende Innenraumbeleuchtung

- Die Blende der hinteren Innenraumbeleuchtung ist ebenfalls nur in den Dachhimmel eingeclipst und daher ebenso mühelos herauszubekommen. Setzen Sie zum Entfernen zunächst an einer, dann an der anderen Seite an und ziehen Sie die Lampe heraus.
- Drücken Sie die Lampe leicht nach innen und drehen Sie sie ein wenig. Nun können Sie die Lampe herausnehmen.
- Achten Sie beim Wiedereinbau der neuen Lampe auf festen Sitz und biegen Sie ggf. die Kontaktklammern ein wenig nach.

Die Montage erfolgt sinngemäß in umgekehrter Reihenfolge. Zum Einbau clipsen Sie die Lampe wieder ein. Prüfen Sie zum Abschluss die Funktion.

Türwarnleuchte aus- und einbauen

Der Aus- und Einbau erfolgt bei allen Türwarnleuchten in gleicher Weise. Fassen Sie mit einem Schlitzschraubendreher hinter das Streuglas und hebeln Sie die Leuchte vorsichtig heraus. Ziehen Sie die Steckverbindung ab, bevor Sie die Birne aus der Lampe entnehmen. Achten Sie darauf, dass das Streuglas wieder einrastet.

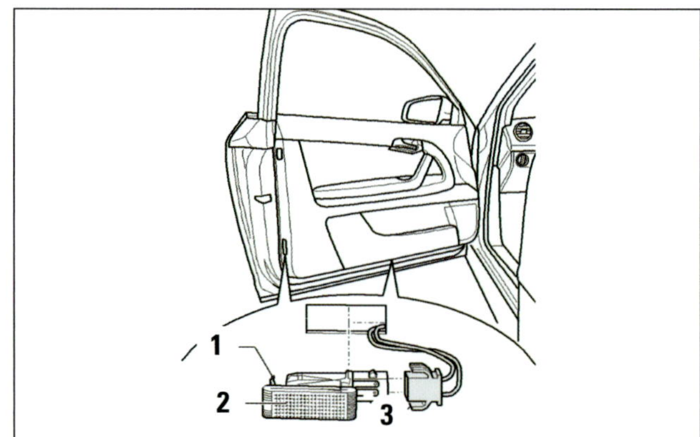

Türleuchte ausgebaut: Aus- und Einbau gehen schnell von der Hand. Ohne Gewalt und mit Gefühl arbeiten! Eine abgebrochene Rastnase (1) ist recht ärgerlich. 2 Lampe, 3 Stecker.

Tausch der Schlüsselbatterie

Es können gelegentlich unterschiedliche Typen von Schlüsseln auftauchen. Dieser Schlüssel beinhaltet nur eine Batterie.

- Entfernen Sie Ihren Schlüssel vom Schlüsselbund.
- Ziehen Sie den Ersatz- bzw. Zusatzschlüssel heraus.
- Dieser wird wie in Bild 2 dargestellt eingesteckt.
- Im nächsten Schritt müssen Sie vorsichtig hebeln. Bitte vorsichtig hebeln, da sonst auch das Innenleben beschädigt werden kann.
- Danach kann der Deckel an der dickeren Seite abgenommen werden.
- Die Batterie an der nun freiliegenden Stelle vorsichtig heraushebeln. Batterietyp: CR2025 3 Volt.

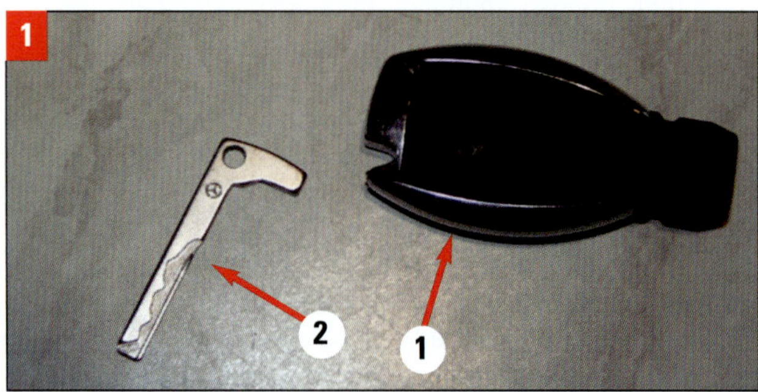

1 Funkschlüssel, 2 Ersatzschlüssel

Der Einbau erfolgt sinngemäß in umgekehrter Reihenfolge. Vorsicht: Der Tausch der Batterie sollte nicht allzu lange dauern, da sonst die Codierung bzw. Initialisierung verloren gehen kann.

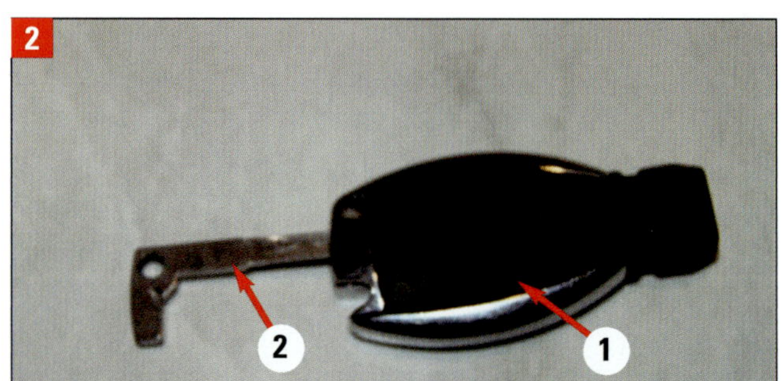

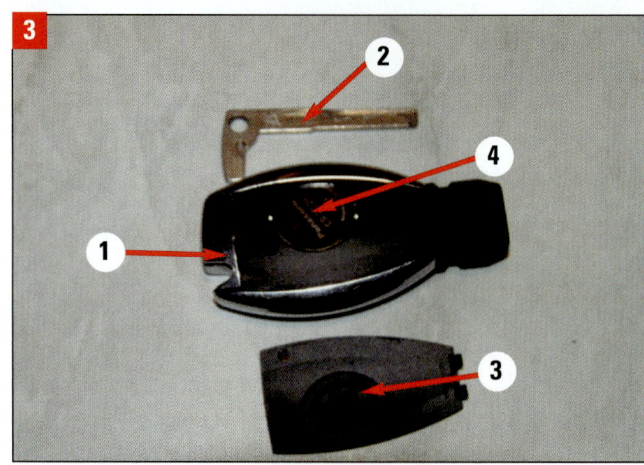

Schlüsselbatterie tauschen: 1 Schlüssel, 2 Ersatzschlüssel, 3 Schlüsseldeckel, 4 Batterie CR2025 3V.

Fensterheber und Scheiben

Scheibe vorne

Der Aus- und Einbau ist für die rechte Fahrzeugseite beschrieben.

- Bauen Sie die entsprechende Türverkleidung vorne aus.
- Hebeln Sie die Abdeckkappe und die Abdeckung in der Tür heraus.
- Senken Sie die Türscheibe (1) ab, bis die Klemmschrauben der Türscheibe durch die Montageöffnung in der Tür zugänglich sind.
- Lösen Sie die Schrauben der Klemmbacken (nicht abschrauben) und drücken Sie die Klemmbacken etwas auseinander.
- Fahren Sie nun den Fensterheber weiter nach unten.
- Heben Sie die Fensterscheibe hinten an, kippen sie nach vorne aus den Führungsschienen und nehmen sie nach oben heraus.

Der Einbau erfolgt in umgekehrter Reihenfolge.

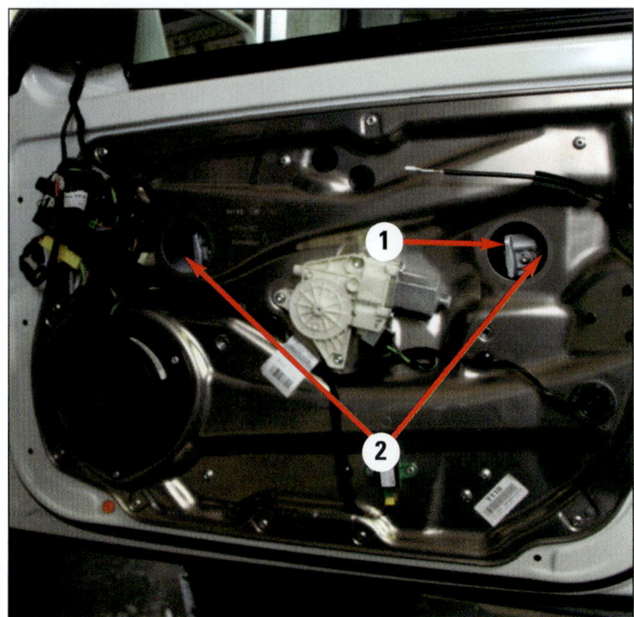

Fensterheber in der Bauteilübersicht: 1 Fensterhaltelaschen, 2 Montageöffnung.

Fensterhebermotor vorne

- Bauen Sie die Verkleidung der Tür vorne aus.
- Setzen Sie die Türscheibe mit Klebeband fest, damit sie nicht herunterrutscht.
- Trennen Sie die Steckverbindung (3) zum Motor.
- Drehen Sie die 3 Schrauben (2) heraus und nehmen Sie den Fensterhebermotor (1) ab.

Der Einbau erfolgt in umgekehrter Reihenfolge. Bei einem neuen Fensterhebermotor (Türsteuergerät) müssen Zusatzfunktionen und die Überschusskraftbegrenzung neu codiert werden!

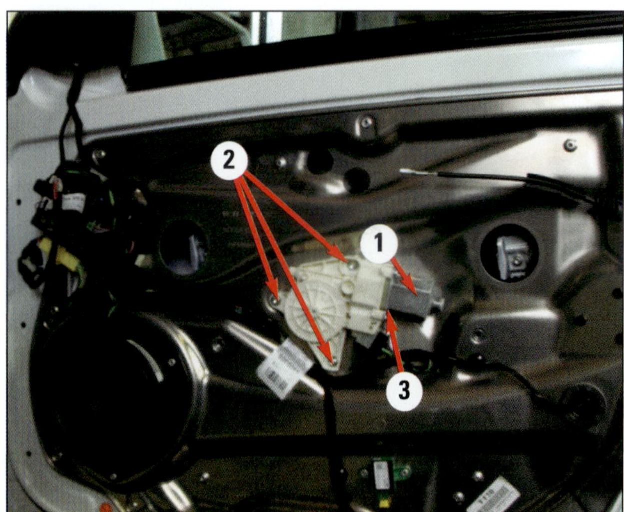

Fensterhebermotor: 1 Motor, 2 Schraube, 3 Steckverbindung.

Scheibe hinten

- Bauen Sie die Türverkleidung hinten aus.
- Hebeln Sie die Abdeckungen heraus.
- Senken Sie die Türscheibe so weit ab, bis die Schrauben im Ausschnitt des Fensterhebers zugänglich sind.
- Schrauben lösen (nicht abschrauben) und die Klemmbacken (3) auseinanderdrücken.

- Türscheibe schräg nach oben zur Fahrzeugaußenseite aus dem Fensterschacht herausziehen.

Der Einbau erfolgt in umgekehrter Reihenfolge.

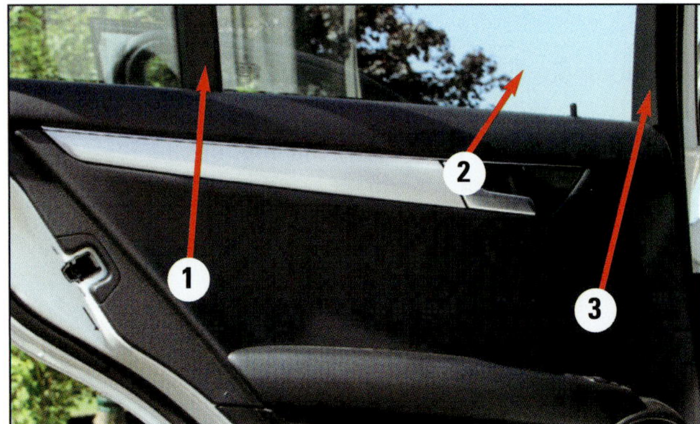

Scheibe hinten: 1 Fensterführung, 2 Scheibe, 3 Fensterführung.

Fensterhebermotor hinten

- Bauen Sie die Verkleidung der Tür aus.
- Setzen Sie die Türscheibe mit Klebeband fest, damit sie nicht herunterrutscht.
- Trennen Sie die Steckverbindung (3) zum Motor.
- Drehen Sie die 3 Schrauben heraus und nehmen Sie den Fensterhebermotor ab.

Der Einbau erfolgt sinngemäß in umgekehrter Reihenfolge. Bei einem neuen Fensterhebermotor (Türsteuergerät) müssen Zusatzfunktionen und die Überschusskraftbegrenzung neu codiert werden!

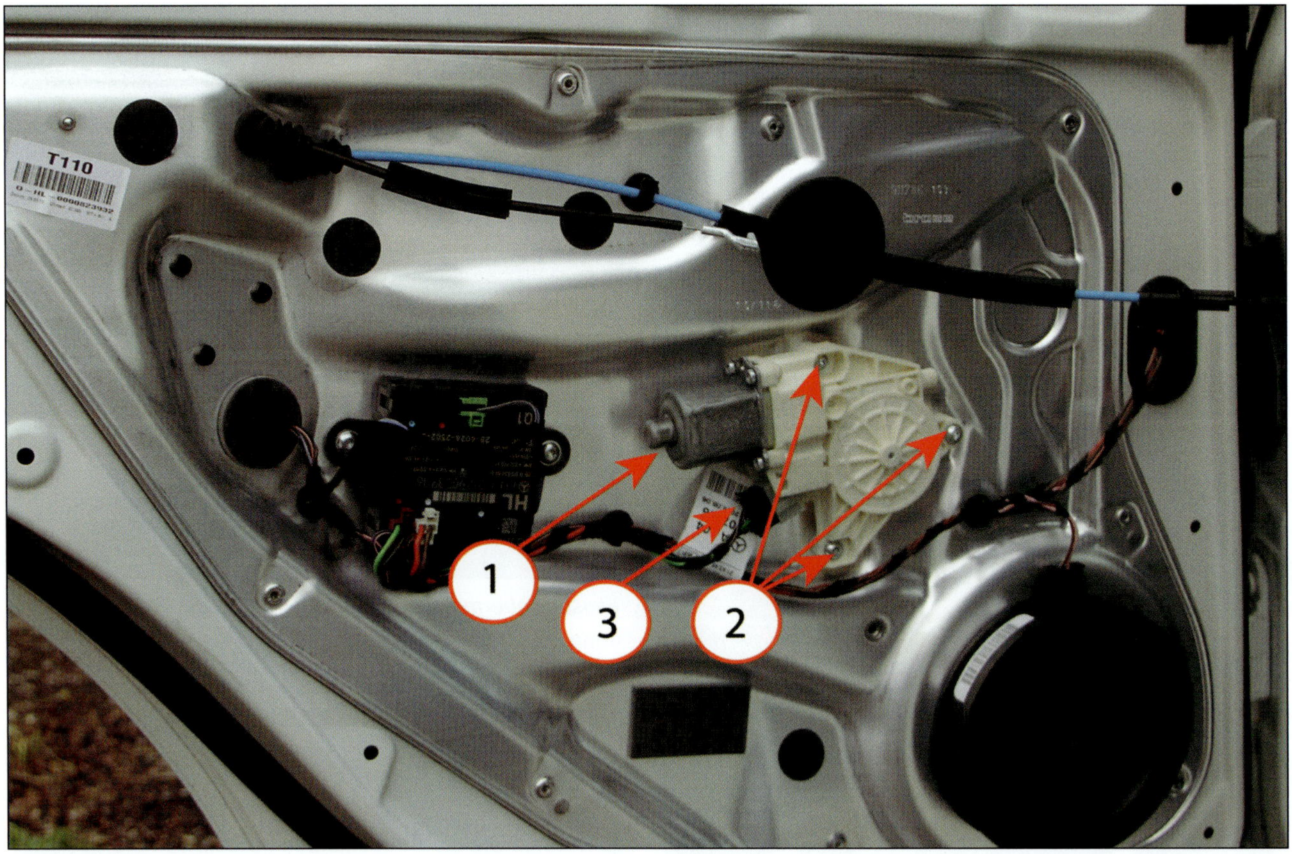

Fensterhebermotor: 1 Motor, 2 Schraube, 3 Steckverbindung.

Zentralverriegelung

	Störung	Was kann das sein?	Was muss ich tun?
A	**Verriegelung funktioniert nicht**	**1** Sicherung durchgebrannt	Erneuern
		2 Servomotor oder Schlossschalter der Fahrer- oder Beifahrertür defekt	Funktion überprüfen, ggf. auswechseln
		3 Verkabelung unterbrochen	Überprüfen, ggf. erneuern lassen
		4 Can-Busfehler	Fehlerspeicher abfragen (lassen)
B	**Schlösser werden entriegelt, aber nicht verriegelt**	**1** Mehrfachstecker an Motor und Türkasten locker oder oxidiert	Auf festen Sitz kontrollieren, ggf. reinigen
		2 Schalter in Servomotor defekt	Durchgangsprüfung an den entsprechenden Motorklemmen durchführen
		3 Can-Busfehler	Fehlerspeicher abfragen (lassen)
C	**Schlösser werden verriegelt, aber nicht entriegelt**	**1** Mehrfachstecker an Motor und Türkasten locker oder oxidiert	Festen Sitz kontrollieren, ggf. reinigen
		2 Schalter in Servomotor defekt klemmen durchführen	Durchgangsprüfung an den entsprechenden Motor-
		3 Can-Busfehler	Fehlerspeicher abfragen (lassen)
D	**Eines der Schlösser funktioniert nicht**	**1** Schalter in Servomotor defekt	Durchgangsprüfung durchführen
		2 Kabel- bzw. Steckerverbindung am Servomotor oder Türkasten defekt	Überprüfen, ggf. instand setzen
		3 Mechanische Übertragungsteile klemmen	Teile auf Funktion überprüfen und festen Sitz kontrollieren. Ggf. Teile etwas fetten, verschlissene Teile auswechseln

STÖRUNGSBEISTAND

Elektrische Fensterheber

	Störung	Was kann das sein?	Was muss ich tun?
A	**Fensterscheibe wird nur in eine Richtung verstellt**	**1** Schalter defekt	Schalter auswechseln
B	**Fensterscheibe wird in keine Richtung verstellt**	**1** Fensterscheibe schwergängig, Sicherung wegen Überlastung des Motors durchgebrannt	Fensterscheibe in den Führungen gängig machen, Sicherung erneuern
		2 Fensterheber wird nicht angesteuert	Fehlerspeicher abfragen (lassen) Fensterhebermotor prüfen
C	**Fensterscheibe wird im ganzen Verstellbereich zu langsam verstellt**	**1** Fensterscheibe in den Führungen verklemmt	Spiel der Scheiben prüfen, ggf. korrigieren
		2 Kabelverbindungen defekt oder oxidiert	Überprüfen, reinigen ggf. auswechseln
		3 Schalter defekt oder oxidiert	Überprüfen, ggf. auswechseln
D	**Fensterscheibe wird an der oberen Grenze des Verstellbereichs zu langsam verstellt**	**1** Fensterscheibe in den Führungen verklemmt, Aufnahmen gebrochen	Reparatursatz Fensterheber verbauen

Media und Kommunikation

Mobile oder fest eingebaute Navigationsgeräte, CD- und DVD-Spieler, MP3-Player, Online-Nutzung und Mobiltelefone bieten auch an Bord von Kraftfahrzeugen alle Möglichkeiten moderner Kommunikation. Zu einigen Arbeiten daran und zur Funktion möchten wir ein paar Tipps geben.

Radio/Navigation mit mehreren Möglichkeiten

Mercedes bietet mit der C-Klasse W204 ein einheitliches Radio an, jedoch kann man dies optional ausbauen. Natürlich gibt es noch weitere Ausstattungsmerkmale wie das DAB (Digitales Radio). Hierzu wird eine zusätzliche Antenne eingebaut, welche die digitale Übertragungstechnik ermöglicht. Dadurch werden eine bessere Sound-Qualität sowie eine deutlich größere Programm-Auswahl bereitgestellt.
Das Komfort-Telefon hat seinen Platz in der Mittelkonsole, auch dieses muss optional bestellt werden. Was nicht vergessen werden sollte: Nicht jedes Handy ist dafür geeignet. So muss für jedes Handy eine Ladeschale bestellt werden, damit es in die Aufnahme passt.

Handy Ladevorrichtung in der Mittelarmlehne.

Das Media Interface finden Sie direkt an der Stelle der Handy-Ladevorrichtung, auch dieses muss optional bestellt werden. Die Steuerung des USB-Stick oder des iPods wird direkt über die Bedien- und Anzeigevorrichtung gesteuert. Hierzu wird allerdings das Command-Online-System benötigt.
Zusätzlich kann ein Surround-Soundsystem von Harman Kardon bestellt werden, dieses hat ca. 450 Watt und wird in Dolby Digital 5.1 ausgegeben. Hierzu werden zwölf Lautsprecher in der C-Klasse verteilt. Durch diese Verteilung erhalten Sie einen optimalen Klang. Als weiteres Feature wird die Lautstärke automatisch der gefahrenen Geschwindigkeit angepasst. Um einen 5.1 Dolby-Digitalklang zu bekommen, wird allerdings das Command-Online-System benötigt.
Das Multimediasystem Command Online vereint alle Audio-, Telefon- und Navigationsfunktionen, die Sie in Ihrer Mercedes C-Klasse besitzen. Das System beinhaltet bei der Bestellung außerdem den Geschwindigkeitslimit-Assistenten. Der Geschwindigkeitslimit-Assistent erkennt mit einer integrierten Kamera ausgeschilderte Tempolimits, diese werden dann im zentralen Display angezeigt. Zugleich werden die erkannten Tempolimits mit dem Navigationssystem abgeglichen und das Navigationssystem warnt den Fahrer akustisch. Um eine Internetverbindung über die C-Klasse aufzubauen, wird ein Mobiltelefon mit Bluetooth-Schnittstelle benötigt.

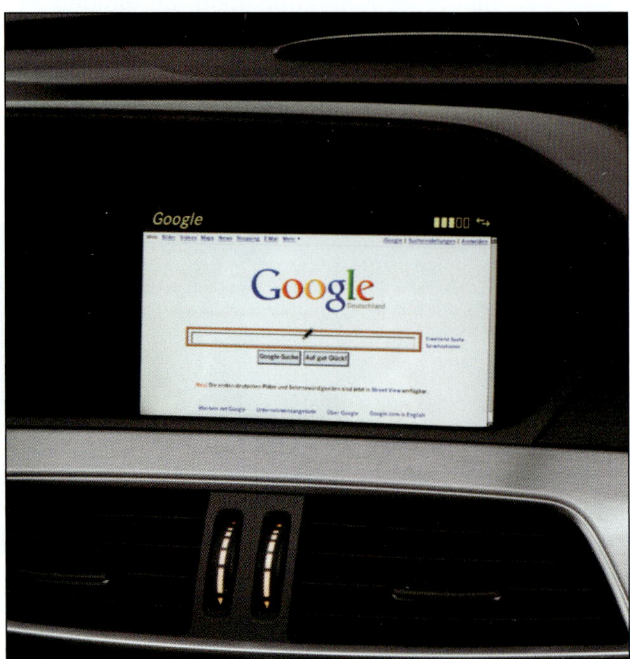

Der Internet Browser im Fontdisplay.

Verbaut werden in diesem Multimedia Command-Online-System folgende Features:

- 80 Gigabyte-Festplatte
- Integrierte 12er-Tastatur an der Head-Unit
- TFT Farbdisplay, 17,8 Zentimeter Bilddiagonale
- USB-Anschluss in der Mittelarmlehne.
- Doppeltuner mit Verkehrsrundfunk-Encoder, automatische Staubenachrichtigung
- Sprachbediensystem Linguatronic
- CD/DVD-Laufwerk
- 6fach-DVD-Wechsler wird optional für dieses System angeboten.
- 3 Jahre kostenfreie Navigations-Updates
- Internetbrowser zum freien Browsen (im Stand) und zur Darstellung der Mercedes-Benz-Apps auch während der Fahrt (Wetter, Sonderziel-Suche)
- Mercedes-Benz Notruf-System (automatisch oder manuell)

Becker Navigationssystem

Als weiteren Zusatz bietet Mercedes für Audio 20 CD Radio das Navigationssystem von Becker an. Dieses System nennt sich »Becker Map Pilot«, es wird als Steuergerät im Handschuhfach angebracht und kann jederzeit durch den Fahrer entfernt werden (Zündung aus). Es ist eine günstige Variante zu dem teuren System, außerdem kann es in verschiedenen Fahrzeugen eingesetzt werden, welche die Vorbereitung für das Becker Map Pilot haben. So können Kosten für teure Navigationssysteme und Updates eingespart werden.

Elektronische Diebstahlsicherung

Wird nach Arbeiten am Radiosystem bei vorher abgeklemmter Batterie diese wieder angeklemmt, müssen Radio, Uhr, Komfortelektrik usw. entsprechend Reparaturleitfaden oder Bedienungsanleitung geprüft werden. Bei auftretenden Fehlern, die oft auf Fehlbedienung zurückgeführt werden können, müssen Funktion und Bedienung des Radiogerätes genau bekannt sein. Alle Radio- und Radio-Navigationssysteme der C-Klasse sind mit einer elektronischen Komfort-Diebstahlsicherung ausgestattet, die in Verbindung mit dem Schalttafeleinsatz wirksam ist. Nach dem Abklemmen der Versorgungsspannung des Radios ist dieses beim Wiederanschluss an die Versorgungsspannung ohne erneute Eingabe des Diebstahlcodes betriebsbereit. Voraussetzung ist, dass die Erstaktivierung der elektronischen Diebstahlsicherung erfolgt ist und dass das Radio im gleichen Fahrzeug wieder angeschlossen wird. Die Wiederinbetriebnahme eines gesperrten Radio-Navigationssystems ist nur durch die Eingabe der richtigen Code-Nummer für die elektronische Diebstahlsicherung möglich. Die Ermittlung des Diebstahlcodes erfolgt über das Diagnose- und Informationssystem. Radiokarte und Aufkleber auf dem Radiogerät sind entfallen. Das Diagnosesystem muss »online« verbunden sein (Netzwerk-Anschluss). Der Anwender muss über eine gültige Berechtigung zur Abfrage von Radiocodes verfügen.

Funksicherheit beachten

Funkfernbedienungen (Garagentoröffner) und schnurlose Tastatur oder PC-Maus dürfen im Fahrzeug nur betrieben werden, wenn die Sendeleistung maximal 100 mW beträgt (Herstellerangaben!). Telefon- und Funkanlagen müssen korrekt eingebaut sein und mit Außenantenne betrieben werden.

Durch Mobiltelefone und Funkgeräte ohne oder mit falsch installierter Außenantenne können im Fahrzeuginnern überhöhte elektromagnetische Felder auftreten, sodass gesundheitliche Beeinträchtigungen sowie Funktionsstörungen an der Fahrzeugelektronik nicht ausgeschlossen sind. Nur bei korrektem Einbau werden Sicherheitssysteme wie ABS oder Airbag nicht gefährdet.

Das Becker Navigationssystem im Fontdisplay.

DAB-Steuergerät und Multifunktionslenkrad

Das DAB (Digitales Radio) dient dem Empfang digitaler Übertragungstechnik. Das bedeutet: Hier kann eine gute Sound-Qualität herausgeholt werden. Des Weiteren bietet es eine größere Programm-Auswahl.

Ausbau Multimedia-Steuergerät:

- Zündung und alle elektrischen Verbraucher ausschalten und den Zündschlüssel abziehen.
- Kofferraumdeckel öffnen, Kofferraumbodenverkleidung demontieren.
- Befestigungsösen demontieren und die Geräuschdämmung nach oben klappen. Darunter finden Sie das N87/3.
- Beim Tausch sollten unbedingt vor dem Ausbau die notwendigen Daten ausgelesen und gespeichert werden. Beim Neuteile-Einbau können diese so 1:1 kopiert werden.

Der Einbau des Multimedia-Steuergeräts erfolgt in umgekehrter Reihenfolge.

Ausbau Lenkradtasten:

- Das Multifunktionslenkrad ermöglicht die Bedienung von Funktionen des Kommunikationssystems vom Lenkrad aus. Es umfasst die Bedienungseinheit mit zwei Tastenblöcken und ein Steuergerät. Beide Tastenblöcke (in den Speichen links und rechts) werden gleich ausgebaut.
  Bevor sie demontiert werden können, muss allerdings die Airbageinheit ausgebaut werden. Das ist Sache der Fachwerkstatt.
- Nach Ausbau der Airbageinheit (1) werden an den Innenseiten der Tastenblöcke die Steckverbindung und die Befestigungsschraube zugänglich. Steckverbindung trennen, Schraube herausdrehen, Tastenblock entnehmen.

Der Einbau erfolgt sinngemäß in umgekehrter Reihenfolge.

Die Airbageinheit (1)

Radio aus- und einbauen

- Das Einlagefach am Display ist eingeklebt und wird beim Ausbau beschädigt. Muss jedoch für dieses Vorhaben entfernt werden.
- Demontieren Sie die Zierleiste inklusive Luftdüsen. Dazu wird ein Ausziehhaken (140589023300) von Mercedes benötigt. Dieser wird zum Herausziehen der Luftdüsen benötigt.
- Luftdüsen-Bowdenzug demontieren.
- Elektrische Steckverbindungen trennen.
- Luftdüse demontieren.
- Blende am Radio mit einem Montagekeil lösen.
- Schrauben am Radio entfernen.
- Radio mit Bedienteil herausziehen.
- Auf der Rückseite alle Steckverbindungen sowie Lichtwellenleiter demontieren.
- Achten Sie auf die Einbauweise der Kabel und Stecker.

Der Einbau erfolgt in umgekehrter Reihenfolge. Achten Sie darauf, dass die Lichtwellenleiter nicht geknikkt werden; diese können durch unsachgemäßen Umgang Schaden nehmen.

Radio-Ausbau: 1 Display, 2 Luftdüsen mit Zierleiste, 3 Radio, 4 Klimaanlagen-Bedienteil.

Elektrik

Ein Auto braucht im Wesentlichen zunächst drei Dinge um zu fahren: Kraftstoff, Luft und Zündung. Alle diese Dinge werden durch elektrische/elektronische Bauteile gesteuert, geregelt und durch Elektronik beeinflusst.

Während der Kraftstoff als ausgesprochen wertvoll gilt, wird die Stromversorgung sträflich vernachlässigt. Früher oder später rächt sich das: Mysteriöse Fehlfunktionen oder sogar der Totalausfall des Bordnetzes sind die Folge.

Na klar...früher war alles einfacher, denkt man. Stimmt aber nicht. Es ist irgendwie immer noch neu und so manchem auch noch fremd, das Datenbussystem im Auto ist aber in der Realität deutlich leichter zu prüfen. »Früher...!!!«, ruft mir der Altgeselle zu »...ham wa alles noch mit der Prüflampe..!«. Das Argument, dass man manchmal das halbe Auto zerlegt und eigentlich nur ausprobiert hat, lässt er kaum gelten. Die Prüflampe gehört nun endgültig, schön in Kupfer, Stahl und Hausmüll getrennt, auf den Recyclingweg. Und einfacher war es auch nicht. Die guten Mechaniker haben die meisten Standardschaltpläne im Kopf und müssen meist nur wegen der Kabelfarben oder dem Einbauort im Schaltplan schauen.
Und genau das ist jetzt zwar anders, aber nicht schwerer. Die OBD ermöglicht Messungen und Funktionsprüfungen an Bauteilen, ohne die entsprechenden Bauteile überhaupt zu Gesicht zu bekommen. Dazu aber etwas später.

Ein Auto braucht im Wesentlichen drei Dinge um zu fahren: Kraftstoff, Luft und Zündung.

Was ist eigentlich der Unterschied zwischen Elektrik und Elektronik?

Von der Elektrik spricht man bei Bauteilen die nach einem einfachen physikalischen Prinzip funktionieren. Kabel: »Stromleitung durch freie Elektronen«, Elektromotor: »Drehbewegung durch Einwirken elektrischer Feder auf Festmagneten«. Die Elektronik beschreibt alle Bauteile, die durch andere elektrische Bauteile oder Größen beeinflussen, steuern oder regeln können. Eine klare Grenze gibt es aber nicht. Betrachtet man beispielsweise die Lichtmaschine, würde man sie sicherlich jetzt der »Elektrik« zuordnen. Die Ladespannung wird aber »elektronisch« geregelt. Der Übergang zwischen diesen beiden Begriffen ist also eher fließend.

Vernetzung

Seit ungefähr1980 ist zur Datenübertragung im Fahrzeug der CAN-Daten-Bus Industriestandard. Über eine, zwei Leitungen oder sogar über Glasfaserkabel werden elektrische Signale mit einer Übertragungsrate von bis zu 500 kBit/s zwischen den einzelnen Steuergeräten ausgetauscht. Der Code enthält neben den Daten auch Informationen, für welches Steuergerät seine Daten relevant sind. Die Dateninformationen werden in einer bestimmten »Sprache« übermittelt. Schließlich müssen die Informationen auch hinsichtlich Dringlichkeit sortiert werden. Die Motortemperatur ändert sich beispielsweise deutlich langsamer als der zeitliche Abstand der Zündung oder die erforderliche Kraftstoffmenge. Neben dem ursprünglichen Netz sind mittlerweile mehrere Datennetze mit unterschiedlichen Geschwindigkeiten, Aufgaben und Ausführungen im Fahrzeug verbaut, die den möglichst reibungslosen Betrieb gewährleisten sollen.
Es gibt eigentlich zwei Argumente für die Datenbusvernetzung. Zum einen die Sparsamkeit und zum anderen die Flexibilität des Systems.
Die Anbindung an ein Datennetz ermöglicht es tatsächlich, etliche Meter Kabel an einem Fahrzeug einzusparen. Eigentlich reicht es aus, ein Steuergerät in der Tür mit einem Plus- und einem Minuskabel zu versehen und zwei weitere Kabel zur Buskommunikation zu verwenden. Betrachten wir uns zur Verdeutlichung einen solchen Datenfluss:
Peter fährt mit seiner C-Klasse durch eine fremde Stadt und möchte sich bei einem Passanten nach dem Weg erkundigen. Um ihn besser ansprechen zu können, betätigt er den elektrischen Fensterheber für die Beifahrerfensterscheibe.

- Der Taster stellt den Fahrerwunsch »Beifahrerscheibe öffnen« dar (das ist die Eingabe).
- Das Türsteuergerät erfasst den Fahrerwunsch und leitet ihn als Datensatz in das Datenbussystem ein. Anhand des »Statusfeldes« erkennen die angeschlossenen Steuergeräte, inwieweit diese Nachricht für sie relevant ist. Interessant ist sie zuerst einmal für das Türsteuergerät auf der Beifahrerseite (diese Umsetzung nennt man Verarbeitung).
- Der Befehl wird im Türsteuergerät rechts wieder aufgeschlüsselt und der Elektromotor in der richtigen Drehrichtung angesteuert (das ist die Ausgabe). Dieser Ablauf findet in Bruchteilen von Sekunden statt. Peter bemerkt die Datenübertragung nicht. Das Fenster aber ist auf.

Eingabe – Verarbeitung – Ausgabe

Das so genannte EVA-Prinzip beschreibt den Arbeitsvorgang in einer Steuerung. Eingabe ist der Ablaufauslöser. Hier wird der Startschuss für eine bestimmte Aktion gegeben. Die Verarbeitung löst die erforderlichen Vorgänge aus, die für die Umsetzung des Befehls erforderlich sind.

Über dieselben Leitungen können auch die Zentralverriegelung oder auch der elektrische Spiegel angesteuert werden. Und das sogar scheinbar gleichzeitig. Bedenkt man jetzt noch, dass für die Schaltereinheit vorne in physikalischer Verdrahtung bereits zehn einzelne Kabel erforderlich wären, das Umschaltrelais und den Scheibenhebermotor mal ganz ausgeklammert, ergibt sich sehr leicht erkennbar eine deutliche Einsparung an wertvollem Indianergold (Kupferdraht). Das ist nicht nur billiger, sondern gleichzeitig auch weniger störanfällig. Auch für Kabel an Knickstellen gilt: Was nicht da ist, kann nicht brechen. Passiert das dennoch einmal, würde die Fehlermeldung beim Kabelbruch dann »TÜRSTEUERGERÄT VORNE LINKS KEINE KOMMUNIKATION« lauten. Die Fehlersuche ist durch die geführte Fehlersuche mit dem Tester etwas leichter, als die für die alten Systeme. Weniger Kabel bedeutet auch weniger Chaos, braucht aber mehr fachliche Übersicht.

Eine Vielzahl von Informationen können von mehreren Geräten verwendet werden. Als Beispiel betrachten wir uns einmal das Geschwindigkeitssignal. Aufgenommen wird es vom ABS-System. Dieses System wertet das Signal auch aus und setzt diese Information in den Datenbus. Diese Information wird nun vom ABS-Steuergerät (Fahrhilfen und Bremshilfen), vom Motorsteuergerät (Geschwindigkeitsregelung), vom Tachometer (Anzeige), vom Radio (Lautstärke), vom Steuergerät der Lenkhilfe (Lenkkräfte, Korrekturen) und noch einigen anderen verwendet. Die Information stammt von Sensoren, die früher mal nur für das ABS-System gearbeitet haben. Heutzutage können dadurch in einem Fahrzeug eine Unmenge von Komponenten und Systemen unterschiedlichster Anwendungsgebiete miteinander arbeiten.

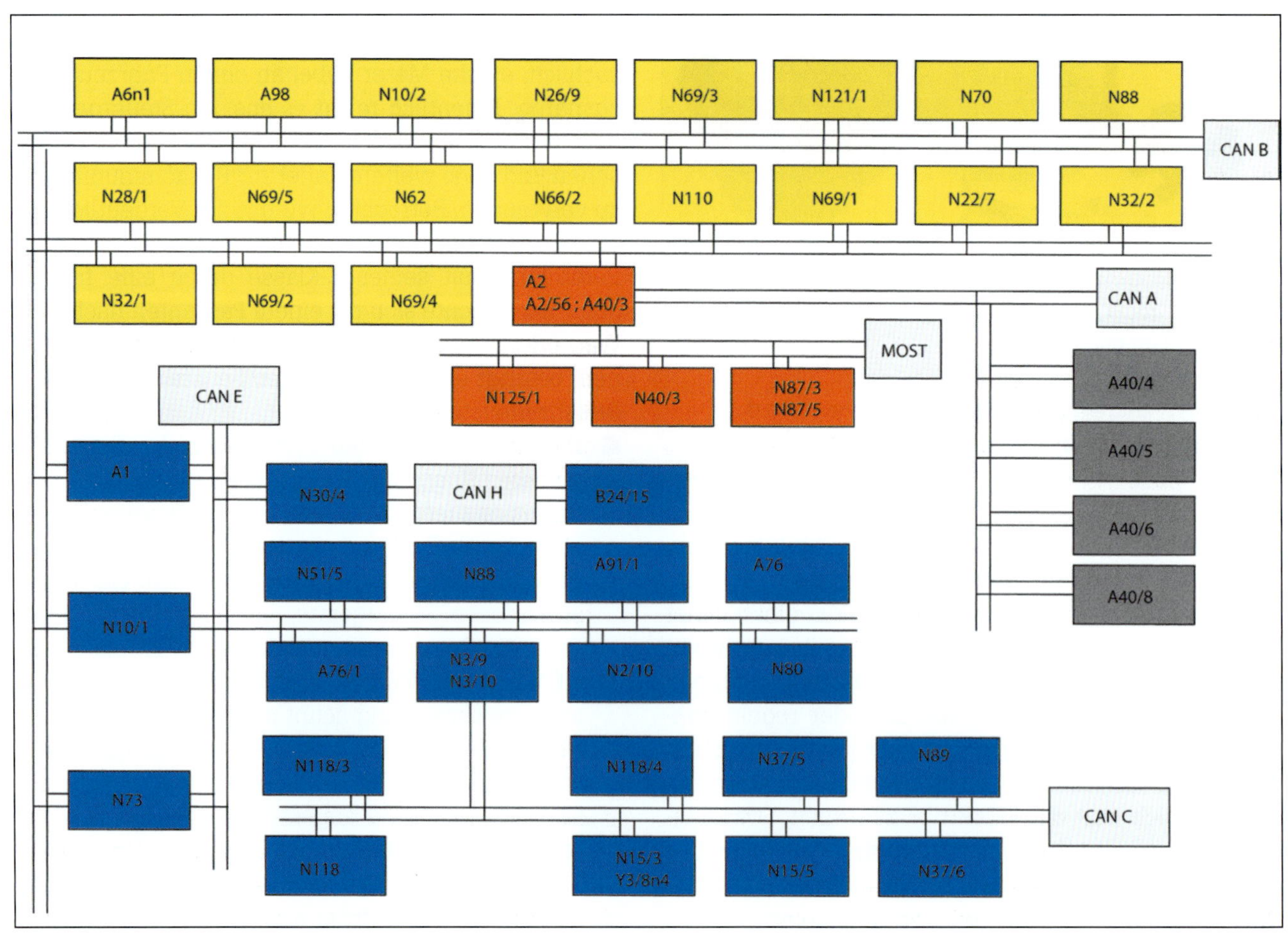

Fehlersuche und Diagnose

FSA von Bosch.

Bei einem Fehler in der Elektronik ist guter Rat teuer. Denn das Ermitteln der Fehlerquelle, die so genannte Diagnose, ist heutzutage ohne ein entsprechendes Diagnosetool, wie im Bild zu sehen, nicht möglich. Diagnosegeräte können dabei aber weitaus mehr, als nur den Fehlerspeicher auslesen. Das moderne Fahrzeugsystem verbindet gleich mehrere Funktionen miteinander. Eine geführte Fehlersuche erläutert dem Servicetechniker ein schrittweises Vorgehen zum Beheben des aufgetretenen Fehlers. Niemals sollte die erste Hilfe nach gut nachbarschaftlichem Rat erfolgen. Setzen Sie das Steuergerät beispielsweise durch mehrstündiges Abklemmen der Batterie zurück, wird zwar der Fehlerspeicher gelöscht aber neben dem Radiocode (der sich wieder eingeben lässt) gehen alle Feinabstimmungsdaten (so genannte Adaptionswerte), die das Steuergerät selbst ermittelt hat, verloren. Im schlimmsten Fall wird durch das mehrstündige Abklemmen auch die Software beschädigt und das Auto läuft nicht mehr. Mit etwas Glück kann der freundliche Mercedes-Partner diese wieder aufspielen. Gelingt das nicht, werden die Neuanschaffung eines Steuergerätes (könnten auch mehrere werden...) und die Anpassung an das System unumgänglich. Bei jeder Art von Messungen sollte immer ein Dauerladegerät angeschlossen werden, um die Bordnetzspannung aufrecht zu erhalten.

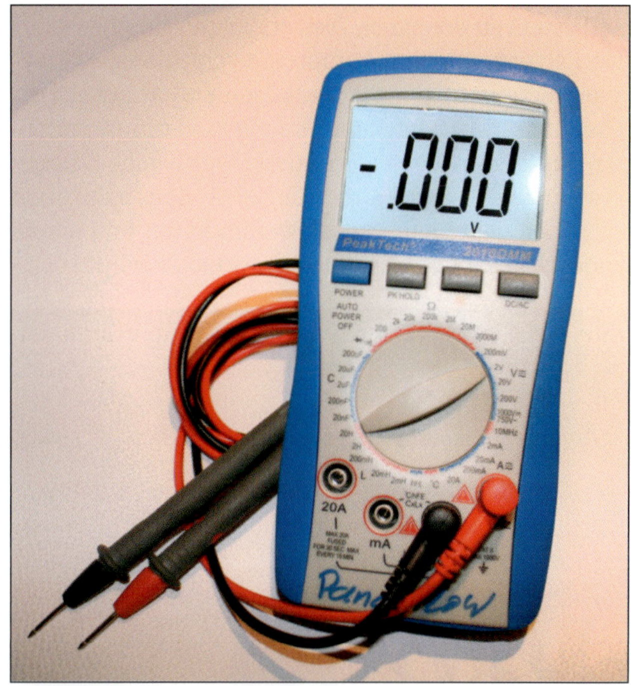

Multitalent: Der Umgang mit dem Multimeter ist nicht schwer und doch sehr hilfreich. Spannung, Stromstärke oder der Widerstand eines Verbrauchers können leicht ermittelt werden.

Gar nicht so wenige Störungen an der Elektrik lassen sich mit einfachen Mitteln beheben. Man muss sich natürlich etwas auskennen, weswegen wir Ihnen Grundbegriffe erläutern und Hilfen bieten wollen. Wie bei anderen Baugruppen auch, gehören dennoch viele Störungen in die Fachwerkstatt oder zu einem versierten Mechaniker. Hilfen hierzu werden auch im Buch »Reparaturanleitung« unseres Verlages genauer beschrieben.

On Bord Diagnose (OBD)

Seit den 1990er-Jahren sind alle Automobilhersteller gesetzlich dazu verpflichtet, die Abgas beeinflussenden Systeme während des Fahrbetriebs permanent zu überwachen und auftretende Fehler zu speichern. Die On Bord Diagnose in Ihrem Fahrzeug erfüllt genau diese Aufgabe. Das System ist ebenso in der Lage

Fehler zu erkennen, als auch abzuspeichern. Es informiert ggf. auch den Fahrer über eine Anzeige im Cokpit, um ihn zum Werkstattbesuch zu veranlassen. Die in der C-Klasse eingesetzte OBDII ist in der Lage, bei der Eigendiagnose die Fehlerart (Unterbrechung, Kurzschluss, unplausibles Signal), den Fehlerstatus (sporadisch, resistent) und die Fehlerquelle zumindest im System zu erkennen. Dies erleichtert der Werkstatt die Fehlersuche (das Auftrennen verschiedener Stekkverbindungen mit anschließenden und aufwändigen Funktions- und Bauteileprüfungen wird oftmals unnötig). Zur Informationsübertragung wurde eine Diagnoseschnittstelle geschaffen, die eine Kommunikation zwischen den eingesetzten Steuergeräten und einem angeschlossenen Diagnosetester ermöglichen.

Anschlussdose: Die Verbindung zwischen Auto und Tester.

Der Informationsfluss ist in beide Richtungen möglich, das heißt: Zusammen mit dem Werkstattreparaturleitfaden hilft dieses System der Werkstatt das Einkreisen des Fehlers zu beschleunigen, die Reparatursicherheit zu erhöhen und damit auch Reparaturkosten zu senken. Die Diagnosegeräte haben sich mittlerweile vom einfachen Fehlerauslesegerät zu richtigen Hightechrechnern mit Eingriffsmöglichkeiten in die Steuergeräteumgebung entwickelt. Damit ein solches System funktionieren kann, müssen alle Systeme miteinander vernetzt sein und untereinander kommunizieren können. Dies ermöglicht der so genannte CAN-Daten-Bus.

WISSENSWERTES

Grundbegriffe der Elektrik

Spannung (Volt): Vergleichbar mit dem Druck in einer Wasserleitung. Je größer der Druck, umso schärfer der Strahl. Autos benutzen derzeit ein 12 Volt-Bordnetz, in naher Zukunft wird die Voltzahl wohl deutlich erhöht. Besonders hohe Spannungen werden in Zündanlagen bereitgestellt. Bis zu 40 000 Volt sorgen dafür, dass der Strom auch größere Distanzen überspringen kann. Im Grunde soll er das aber nur an der Zündkerze, weshalb alle spannungsführenden Teile gut isoliert sind.

Stromstärke (Ampere): Vergleichbar mit der Durchflussmenge am Wasserhahn. Neben der Spannung, die zu Stromüberschlägen führen kann, ist die Stromstärke das eigentlich Gefährliche am Strom. Wird dicht an der Stromquelle ein Kurzschluss verursacht, fließt maximaler Strom. Vergleichbar einem Wasserrohrbruch, der eine ganze Straße unter Wasser setzen kann.

Leistung (Watt): Das Produkt aus Spannung und Strom gibt an, welche elektrische Arbeit ein Verbraucher abgibt beziehungsweise aufnimmt. Das hängt wiederum von dessen Widerstand ab. Bildlich gesprochen: Der wenig geöffnete Wasserhahn kann bei hohem Druck die gleiche Menge abgeben wie ein voll geöffneter Hahn bei geringem Druck. Wie viel entnommen werden soll, bestimmt allein der Verbraucher und dessen Aufnahmefähigkeit.

Widerstand (Ohm): Fließt der Strom ungehindert, ist der Widerstand = 0. Bei einer Unterbrechung des Stromkreises dagegen unendlich. Jeder Verbraucher bietet normalerweise einen gewissen Widerstand, wenn auch zum Teil einen sehr geringen. Kurzschluss: Wenn Sie zum Beispiel mit einem Schraubenschlüssel beide Batteriepole verbinden, kann durch den massiven Stahl fast unendlich Strom fließen. Das schweißt sogar den Schlüssel an den Polen fest! Vor Kurzschlüssen im Bordnetz schützen Schmelzsicherungen mit ihrer dünnen Drahtbrücke. Dieser Draht ist das genau definierte schwächste Glied im Stromkreis und brennt bei Überlastung durch. Der Stromfluss wird somit unterbrochen und weiterer Schaden vermieden.

Das Bordnetz

Bus-Systeme CAN und MOST

Das dezentrale Bordnetz mit verteilten Steuergeräten, Relaisplätzen, Sicherungsboxen und Kupplungsstationen für die Kabel ermöglicht eine schnelle und genaue Fehlerdiagnose. Es beruht auf dem Bus-System, beim dem auf einer Gruppe von Leitungen viele Informationen parallel übertragen werden. Zahlreiche Funktionen sind über »CAN-Bus« miteinander vernetzt, dem »Controller Area Network«, das aus mehreren Bussystemen aufgebaut ist. Wegen der CAN-Technik darf bei allen Reparaturen an der Fahrzeugelektrik keinesfalls gelötet werden. Erlaubt sind nur Quetschverbindungen, worauf wir später noch näher eingehen. Bestimmte Komponenten der Elektrik/Elektronik sind mit einem speziellen Bussystem unter der Bezeichnung MOST verbunden. In diesem Teil des Bordnetzes werden Lichtwellenleiter eingesetzt, die noch strikteres Einhalten von Arbeitsweisen erfordern.

Batterie

Startenergie bereitzustellen ist die wichtigste Aufgabe der Batterie (Bild 1). Defekte Verbraucher, Selbstentladung (lange Standzeiten) oder Tiefentladung (nicht ausgeschaltete starke Stromverbraucher) können Ausfälle verursachen. Fehler zu finden ist eine knifflige Sache. Eine ausgebaute Batterie oder den Akku in einem vorübergehend stillgelegten Fahrzeug aufzuladen, ist hingegen zu schaffen. Das sollten Sie einmal im Monat tun. Denn zum Anfahren sind zwischen 400 W (warmer Motor) und 2000 W (Kaltstart) erforderlich.

Generator

Der Drehstrom-Synchrongenerator (»Lichtmaschine«), vom Motor mit angetrieben (Bild 2), versorgt schon bei Motorleerlauf alle elektrischen Aggregate mit Strom und lädt ständig die Batterie auf. Er bringt es auf mehr als 2 kW Elektroenergie. Leistungsdioden besorgen die Gleichrichtung dieses Wechselstroms. Der Generator in der C-Klasse ist wartungsfrei, die Schleifkohlen sind für 100.000 km gut.

Je schneller die Lichtmaschine dreht, umso höher die Spannung. Ein Regler schützt vor Überspannungen und verhindert Überladen der Batterie. An die Lichtmaschine angeschraubt, reguliert er die Betriebsspannung je nach Temperatur auf Werte zwischen 13,8 und 14,5 Volt im »14-Volt-Toleranzfeld«.

Energiespender: (1) Batterie, (2) Pluspol, (3) Minuspol, (4) Magisches Auge, (5) hochklappbare Griffe.

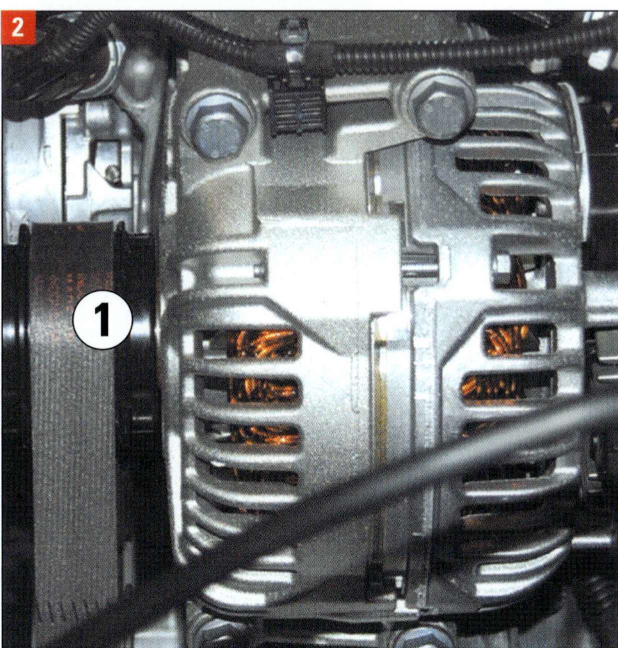

Lichtmaschine: Der vom Motor über die Riemenscheibe (1) angetriebene Generator rechts unten im Motorraum.

Anlasser

Die C-Klasse ist mit dem üblichen Schub-Schraubtrieb-Anlasser ausgestattet. Sein Magnetschalter (1, Bild 3) trägt die Anschlüsse Klemme 30 (Pluskabel der Batterie) und Klemme 50 (dünnes Kabel vom Zündanlassschalter). Tut sich beim Starten einmal gar nichts und könnte es der Anlasser sein: Kontakte überprüfen, durchmessen, vielleicht ausbauen und auswechseln. Magnetschalter, Schleifkohlen oder ein Lager-Verschleiß sind mögliche Ursachen.

Schub-Schraubtrieb-Anlasser: Das Bosch-Gerät zeigt die auch im Touran zu findende Bauform. (1) Magnetschalter.

Fehler an der Elektrik

Nötige Arbeiten sind nicht immer von der komplizierten Elektronik verursacht. Pflege und Wartung der Batterie, Ersetzen von Lampen im ausgedehnten Beleuchtungssystem oder Austausch von Sicherungen können Sie durchaus bewältigen. Dazu geben wir Ihnen später einige Tipps.

Die Beleuchtung

Die Fahrzeugbeleuchtung ist ein zentrales aktives Sicherheitssystem. Auch das Fahren mit Licht am Tag ist inzwischen aktuell. Die C-Klasse-Lichttechnik ist über Steuergeräte in den Daten- und Kommunikationsverbund integriert. Neue Funktionen werden realisiert.

Scheinwerfer: Als Xenon- oder Halogenlampen-Ausführung.

Für Sicherheit auf der Straße

Für die Standard-Scheinwerfer der C-Klasse konzipiert wurde die Funktion Light Assist. Dieser Fernlichtassistent erkennt als kamerabasiertes System aufgrund vorhandener Lichtquellen verschiedenste Verkehrssituationen und gibt in der Folge eine Abblend- oder Aufblendanweisung. Dementsprechend wird das Fernlicht (ab 60 km/h) automatisch aktiviert oder deaktiviert – ein deutlicher Komfort- und Sicherheitsgewinn.
Eine nochmals bessere Ausleuchtung der Fahrbahn und des Randstreifens ermöglicht der für die Bi-Xenonscheinwerfer mit integriertem Kurven- und Abblendlicht entwickelte Dynamic Light Assist. Die Fernlichtmodule der Bi-Xenonscheinwerfer bleiben hier dauerhaft aktiv. Sie werden nur in den Bereichen abgeblendet, in denen das System eine mögliche Blendung anderer Verkehrsteilnehmer analysiert hat.

Die Scheibenwaschanlage

Über das Bordnetz wird auch die Steuerung der Scheibenwischer geregelt. Die Wischeranlage ermöglicht Wischen in den Geschwindigkeitsstufen 1 und 2, Intervallbetrieb (zwischen 2 und 24 Sekunden), Lichtsensorbetrieb, Tippwischen, das Waschen von Scheiben und Scheinwerferglas sowie Service-Funktionen.

Wischerfunktionen

Die Scheibenwischer ist ein komplett vernetztes System. Angefangen beim Kombischalter in der Lenksäulenelektronik im Innenraum über das Bordnetzsteuergerät bis hin zum Scheibenwischermotor.
Der Scheibenwischermotor ist über ein Gestänge mit beiden Wischerhebeln verbunden. Über den Kombischalter können Sie verschiedene Stellungen einstellen:
Scheibenwischer vorne:

- Intervallwischen niedrig
- Intervallwischen hoch
- Dauerwischen langsam
- Dauerwischen schnell
- Einmal wischen
- Wischen mit Waschwasser

Scheibenwischer hinten(falls vorhanden):

- Wischen mit Waschwasser
- Intervallwischen einschalten
- Intervallwischen ausschalten

Es gibt Stopp (beim Öffnen der Motorhaube) und Störungsstopp (Blockierung der Wischer wird erkannt).

Die richtige Stellung: Scheibenwischer senkrecht, einfacherer Wechsel der Scheibenwischer

Bauteilkennung und Kabelfarben

In den Stromlaufplänen haben alle Bauteile Kennbuchstaben in Kombination mit Zahlen. Die Kabel sind mit Farben gekennzeichnet, und die meisten Anschlüsse an den Mehrfachsteckern wie an den Relais sind nummeriert.

Relais und Sicherungen

Damit Sie die Elektrik Ihres Autos einfach, zuverlässig und sicher nutzen können, gibt es Schaltstellen, Leitungsstränge und Sicherheitsvorkehrungen. Die zahlreichen Schalter und Taster können auch schon mal Ursache für Störungen sein. Mit Prüflampe kontrollieren, defekte Schalter auswechseln: Zündung und Verbraucher ausschalten, Zündschlüssel abziehen.

Schutz der Systeme

Verbraucher die einen hohen Strom aufnehmen, werden durch Schaltrelais in Betrieb genommen. Erst über das Schließen des Schaltstromkreises wird von ihnen der Arbeitsstromkreis hergestellt. Für den Schutz der elektrischen Systeme sorgen Schmelzsicherungen. Der Sicherungshalter befindet sich neben der Batterie im Motorraum (Bild 6).

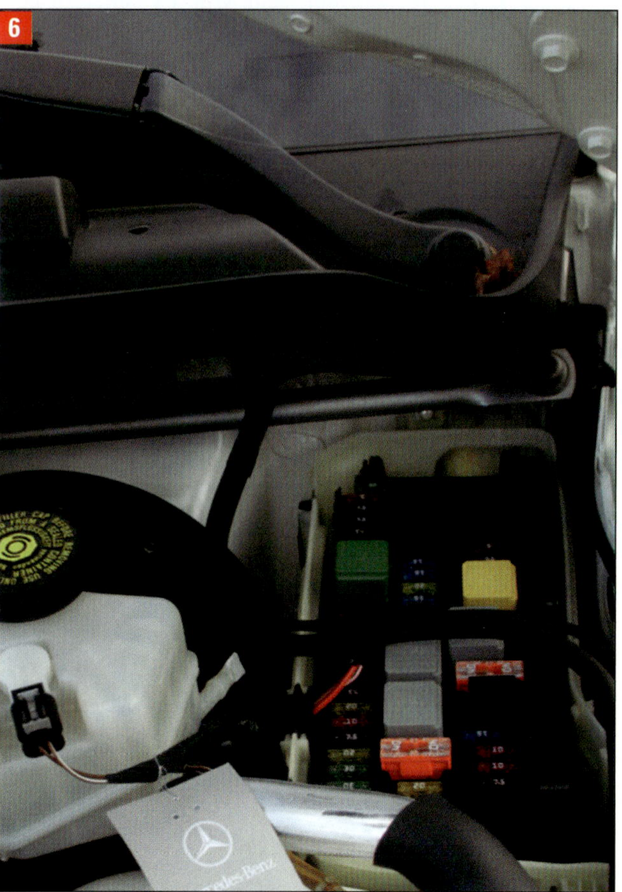

Schutz der Elektrik: Sicherungshalter neben demBremsflüssigkeitsbehälter.

Batterie: Sichtprüfung und richtige Behandlung

- **Sichtprüfung:** Zündung ausschalten, Zündschlüssel abziehen, Motorhaube öffnen. Die Batterie links im Motorraum sitzt unter einem Lüftungsgehäuse, welches durch Clips gehalten wird. Auf Schäden am Gehäuse untersuchen. Wenn Säure ausgelaufen ist: Stellen mit Säurewandler oder Seifenlauge reinigen. Undichte Batterie auswechseln!

- Sind die Batteriepole (Bild 1 Minuspol der Klemme) beschädigt? Der nötige Kontakt der Klemmen muss unbedingt gewährleistet sein. Oxidkristalle an Batterieklemmen mit warmem Sodawasser abwaschen oder mit Säurewandler Neutralon behandeln.

- Die Batteriepolklemmen (Bild 1) müssen korrekt aufgesteckt und festgezogen sein, weil es sonst zu Leitungsbränden und Störungen kommen kann. Der Funktionszustand des Fahrzeugs ist dann in erheblichem Maße nicht mehr gewährleistet. Polklemmen gewaltfrei von Hand aufstecken, um das Gehäuse nicht zu beschädigen. Die Muttern (3, Bild 1) werden mit 6 Nm festgeschraubt.

- Die Batterie muss fest in ihrer Halterung (Bild 2) sitzen. Schraube (3) mit 20 Nm anziehen. Lockerer Sitz verkürzt durch Erschütterungen die Batterielebensdauer, kann zu Schäden an den Batterieplatten führen und stellt eine Gefährdung durch Explosions-Möglichkeit dar.

- **Batterie richtig behandeln:** Um lange Gebrauchstüchtigkeit zu gewährleisten, muss die Batterie sachgemäß geprüft, gewartet und gepflegt werden. Hinweise (Piktogramme) auf der Oberseite und in der Betriebsanleitung beachten!

- Reihenfolge beim Ab- und Anklemmen: Zuerst Minuspol, dann Pluspol abklemmen. Beim Anklemmen erst Plus- dann Minusklemme (»Masseband«) aufstecken. Verpolung und Kurzschlüsse vermeiden!

- Wenn die Batterie längere Zeit im abgestellten Fahrzeug verbleibt, sollte der Minuspol abgeklemmt sein.

- Für die neue Batteriegeneration gilt: »Keine Etiketten entfernen und kein destilliertes Wasser auffüllen. Nur Sichtprüfungen vornehmen!«

- Nach Wiederanklemmen der Batterie Grundprogrammierung mit dem Werkstattsystem vornehmen. Einige Funktionen »lernt« das Elektrik-System auch wieder selbst.

Anmerkung: Mit »AGM« gekennzeichnete Blei-Säure-Akkus sind Vliesbatterien, wartungsfrei mit festem Elektrolyt. Dieser ist in einem Mikroglasvlies (»Absorbent Glass Material – AGM«) festgelegt. Die Batterie ist verschlossen und hat Ventile. Vliesbatterien stets nur durch Vliesbatterien ersetzen!

Polklemme: (1) Batterie, (2) Plusklemme, (3) Klemmenmutter, (4) flexible Abdeckung, (5) Minusleitung (»Masseband«).

Batterie-Halterung: (1) Batterie, (2) Klemmplatte, (3) Befestigungsschraube (M8x35; 20 Nm) der Klemmplatte.

Batterie: Säurestand, Ladezustand, magisches Auge

- **Magisches Auge:** Die Batterien (außer AGM-Akkus) sind mit »magischem Auge« ausgestattet. Es erlaubt die Prüfung von Säurestand und Ladezustand. Klopfen Sie leicht auf das runde Glasfenster: Luftblasen lösen sich auf, die Farbanzeige wird genauer.

- Mehrere Farbanzeigen sind möglich, eine ist entscheidend: farblos oder gelb = Kritischer Säurestand, die Batterie muss erneuert werden (dazu später ausführlich).

- **Säureheber (Araeometer):** Wirkt die Batterie trotz richtigem Säurestand kraftlos, wird die Säuredichte in der Batteriezelle per Säureheber (Bild 1) geprüft. Dies entfällt bei wartungsfreien Vlies-Batterien im schwarzen Gehäuse mit dem Aufdruck »AGM« (früher auch: »VRLA«).

1

Säureheber: (1) Heber. Pfeile: blau = Spitze in der Säure, rot = Araeometerskala (siehe Detail).

- Das Araeometer ist ein Messgerät zur Bestimmung der Dichte von Flüssigkeiten. Die übliche Ausführung zum Testen von Batteriesäure besteht aus einer Glaspipette, über deren Spitze (blauer Pfeil) Säure »gehoben« wird, in der dann das eigentliche Araeometer mit der Skala (roter Pfeil und Detailbild) im oberen Bereich aufschwimmt. Das auch als Senkwaage bezeichnete Gerät wird eingesetzt, um indirekt über die Säuredichte den Ladezustand offener Bleiakkus zu überprüfen. Das Prinzip: Zelle geladen = viel Säure, schwer; Zelle leer = wenig Säure, leicht (Bild 1).

- Zum Messen Batteriezellen-Stopfen herausdrehen (falls es keine Batterie ist, für die das Öffnen untersagt ist). Pipettenkopf zusammendrücken, Pipettenspitze in die Batteriezelle einführen, Pipettenkopf freigeben und Säure einströmen lassen. An der Skala den Ladezustand ermitteln. Beispiel Bild 1: Laden ist erforderlich (»recharge«, roter Pfeil).

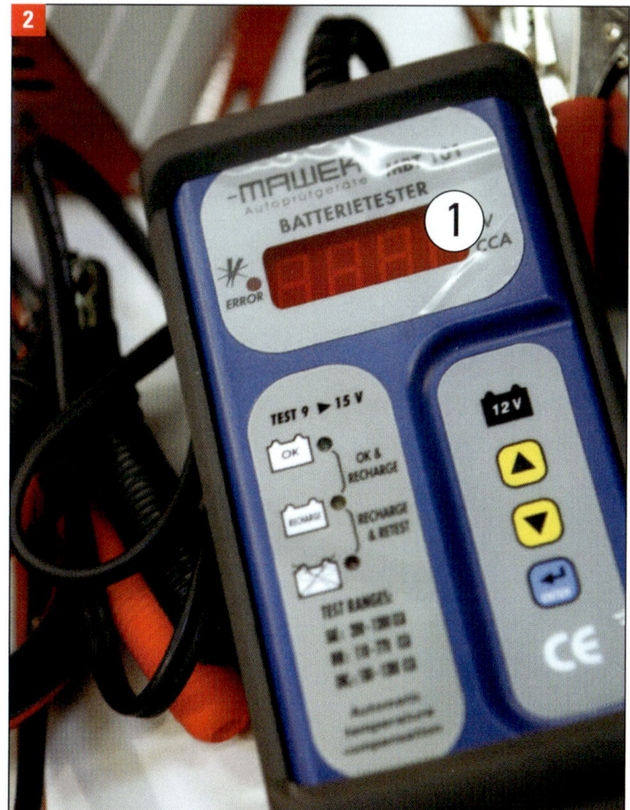

Batterie-Tester: Enthält Messtechnik und nicht lediglich Leuchtdioden. Individuell einzustellen, digitale Anzeige (1).

- **Batterietester:** Eine grobe Einschätzung des Ladezustands ist mit preisgünstigen Testern aus dem Zubehörhandel möglich. Solche Geräte verfügen über einen Anschlussstecker, der in die Buchse für den Zigarrenanzünder oder die 12-V-Steckdose passt. Elektrik einschalten, aber nicht den Motor, Licht für eine Minute ein- und dann wieder ausschalten. Leuchten LED in den grünen Sektoren, dann sollte der Ladezustand i. O. sein.

- Eine präzise Bestimmung des Ladezustandes ist mit einem Tester wie in Bild 2 möglich (Fachmesse »Reed Exhibitions«). Solche Geräte enthalten Messtechnik, sind mit Klemmen anzuschließen, individuell einzustellen und zeigen das Messergebnis digital an.

- Säurestand-Prüfung an Markierungen: Den Säurestand von Batterien mit Verschlussstopfen können Sie von außen prüfen, wenn MIN- und MAX-Markierungen am Gehäuse vorhanden sind. Die Säure muss über die MIN-Markierung reichen (Oberkanten der Platten gut bedeckt), darf aber auch nicht über der MAX-Marke liegen.

- Magisches Auge richtig nutzen: Es muss zwischen Batterien unterschieden werden, die ein magisches Auge mit den lange Zeit üblich gewesenen drei oder die ein gleitend im Jahr 2009 eingeführtes magisches Auge mit nur noch zwei Farbanzeigen haben: »schwarz« und »farblos oder hellgelb« zur Information über den Säurestand.

- Alle magischen Augen informieren über den Säurestand, das dreifarbige auch über den Ladezustand der Batterie. Das magische Auge kann sich an unterschiedlichen Positionen befinden, aber stets nur an einer Batteriezelle. Seine Anzeige ist genau genommen nur für diese Zelle gültig. Exakte Beurteilung der gesamten Batterie erfordert Belastungsprüfung.

- Wenn eine Batterie nachgeladen wurde, also auch bei Aufladung während des Fahrbetriebs, können sich Luftblasen unter dem magischen Auge bilden, welche die Farbanzeige verfälschen. Daher leicht auf die Anzeige klopfen.

- Bei magischem Auge mit drei Farbanzeigen bedeutet:

– **»grün«**	Batterie ausreichend geladen;
– **»schwarz«**	Batterie teilentladen, Ladezustand < 65% oder entladen;
– **»farblos/hellgelb«**	Batterie muss ersetzt werden.

- Bei magischem Auge mit zwei Farbanzeigen bedeutet:

– **»schwarz«**	Säurestand in Ordnung;
– **»farblos/hellgelb«**	Säurestand zu niedrig, Batterie muss ersetzt werden.

Achtung: Batterien, deren magisches Auge »farblos oder hellgelb« anzeigt, dürfen nicht geprüft, nicht geladen und nicht zur Starthilfe verwendet werden! Explosionsgefahr!

- **Fahrzeuge mit Start-Stopp-Anlage:** Ihre Batterien haben eine Minus-Polklemme (Masseleitung) mit Steuergerät für Batterieüberwachung. Bei Nachladung oder Fremdstart müssen mit dem Ladekabel zuerst die Pluspole und dann die Karosserie-Masse-Schrauben verbunden werden. Direkte Aufladung am Minuspol überbrückt den Batteriesensor, wodurch die Batteriedaten während des Ladevorgangs nicht vom Sensor erfasst werden.

Batterie: Abklemmen, ausbauen, laden, prüfen

Batterie im Motorraum ausbauen

- **Besonderheiten:** Die Mercedes C-Klasse besitzt zwei Batterien. Die Hauptbatterie sitzt im Motorraum auf der linken Seite unter dem Lüftungsgehäuse. So ist sie ideal vor Witterungseinflüssen geschützt. Die Zusatzbatterie sitzt im Kofferraum auf der rechten Seite unter der Stauraumverkleidung.

- **Batterie abklemmen:** Zündung aus, Zündschlüssel abziehen, Motorhaube öffnen. Lüftungsdeckel (3) demontieren, hierzu clipsen (2) Sie den Deckel aus.

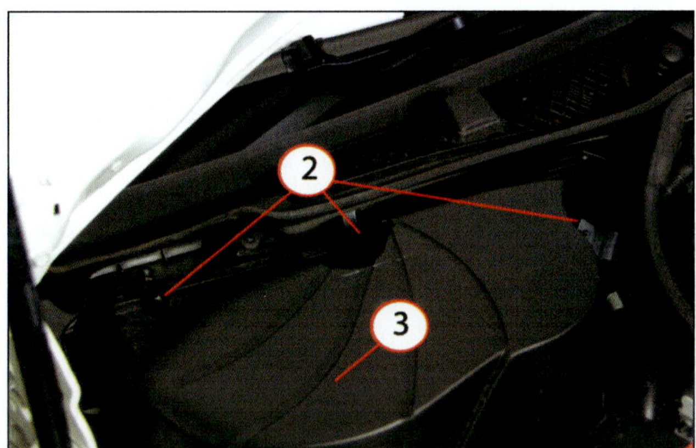

Ausbau des Lüftungsgehäuses: 2 Clips des Lüftungsdeckels, 3 Lüftungsdeckel.

- Mutter an der Minuspolklemme lösen, Polschuh der Masseleitung abziehen.

- **Batterie anklemmen:** umgekehrte Reihenfolge. Fehlerspeicher aller Steuergeräte abfragen (Werkstattarbeit).

- **Batterie ausbauen:** Batterie wie beschrieben abklemmen. Befestigungslasche der Batterie ausbauen. Batterie herausheben.

- **Einbau:** Erst Plusleitung, dann Minusleitung anklemmen.

- **Laden:** Die Batterie kann ausgebaut werden, sie muss es aber nicht. Mercedes rät dazu, die Batterie in eingebautem und angeschlossenem Zustand zu laden. So wird der Ladestrom in die Kapazitätsrechnung eines eventuellen Steuergeräts für Batterieüberwachung mit Batteriesensor einbezogen.

- **Batterie-Mindesttemperatur 10 °C.** Schnellladen nur im Ausnahmefall (z. B. bei Starthilfe). Wenn die Batterie im ausgebauten Zustand geladen wird, unbedingt beachten: Räume, in denen die Batterien geladen werden, dürfen wegen des sich bildenden Gases nicht mit offenem Licht oder rauchend betreten werden. Funken beim An- oder Abklemmen könnten das Gas ebenfalls zur Explosion bringen. Stellen Sie auf jeden Fall Durchlüftung sicher!

- **Zündung und Verbraucher abschalten.** Wir demonstrieren im Bild das Laden einer Batterie (1) mit einem aktuell im Fachhandel erhältlichen modernen Gerät (2). Rote Ladeklemme (3) an Pluspol, schwarze Ladeklemme (4) am Minuspol der Batterie anschließen.

Batterie laden: (1) Batterie, (2) Ladegerät, (3) rot markierte Klemmzange an den Pluspol, (4) schwarz markierte Klemmzange an den Minuspol.

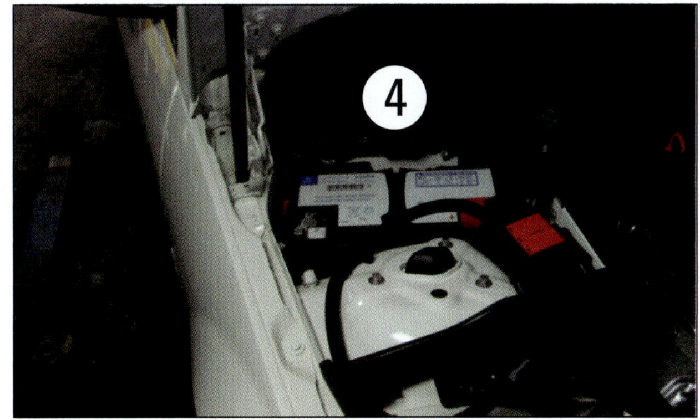

Batterie (4) im Motorraum.

■ **Achtung:** Für Fahrzeuge mit Start/Stopp-Funktion und mit Steuergerät für Batterieüberwachung wird empfohlen, zur Vermeidung von Störungen die schwarze Klemmzange nicht direkt am Minuspol, sondern an der Karosseriemasse (Pfeil in Bild 1) anzuklemmen.

■ Ladegerät (im Beispielfall über 2 m Anschlusskabel) ans Netz, Motorhaube geöffnet lassen. Bei älteren Geräten war es erforderlich, den von der Batterie benötigten Ladestrom einzustellen. Moderne Geräte (in unserem Fall »Top Craft«) steuern den Ladevorgang mit Mikroprozessor in mehreren Lademodi und zeigen die Vorgangsdaten per LCD-Display an. Das Gerät bestimmt die Akku-Kapazität im Bereich von 1,2 Ah bis 120 Ah und stellt für die 12-V-Batterie einen Ladestrom von 3,8 A ein. Es verfügt über Wiederbelebungsmodus, Erhaltungsfunktion und Verpolungsschutz.

■ **Belastungsprüfung:** Nach dem Laden erfolgt die Belastungsprüfung, die den Batteriezustand eindeutig definiert. Der »Praxistipp« zeigt Ihnen den Zusammenhang von Akku-Kapazität, Strom und Spannung.

Batterie im Kofferraum

Die Batterie (1) im Kofferraum dient zur Spitzenspannungsdämpfung und für den Fall, dass die große Batterie im Motorraum versagt.

■ **Batterie abklemmen:** Zündung aus, Zündschlüssel abziehen, Kofferraum öffnen. Kofferraumboden ausbauen.

■ Warndreieck-Kunststoffeinlage ausbauen.

■ Auf der rechten Seite die Dämmungseinlage unter der Plastikverkleidung herausziehen.

■ Mutter an der Minusklemme lösen, Polschuh der Masseleitung abziehen.

■ Mutter an der Pluspolklemme lösen, Polschuh der Plusleitung abziehen.

■ Batteriebefestigung demontieren.

■ Batterie herausnehmen.

■ **Einbau:** Batterie mit dem Halter festschrauben.

■ Erst Plusleitung, dann Minusleitung anklemmen.

Batterie (1) im Kofferraum.

PRAXISTIPP

Belastungsprüfung der Batterie

Eine Belastungsprüfung gibt Aufschluss über den Zustand der Batterie. Erforderlich ist dazu ein Batterieprüfgerät. Batterie-Temperatur mindestens 10 °C. Batterien mit farblosem oder hellgelbem magischem Auge nicht prüfen, Explosionsgefahr! Diese Batterien ersetzen. Zündung und Verbraucher ausschalten.

■ Den Kälteprüfstrom nach den Angaben auf der Batterie in Ampere (A) nach DIN feststellen oder anhand von Tabellen zum Kälteprüfstrom den Einstellbereich des Batterietesters ermitteln.

■ Kälteprüfstrom mit Wahlschalter, Messbereich (80–379 A bzw. 380–499 A) mit EIN/AUS-Funktionsschalter einstellen. Batterien mit einem Kälteprüfstrom über 499 A nach DIN (520, 580 oder 600 A) mit der Einstellung 499 A nach DIN prüfen. Rote Klemme »+« des Prüfgeräts an den Pluspol, schwarze Klemme »-« an den Minuspol der Batterie anschließen:

Batterie-kapazität	Kälteprüf-strom	Belastungs-strom	Mindest-spannung
36 Ah	175 A	100 A	10,4 V
40 - 49 Ah	220 A	200 A	9,2 V
50 - 60 Ah	265 - 280 A	200 A	9,4 V
61 - 80 Ah	300 - 380 A	300 A	9,0 V
81 - 110 Ah	380 - 500 A	300 A	9,5 V

■ Bei einwandfreier Batterie sinkt die Spannung auf den Mindestwert, bei defekter oder schwach geladener Batterie sehr schnell unter den Mindestwert. Nach dem Test steigt die Spannung langsam wieder an. Falls die Batterie nachgeladen werden muss, danach erneut Belastungsprüfung. Wenn immer noch Nachladen nötig ist: Batterie auswechseln.

Start-Stopp-Anlage

Die Start-Stopp-Anlage dient der Verbrauchsreduzierung, indem der Motor in Standphasen automatisch abschaltet und beim Anfahrwunsch des Fahrers selbsttätig wieder startet. Die Aktivierung des Start-Stopp-Betriebes geschieht automatisch, sobald das Fahrzeug nach dem Anfahren für etwa vier Sekunden mit einer Geschwindigkeit von mindestens 3 km/h gefahren ist.

Beteiligte Bauteile an der Start-Stopp-Anlage:

- Batterie
- Drehstromgenerator
- Spannungsregler
- Anlasser
- Bremslichtschalter
- Kupplungspedalschalter
- Taster für Start-Stopp-Betrieb
- Geber für Kühlmitteltemperatur
- Geber für Gaspedalstellung
- Geber für Getriebe-Neutralstellung
- Steuergerät für ABS mit EDS
- Steuergerät für Climatronic
- Steuergerät mit Anzeigeeinheit im Schalttafeleinsatz
- Steuergerät für Batterieüberwachung
- Zentralsteuergerät für Komfortsystem
- Steuergerät für Lenkhilfe
- Bordnetzsteuergerät
- Spannungsstabilisator
- Diagnose-Interface für Datenbus
- Motorsteuergerät
- Steuergerät für Parklenkassistent

Fehlererkennung und Fehleranzeige:
Die Start-Stopp-Anlage als Funktion ist in der Software vom Motorsteuergerät untergebracht. Das Motorsteuergerät ist mit einer Eigendiagnose ausgestattet, die die Fehlersuche erleichtert.

Batterie-Nachladung oder Fremdstart an Fahrzeugen mit Start-Stopp-Anlage:
Bei Nachladung oder Fremdstart an Fahrzeugen mit Start-Stopp-Anlage Folgendes beachten: mit Hilfe des Ladekabels zuerst die Pluspole verbinden; dann die Karosserie-Masse verbinden. Auf diese Weise wird sichergestellt, dass der Batteriesensor nicht überbrückt wird. Die direkte Aufladung der Batterie am Minuspol führt dazu, dass der Batteriesensor überbrückt wird und die Batteriedaten während des Ladevorgangs nicht vom Sensor erfasst werden. Die im Diagnoseinterface für Datenbus abgelegten Werte zum Batteriezustand würden dann nicht mehr mit den Werten der geladenen Batterie übereinstimmen.

Ersetzen der Batterie bei Fahrzeugen mit Start-Stopp- Anlage:
Anstelle der üblichen Blei-Akkumulatoren kommt aufgrund ihrer höheren Zyklenfestigkeit bei Fahrzeugen mit Start-Stopp-Anlage ausschließlich eine Vliesbatterie als Starter-Batterie zum Einsatz. Achten Sie bei der Reparatur auf die korrekten Ersatzteilbezeichnungen in WIS. Die für die Start-Stopp-Anlage angepassten Bauteile sind nicht extra gekennzeichnet und unterscheiden sich äußerlich nicht oder kaum von herkömmlichen Bauteilen.

Spannungsstabilisator

Der Spannungsstabilisator ist in der Schalttafel hinter dem Handschuhkasten montiert. Er hat die Aufgabe, die durch den Start-Stopp-Betrieb entstehenden hohen Spannungsschwankungen für das Bordnetz auf 12 Volt zu stabilisieren.

Auswirkungen bei Ausfall des Spannungsstabilisators:
Ist der Spannungsstabilisator defekt, werden Geräte wie Radio, Radionavigation oder Telefon einen Reset durchführen, wenn die eigene Spannungsversorgung durch die Betätigung des Starters nicht ausreichend ist. Fallen im Start-Stopp-Betrieb die genannten elektrischen Verbraucher dadurch auf, dass sie mit jedem Motorstart einen Reset ausführen, weist dies auf einen defekten Spannungsstabilisator hin. Ein direkter Eintrag zu einer Fehlfunktion des Spannungsstabilisators, z. B. in den Fehlerspeicher des Diagnoseinterfaces oder Bordnetzsteuergerät, findet zurzeit nicht statt. Sind die Geräte Radio, Radionavigation und Telefon zusammen ausgefallen, prüfen Sie zuerst die Sicherung des Spannungsstabilisators.

Anlasser (Starter)

Anlassermontage

Die Montagearbeiten laufen für die wesentlichen Arbeiten fast identisch ab. Auch die unterschiedlichen Getriebe verändern den Arbeitsablauf nur unwesentlich. Besonderheiten stellen wir heraus.
Für die Motortypen C230, C250, C350 CGI befindet sich der Anlasser auf der rechten Seite.
Für den Motortyp C350 CDI befindet sich der Anlasser auf der linken Seite.

Für alle Motoren

- Die Batterie abklemmen und die Motorverkleidung abbauen.
- Unterbodenverkleidung demontieren.

Für Motoren mit Anlasser auf der rechten Seite verbaut

- Demontieren Sie den rechten Kat.

Weiter für alle Motoren

- Schutzkappe des Plusanschlusses des Anlassers vom Magnetschalter herunterschieben und die Steckverbindung entriegeln und trennen.
- Befestigungsmutter abschrauben und Plusleitung vom Anschlussgewinde des Magnetschalters abnehmen.
- Die Befestigungsmutter des Leitungshalters abschrauben.
- Dann zuerst die obere Befestigungsschraube des Anlassers, danach die untere Befestigungsschraube des Anlassers herausschrauben.
- Den Anlasser nach unten aus dem Fahrzeug herausnehmen.

Die Montage erfolgt sinngemäß in umgekehrter Reihenfolge. Im Anschluss sollte der Fehlerspeicher ausgelesen und gelöscht werden.

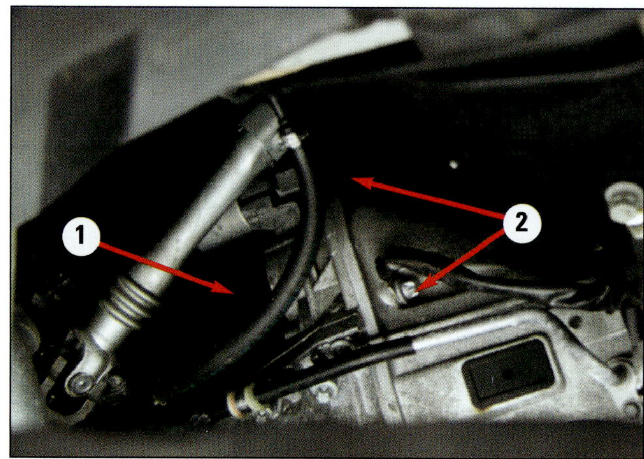

1 Starter, 2 Befestigungsschrauben des Starters.

Generator

Generator aus- und einbauen

Die Montagearbeiten für den Generator unterscheiden sich zwischen den einzelnen Modellen kaum. Auch hier werden wir die Besonderheiten hervorheben und die Beschreibung allgemeingültig belassen.

- Batterie abklemmen.
- Motorabdeckung oben demontieren.

Alle Motoren

- Demontieren Sie die Lüftereinheit.
- Keilrippenriemen ausbauen und die obere Spannrolle wieder entspannen. Soll der Keilrippenriemen wieder verwendet werden, die Laufrichtung markieren.
- Unterbodenverkleidung demontieren.
- Ladeluftschlauch demontieren.
- Steckverbindung vom Generator trennen.
- Druckleitung der Servolenkung am Generatorhalter lösen.

■ Schrauben des Generators lösen und diesen nach oben herausnehmen.

Die Montage erfolgt sinngemäß in umgekehrter Reihenfolge. Beim Einbau bereits gelaufener Keilrippenriemen die beim Ausbau gekennzeichnete Laufrichtung beachten! Vor dem Einbau des Keilrippenriemens darauf achten, dass alle Aggregate (Generator, Klimakompressor, Flügelpumpe) fest montiert sind. Beim Auflegen des Riemens auf korrekten Sitz des Keilrippenriemens in den Riemenscheiben achten!

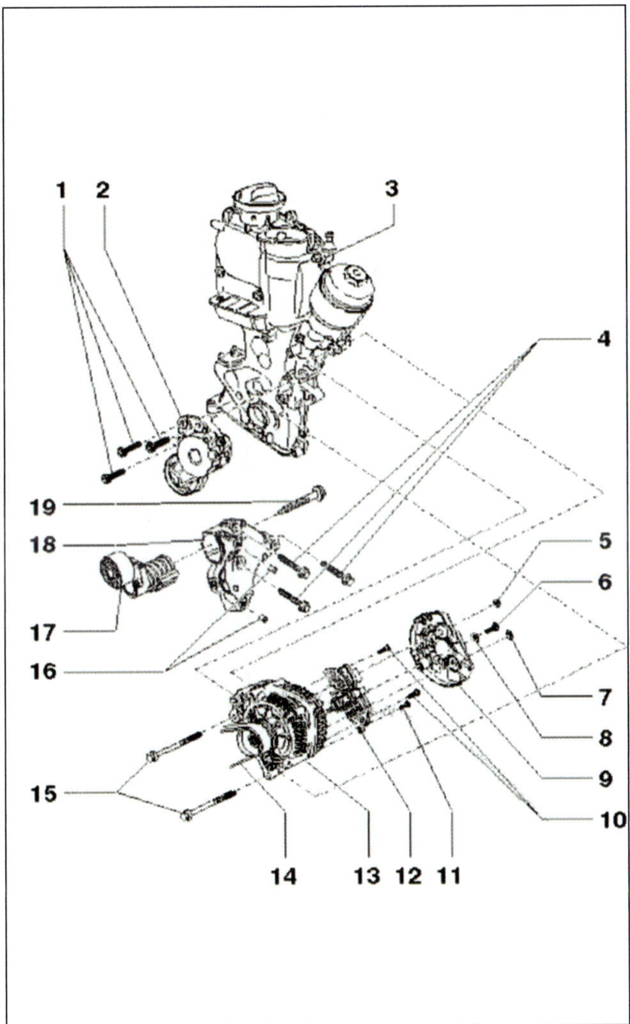

Montageübersicht Generator: 1 Innenvielzahnschraube, 2 obere Spannrolle, 3 Steuergehäuse, 4 Sechskantflanschschrauben, 5 Sechskantbundmutter, 6 Kreuzschlitzschraube, 7 Sechskantmutter, 8 Unterlegscheibe, 9 Schutzkappe, 10 Kreuzschlitzschrauben, 11 Kreuzschlitzschraube, 12 Spannungsregler, 13 Drehstromgenerator, 14 Keilrippenriemen, 15 Sechskantbundschrauben, 16 Zentrierhülsen, 17 untere Spannrolle, 18 Halter, 19 Sechskantbundschraube.

Reparaturen am Generator

Generell ist es möglich, den Generator zu reparieren. Wie man schon am Schaubild gut sehen kann, besteht der Generator aus nicht allzu vielen Teilen. Die Zerlegbarkeit scheitert meist an unzureichendem Werkzeug. Beispielsweise muss bei einigen Generatoren die Diodenplatte (der Gleichrichter) demontiert werden.
Da er angelötet ist und zudem recht dicke Drähte am Generator verbaut wurden, wird ein Lötgerät mit einer hohen Leistung notwendig.
Für die Demontage der Lager müssen passende Abzieher vorhanden sein, um den Anker und seine Welle nicht zu beschädigen. In den meisten Fällen sind die Kohlen des Reglers verschlissen. Bei einigen Generatoren sind diese einzeln bzw. mit dem Bürstenhalter lieferbar.
Entscheidend für einen sinnvollen Austausch der Kohlen ist der Zustand der Schleifringe des Ankers. Sind diese durch den langen Betrieb eingelaufen, werden die neuen Kohlen sehr schnell wieder verschleißen. Hier sollte dann auf einen Austauschgenerator zurükkgegriffen werden.
Bei allen Arbeiten am Generator gelten die bekannten Hinweise: Nach Abklemmen des Massekabels den Minuspol der Batterie am besten mit Isolierband abkleben, Generator nicht bei angeschlossener Batterie ausbauen, beim Ausbau Radio-Codierung beachten, nach Wiedereinbau Fehlerspeicher auslesen. Fahrzeuggeneratoren und Anlasser sind Austauschteile: Ein defektes wird beim Kauf eines überholten oder neuen Teils in Zahlung genommen. Der Generator muss aber noch vollständig, einigermaßen sauber und zusammengebaut sein.

Zerlegt kann Ihr Generator so aussehen: In wieweit sich diese Arbeit rechnet, hängt von Ihrer Austattung und ihrer fachlichen Erfahrung ab.

Generatorfreilauf

Betrachtet man sich die Riemenscheibe des Generators genauer, sieht man zuerst einen Kunststoffdeckel an der Seite, wo die Verschraubung sein müsste. Zieht man diesen ab, findet man keine Mutter, sondern einen Vielzahneinsatz. Steckt man einen Inbusschlüssel in die Aufnahme in der Generatorwelle, stellt man fest, dass der Generator in Drehrichtung frei drehbar ist. Gegen die Drehrichtung hingegen wird der Riementrieb mitbewegt. Die Antriebsscheibe beinhaltet einen Freilauf. Um den technischen Grund für diesen Aufwand zu verstehen, muss man sich die Funktion eines Verbrennungsmotors vorstellen. Gerade im Leerlauf läuft kein Motor richtig rund. Die Zündung verursacht bei jedem Arbeitstakt eine kurze aber kräftige Beschleunigung der Kurbelwelle und damit auch der durch sie angetriebenen Aggregate. Alle anderen Takte verzögern die Drehgeschwindigkeit des Motors. Hieraus ergeben sich Schwingungen, die durch Flattern des Flachriemens quittiert werden. Um diesem Effekt entgegenzuwirken, wird der Generator als das Gerät mit der größten Masse entkoppelt. Das vermindert die Schwingungen des Flachriemens sehr deutlich. Ein beschädigter Freilauf ist zumeist sichtbar und hörbar. Der Antriebsriemen flattert und gelegentlich ist auch ein leichtes Schlagen hörbar.

Demontage des Generatorfreilaufs

- Entspannen Sie den automatischen Flachriemenspanner.
- Ziehen Sie den Kunststoffdeckel von der Antriebsscheibe des Generators ab.
- Stecken Sie den Freilaufvielzahn in den Freilauf ein.
- Führen Sie einen guten und genau gearbeiteten Inbusschlüssel in die Generatorwelle ein.
- Lösen Sie die Verschraubung, indem Sie die Generatorwelle gegen die Drehrichtung des Generators drehen, und halten den Freilauf mit dem Freilaufvielzahn fest.
- Schrauben Sie den Freilauf von der Generatorwelle ab.
- Montieren Sie den neuen Freilauf auf die Generatorwelle.
- Prüfen Sie den automatischen Riemenspanner. Sollten Sie Schäden an der Rolle oder an der Lagerung feststellen oder die Lagerung Geräusche von sich geben, tauschen Sie diese besser gleich mit aus.

Riemenscheibe ist nicht gleich Riemenscheibe: Ein Freilauf macht sie zum Schwingungsdämpfer.

Unter der Schutzkappe: Ein großer Vielzahn außen und ein kleiner Vielzahn in der Welle weisen auf den Freilauf hin. Hier ist Spezialwerkzeug gefragt.

Spannungsregler ausbauen

Der Spannungsreger mit Kontakt-Schleifkohlen (Kohlebürsten) ist an die Generatorrückseite geschraubt. Seine Abschirmkappe sieht bei den Spannungsregler-Typen Bosch (Bild 1) und Valeo etwas unterschiedlich aus. Ausbau und Prüfung zeigen wir am Bosch-Regler. Das Prinzip ist auf den von Valeo übertragbar.

- **Ausbau:** Generator ausbauen, B+-Leitung mit der 15-Nm-Mutter (schwarzer Pfeil in Bild 2) abschrauben.

- Muttern (rote Pfeile), Schraube (blauer Pfeil) nach Bilder 1 und 2 abschrauben, Kappe abnehmen. Die 2-Nm-Mutter (Pfeile in Bild 3) herausschrauben und Regler abnehmen.

- Prüfen des Spannungsreglers: Bei etwaiger Fehlfunktion des Generators, bei Aussetzern usw. müssen die Schleifkohlen (Kohlebürsten) des Spannungsreglers überprüft werden. Sie dürfen eine minimale Länge »a« nicht unterschreiten.

- Dieses Verschleißmaß »a« (Bild 4) beträgt 5 mm bei 1 mm Toleranz zwischen beiden Kohlebürsten. Bei neuen Spannungsreglern sind die Bürsten 12 bis 15 mm lang. Im Bedarfsfall müssen die Kohlen erneuert oder der Regler ausgetauscht werden.

- Der Einbau erfolgt sinngemäß umgekehrt. Die Kohlebürsten müssen korrekt auf den Schleifbahnen liegen.

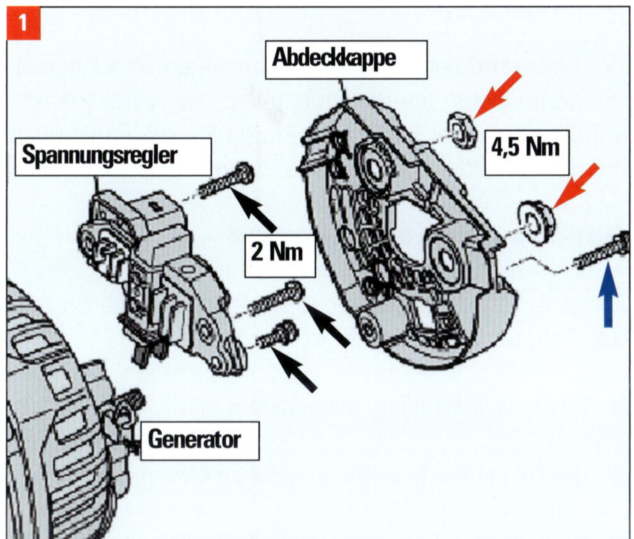

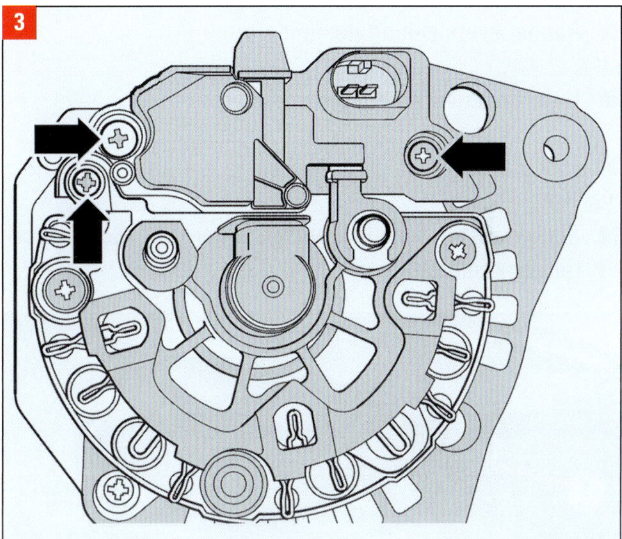

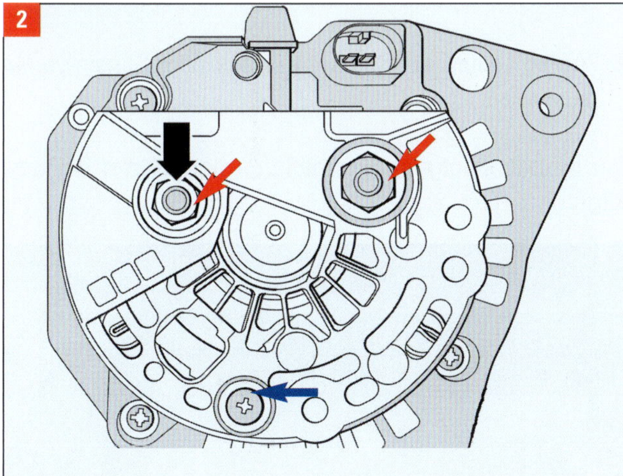

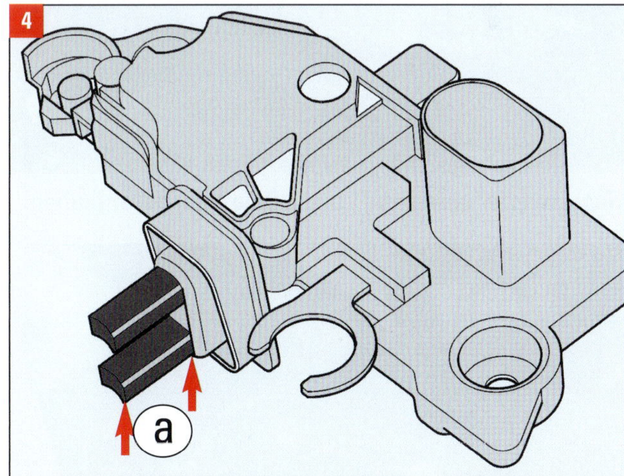

Kohlebürsten: In beiden Reglerfällen liegt die Verschleißgrenze der neu 12 mm langen Schleifkohlen bei a = 5 mm.

Scheinwerfer

Die Montagearbeiten unterscheiden sich nicht für die unterschiedlichen Scheinwerfertypen.

Ausbau des Scheinwerfers (alle)

- Zündung und alle elektrischen Verbraucher ausschalten und den Zündschlüssel abziehen.
- Radhausverkleidung demontieren.
- Unterbodenverkleidung demontieren.
- Stoßstange vorne demontieren.
- Scheinwerferreinigungsanlage unter dem Scheinwerfer demontieren.

Scheinwerfer ausbauen: 1 und 2 Befestigungsschrauben.

Scheinwerfer ausbauen: 3 Befestigungsschraube.

- Schraube (1) demontieren.
- Schraube (2) und (3) demontieren.
- Scheinwerfer herausnehmen.
- Steckverbindung an der Rückseite des Scheinwerfers entriegeln und trennen.

Der Einbau erfolgt sinngemäß in umgekehrter Reihenfolge. Kontrollieren Sie die Einbaulage des Scheinwerfers auf gleichmäßige Spaltmaße. Prüfen Sie die Funktionen des Scheinwerfers und die Scheinwerfereinstellung.

Ausbau der Xenon-Lampe

Diese Arbeiten sollten nicht direkt nach dem Betrieb des Fahrzeugs durchgeführt werden.

- Radhausverkleidung demontieren.
- Deckel mit Hochspannungszeichen öffnen.
- Im nächsten Schritt die Haltefeder des Steuergeräts entlasten.
- Xenon-Lampe mit Steuergerät aus dem Scheinwerfer ausbauen.

Der Einbau erfolgt sinngemäß in umgekehrter Reihenfolge.

Zum Ausbau der Xenon-Lampe: Deckel mit Hochspannungszeichen.

Rückleuchten

Ausbau der Rückleuchten außen

- Zündung und alle elektrischen Verbraucher ausschalten und den Zündschlüssel abziehen.

Linke Fahrzeugseite:

- Staufachdeckel öffnen und den Deckel abnehmen.
- Die Befestigungsschraube dahinter losschrauben.

Rechte Fahrzeugseite:

- Die Blende in der rechten Kofferraumverkleidung herausnehmen und den Verbandskasten demontieren.

Fortsetzung beiden Fahrzeugseiten:

- Demontieren Sie die Steckverbindung (2).
- Demontieren Sie den Lampenträger (1).
- Demontieren Sie die Muttern(3).
- Ziehen Sie die Rückleuchte zuerst vorsichtig aus dem Heck heraus und danach erst am Seitenteil.

Vorsicht: Die Heckleuchte kann schnell verklemmt werden und dadurch können Schäden am Lack oder an der Rückleuchte entstehen.

Die Montage erfolgt sinngemäß in umgekehrter Reihenfolge. Prüfen Sie grundsätzlich die Funktion der Lampen vor der endgültigen Montage.

Wechsel der Leuchtmittel

- Lampenträger der Schlussleuchte im Seitenteil ausbauen.
- Die Lampe für Brems- und Schlusslicht bzw. die Lampe für Blinklicht in die Fassung drücken, nach links drehen und nach oben aus dem Lampenträger herausziehen.

Der Einbau erfolgt sinngemäß in umgekehrter Reihenfolge.

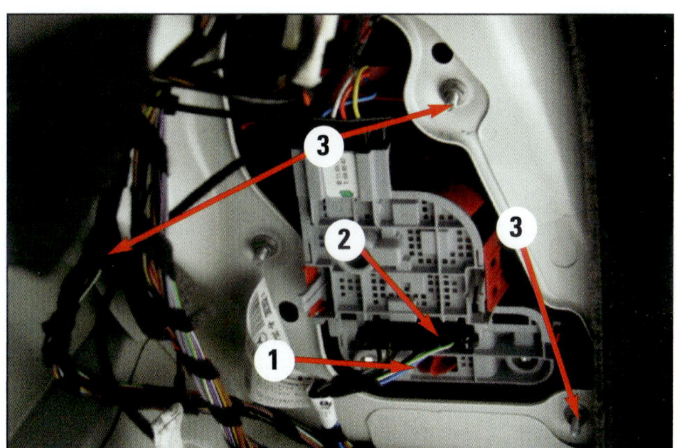

Rückleuchten: 1 Lampenträger, 2 Steckverbindung, 3 Befestigungsmuttern.

Kennzeichenleuchte

Ausbau und Lampenwechsel

- Zündung und alle elektrischen Verbraucher ausschalten und den Zündschlüssel abziehen.
- Kennzeichen demontieren.
- Kennzeichenhalter demontieren.
- Befestigungsschrauben (2) demontieren.
- Griffleiste (1) abnehmen.
- Beide Glühlampen ersetzen.

Der Einbau erfolgt in umgekehrter Reihenfolge. Prüfen Sie die Funktion der Kennzeichenleuchte.

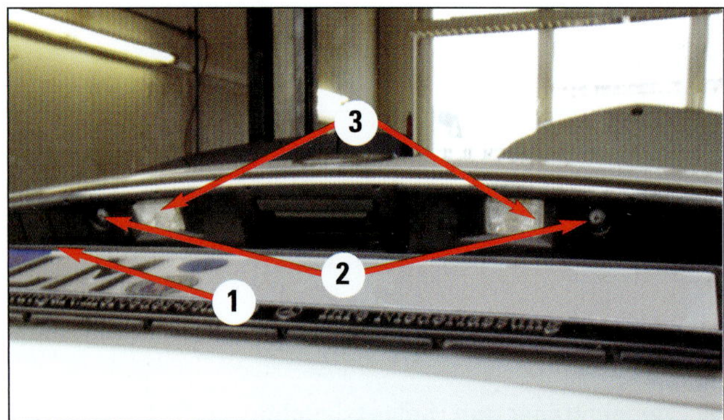

Montageübersicht Kennzeichenleuchte: 1 Griffleiste, 2 Befestigungsschrauben, 3 Kennzeichenbeleuchtung.

Ausbau des Lichtschalters

- Zündung und alle elektrische Verbraucher ausschalten und den Zündschlüssel abziehen.
- Demontieren Sie die seitliche Klappe im Armaturenbrett.
- Greifen Sie mit der Hand über die Öffnung an den Schalter, dort müssen Sie die gezeigten Clips (2) entriegeln.
- Ziehen Sie den Lichtschalter heraus und demontieren Sie die Steckverbindung.

Der Einbau erfolgt in umgekehrter Reihenfolge. Prüfen Sie die Funktion des Lichtschalters.

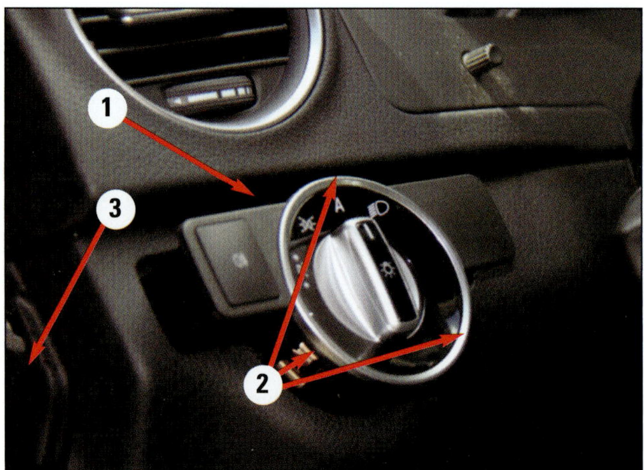

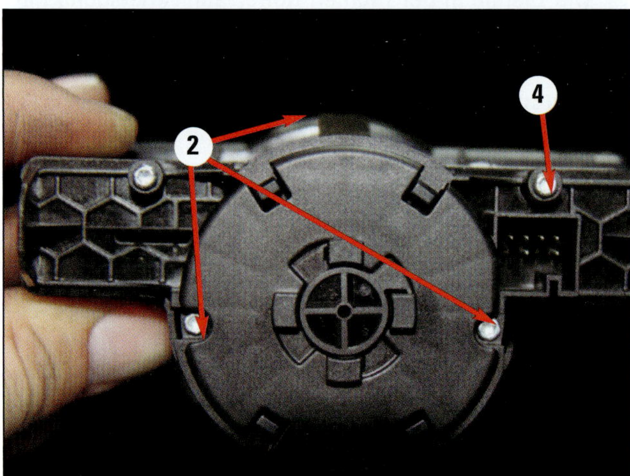

Lichtschalter ausbauen: 1 Lichtschalter, 2 Clips, 3 Deckel im Armaturenbrett, 4 Steckplatz.

Dritte Bremsleuchte

In der 3. Bremsleuchte befindet sich die Spritzdüse der Heckscheibenwaschanlage integriert.

- Zündung und alle elektrischen Verbraucher ausschalten und den Zündschlüssel abziehen.
- Heckklappen-Verkleidungen demontieren.
- Heckklappenrahmen-Verkleidung demontieren.
- Von einer Seite aus beginnen und, wie im Bild gezeigt, die Federn nacheinander zurückdrücken.
- Gleichzeitig die Bremsleuchte langsam und vorsichtig herausdrücken.
- Elektrische Steckverbindung trennen.

Der Einbau erfolgt in umgekehrter Reihenfolge. Prüfen Sie die Funktion der 3. Bremsleuchte und betätigen Sie die Heckscheibenwaschanlage.
Kontrollieren Sie, ob diese auch wirklich dicht ist.

PRAXISTIPP

Ausfall von LEDs in zusätzlichen Bremsleuchten

Die Einzel-LEDs (Licht emittierende Dioden) in der zusätzlichen Bremsleuchte sind in Gruppen zu vier LEDs zusammengefasst und werden gruppenweise mit Strom versorgt. Die zusätzliche Bremsleuchte ist so aufgebaut, dass beim Ausfall einer LED-Gruppe weiterhin die gesetzlichen Bestimmungen erfüllt werden.
Fällt eine weitere LED-Gruppe aus, werden diese Bestimmungen laut Gesetzgeber nicht mehr erfüllt. Durch den Ausfall einer LED-Gruppe werden die intakten LEDs höher belastet, weshalb mit einem baldigen Ausfall weiterer LED-Gruppen zu rechnen ist. Sind mehr als vier Einzel-LEDs in der zusätzlichen Bremsleuchte ausgefallen, ist die zusätzliche Bremsleuchte zu ersetzen (Reparaturmaßnahme).

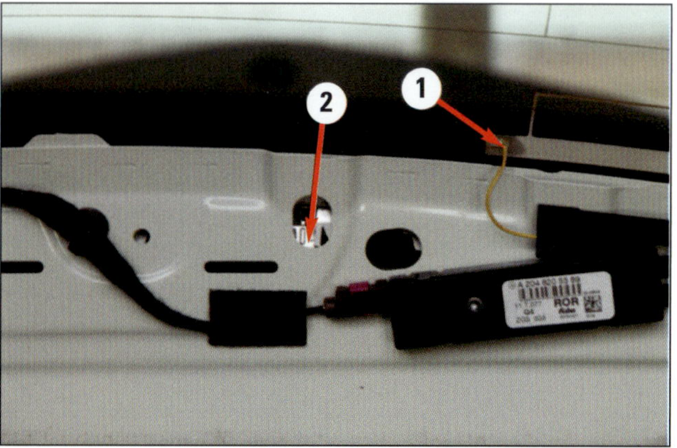

Demontage der 3. Bremsleuchte: 1 Antenne, 2 Clip der 3. Bremsleuchte.

Blinkleuchte im Rückspiegel demontieren

- Zündung und alle elektrischen Verbraucher ausschalten und den Zündschlüssel abziehen.
- Verkleidung (1) vorsichtig ausclipsen.
- Demontieren Sie die zwei Schrauben in der Verkleidung.
- Steckverbindung trennen.
- Clipsen Sie mit Vorsicht den LED-Blinker aus.

Der Einbau erfolgt in umgekehrter Reihenfolge.

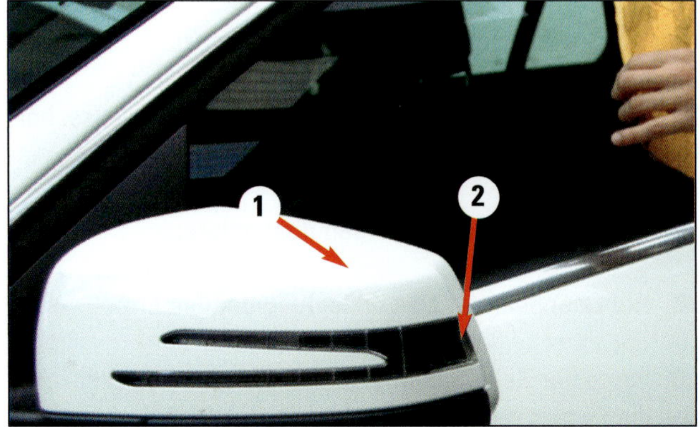

Demontage des LED-Blinkers: 1 Verkleidung, 2 Blinker.

Tagfahrleuchte demontieren

- Zündung und alle elektrischen Verbraucher ausschalten und den Zündschlüssel abziehen.
- Demontieren Sie die Radhausverkleidung
- Demontieren Sie die Steckverbindung.
- Drücken Sie die Clips nach oben bzw. nach unten und schieben Sie die Tagfahrleuchte nach innen.

Der Einbau erfolgt in umgekehrter Reihenfolge.

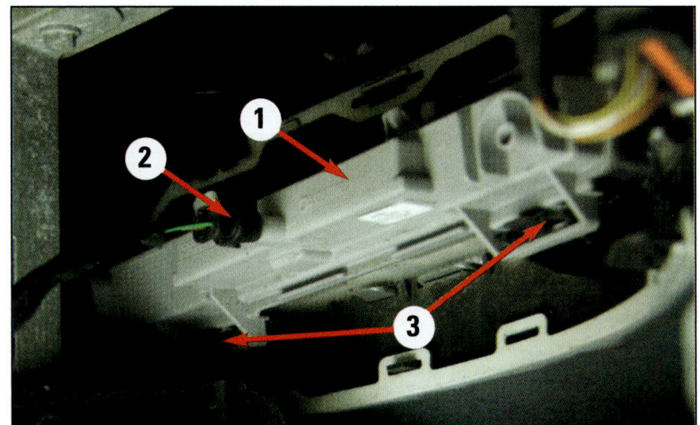

Tagfahrleuchte: 1 Tagfahrleuchte, 2 Steckverbindung, 3 Clips.

Lichtanlage prüfen

Prüfung der Lichtanlage

Kontrollieren Sie mit einem Helfer regelmäßig die Funktion der Lampen und Leuchten. Kontrollieren Sie auch den Zustand hinsichtlich Beschädigung und Verschmutzung.

- Schalten Sie die Zündung ein
- Schalten Sie das Licht ein.
- Kontrollieren Sie Blinker, Standlicht, Tagfahrlicht, Nebelscheinwerfer, Aufblendlicht und Abblendlicht vorne.
- Kontrollieren Sie das Fahrlicht, die Kennzeichenleuchte, die drei Bremsleuchten, das Rückfahrlicht, die Blinker und die Nebelschlussleuchte hinten.
- Ersetzen Sie defekte Leuchtmittel sofort. Verwenden Sie ausschließlich die vorgesehenen Leuchtmittel.

Einstellen der Scheinwerferhöhe

- Das Einstellen der Scheinwerfer sollte grundsätzlich nur im Zusammenspiel mit einem geeigneten Tester erfolgen. Gerade für die Xenonvarianten sollte bei jeder Demontage des Steuergerätes die Nullstellung des Servos neu erfasst werden.
- Bei dieser Gelegenheit sollten Sie auch den Fehlerspeicher für die Lichtanlage auslesen, abarbeiten und löschen (lassen).
- Ein Verdrehen der Einstellschrauben ohne Nullstellung kann eine Fehleinstellung des Scheinwerfers zur Folge haben.
- Nutzen Sie den Service Ihres Markenvertreters und lassen Sie Ihre Lichtanlage in der Regel kostenfrei im Rahmen einer Frühjahrs- oder Herbstaktion prüfen.

Signalgeber prüfen, Signalhorn ausbauen

- **Warnblinkanlage:** Zündung aus, Druckschalter mit rot umrandetem Dreieck betätigen. Alle vier Blinklampen und Kontrollleuchte/Schalter leuchten im gleichen Rhythmus.
- **Richtungsblinker:** Zündung einschalten, Blinkerhebel drücken. Beide Blinker einer Fahrzeugseite müssen blinken, auch die Blinkerkontrolle in der Schalttafel.
- **Bremsleuchten:** Fahrzeug mit dem Heck zur Wand stellen, Bremspedal drücken: Wand muss rot aufleuchten. Funktionieren beide Lampen nicht: Sicherung und Bremslichtschalter prüfen.
- **Lichthupe:** Funktioniert die Lichthupe nicht obwohl die Scheinwerfer brennen, zuerst prüfen, ob an den beiden roten Klemme-30-Kabeln zum Lenkstockschalter Spannung anliegt. Ist dies der Fall, dürfte der Lichtumschalter im Hebelschalter defekt sein.
- **Signalhorn:** Betätigen Sie die Druckplatte auf dem Lenkrad. Die Hupe muss ertönen.

Signalhorn-Ausbau

- Das Signalhorn (Doppeltonhorn hoch und tief) ist am linken Längsträger vorn verbaut. Nach Ausbau des Rahmens für Nebelscheinwerfer, bei Fahrzeugen ohne Nebelscheinwerfer Ausbau der Stoßfängerabdeckung, sind Steckverbindungen und Befestigungsschraube (20 Nm) zugänglich. Trennen, abschrauben, mit Halter herausnehmen. Wenn nötig oder gewünscht, Mutter (15 Nm) herausschrauben, Halter vom Horn abbauen.

Einbau in umgekehrter Reihenfolge.
Anmerkung: Wegen der Steuergeräte muss bei Störungen und Fehleranzeigen oftmals auch der Fehlerspeicher ausgelesen werden (Werkstatt). Die elektronische Wegfahrsperre funktioniert nur online mit Download.

STÖRUNGSBEISTAND

Batterie und Generator

Störung	Was kann das sein?	Was muss ich tun?
A Rote Ladekontrolle brennt nicht beim Einschalten der Zündung	**1** Batterie leer	Mit Starthilfekabel starten oder Wagen anschleppen
	2 Batteriekabel gebrochen. Kabelklemmen lose oder oxidiert	Batteriekabel und -klemmen kontrollieren
	3 Kontrollleuchte defekt	ersetzen
	4 Kabelweg zwischen Zündschloss, Kontrollampe und Lichtmaschine unterbrochen	Stromweg mit Prüflampe kontrollieren
	5 Schleifkohlen abgenutzt	Regler tauschen
	6 Spannungsregler defekt	Regler austauschen
	7 Generator schadhaft	Generator überholen oder austauschen
	8 Feuchtigkeit bildet einen isolierenden Schmierfilm zwischen den Schleifringen und Kohlen (z.B. nach Motorwäsche)	Lichtmaschine mit Druckluft ausblasen oder Schleifringe und Kohlen sauberreiben
B Ladekontrolle brennt oder glimmt bei laufendem Motor	**1** Keilrippenriemen lose bzw. ohne Spannung	Keilrippenriemenspannung kontrollieren
	2 Mangelnder Kontakt an Kabelanschlüssen der Lichtmaschine oder unterbrochene Kabel	Kabelanschlüsse und Kabel prüfen
C Batterieoberfläche feucht	**1** Zu viel eingefülltes destilliertes Wasser	Ausgasen lassen, keine Säure absaugen
	2 Batterieverschlüsse verstopft	Entlüftungslöcher säubern
	3 Spannungsregler defekt	austauschen
D Batterie gast stark	**1** Batterie Zellenschluss	Batterie ersetzen
	2 Ladespannung zu hoch	Lastmanagement prüfen, Fehlerspeicher auslesen (lassen)

Anlasser

STÖRUNGSBEISTAND

	Störung	Was kann das sein?	Was muss ich tun?
A	**Beim Drehen des Zündschlüssels in Startstellung dreht der Anlasser zu lange oder gar nicht**	**1** Kontrolllampen brennen schwach oder verlöschen **1a** Batterie entladen **1b** Kabelanschlüsse lose oder oxidiert **1c** Batterie entladen	Mit Starthilfekabel starten, Auto anschieben/anschleppen, Kabel befestigen, Anschlüsse säubern, Anlasser überholen lassen oder austauschen
		2 Kontrolllampen brennen hell, Klicken aus Richtung Anlasser **2a** Kohlenbürsten bzw. deren Anschlüsse im Anlasser gelöst **2b** Kontakte im Magnetschalter verschmort **2c** Anlasserwicklung schadhaft	Anlasser überholen lassen oder austauschen
B	**Der Anlasser dreht, aber der Motor dreht nicht**	**1** Ritzel verschmutzt	Ritzel reinigen
		2 Einrückvorrichtung klemmt	Anlasser überholen lassen
		3 Verzahnung des Ritzels oder der Motorschwungscheibe beschädigt	Wagen bei eingelegtem Gang durch Helfer ein Stück vorschieben lassen. Erneut starten. Beschädigte Teile ersetzen
C	**Magnetschalter schaltet schnell ein und aus. Anlasser läuft nicht an**	**1** Batterie stark entladen, beim Einschalten des Magnetschalters fällt die Spannung ab und er schaltet wieder ab	Batterie laden
		2 Einrückvorrichtung klemmt	Anlasser überholen lassen
		3 Verzahnung des Ritzels oder der Motorschwungscheibe beschädigt	Wagen bei eingelegtem Gang durch Helfer ein Stück vorschieben lassen – Zündung aus! Erneut starten. Beschädigte Teile ersetzen
D	**Anlasser läuft weiter, obwohl der Zündschlüssel losgelassen wurde**	**1** Magentschalter hängt oder schaltet nicht ab	Zündung sofort abschalten, notfalls Batterie abklemmen. Magnetschalter reparieren oder Anlasser austauschen
		2 Zünd-/Anlassschalter defekt	Schalter ersetzen
E	**Ritzel spurt nach Anspringen des Motors nicht aus**	**1** Rückstellfeder des Einrückhebels lahm oder gebrochen	Motor abstellen, Anlasser austauschen

STÖRUNGSBEISTAND

Hupe

Störung	Was kann das sein?	Was muss ich tun?
A Hupe tönt nicht	**1** Sicherung defekt	Ersetzen
	2 Kabel vom Lenkrad zum Lenksäulensteuergerät unterbrochen	Kabelverlauf kontrollieren, Steckkontakte der Hupe blankkratzen
	3 Hupe defekt	Prüfen, ggf. ersetzen
	4 Relais defekt	Prüfen, ggf. ersetzen
B Hupe tönt dauernd	**1** Kabel vom Hupenkontakt zum Steuergerät hat Masseschluss	Anschlüsse zum Lenksäulensteuergerät prüfen
	2 Hupe hat inneren Masseanschluss	Hupe ersetzen. Unterwegs Kabel von der Hupe abziehen

STÖRUNGSBEISTAND

Bremslicht

Störung	Was kann das sein?	Was muss ich tun?
A Eine Bremsleuchte brennt nicht	**1** Glühlampe durchgebrannt	Austauschen
	2 Masseverbindung unterbrochen. Brennen alle übrigen Lampen in derselben Heckleuchte?	Kabel kontrollieren
	3 Unterbrechung in der Zuleitung	Kabel kontrolllieren
B Beide bzw. alle drei Bremslichter brennen nicht	**1** Sicherung defekt	Ersetzen
	2 Bremslichtschalter defekt	Überprüfen, ggf. ersetzen
C Bremslicht brennt dauernd	**1** Kabel zum Bremslichtschalter haben direkten Kontakt	Kabel kontrollieren

Warnblink- und Blinkanlage

	Störung	Was kann das sein?	Was muss ich tun?
A	**Kontrolllampe für Richtungsblinker leuchtet in ganz kurzen Intervallen auf. Normaler Blinkrhythmus beim Warnblinken**	**1** Eine Glühlampe defekt oder ohne Kontakt	Auswechseln
B	**Blinkleuchten und Kontrollleuchte brennen bei Richtungs- und Warnblinken dauernd oder gar nicht**	**1** Blinkrelais defekt	Auswechseln
C	**Richtungsblinken funktioniert, aber kein Warnblinken**	**1** Sicherung defekt	Auswechseln
		2 Kabel vom Steckkontakt am Warnblinkschalter zur Sicherung bzw. Blinkerrelais unterbrochen	Durchgang kontrollieren, ggf. erneuern
		3 Warnblinkschalter defekt	Auswechseln
D	**Warnblinken funktioniert, aber kein Richtungsblinken**	**1** Kabel zwischen Blinkerschalter und Lenksäulensteuergerät unterbrochen	Durchgang kontrollieren, ggf. erneuern
		2 Blinkerschalter defekt	Auswechseln (lassen)
		3 Sicherung defekt	Ersetzen
E	**Kein Richtungs- und kein Warnblinken**	**1** Sicherung defekt	Auswechseln
		2 Warnblinkschalter defekt	Auswechseln
		3 Anschlüsse zum Lenksäulen-steuergerät defekt	prüfen
F	**Kein Schalter der Hebel am Lenker funktioniert mehr**	**1** Anschlüsse zum Lensäulen-steuergerät defekt	prüfen
		2 Lensäulensteuergerät defekt	Fehlerspeicher auslesen (lassen), Kabel und Anschlüsse prüfen
		3 CAN-Bus-Fehler	Fehlerspeicher auslesen (lassen), Pegel und Signalbild auf der Datenleitung prüfen

Antrieb: Motor und Öl, Kühlung und Getriebe

Die neue C-Klasse hat leistungsstarke und sparsame Motoren. Die Wartung der Triebwerke am Schmier- und Kühlsystem sowie die Anbindung der Motoren über das Getriebe sind Gegenstand dieses Kapitels.

Die Motoren der C-Klasse

Die fortschrittlichen Triebwerke der neuen C-Klasse sind durchweg Direkteinspritzer: bei den Benzinern nach dem BlueEfficiency mit Aufladung per Turbolader, bei den Dieselmotoren mit Common-Rail-Technik und Abgasturbolader. Die Mercedes-Benziner werden mit »CGI« bezeichnet, die entsprechenden Diesel als »CDI«. Start mit sieben Triebwerken: Drei Benzinmotoren in drei Leistungsstufen und vier Hubraumklassen mit 1,8 l, 2,0 l, 2,5 l und 3,5 l. Fünf Dieselmotoren mit 1,8 l , 2,0 l, 2,2 l und 3.0 l Hubraum und einer Leistungsabgabe von 100 kW bis 180 kW, mit denen die C-Klasse an den Start ging, sind durchweg Neuentwicklungen der letzten Jahre. Alle Motoren weisen den Weg zu Verbrauchs- und Abgaswerten, die bis vor kurzem für einen siebensitzigen C-Klasse noch undenkbar gewesen wären.

Das Schmiersystem

Alle Stellen im Motor, an denen Metalle aufeinander gleiten, müssen ständig mit Öl versorgt werden: Kolben, Zylinderlaufbahnen, die Lager von Kurbelwelle und Nockenwelle. Kein Triebwerk hält mehr als einige Minuten ohne passende Schmierung durch. Ein Teil des Schmieröls wird vom Kreislauf abgezweigt und zur Kühlung u. a. des Kolbens direkt in dessen Inneres gespritzt.

WISSENSWERTES

Das Viertaktprinzip

Bei den C-Klasse-Motoren umfasst ein Arbeitszyklus des Kolbens im Zylinder vier Takte. Der Raum, den der Kolben im Zylinder durchmisst, ist der Hubraum. Hat der Kolben darin seinen höchsten Punkt erreicht, bleibt nur der Brennraum mit dem Kraftstoff-Luft-Gemisch. Hubraum plus Brennraum bilden den Zylinderraum. Das Verhältnis des Zylinderraums zum Brennraum gibt an, auf den wievielten Teil des Zylinderraums das Kraftstoff-Luft-Gemisch verdichtet wird:

Die vier Takte:

- Einspritzen: Der Kolben gleitet zum Unteren Totpunkt UT. Die Einlassventile öffnen, das Einspritzventil arbeitet, Luft und Kraftstoff strömen in den Zylinder.
- Verdichten: Der Kolben bewegt sich vom UT zum Oberen Totpunkt OT. Die Einlassventile schließen. Der Kolben verdichtet das eingeströmte Gemisch.
- Verbrennen: Kurz vor dem OT wird das Gemisch gezündet. Es verbrennt und drückt den Kolben zum UT. Sein Pleuel dreht die Kurbelwelle.
- Ausstoßen: Der Kolben geht nach oben. Die Auslassventile öffnen, die verbrannten Gase werden ins Abgassystem (und in den Turbolader) geschoben.

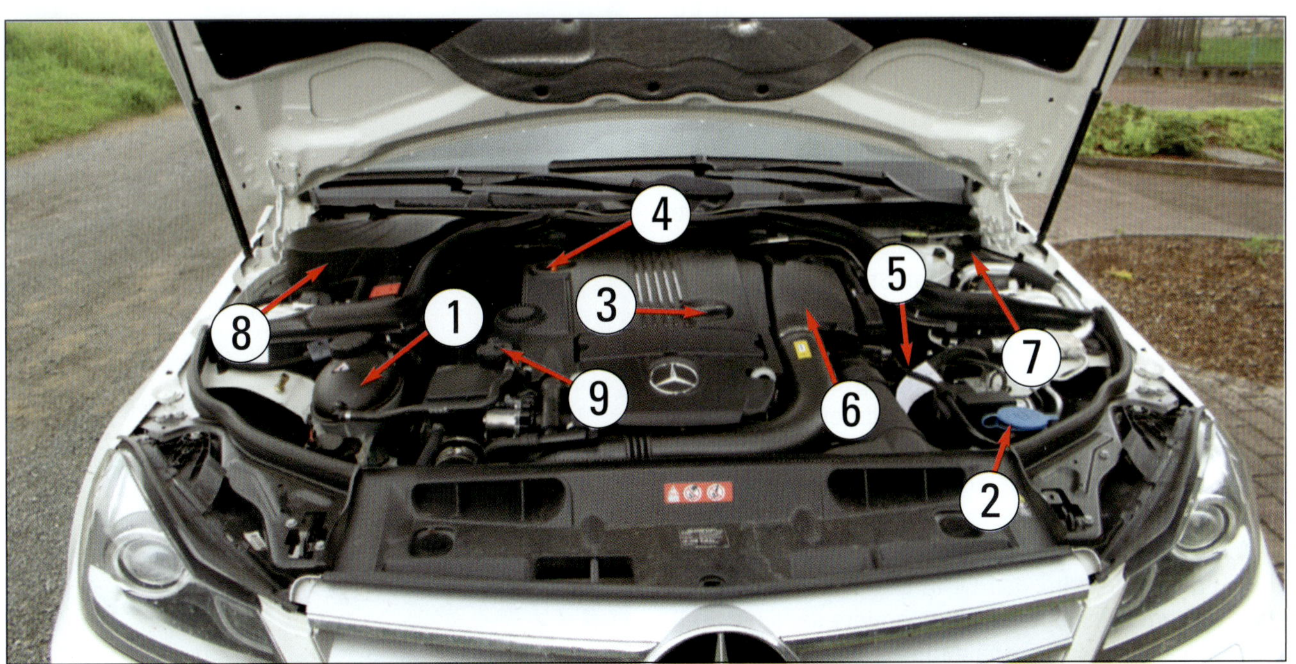

Motorraum und Übersicht der Kontrollpunkte: 1 Kühlwasserbehälter, 2 Scheibenwaschbehälter, 3 Öleinfüllstutzen, 4 Ölpeilstab, 5 Luftmassenmesser, 6 Luftfilterkasten, 7 Elektrik und Relais, 8 Gebläse, 9 Servoölbehälter.

Das Motoröl

Öl vermindert Reibung und Verschleiß und dichtet die engen Räume zwischen Kolben, Kolbenringen und Zylinderwand so fein ab, dass der hohe Druck bei der Verbrennung fast ohne Verluste auf die Kurbelwelle übertragen wird. Öl kühlt auch den Motor, zum Beispiel die Kolben in den Zylindern und die Lager von Kurbelwelle und Nockenwelle. Außerdem schützt es vor Rost, bindet Schmutzpartikel und einen Teil der Verbrennungsrückstände. Wichtige Kenngröße für Motoröl ist seine Viskosität. Sie ist das Maß für die Fließfähigkeit des Schmieröls. Im Winter muss ein Motoröl so dünnflüssig sein, dass es nach dem Kaltstart sofort alle Schmierstellen versorgt. Bei höheren Temperaturen ist dickflüssiges Öl gefragt, das den Schmierfilm nicht abreißen lässt. In der C-Klasse fließt ganzjährig fahrbares »Mehrbereichsöl« (Bilder 1/2). Die meisten Motoröle sind solche Öle aus Mineralöl und bis zu 20% Additiven. Diese Zusätze bewirken, dass sich das Öl den Temperaturen im Motor anpasst, dass der Viskositäts-Index steigt (»VI-Verbesserer«). Sie schützen das Öl vor Oxidation und verhindern das Aufschäumen bei hohen Drehzahlen. Die Additive verschleißen aber bei hohen Temperaturen und verlieren ihre Wirkung. Wasser, Kraftstoff und Verbrennungsrückstände setzen der Lebensdauer des Motoröls ebenfalls Grenzen. Rechtzeitiger Ölwechsel ist daher kein Luxus, sondern reine Notwendigkeit, wenn Ihr Motor reibungslos funktionieren soll.

Der Ölkreislauf

Im Motorblock strömt das Öl durch ein System von Leitungen und feinen Bohrungen an die richtige Adresse. Dieses System bildet von der Ölwanne unten am Motor über die verschiedenen Stationen bis in die Wanne zurück einen Kreislauf mit der Ölpumpe im Zentrum.

Die Pumpe holt über die Saugleitung das Öl aus der Wanne. Im Hauptstrom sitzt der Ölfilter (Bild 3), der Verunreinigungen wie Ruß, Metallabrieb und Staub zurückhält. Vom Filter gelangt das Motoröl über Bohrungen im Zylinderblock zu den Schmierstellen der Kurbelwelle und zu den Pleueln. Von den Gleitlagern der Kurbelwelle wird das Öl in den Zylinderkopf, zu den Nockenwellenlagern und an andere sensible Stellen gedrückt. Rücklaufkanäle führen wieder in die Ölwanne.

Normen für Motoröl

WISSENSWERTES

■ SAE-Klasse: Einstufung durch die Society of Automotive Engineers. Bezeichnet die Klasse der Viskosität, zum Beispiel SAE 5W-30 (unser Bild). Je kleiner die erste Zahl, umso dünner und bei Kälte besser fließend ist das Öl (W = Winter). Ein Öl mit 0W schmiert noch bei minus 30 Grad, bei 5W ist es gut bis minus 25 Grad, bei 15W bis minus 15 Grad. Je höher die zweite Zahl, umso besser widersteht das Öl hohen Temperaturen.

■ MB BeVo: Hier gibt Mercedes-Benz nach der eigenen Vorschrift die verschiedenen Service Öle frei. Diese Service-Öl Vorgaben finden Sie in Ihrer Anleitung zum Fahrzeug.

■ API-Norm: Vorschrift des American Petroleum Institute. Diese Spezifikation besteht aus den Buchstaben S bzw. G (Benziner) und C bzw. PD (Diesel) sowie einem weiteren Buchstaben bzw. einer Zahl. Je höher im Alphabet oder je größer die Zahl, umso besser ist die Qualität des Öls.

Der Ölfilter

Bauform und Montage des Ölfilters unterscheiden sich je nach Motortyp, aber das Prinzip ist immer ähnlich. Der Filter arbeitet nur so lange, bis er vom Schmutz zugesetzt ist. Deshalb Filtereinsatz beim Ölwechsel tauschen!
Wenn er nicht rechtzeitig gewechselt wurde, tritt ein Überdruckventil in Aktion. Es öffnet, und das Motoröl umgeht den Filter. Damit ist zwar die Ölversorgung sichergestellt, doch ungefiltertes Motoröl bewirkt einen höheren Verschleiß an den Lagerstellen.
Durch die Mittelachse der Filterpatrone gelangt das gereinigte Öl direkt in den Hauptölkanal. Der Öldruckschalter dort signalisiert über die Kontrollleuchte im Schalttafeleinsatz und einen Warnton zu niedrigen Öldruck.

Der Öldruck

Damit die Schmierung bei jeder Belastung des Motors sichergestellt ist, muss der Öldruck stimmen. Bei zu kaltem und sehr zähflüssigem Öl kann ein zu hoher Druck entstehen. Dann öffnet ein Überdruckventil eine Umgehungsleitung (Bypass) und leitet das Öl direkt auf die Saugseite der Ölpumpe zurück. Der Ölkreislauf bleibt in diesem Fall erhalten. Problematisch ist zu niedriger Öldruck, der z. B. vorkommt, wenn Sie bei zu geringem Ölstand mit hohem Tempo durch eine Kurve fahren. Die Ölpumpe saugt dann Luft anstatt Öl aus der Ölwanne. Der Öldruck fällt abrupt ab, was zu schweren Lagerschäden führen kann. Wenn nach schnellen Autobahn- oder Passfahrten die Öldrucklampe im Leerlauf leuchtet, ist das ein Indiz dafür, dass der Öldruck durch zu heißes und damit dünnflüssiges Öl unter den normalen Wert gesunken ist, obgleich das Öl einen extra Kühler passiert. Wenn die Kontrollleuchte beim Gas geben wieder erlischt, ist alles in Ordnung. Wenn aber der Geber in der Ölwanne zu geringen Ölstand signalisiert, könnte Motorschaden drohen. Sofort anhalten, Motor abstellen, Öl auffüllen und prüfen, ob die Warnsignale damit ausgeschaltet sind. Sonst Werkstatt oder Selbsthilfe!

Ölstand prüfen

- Nach Betriebsanleitung des Fahrzeugs vorgehen. Ölstandskontrolle laut Faustregel nach jedem zweiten Tanken ist nicht verkehrt, aber bei den Mercedes-Motoren kaum noch nötig. Auf jeden Fall ist Prüfen mit dem Peil- oder Messstab (Bilder 1 und 2) in regelmäßigen Abständen erforderlich für sicheres Fahren zwischen den Ölwechseln.

- Kontrolle bei mindestens 60 °C Öltemperatur (10 Minuten Fahrt nach Kaltstart). Messstab ziehen (Vorsicht vor heißer Umgebung der Stabführung!). Stab flusenfrei abwischen, wieder einschieben, kurz warten, erneut herausziehen. Ölbedeckung an der Messspitze auswerten. Bild 2 zeigt Varianten der Messspitzen von Ölpeilstäben bei CDI-Motoren. Andere Ausführungen sind möglich.

Es gilt:
a = Maximalstand, kein Öl nachfüllen.
b = Normalbereich, Nachfüllen nicht nötig, kann aber erfolgen bis höchstens zur Marke »a«.
c = Minimalstand, Öl muss nachgefüllt werden.

- Öl nachfüllen: Mit Trichter in die Öleinfüllöffnung. Nur

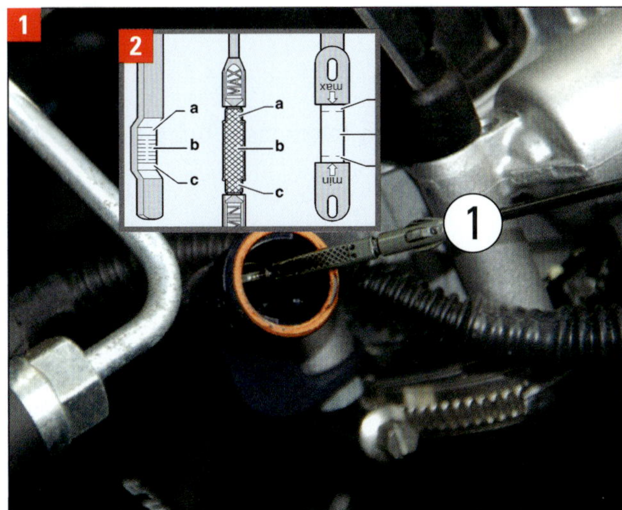

Bilder 1 und 2 Motoröl: Der Messstab (1) bietet unten die Ablesemöglichkeit a/b/c.

Öl und Filter wechseln

Motoröl beim Hersteller oder in der Werkstatt mit Fahrgestellnummer anfragen.

- Öl und Filter wechseln: Die Motoren gestatten Intervalle von einem Jahr oder 25.000 Fahrkilometern, falls die Anzeige nicht früheren Service verlangt. Bei ausschließlichen Stadtfahrten macht früherer Wechsel in jedem Falle Sinn. Im Winterhalbjahr können schon sechs Monate (7000 bis 10.000 km) ausreichend sein.

- Das Altöl sollte abgesaugt werden, man kann es aber auch ablassen. Wenn ein Ölabsauggerät verfügbar ist, können Sie den Ölwechsel in eigener Regie vornehmen. Das sollte Sie aber nicht dazu veranlassen, billiges Motoröl zu verwenden. Das ist für die hochentwickelten und damit auch sehr anspruchsvollen Motoren der jüngsten Generation nicht zu empfehlen.

- Mit dem Ölwechsel ist immer auch der Ölfilterwechsel verbunden. In den »Technischen Daten« geben wir Ihnen die Einfüllmengen mit und ohne Filterwechsel an. Der Ölfilter ist vorn am Motor nahe der Ölmessstabführung montiert (bei CDI obere Motorabdeckung abnehmen).

- Ölwechsel am betriebswarmen Motor. Entsorgungsvorschriften beachten. Am mit Ölkühler verschraubten Filtergehäuse den Verschlussdeckel mit Ringschlüssel (Steckschlüssel) SW 36 lösen und abschrauben.

- Den Filterwechsel vor dem Ölwechsel vornehmen: Durch das Herausnehmen des Filterelements wird ein Ventil geöffnet, und das Öl im Filtergehäuse fließt automatisch ins Kurbelgehäuse. Es kann dann abgelassen (Schraube unten an der Ölwanne) oder eben besser abgesaugt werden.

- Filtereinsatz herausnehmen. Der O-Ring vom Deckel muss ersetzt werden, dazu den neuen O-Ring leicht einölen. Einen neuen Filtereinsatz (Spezifikation laut Gehäuseaufdruck) einsetzen, Deckel wieder aufschrauben. Motoröl mit einem Absauggerät absaugen.

- Öl der genannten Spezifikation und Menge einfüllen.

Öldruck prüfen

Nach dem Filter- und Ölwechsel beim ersten Motorstart beachten:

Solange die Kontrollleuchte für Öldruck leuchtet, nur Leerlauf! Bei Gasstößen kann der Turbolader geschädigt werden oder ganz ausfallen.

- Öldruck prüfen: Öldruckschalter aus Filterhalter oder Motorblock ausschrauben und Öldruckprüfer einschrauben. Die Prüfung mit einem Eigenbau-Drukkmesser« ist natürlich auch möglich. Die Vorgehensweise unterscheidet sich nicht.

- Schalter an den Prüfer schrauben. Bei mindestens 80 °C Öltemperatur und normalem Ölstand prüfen. Motor erst im Leerlauf, dann mit erhöhter Drehzahl laufen lassen. Nachstehende Richtwerte sollten gemessen werden.

- Wenn die Sollwerte bei der Prüfung nicht erreicht werden, muss auf Lagerschäden untersucht, der Ölfilterhalter mit Überdruckventil ersetzt oder die Ölpumpe ausgetauscht werden. Das sind dann Arbeiten für erfahrene Mechaniker oder für die Spezialisten in einer Fachwerkstatt.

Druckmesswerte als Daumenwert

Die angegebenen Druckwerte sollten bei Ihrer Messung nachvollzogen werden können. Beachten Sie nicht nur den Mindestdruck. Das Überschreiten des Höchstdrucks kann die Hydrostößel leicht aufdrücken.

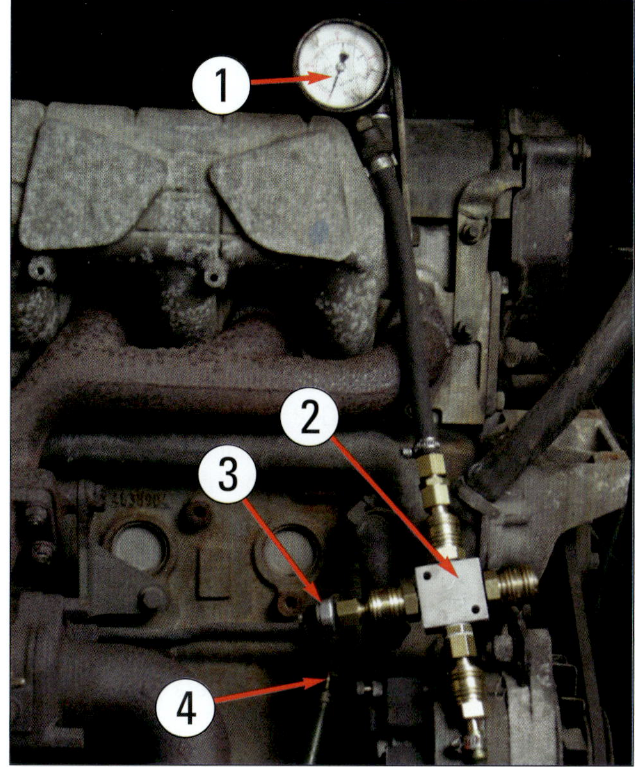

Anschluss am Motor: 1 Anzeige (Druckuhr), 2 Adapter im Eigenbau, 3 Öldruckschalter angeschlossen, 4 Anschluss des Öldruckschalters ist mit einem Adapter belegt.

Kühlsystem

Für die richtige Betriebstemperatur des Motors sorgt das Kühlsystem. Im Kreislauf zirkuliert die in den Kühlflüssigkeitsbehälter (Bild 1) eingefüllte Flüssigkeit aus Wasser und Kühlmittelzusatz. Das System besteht aus Kühler, Temperaturregler (Thermostat, Bild 2), Wasserleitungen und einem Netz kleiner Kanäle in Motorblock und Zylinder. Dieser Wassermantel führt die Verbrennungswärme über die Schläuche des Kühlsystems an den Kühler ab.

Der Kurzschlusskreislauf

Nach dem Kaltstart zirkuliert das Kühlmittel im kleinen Kühlkreislauf, der sich auf Motor und Heizung beschränkt. In diesem »Kurzschlusskreislauf« hält der Thermostat den Durchfluss zum Kühler geschlossen. Das Kühlmittel (Bild 3) gelangt auf direktem Weg zurück in den Motor. So erhitzt sich die Kühlflüssigkeit schneller und der Motor wird schneller warm. Der Kühler tritt erst in Aktion, wenn die Kühlflüssigkeit

Bild 1: Kühlflüssigkeitsbehälter (1).

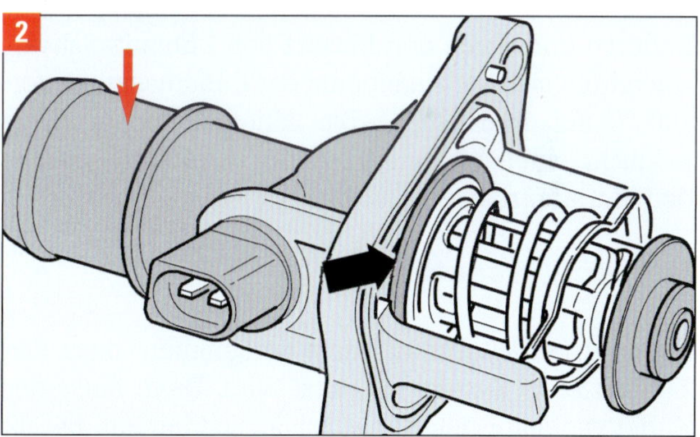

Bild 2 Thermostat: Der groß Ventilteller (schwarzer Pfeil) muss mit gesamtem Umfang gegen den Flansch abdichten.

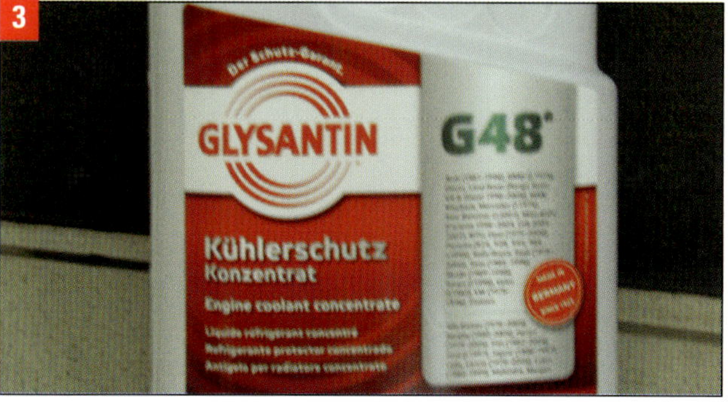

Bild 3: Kühlmittelzusatz »G48«.

eine bestimmte Temperatur erreicht hat. Wenn dann der Thermostat öffnet, wird kaltes Wasser aus dem Kühler mit erwärmtem Wasser aus dem kleinen Kühlkreislauf vorgemischt.

Kühlung bei Betriebstemperatur

Solange die Wassertemperatur steigt, öffnet der mit dem Anschlussstutzen (roter Pfeil in Bild 2) in den Zylinderblock geschraubte Thermostat den Kaltwasserzufluss aus dem Kühler immer weiter und schließt den Kurzschlusskreislauf. Bei Betriebstemperatur zirkuliert die Kühlflüssigkeit vom unteren Kühlwasserschlauch zur Wasserpumpe (Kühlmittelpumpe), die sie in Motorblock und Zylinderkopf drückt. Der größte Teil der Flüssigkeit läuft über den geöffneten Thermostat zum Kühler, der Rest zum Wärmetauscher der Heizung. Das im Kühler unten abfließende kalte Wasser zieht heißes Kühlmittel oben in den Kühler nach. Dort wird es durch die Kühlerlamellen abgekühlt. Sinkt während der Fahrt die Wassertemperatur unter die Soll-Betriebstemperatur, sperrt der Thermostat den Kühlerdurchfluss erneut, bis das Kühlmittel warm genug ist. Das Kühlsystem steht unter einem Überdruck von etwa 1,2 bis 1,5 bar bei Betriebstemperatur. Dadurch und durch den Einsatz von Kühlmittelzusätzen erhöht sich der Siedepunkt der Kühlflüssigkeit von 100 °C auf rund 135 °C. Die höhere Temperatur ermöglicht einen wirtschaftlicheren, Kraftstoff sparenden Motorbetrieb.

Der Kühlerventilator

Es kann bei langsamer Fahrt vorkommen, dass das Kühlmittel im System überhitzt wird. Dann muss der Kühlerventilator den Kühler zusätzlich kühlen. Bei 92 bis 97 °C Kühlmitteltemperatur wird die erste Stufe (halbe Drehzahl), bei 99 bis 105 °C die zweite Stufe mit voller Drehzahl geschaltet.

Arbeiten am Kühlsystem

Das Kühlmittel

Kühlflüssigkeit besteht aus Wasser und Kühlmittelzusatz. Bei dem Kühlmittel handelt es sich um das Kühlerfrost- und Korrosionsschutzmittel G48 plus plus mit lila Färbung. Es soll stets nur G48 lila nachgefüllt werden. Der Zusatz ist aber mit den älteren Mitteln G48 und G48 (rot) mischbar. G48 ist als Lebensdauerfüllung geeignet und schützt optimal vor Frost, Korrosionsschäden, Kalkansatz und Überhitzung. Der Kühlmittelzusatz verliert seine Wirksamkeit nach etwa vier Jahren und sollte dann erneuert werden. Die Autohersteller schreiben einen turnusmäßigen Wechsel nicht vor, aber Auffüllen von Zusatz nach Ablassen einer Differenzmenge kann nötig werden. Dann Vorsicht: Beim Öffnen des Ausgleichsbehälters kann heißer Dampf entweichen. Verschlussdeckel vor dem Aufdrehen mit Lappen abdecken und erst dann vorsichtig öffnen! Zischen zeigt Druckabbau. Wichtig bei Arbeiten am Kühlsystem ist die richtige Befestigung der Kühlmittelschläuche. Es sollten immer die originalen Klemmschellen des Herstellers verwendet werden. Das geeignete Werkzeug bei Entfernung und Befestigung ist eine Schlauchklemmenzange.

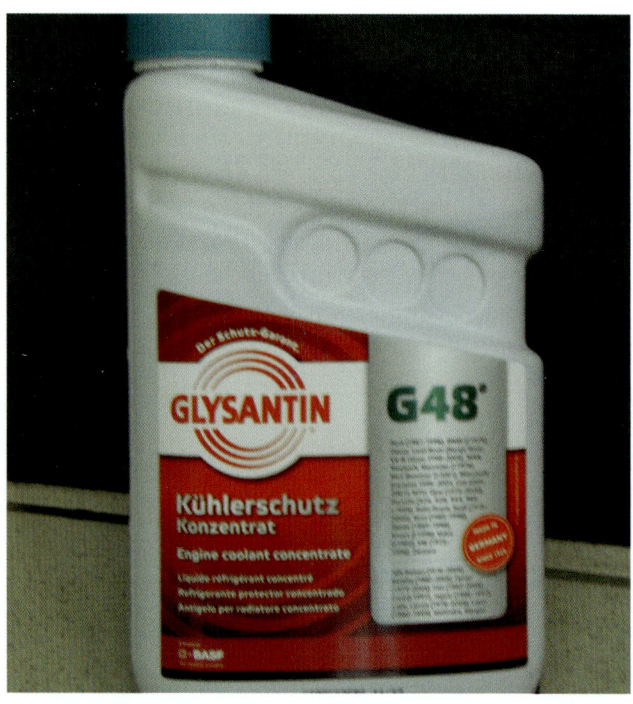

Kühlerschutzkonzentrat: Glysantin G48.

Frostschutz prüfen

Das Kühlmittel sorgt auch für bessere Wärmeableitung. Deshalb soll das Kühlsystem unbedingt ganzjährig mit dem Mittel befüllt sein, mindestens 40% gemischt mit 60% Wasser. Das Mischungsverhältnis sollte ab und zu mit einem handelsüblichen Prüfgerät kontrolliert werden. Der Zusatzanteil am Gemisch von mindestens 40% sichert Frostschutz bis -25 °C. Bis zu dieser Temperatur muss der Frostschutz gewährleistet sein, in Ländern mit arktischem Klima sogar bis -35 °C. Der Anteil soll 60% nicht übersteigen, weil sich bei zu viel Zusatz Frostschutz und Kühlwirkung wieder verschlechtern.

- Stellen Sie den Motor an.
- Lassen Sie das Kühlsystem etwas abkühlen.
- Öffnen Sie vorsichtig den Deckel des Ausgleichsbehälters.
- Stecken Sie den Entnahmeschlauch (3) in den Ausgleichsbehälter (4).
- Öffnen Sie den Hahn (2), drücken den Pumpball (5) zusammen und saugen Sie so viel Kühlmittel an, dass Sie kein Luftblase im Schauglas sehen können.
- Lesen Sie auf der Skala (1) ab, bis wie viel °C Ihr Kühlmittel frostsicher ist.

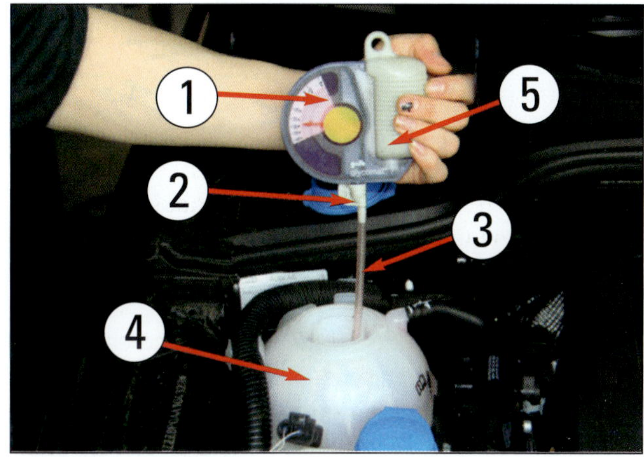

***Frostschutz prüfen:* 1** Anzeige-Skala, 2 Hahn, 3 Entnahmeschlauch, 4 Ausgleichsbehälter, 5 Pumpball.

Thermostat prüfen

Der Thermostat regelt die Temperatur des Kühlsystems, indem er den Zugang zum »großen Kühlkreislauf« freigibt oder langsam abregelt. Hier wird bestimmt, welche Wassermenge den Durchfluss zum Kühler schafft. Im Thermostat der alten Bauweise ist ein Wachselement verbaut, welches sich mit Zunahme der Temperatur ausdehnte und dann das Ventil des Thermostaten entsprechend aufdrückte. Heute werden diese Regelfunktionen teilweise schon von angesteuerten Regelventilen übernommen. Diese Funktion ist deutlich schneller abzufragen und es können leicht eine Systemüberwachung mit Kennfeldabgleich und auch entsprechende Fehlerspeicherablage realisiert werden.

- Bauen Sie den Thermostaten aus.
- Biegen Sie sich zwei Schweißdrähte so, dass Sie den Thermostat im Kochtopf zu Beobachtung aufhängen können.
- Füllen Sie den Kochtopf mit Wasser. Der Thermostat muss vollständig bedeckt sein.
- Positionieren Sie den Messsensor des Multimeters (5) so, dass Sie die Wassertemperatur am Thermostat erfassen können.
- Schalten Sie die Kochplatte (3) ein und beobachten Sie den Temperaturanstieg.
- Notieren Sie sich die Temperatur, bei der der Thermostat mit dem Öffnen begonnen hat.

- Achten Sie darauf, dass sich der Thermostat ruckfrei öffnet. Ist das nicht der Fall, muss er sofort ersetzt werden. Der Öffnungsringspalt muss ebenfalls gleichmäßig ausfallen. Eine ungleichmäßige Öffnung ist ein Hinweis auf Schäden am Thermostat.

- Die maximale Öffnung sollte bei etwa 95 °C erreicht sein.

- Nachdem der Thermostat seine maximale Öffnung erreicht hat, lassen Sie ihn abkühlen und beobachten hierbei das ruckfreie Schließen.

Thermostat prüfen: 1 Topf mit Wasser, 2 Thermostat mit Schweißdraht aufgehängt, 3 Kochplatte, 4 Schalter, 5 Multimeter mit Temperaturmessung.

Motormanagement

Kraftstoffzufuhr und -dosierung, Herstellung es optimalen Kraftstoff-Luftgemischs, Arbeit des Turboladers und Abgaskontrolle werden von der Motorsteuerung bewerkstelligt. Das Motormanagement ist mit Kennfeldern für Gemischaufbereitung und Kraftstoffeinspritzung vorprogrammiert. Gesteuert werden Einspritzmenge und -beginn, Leerlaufdrehzahl, Abgasrückführung, Turbolader, Ladeluftkühlung und Ladedruck.

Bordcomputer und Diagnose

In der C-Klasse gibt es je nach Ausstattung bis zu 51 Steuergeräte. Neben dem Luftfilterkasten befindet sich das Motorsteuergerät. Zur Funktionsdiagnose und Fehlerabfrage von Steuergeräten gibt es im Fahrzeug den nach der internationalen Vorschrift unter der Schalttafel Fahrerseite angeordneten Steckanschluss (Bild 1a), der über Kabel mit dem mobilen Diagnosegerät verbunden wird. Werkstatt-Diagnosetester sind so programmiert, dass die Einstellung »Fahrzeug-Eigendiagnose« und der Menüpunkt »Gateway-Verbauliste« angewählt werden. Dann folgt der Schritt »Steuergeräte mit hinterlegtem Fehlerspeichereintrag auslesen«. Relevante Fehler müssen schnell behoben werden. Einige Hersteller bieten Diagnosegeräte für den typoffenen Einsatz an. Im Vergleichstest 2009 der Sachverständigenorganisation DEKRA wurde der kompakte Steuergeräte-Diagnosetester KTS von Bosch Testsieger. Preisgünstig angeboten werden Kleingeräte von Bosch mit Zubehör und Anschlusskabel auch über Internet (www.TuningPro24.de).

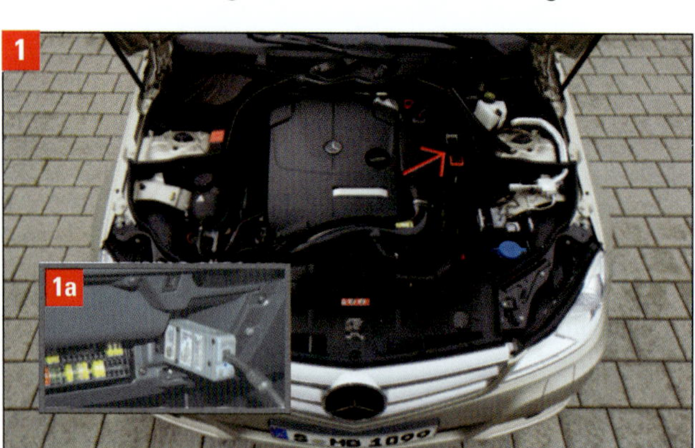

Motormanagement: Das Motorsteuergerät im Wasserkasten (Bild 1). Dieses Motorsteuergerät (1), Hochdruckpumpe (2) und Rail mit Injektoren (3) sind Kern des Systems (Bild 2).

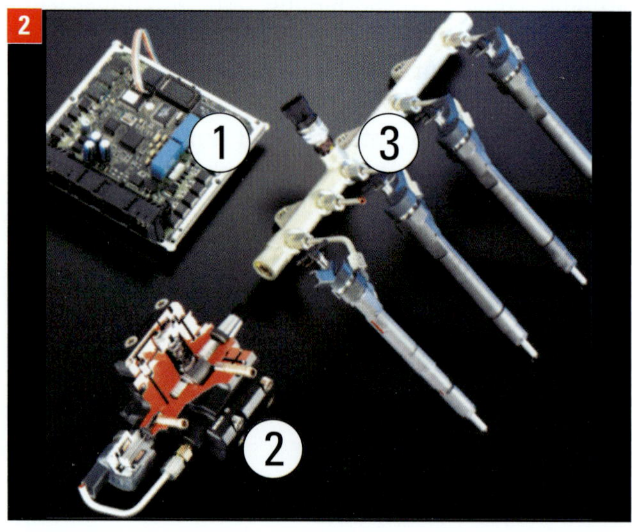

Effiziente Systeme

Die elektronischen Systeme für das Motormanagement errechnen die bestmöglichen Werte für Kraftstoffaufbereitung und Verbrennung. Motorsteuergerät (1), Kraftstoff-Hochdruckpumpe (2), Common Rail mit Injektoren (3) und die nötigen Sensoren bilden das Einspritzsystem (Bild 2), das den Einspritzvorgang optimiert und maßgeblich zu hoher Wirtschaftlichkeit und niedrigen Emissionen der Motoren beiträgt. Die Elektronik wertet in Echtzeit alle Sensordaten über die Kühlmittel-, Kraftstoff- und Ansauglufttemperatur sowie über die momentane Motordrehzahl, die Gaspedalstellung und über die angesaugte Luftmasse aus. Das ist Voraussetzung für Systeme wie elektronisches Gaspedal (E-Gas), automatische Geschwindigkeitsregelung (AGR) und Leerlauf-Regelung. Schließlich ermöglicht die Elektronik die On-Board-Diagnose sowie den Datenaustausch mit dem Steuergerät des Automatikgetriebes. Dies stellt sicher, dass der Motor im verbrauchsgünstigsten Bereich arbeitet und gestattet ruckfreie Gangwechsel mit hoher Dynamik.

Steuergerät, CAN-System, Geber

Das Motorsteuergerät mit Funktions- und Überwachungsrechner ist gegen äußere Einflüsse in einem Metallgehäuse gekapselt. Es enthält vor Kurzschlüssen und Überlastung geschützte Endstufen, die genügend Leistung für direkten Anschluss der Stellglieder liefern. Zum Datenaustausch zwischen den elektronischen Komponenten dienen Daten-Bus-Systeme, bei denen sehr viele Daten parallel in einen einzigen Kabelkanal eingespeist werden. Für Kraftfahrzeuge wurde das Bussystem CAN konzipiert und international genormt. Die elektronischen Steuergeräte brauchen eine serielle Schnittstelle CAN, dann sind sie über die Datensammelschiene miteinander und auch mit dem Diagnoseanschluss zu verbinden. Das Steuergerät erfasst folgende Parameter:

Luftbeschaffenheit

Luftmassenmesser, Geber für Ansauglufttemperatur, Höhenmesser und Ladedrucksensor bestimmen präzise die Dichte der Umgebungsluft und den Druck für den Turbolader. Von der Luftdichte hängt der Anteil der für die Verbrennung entscheidenden Sauerstoffteilchen ab. Die Luftfüllung ist zusammen mit der Motortemperatur ein Berechnungsfaktor für Einspritzmenge und jeweiliges Motor-Drehmoment.

Motordrehzahl

Der Drehzahlgeber an der Kurbelwelle informiert über Motordrehzahl, genaue Stellung der Kurbelwelle und Stellung des Kolbens jedes einzelnen Zylinders. Dazu werden per Magnetfeld Impulse erzeugt, deren Anzahl pro Zeit ein Maß für die Drehzahl des Schwungrades ist.

Nockenwellenstellung

Der Nockenwellenpositionssensor (»Hallgeber«) gibt die Stellung der Nockenwelle an. Motordrehzahl und Nockenwellenstellung bestimmen Einspritzzeitpunkt und sequenzielle Einspritzung jedes Zylinders.

E-Gas und Drosselklappe

Zwei Geber für Gaspedalstellung sitzen als gemeinsames Modul direkt am Gaspedal. Das elektronische Gaspedal erfasst den »Fahrerwunsch« als eine Haupteingangsgröße für das Motorsteuergerät. Nach dieser Information wird vom Drosselklappensteller der Öffnungswinkel in Abhängigkeit vom Betriebszustand reguliert. Beim Beschleunigen kann die Klappe schon ganz geöffnet sein, obgleich das Gaspedal erst halb durchgetreten ist. Auch die Einflussnahme auf die Systeme des Fahrwerks (ABS, ESP) ist möglich. Falls z. B. der Fahrer zu viel Gas gibt, kann das Steuergerät so weit drosseln, bis kein Rad mehr durchdreht.

Fahrpedal- oder E-Gas-Sensor: Information an das Steuergerät über den Fahrerwunsch.

Das Drosselklappenpotentiometer (Bild 1)

Die Stellung der Drosselklappe wird über diesen Sensor an die Motorsteuerung weitergegeben. Der Wert gibt an, wieweit die Drosselklappe tatsächlich angesteuert ist.

Der Luftmassenmesser (Bild 2)

Er befindet sich im Ansaugrohr zwischen Luftfilter und Drosselklappe und bestimmt die Menge der angesaugten Luft, die bekanntlich von Temperatur, Feuchtigkeit und Dichte abhängt. Im Gegensatz zum früher verwendeten mechanischen Luftmengenmesser, der lediglich das Volumen der durchgesetzten Luft im Ansaugtrakt bestimmen konnte, gibt der heute sowohl beim Diesel als auch beim Benziner verwendete Heißfilmluftmassenmesser viel präzisere Signale zur Einspritzregelung ab.

Motortemperaturfühler (Bild 3)

Der Motortemperatursensor sitzt im Kühlmittel-Kreislauf und gibt dessen Temperatur an das Steuergerät weiter. Der Ansauglufttemperatursensor befindet sich im Ansaugkanal und gibt die Temperatur der Ansaugluft an das Steuergerät weiter.

Der Klopfsensor

Ein Piezokeramik-Bauteil, eingebaut in den Zylinderblock, registriert die bei klopfender Verbrennung entstehende Schwingung und wandelt sie in elektrische Signale um. Die Motorsteuerung reguliert danach den Zündzeitpunkt.

Drosselklappenpotentiometer: Hier noch mit echten erkennbaren Schleifbahnen!

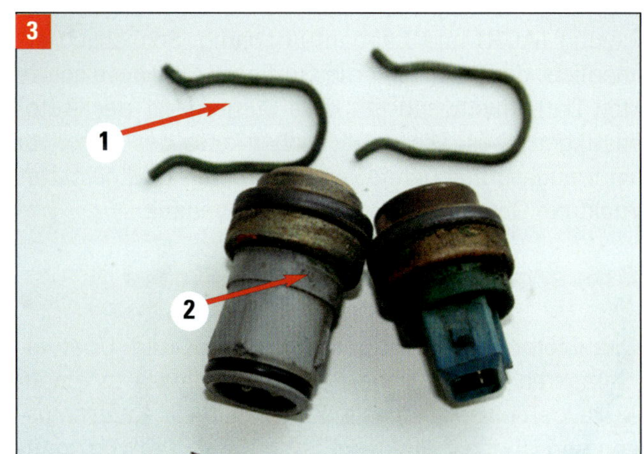

Temperaturfühler: 1 Sicherungsklammer, 2 Temperaturfühler.

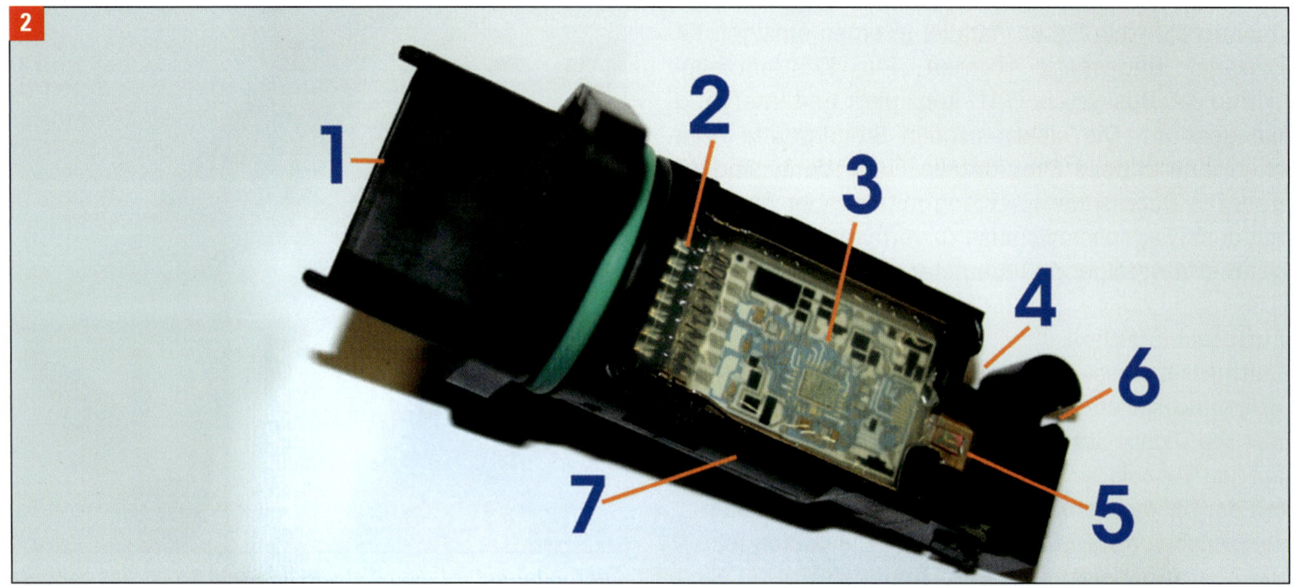

Luftmassenmesser: 1 Anschluss, 2 Leitungen, 3 Platine, 4 Lufteinlass, 5 Sensorelement, 6 Luftauslass, 7 Gehäuse.

Das Duell von Diesel und Otto

WISSENSWERTES

Als Ende des 19. Jahrhunderts die Herren Rudolf Diesel und Nikolaus August Otto ihre Erfindungen zum Patent anmeldeten, konnten beide nicht ahnen, dass ihr Duell um das beste Motorenkonzept bis heute nicht entschieden sein wird. Lange Zeit galt der Benziner als das Maß der Dinge, war er doch auch schon rund 30 Jahre früher erfunden worden. Die schweren, robusten Diesel kamen zunächst nur bei Schiffen, Lastkraftwagen und Taxis zum Zuge, also überall dort, wo Temperament und Spitzenleistung kein Thema waren. Denn im Gegensatz zum Benziner, bei dem das Gemisch durch einen Funken fremdgezündet wird, braucht der hochverdichtete Diesel mehr Zeit, bis sich das Gemisch auf Grund des Druck- und Temperaturanstieges entzündet. Durch diesen so genannten Zündverzug kann der Diesel bis heute keine hohen Drehzahlen erreichen, bei maximal 5500 U/min ist Schluss. Kraft war dagegen schon immer vorhanden: Dieselkraftstoff hat mit 35,3 MJ/L nämlich einen höheren Energiegehalt als Benzin (32 MJ/L). Der spezifische Verbrauch pro kW war deshalb von Anfang an niedriger, das Drehmoment höher. Ab den 70er-Jahren machte der Turbolader den Dieseln zusätzlich Dampf. Das verfügbare Drehmoment hing bei hohem Luftüberschuss im Wesentlichen nur noch von der dazu eingespritzten Menge Diesel ab. Der Benziner ist dagegen in jedem Betriebszustand auf ein bestimmtes Gemisch (14,7 Teile Luft zu einem Teil Kraftstoff), abgesehen von den Benzindirekteinspritzern CGI, welche auch mit »Luftüberschuss« betrieben werden können, angewiesen. Alles andere verbrennt nur unvollständig. Das konnten erst die elektronisch gesteuerten Einspritzsysteme wirklich gut, die Anfang der 80er-Jahre zusammen mit dem geregelten Katalysator Einzug hielten. Die Diesel kamen erst später in den Genuss einer digitalen Motorsteuerung, dann aber zusammen mit der Hochdruck-Direkteinspritzung. Heute ist das Vorglühen eine Sache von Sekunden, Abgasrückführung und Rußfilter sorgen für eine weitgehend reine Weste. Aber: Das raue Laufgeräusch ist geblieben und längst nicht jedermanns Sache. Ebenfalls direkteinspritzende Benziner der neusten Generation versprechen weiteres Sparpotenzial und noch saubere Abgase. Die Technik von Diesel und Benziner wird dabei immer ähnlicher. Bereits heute laufen die ersten Diesotto-Motoren auf dem Prüfstand.

Ottos Motoren

Einspritzung und Zündung

Die Einspritzdüsen werden für jeden Zylinder einzeln angesteuert. Das bildet die ideale Grundlage für ein funktionales Gemischaufbereitungssystem. Die Betätigung der Einspritzventile erfolgt elektromechanisch, durch die Ansteuerung können die Einspritzzeit und damit auch die Einspritzmenge geregelt werden Durch die verkürzten Wege im Saugrohr ist die Gefahr, dass sich bei kaltem Motor das Benzin an der Saugrohrwand niederschlägt, ebenfalls stark verringert.
Auch die Zündanlage wird von diesem System komplett angesteuert. Jeder Zylinder hat seine eigene Zündspule, die auf der Zündkerze montiert ist. Verbrannte Verteilerkappen und Finger gehören bei diesen Zündanlagen endlich der Vergangenheit an. Die Ansteuerung durch das Steuergerät ermöglicht die Veränderung des Zündwinkels und des Zündzeitpunktes. Sogar eine Laufruheregelung für jeden einzelnen Takt des Motors wird nun möglich.

Die Einspritzdüsen

Das Steuergerät sorgt mit Hilfe eines elektrischen Impulses für das Öffnen der Einspritzdüsen. Die Öffnungsdauer, Art der Düsen und der anliegende Kraftstoffdruck entscheiden dann über die jeweils eingespritzte Kraftstoffmenge. In jedem Fall wird der Kraftstoff fein zerstäubt, um sich mit der Luft zu mischen.

Kraftstoffdosierer für Benziner: Die Einspritzdüsen, hier mit der Schutzverpackung um den Anschluss oben und die Bohrungen unten.

Die Lambdasonde

Die Lambdasonde hat die Aufgabe den Luftanteil im Abgasstrom zu messen. Sie ist Bestandteil eines Regelkreises, der ständig die richtige Zusammensetzung des Luft-Kraftstoffgemisches sicherstellt. Das optimale Mischungsverhältnis der Luftmenge zu Kraftstoff, bei dem eine maximale Umsetzung der Schadstoffe im Katalysator erreicht wird, liegt bei Lambda = 1. Es entspricht einem Anteil von Luft zu Kraftstoff im Verhältnis von etwa 14,5 : 1 (auch »stöchiometrisches Mittel« genannt). Änderungen dieser Zusammensetzung werden von der Lambdasonde, die im Abgasrohr sitzt, registriert und dienen dem Motormanagement zur Steuerung zahlreicher Funktionen. Übermäßige Abweichungen werden ebenfalls erkannt und gelten als erster Hinweis für mögliche Fehler. Das Funktionsprinzip der Lambdasonde beruht auf der Umwandlung des gemessenen Luft-Kraftstoffverhältnisses in elektrische Spannung. Dies ermöglicht ein gasundurchlässiger Keramikkörper, der von einer dünnen, mikroporösen Platinschicht ummantelt ist. Die Keramik erlaubt ab einer Temperatur von ca. 300 °C die Leitung von Sauerstoffionen. Der Unterschied an Sauerstoffanteilen im Abgasstrom zwischen Abgas- und Luftseite bewirkt dabei die Entstehung einer elektrischen Spannung. Der Regelwert nimmt bei Lambda = 1 sprunghaft einen bestimmten Wert (z. B. 500 mV) an. Bei Abweichungen dieser Größe (z. B. zwischen 100 mV = mageres Gemisch und 800 mV = fettes Gemisch) leitet das Motorsteuergerät entsprechende Korrekturmaßnahmen ein.

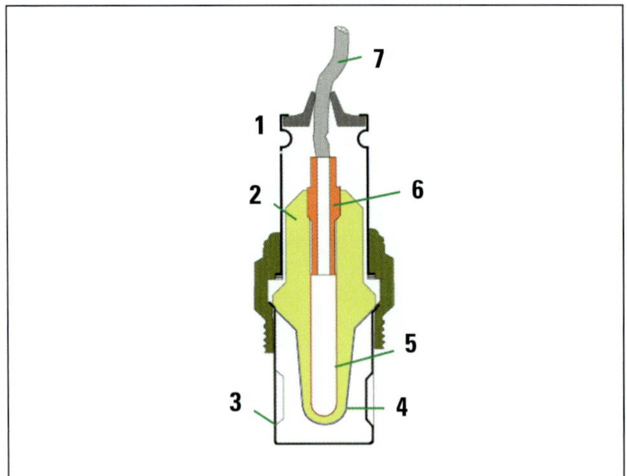

Aufbau der Lambdasonde: 1 Belüftung, 2 Sondenkeramik, 3 Schutzrohr, 4 Elektrode (-), 5 Elektrode (+), 6 Kontaktbuchse, 7 Anschlusskabel.

Rudolf Diesel hat Erfahrung

1955 schreibt Mercedes mit 180 D Renngeschichte, durch die leistungsstarken Dieselmotoren konnte Mercedes den Doppelsieg sowie den Klassensieg erlangen. Damals besaßen die Dieselmotoren eine Vorkammereinspritzanlage die sich bis in das Jahr 1997 durchsetzt. In den darauf folgenden Jahren konnte Mercedes mit den Dieselmotoren mit Vorkammer Einspritzanlage ältliche Siege im Rennsport und Rekorde in der Reichweite sowie in der Höchstgeschwindigkeit aufstellen, so zum Beispiel der Sieg bei der Afrika-Rallye.

So wurde erstmals die Common-Rail-Direkteinspritzung in die Baureihe 202 im Jahre 1997 verbaut und sorgte für durchzugsstarke Turbodiesel Motoren und vor allen Dingen seiner gesitteten Trinkmanieren wegen für glückliche Käufer.

Sie als CDI-Fahrer müssen wir damit aber zuletzt beeindrucken. Denn auch ohne Rennsport bzw. Rennsport Erfahrung wissen Sie die genannten Vorzüge Ihrer Motorisierung im täglichen Einsatz besser zu schätzen, als wir es in Worten ausdrücken könnten.

Kraftstoffdosierer für Diesel: 1 Injektoren, 2 Railrohr, 3 Hochdruckpumpe.

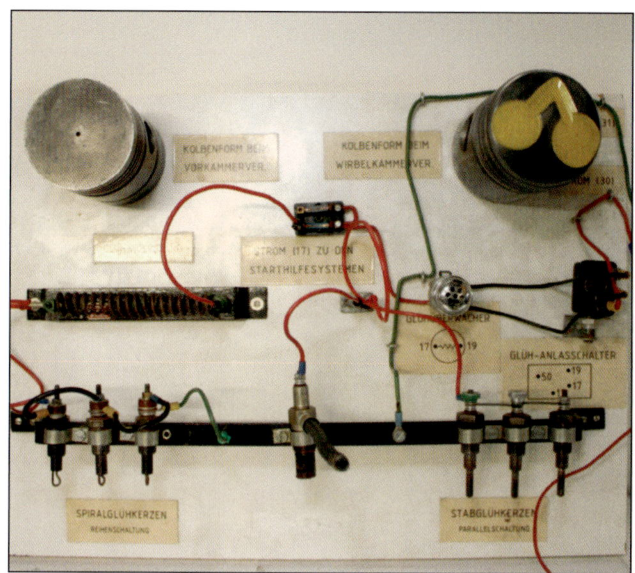

Historie in der Starthilfe: Die Technologie hat sich zwar weiterentwickelt, die Vorgehensweise hat sich aber nicht verändert.

Die Elektronische Diesel Control (EDC)

Die Komplexität moderner Dieselmotoren stellt selbstverständlich auch Herausforderungen an die Steuerung des Verbrennungsvorgangs. Ebenso wie der Einspritz- und Zündvorgang beim Benziner, wird auch die Selbstzündung des Dieselkraftstoffs heute von Sensoren, Aktoren und einem Steuergerät beeinflusst und gesteuert. Zusammengefasst sind all diese Aufgaben in der Electronic Diesel Control, kurz EDC. Ihr Regelkreis verfolgt dabei das klassische Prinzip Eingabe – Verarbeitung – Ausgabe. Für die Eingabe, der Datenerfassung aller momentanen Stellgrößen des Motors, sind die Sensoren zuständig. Zu den wichtigsten zählen Temperatursensoren im Kühlmittelkreislauf, im Ansaugkanal oder auch an der Einspritzpumpe. Der Kurbelwellen-Drehzahlsensor erkennt die Stellung der Kurbelwelle, wodurch die Position der einzelnen Kolben errechnet wird. Auch beim Diesel misst ein Luftmassenmesser die Menge und Dichte der angesaugten Luft. Die Aufladung mittels Turbo macht auch einen Ladedrucksensor erforderlich. Der Fahrpedalsensor gibt den Fahrerwunsch an das Steuergerät weiter. Dieses verarbeitet die Daten und bedient dann die Stellglieder, wie beispielsweise das Ladedruck-Regelventil oder auch die Regelung der Abgasrückführung. Diese hat beim Diesel die Aufgabe die Rohemissionen zu senken und arbeitet nur in bestimmten Lastzuständen. Das wichtigste Teil ist jedoch die Pumpe, deren elektronische Regelung über Einspritzzeitpunkt und -menge wacht. Die Regelung ist dabei so exakt, dass bei den PDE-Triebwerken während der kurzen Zeitdauer eines Taktspiels mehrere Einspritzintervalle möglich sind. Dadurch läuft ein Diesel wesentlich sanfter und umweltfreundlicher.

Die Glühanlage

Da in der kalten Jahreszeit beim Startvorgang die Wärme der verdichteten Luft nicht zur Selbstzündung ausreicht, gibt es die Vorglühanlage. Sie heizt mittels einer Glühkerze den Brennraum auf Selbstzündungs-Temperatur auf. Die modernen 3-Phasen Glühkerzen ermöglichen einen problemlosen Kaltstart genauso schnell wie beim Benziner, selbst bis -30 Grad Celsius Außentemperatur. Nach Einschalten der Zündung hat die Glühkerze in weniger als zwei Sekunden bereits eine Temperatur von 850 Grad Celsius erreicht, was allemal genügt, um einen sicheren Kaltstart zu ermöglichen. Danach werden während dem Warmlaufen (Phase 2) die Glühkerzen weitergeglüht. Dies hat gleich mehrere Vorteile: Zum einen werden die Emissionen um bis zu 40% reduziert – vollständige Verbrennung des Dieselkraftstoffs – zum anderen wird das dieseltypische Nagelgeräusch in dieser Phase minimiert. Als erfreulicher Langzeiteffekt bleibt das Dieselaggregat durch den ruhigeren Motorlauf geschont, was zur längeren Lebensdauer beiträgt.

Die Hochdruckeinspritzung

Doch wie konnte sich aus dem ehemals stinkig-blau qualmenden und vor allen Dingen trägen Dieselmotor das leistungsfähige und drehmomentstarke CDI Sparwunder entwickeln? Hauptverantwortlich für diesen Fortschritt ist die Entwicklung der Hochdruck-Direkteinspritzung. Damit wurden Einspritzdrücke von über 2000 bar möglich. Gegenüber der Vorkammer- oder Wirbelkammerverfahren bietet die Direkteinspritzung einen deutlich gesteigerten Wirkungsgrad. Der im Brennraum als feiner Sprühnebel verteilte Dieselkraftstoff bietet ein viel größeres Angriffsvolumen zur Entflammung und kann dadurch optimaler ausgenutzt werden.

Das Verschleißteil Glühkerze

Durch die Verwendung einer Regelwendel, die vor Überhitzung schützt, ist die Glühkerze sehr standfest. Um die Funktion sicherzustellen empfehlen wir Ihnen die Glühkerzen regelmäßig etwa alle 15.000 km zu prüfen. Ein Wechsel ist alle 60.000 km vorgesehen, bei sehr stark beanspruchten Motoren, beispielsweise durch häufigen Hängerbetrieb oder in überwiegend heißen Temperaturregionen kann der Wechsel aber auch schon nach 30.000 km notwendig sein. Lesen Sie dazu im Arbeitsabschnitt die Seiten »Glühkerzen prüfen/austauschen«. Beachten Sie unbedingt das Anzugsdrehmoment von 15 Nm bei der Montage, um Schäden an der Glühkerze und dem Einschraubgewinde zu vermeiden.

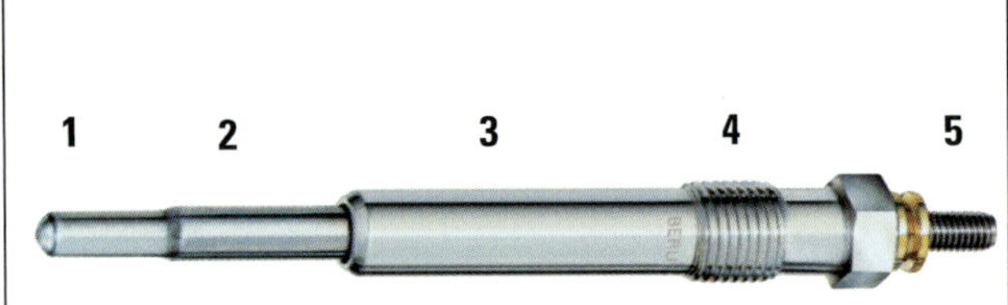

Aufbau einer Glühstiftkerze: (1) u. (2) Heiz- und Regelwendel (innerhalb des Glührohrs), (3) Kerzenkörper, (4) Einschraubgewinde, (5) Anschlussbolzen.

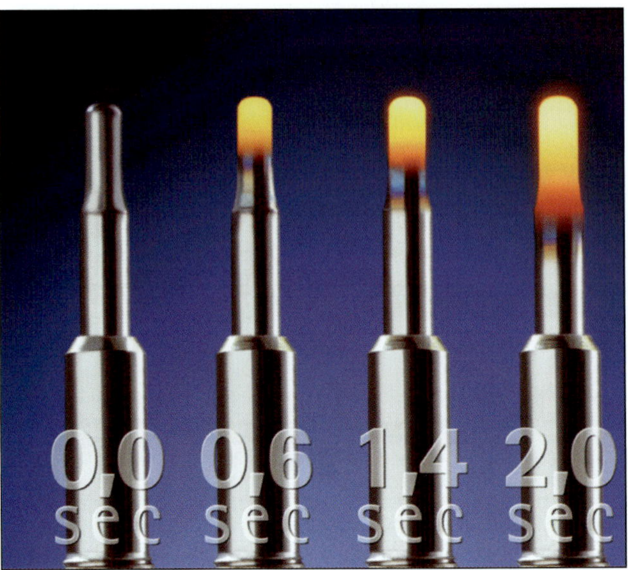

Zeitraffer: Bereits kurze Zeit nach der Ansteuerung durch das Vorglührelais erreicht die Glühstiftkerze eine Temperatur von 850 Grad Celsius.

Motorraumverkleidung oben demontieren

Wer den Motorraum seiner C-Klasse begutachtet, sollte sich nicht blenden lassen: Über der eigentlichen Technik des Antriebsaggregates sitzen großflächige Kunststoffabdeckungen. Vom Motor selbst ist also so gut wie nichts zu sehen. Zwar sind der Luftfilter, der Ölmessstab sowie der Öleinfüllstutzen gut zu erreichen, um aber weiterführende Wartungstätigkeiten durchführen zu können, muss die Plastikhaube im Motorraum runter.

- Ziehen Sie die Motorverkleidung in Pfeilrichtung vom Motor ab.

Einbau:
Beim Montieren der Motorverkleidung sollten Sie die Stopfen mit Silikonspray einsprühen, damit gewährleistet ist, dass die Verkleidung beim nächsten Mal auch ohne Defekt vom Motor abgezogen werden kann.

Kräftig ziehen: Die Abdeckung sitzt in Gummilagern auf Kunststoffkugeln.

Keilrippenriemen prüfen

Der Keilrippenriemen wird über eine automatische Spannvorrichtung nachgespannt. Sie müssen also hier keine Wartungsarbeit mehr investieren. Allerdings sollten Sie dennoch den Zustand des Riemens von Zeit zu Zeit begutachten. Sollte der Riemen unterwegs reißen, stehen Sie nämlich vor einem größeren Problem.

- Die Spannung und die Funktion der Spannrolle überprüfen Sie durch kräftiges Drücken, zum Beispiel mit dem Daumen gegen den Riemen. Gibt der Riemen nach und die Spannrolle schwenk aus (und beim Loslassen wieder in die Ausgangsstellung zurück), dann sind Spannung und Spannrolle in Ordnung. Hängt der Riemen aber lose durch, ist die Spannrolle defekt.
- Kontrollieren Sie den Zustand des Keilrippenriemens (am besten von unten). Achten Sie besonders auf:
  - Unterbaurisse (Anrisse, Kernbrüche, Querschnittbrüche)
  - Lagentrennung (Deckschicht, Zugstränge)
  - Ausbruch am Unterbau
  - Ausfransen der Zugstränge
  - Flankenverschleiß (Materialabtrag, Ausfransungen, Flankenverhärtung, Oberflächenrisse)
  - Öl- und Fettspuren
- Um alle Stellen zu inspizieren, lassen Sie den Motor zwischendurch kurz laufen. Setzen Sie eine Markierung um sicherzustellen, dass Sie nicht per Zufall die gleiche Stelle in Augenschein nehmen.

Keilrippenriemen aus- und einbauen

Das Auswechseln des Keilrippenriemens ist sehr aufwändig. Bei allen Motoren muss dazu die untere Unterbodenverkleidung abgebaut werden, dies ist am besten auf einer Hebebühne zu bewerkstelligen, oder das Auto ordentlich aufbocken. Zudem wird je nach Ausstattung die Umlenkung des Keilrippenriemens sehr aufwändig.
Die Riemenführung kann sich nur in Abhängigkeit von Ausstattung und Motorisierung verändern. Im Zweifelsfall skizzieren Sie die Einbaulage auf einem Blatt Papier, bevor Sie mit der Demontage beginnen.

Benötigtes Werkzeug und Materialien:
- Torx zum Entspannen der Spanneinrichtung
- Dorn (z. B. passender Schraubenzieher ca. 4,5 mm Durchmesser, Länge ca. 55 mm) zum Arretieren der Spannvorrichtung

Ausbau
- Unterbodenverkleidung 1, 2, 3 ausbauen.
- Laufrichtung des Keilrippenriemens kennzeichnen.
- Im folgenden Arbeitsschritt die Spannrolle ausschwenken, um den Riemen zu lockern.

Sicht ohne Unterbodenverkleidungen, die mindestens entfernt werden müssen.

- Die Spannrolle ist mit einem Dorn zu sichern.
- Nehmen Sie nun den Keilrippenriemen ab.
- Bevor Sie den neuen Keilrippenriemen einbauen, sollten Sie diesen mit dem alten Riemen vergleichen.

Der Einbau erfolgt in umgekehrter Reihenfolge.

Die Sicht von unten auf die Spannrolle des Keilrippenriemens

Mit dem Ringschlüssel die Spannrolle wie dargestellt entspannen. Die Aussparung (A) dient zum Arretieren der Spannrolle, sobald sie ausgeschwenkt ist. Dazu benötigen Sie einen geeigneten Dorn (z. B. Bohrer).

Luftfilter

Bei allen Arbeiten am Luftfiltersystem muss genauestens darauf geachtet werden, dass keine Fremdstoffe in das Ansaugsystem gelangen können. Grundsätzlich sollten Sie das Gehäuse reinigen und wenn erforderlich auch mit einem Staubsauger aussaugen, um die krümeligen Reste vom letzten Herbst und andere Rückstände gründlich zu entfernen.

Demontage des Luftfiltereinsatzes

- Clipsen Sie die Steckverbindung zum Luftmassenmesser ab.
- Drehen Sie die Schrauben (A) heraus.
- Nehmen Sie das Luftfilteroberteil nach oben ab.
- Nehmen Sie den Luftfilter heraus.

Der Einbau erfolgt in umgekehrter Reihenfolge.

Demontage des Luftfilterkastens

- Deckel für Luftführung abziehen, dazu seitliche Haltespangen lösen.
- Luftführung unten abclipsen, dazu Haltespangen entriegeln. Luftführung unten mit Luftführungsschlauch abnehmen.
- Lösen Sie die Schraube (Pfeil A) und ziehen Sie das Luftfiltergehäuse nach oben aus der Befestigung.
- Bauen Sie das Luftfiltergehäuse zusammen mit dem Luftmassenmesser und Verbindungsrohr aus.

Der Einbau erfolgt in umgekehrter Reihenfolge.

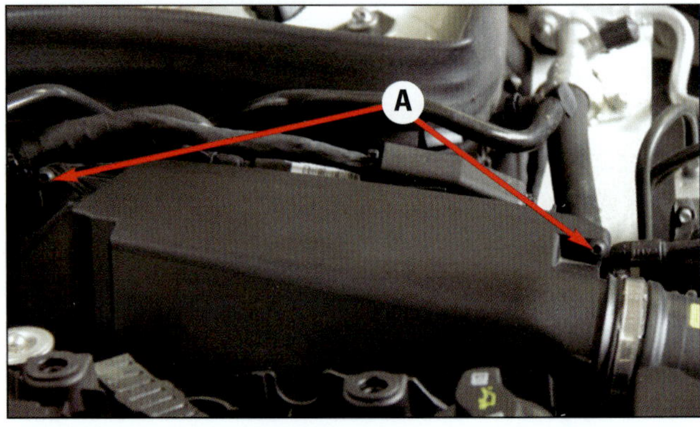

Befestigung des Luftfilterkastens: Die Schraube (A) herausdrehen.

Kraftstofffilter

Kraftstofffilter wechseln Diesel

Benötigtes Werkzeug:
- Seitenschneider
- Schlitzschraubendreher
- Ratschenkasten
- Schlauchschellenzange

Aus- und Einbau
- Zündung ausschalten, Schlüssel aus dem Zündschloss entfernen.
- Steckverbindung (C) demontieren.
- Schläuche (A) und (B) demontieren.
- Befestigungsschelle des Kraftstofffilters lösen.

Der Einbau erfolgt in umgekehrter Reihenfolge.

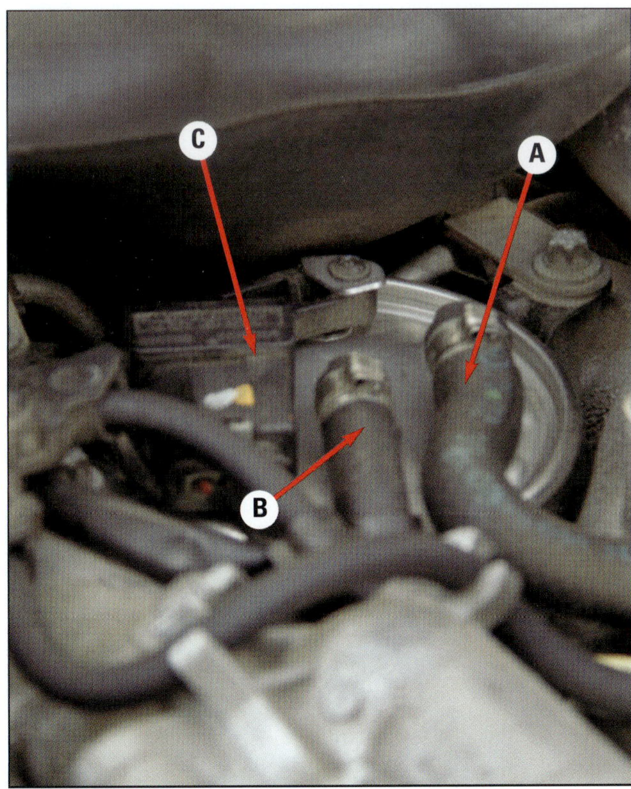

Anschlüsse und Einbaulage des Kraftstofffilters: (A) Vorlaufleitung vom Tank, (B) Rücklaufleitung zum Tank, (C) Steckverbindung.

Kraftstofffilter wechseln Benziner

Beim Benziner finden Sie den Kraftstofffilter nicht im Motorraum, sondern direkt im Kraftstofftank. Der regelmäßige Wechsel des Benzinfilters ist in den Wartungsunterlagen von Mercedes vorgesehen. Ein verstopfter Filter kann aber Ursache bei unruhigem Motorlauf mit Zündaussetzern sein und sollte spätestens dann ersetzt werden.

- Demontieren Sie die Rücksitzbank.
- Entfernen Sie den Deckel auf der Fahrerseite.
- Demontieren Sie die Kraftstoffleitung (1).
- Trennen Sie die Steckverbindung (2).
- Lösen Sie die Schelle mit dem Spezialwerkzeug (001589000700) der Mercedes-Fachwerkstatt.
- Kraftstofffilter mit Tankgeber herausziehen.
- Tankgeber von Kraftstofffilter entfernen.
- Drucksensor demontieren und Kraftstofffilter tauschen.

Der Einbau erfolgt in umgekehrter Reihenfolge.

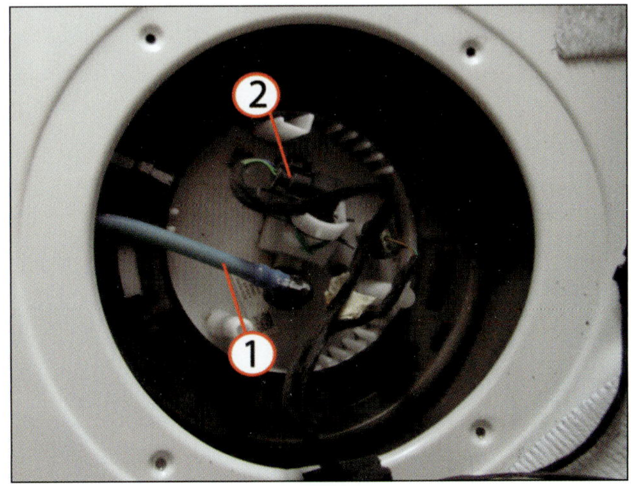

Montageübersicht: 1 Benzinschlauch, 2 Steckverbindung, 3 Befestigungsschelle.

Zünd- und Glühkerzen

Aus- und Einbau der Glühkerzen

- Schalten Sie die Zündung aus. Bauen Sie die Motorabdeckung aus.
- Demontieren Sie den Kraftstofffilter.
- Öffnen Sie die Halteklammern vom Leitungsstrang und ziehen Sie die elektrischen Steckverbindungen an den Glühstiftkerzen ab.
- Drehen Sie die Glühkerze mit dem Spezialwerkzeug 001589800900 heraus.
- Reinigen Sie den Glühstiftkerzenkanal im Zylinderkopf (es darf kein Schmutz in den Zylinder fallen).

Der Einbau erfolgt in umgekehrter Reihenfolge.

Beispiel zum Reinigen des Bereiches der Glühkerzen am Zylinderkopf:
- Groben Schmutz mit einem Staubsauger aussaugen.
- Sprühen Sie einen Bremsenreiniger oder einen geeigneten Reiniger in den Glühkerzenkanal, kurz einwirken lassen und mit Pressluft ausblasen.
- Reinigen Sie anschließend den Glühstiftkerzenkanal mit einem Öl-benetzten Lappen.

1 Railrohr, 2 Glühkerzenstecker, 3 Dieselfilter.

Aus- und Einbau der Zündkerzen

Zündspulen mit Leistungsendstufen ausbauen:
- Schalten Sie die Zündung aus.
- Bauen Sie die Motorabdeckung aus.
- Entriegeln Sie die Steckverbindung der Zündspulen.
- Demontieren Sie die Zündspulen.
- Bauen Sie nun die Zündkerzen aus.

Der Einbau erfolgt in umgekehrter Reihenfolge.

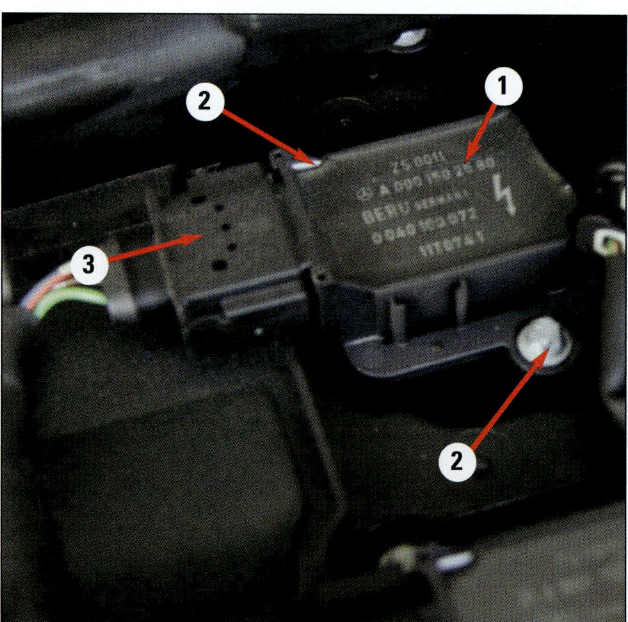

1 Zündspule, 2 Torxschrauben, 3 Steckverbindung.

Abgasanlage trennen und spannungsfrei einrichten

Serienmäßig werden Schalldämpfer und Abgasrohr (Bild 1) als ein Teil eingebaut. Für den Reparaturfall werden sie aber einzeln mit einer Klemmschelle geliefert. Nach Montagearbeiten muss stets darauf geachtet werden, dass die Anlage nicht verspannt wird und ausreichend Abstand hat. Gegebenenfalls müssen die Doppelschelle gelöst sowie Schalldämpfer und Abgasrohr so ausgerichtet werden, dass überall ausreichend Abstand zum Aufbau vorhanden ist und die Aufhängungen (Pfeile Bild 2) gleichmäßig belastet werden. Selbstsichernde Muttern (1) an der Tunnelbrücke (2) sind immer zu ersetzen.

- Anlage zur Reparatur trennen: Verbindungsrohr an der Trennstelle (durch Eindrücke auf dem Abgasrohr gekennzeichnet) mit einer Karosseriesäge rechtwinklig trennen. Dabei Schutzbrille tragen. Die Reparaturdoppelschelle (Bild 3) beim Einbau an den seitlichen Markierungen positionieren.

- Verschraubungen der Klemmhülse (Reparaturdoppelschelle) gleichmäßig anziehen, M8 = 25 Nm, M10 = 40 Nm. Vor dem Anziehen Abgasanlage in kaltem Zustand spannungsfrei einrichten.

- Anlage spannungsfrei einrichten: Der Motor muss kalt sein. Die hintere Abgasanlage (Bild 1) ist per Doppelschelle mit dem Abgasvorrohr verbunden.

- Verschraubungen (rote Pfeile in Bild 3) lösen, Klemmhülse nach der Markierung am Abgasvorrohr ausrichten. Beachtet werden muss die Fahrtrichtung, die in den Bildern 3 und 4 vom weißen Pfeil angegeben wird.

- Das Einbaumaß für die Klemmhülse vorn (konventionelle Hülse mit zwei einzelnen Schellen wie in Bild 3) beträgt genau 5 mm für den Abstand zwischen Hülsenkante und Markierung am Vorrohr. Die Verschraubungen dürfen nicht über die Unterkante der Klemmhülse hinausragen.

- Schalldämpfer so weit nach vorn in die Klemmhülse schieben, bis das Maß »b« zwischen Aufhängung/Karosserie und Aufhängung/Schalldämpfer 15 bis 17 mm beträgt (Bild 4). Schalldämpfer waagrecht ausrichten. Schrauben festziehen. Einzelschellen 25 Nm, durchgehende Schelle 35 Nm.

CDI: 1 Abgasrohr mit Schalldämpfer (2), 3 Wärmeschutzbleche.

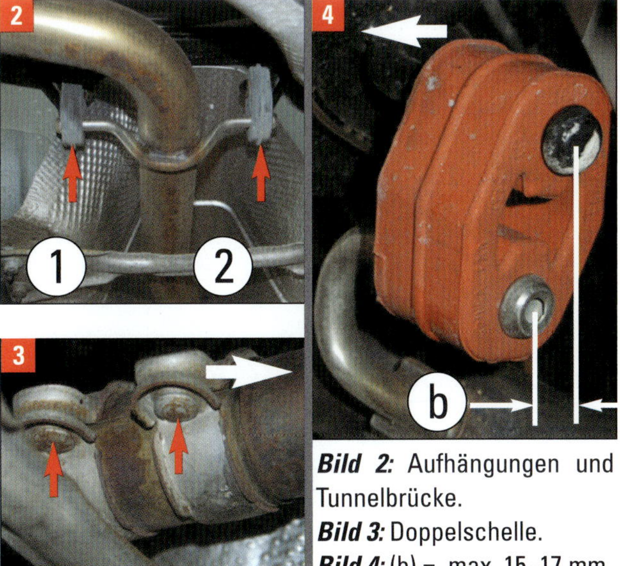

Bild 2: Aufhängungen und Tunnelbrücke.
Bild 3: Doppelschelle.
Bild 4: (b) = max. 15–17 mm.

Antrieb und Getriebe

In dieser Fahrzeugkategorie von Mercedes gibt es in den unterschiedlichen Modellvarianten fast die gesamte Palette des Möglichen in Sachen Antrieb.
Nebst dem Schaltgetriebe mit 6 Gängen, das eine bessere Abstufung für eine optimale Motordrehzahl in den unterschiedlichen Fahrgeschwindigkeiten erlaubt, wird die 7-Gang-Automatik angeboten. Dieses Getriebe erlaubt extrem schnelle und schlupfarme Schaltvorgänge, die sich auch automatisch ansteuern lassen. Ein Automatikgetriebe also, das wie ein Schaltgetriebe aufgebaut ist. Das markante Unterscheidungsmerkmal ist die so genannte Doppelkupplung. Diese erlaubt, den folgenden zu schaltenden Gang schon mal einzulegen, ohne dass er eingekuppelt ist.
Hinzu kommt noch das Allradsystem. Es gibt über den Kardan Kraft auf das Achsgetriebe hinten. Elektronische Regelsysteme übernehmen den intelligenten Einsatz einiger Bremsanlagenteile, um Sperrfunktionen zu realisieren.

Getriebe / Kraftübertragung

STÖRUNGSBEISTAND

	Störung	Was kann das sein?	Was muss ich tun?
A	**Kratzen beim Gangwechsel**	**1** Kupplung trennt nicht richtig	Schadensursache feststellen und beheben. Wenn Sie diesen Fehler ignorieren, ruinieren Sie sonst sehr schnell das Getriebe.
		2 Synchronring verschlissen	Wenn das Kratzen nur in einem Gang auftritt, kann der entsprechende Synchronring ersetzt und das Getriebe gerettet werden. Bis dahin: langsam schalten!
B	**Rupfen, Ruckeln und Springen**	**1** Die Kupplung ist verschlissen oder verölt	Die Kupplung ist ein Verschleißteil, das bei hohen Laufleistungen irgendwann abgenutzt ist. Tritt an Motor oder Getriebe Öl aus, rutscht die Kupplung. In beiden Fällen hilft nur der Ausbau des Getriebes
		2 Motorlager defekt	Kontrollieren Sie den Zustand der Lager und vermeiden sie bis zur Reparatur starke Lastwechsel und allzu rasantes Anfahren.
C	**Schläge, ungewöhnliche Geräusche oder Vibrationen**	**1** Motorlager ausgeschlagen	Beobachten Sie von außen, wie stark der Motor beim Anfahren kippt. Bei verschlissenen Lagern kann das dazu führen, dass Teile irgendwo anschlagen
		2 Synchronringe oder Getriebelager im Getriebe verschlissen	Auch die Synchronringe unterliegen einem gewissen Verschleiß. Wenn es in mehreren Gängen kratzt ist ein Austauschgetriebe fällig, mahlende Getriebelager lassen sich einzeln ersetzen.
		3 Zu wenig Öl im Getriebe	Ölstand prüfen und nötigenfalls ergänzen
D	**Es lässt sich kein Gang mehr einlegen**	**1** Seilzüge ausgehängt	Untersuchen Sie die Anschlüsse und Führungen der Schaltseilzüge. Manchmal lässt sich so ein Zug auch an Ort und Stelle wieder einhängen.

Motor

	Störung	Was kann das sein?	Was muss ich tun?
A	**Motor startet nicht, Anlasser dreht nicht**	**1** Die Wegfahrsperre bzw. die Anlasssicherung	Zu- und wieder aufschließen, Bremse getreten halten und Schalthebel auf Stellung »N« oder Stellung »P«
		2 Batterie leer	Wenn die Scheinwerfer bei eingeschalteter Zündung nur schwach leuchten: Alle Verbraucher abschalten, Starthilfekabel benutzen und dann mindestens 20 Kilometer fahren
B	**Der Anlasser dreht, aber der Motor springt nicht an**	**1** Die häufigsten Ursachen sind: Kein Sprit und/oder kein Zündfunke. Das kann leider an sehr vielen Bauteilen liegen	Zuerst prüfen ob noch Sprit und auch die richtige Sorte (Benzin oder Diesel) im Tank ist. Dann die Verkabelung im Motorraum auf Beschädigungen prüfen (Marderbiss?) Vorsicht! Zündung dabei unbedingt ausschalten!
C	**Motor läuft nach dem Start unrund**	**1** Fehler in der Kraftstoffversorgung und/oder Zündanlage, Nebenluft durch undichte Schläuche	Zunächst eine Sichtkontrolle des Motorraums bei ausgeschalteter Zündung durchführen. Beschädigte Leitungen mit Isolierband notdürftig flicken. Mit einem Diagnosegerät den Fehlerspeicher auslesen lassen.
		2 Diesel: Falschbetankung oder defekte Glühkerzen	Vorsicht: Bei Falschbetankung nicht mehr weiterfahren, sonst kann die Hochdruckpumpe kollabieren
D	**Motor qualmt und stinkt aus dem Auspuff**	**1** Turbolader (blauer Rauch) oder Zylinderkopfdichtung (weißer Rauch) defekt	Ist der Turbolader defekt besteht akute Gefahr: Bruchstücke wandern durch den Motor. Nicht mehr starten! Bei einer kaputten Kopfdichtung fehlt Wasser im Ausgleichsbehälter, auf jeden Fall auffüllen
E	**Motor zieht nicht mehr richtig**	**1** Der Hauptverdächtige ist auch hier der Turbolader, besonders wenn der Motor im Leerlauf oder bei wenig Gas noch gut läuft	Beobachten Sie die Ladedruckanzeige und achten Sie auf ungewöhnliche Geräusche beim Beschleunigen. Eventuell entweicht Ladedruck. Ein blockierter Lader macht dagegen gar keine Geräusche mehr
		2 Luftmassenmesser defekt	Fehlerspeicher auslesen, ggf. ersetzen
F	**Hoher Verbrauch**	**1** Wahrscheinlich ist der Luftfilter stark verschmutzt	Luftfilter austauschen, die Anleitung dazu finden Sie in diesem Kapitel
G	**Motor wird zu langsam warm**	**1** Thermostat hängt	Sie können zunächst weiter fahren, der Thermostat sollte jedoch so bald wie möglich getauscht werden

Technische Daten – Praxis

Datenblätter nach Motor und Ausrüstung – Limousine

Motordaten						
Bezeichnung	**C 180**	**C 200**	**C 250**	**C 180 CDI**	**C 200 CDI**	**C220 CDI**
Leistung	115 kW	135 kW	150 kW	88 kW	100 kW	125 kW
Größtes Drehmoment	250 Nm	270 Nm	280 Nm	300 Nm	360 Nm	400 Nm
Anzahl der Zylinder	4	4	4	4	4	8
Hubraum	1796 cm³	1796 cm³	1796 cm³	2143 cm³	2143 cm³	2143 cm³
Kraftstoff	Super	Super	Super	Diesel	Diesel	Diesel
Gemischaufbereitung	Direkt-einspritzung	Direkt-einspritzung	Direkt-einspritzung	Commonrail Diesel-Direkt--einspritzung	Commonrail Diesel-Direkt--einspritzung	Commonrail Diesel-Direkt--einspritzung
Aufladung	VTG Turbolader	VTG Turbolader	VTG Turbolader	VTG Turbolader	VTG Turbolader	VTG Turbolader
Fahrleistung						
Bezeichnung	**C 180**	**C 200**	**C 250**	**C 180 CDI**	**C 200 CDI**	**C220 CDI**
Leistung	115 kW	135 kW	150 kW	88 kW	100 kW	125 kW
Höchstgeschwindigkeit (6-Gang-Getriebe)	225 km/h	237 km/h	/	208 km/h	218 km/h	232 km/h
Höchstgeschwindigkeit (7G-Tronic-Plus)	223 km/h	235 km/h	240 km/h	206 km/h	215 km/h	231 km/h
Beschleunigung 0–100 (6-Gang-Getriebe)	9,0 Sek.	8,2 Sek.	/	10,5 Sek.	9,2 Sek.	8,4 Sek.
Beschleunigung 0–100 (7G-Tronic-Plus)	8,9 Sek.	7,8 Sek.	7,2 Sek.	10,8 Sek.	9,1 Sek.	8,1 Sek.
Kraftstoffverbrauch(6-Gang-Getriebe)						
Bezeichnung	**C 180**	**C 200**	**C 250**	**C 180 CDI**	**C 200 CDI**	**C220 CDI**
Verbrauch innerorts	9,3-9,6 l/100 km	9,3-9,8 l/100 km		5,9-6,3 l/100 km	5,9-6,3 l/100 km	5,6-6,3 l/100 km
Verbrauch außerorts	5,2-5,9 l/100 km	5,2-5,8 l/100 km		4,1-4,7 l/100 km	4,1-4,7 l/100 km	3,7-4,3 l/100 km
Verbrauch kombiniert	6,7-7,3 l/100 km	6,6/7,2 l/100 km		4,8-5,3 l/100 km	4,8-5,3 l/100 km	4,4-5,1 l/100 km
CO2-Emissionen	157-169 g/km	154-168 g/km		125-139 g/km	125-139 g/km	117-133 g/km
Kraftstoffverbrauch(7G-Tronic-Plus)						
Bezeichnung	**C 180**	**C 200**	**C 250**	**C 180 CDI**	**C 200 CDI**	**C220 CDI**
Verbrauch innerorts	8,7-8,9 l/100 km	8,7-9,0 l/100 km	8,7-9,0 l/100 km	6,1-6,4 l/100 km	6,1-6,4 l/100 km	6,0-6,4 l/100 km
Verbrauch außerorts	5,0-5,7 l/100 km	5,1-5,6 l/100 km	5,1-5,6 l/100 km	4,3-4,7 l/100 km	4,3-4,7 l/100 km	4,1-4,5 l/100 km
Verbrauch kombiniert	6,4-6,9 l/100 km	6,4-6,9 l/100 km	6,4-6,9 l/100 km	4,9-5,3 l/100 km	4,9-5,3 l/100 km	4,8-5,2 l/100 km
CO2-Emissionen	148-160 g/km	150-161 g/km	150-161g/km	129-140 g/km	129-140 g/km	125-136 g/km
Gewichte und Lasten – 6-Gang-Getriebe (7G-Tronic-Plus)						
Bezeichnung	C 180	C 200	C 250	C 180 CDI	C 200 CDI	C220 CDI
Leergewicht*	1480 (1495) kg	1500 (1505) kg	(1505) kg	1565 (1590) kg	1565 (1590) kg	1600 (1610) kg
Zulässiges Gesamtgewicht	1995 (2010) kg	2015 (2020) kg	(2020) kg	2080 (2105) kg	2080 (2105) kg	2115 (2125) kg
Zuladung	515 kg	515 kg	515 kg	515 kg	515 kg	515 kg
Dachlast	100 kg	100 kg	100 kg	100 kg	100 kg	100 kg
Anhängelast gebremst**	740 kg	750 kg	750 kg	750 kg	750 kg	750 kg
Anhängelast ungebremst	1800 kg	1800 kg	1800 kg	1800 kg	1800 kg	1800 kg

* inkl. 68-kg-Fahrer und 90% gefülltem Tank, **bei 12% Steigung.

Datenblätter nach Motor und Ausrüstung – T-Modell

Motordaten						
Bezeichnung	**C 180**	**C 200**	**C 250**	**C 180 CDI**	**C 200 CDI**	**C220 CDI**
Leistung	115 kW	135 kW	150 kW	88 kW	100 kW	125 kW
Größtes Drehmoment	250 Nm	270 Nm	310 Nm	300 Nm	360 Nm	400 Nm
Anzahl der Zylinder	4	4	4	4	4	8
Hubraum	1796 cm³	1796 cm³	1796 cm³	2143 cm³	2143 cm³	2143 cm³
Kraftstoff	Super	Super	Super	Diesel	Diesel	Diesel
Gemischaufbereitung	Direkt-einspritzung	Direkt-einspritzung	Direkt-einspritzung	Commonrail Diesel-Direkt--einspritzung	Commonrail Diesel-Direkt--einspritzung	Commonrail Diesel-Direkt--einspritzung
Aufladung	VTG Turbolader	VTG Turbolader	VTG Turbolader	VTG Turbolader	VTG Turbolader	VTG Turbolader
Fahrleistung						
Bezeichnung	**C 180**	**C 200**	**C 250**	**C 180 CDI**	**C 200 CDI**	**C220 CDI**
Leistung	115 kW	135 kW	150 kW	88 kW	100 kW	125 kW
Höchstgeschwindigkeit (6-Gang-Getriebe)	218 km/h	228 km/h	/	201 km/h	209 km/h	219 km/h
Höchstgeschwindigkeit (7G-Tronic-Plus)	216 km/h	226 km/h	233 km/h	200 km/h	207 km/h	219 km/h
Beschleunigung 0–100 (6-Gang-Getriebe)	9,2 Sek.	8,4 Sek.	/	10,8 Sek.	9,6 Sek.	8,5 Sek.
Beschleunigung 0–100 (7G-Tronic-Plus)	9,1 Sek.	8,1 Sek.	7,4 Sek.	11,1 Sek.	9,5 Sek.	8,3 Sek.
Kraftstoffverbrauch(6-Gang-Getriebe)						
Bezeichnung	**C 180**	**C 200**	**C 250**	**C 180 CDI**	**C 200 CDI**	**C220 CDI**
Verbrauch innerorts	9,3-9,9 l/100 km	9,6-10,2 l/100 km		6,0-6,4 l/100 km	6,0-6,4 l/100 km	6,0-6,3 l/100 km
Verbrauch außerorts	5,4-6,1 l/100 km	5,5-6,2 l/100 km		4,1-4,8 l/100 km	4,1-4,8 l/100 km	4,0-4,5 l/100 km
Verbrauch kombiniert	6,8-7,5 l/100 km	6,9-7,6 l/100 km		4,8-5,4 l/100 km	4,8-5,4 l/100 km	4,7-5,2 l/100 km
CO2-Emissionen	160-176 g/km	160-177 g/km		127-141 g/km	127-141 g/km	124-135 g/km
Kraftstoffverbrauch(7G-Tronic-Plus)						
Bezeichnung	**C 180**	**C 200**	**C 250**	**C 180 CDI**	**C 200 CDI**	**C220 CDI**
Verbrauch innerorts	8,7-9,0 l/100 km	8,9-9,1 l/100 km	8,9-9,1 l/100 km	6,2-6,5 l/100 km	6,2-6,5 l/100 km	6,3-6,4 l/100 km
Verbrauch außerorts	5,4-5,8 l/100 km	5,4-5,7 l/100 km	5,4-5,7 l/100 km	4,5-4,9 l/100 km	4,5-4,9 l/100 km	4,3-4,6 l/100 km
Verbrauch kombiniert	6,6-7,0 l/100 km	6,7-6,9 l/100 km	6,7-6,9 l/100 km	5,1-5,5 l/100 km	5,1-5,5 l/100 km	5,1-5,3 l/100 km
CO2-Emisionen	155-163 g/km	155-162 g/km	155-162 g/km	134-144 g/km	134-144 g/km	134-138 g/km
Gewichte und Lasten - 6 Gang Getriebe (7G-Tronic-Plus)						
Bezeichnung	**C 180**	**C 200**	**C 250**	**C 180 CDI**	**C 200 CDI**	**C220 CDI**
Leergewicht*	1540 (1555) kg	1560 (1565) kg	(1505) kg	(1575) kg	1615 (1645) kg	1655 (1665) kg
Zulässiges Gesamtgewicht	1995 (2095) kg	2100 (2105) kg	(2020) kg	(2115) kg	2155 (2185) kg	2195 (2205) kg
Zuladung	540 kg	540 kg	540 kg	540 kg	540 kg	540 kg
Dachlast	100 kg	100 kg	100 kg	100 kg	100 kg	100 kg
Anhängelast gebremst**	750 kg	750 kg	750 kg	750 kg	750 kg	750 kg
Anhängelast ungebremst	1800 kg	1800 kg	1800 kg	1800 kg	1800 kg	1800 kg

* inkl. 68-kg-Fahrer und 90% gefülltem Tank, **bei 12% Steigung.

Aussagen zu Drehmoment und Leistung

Eigentlich ist die Leistungsangabe in PS nicht mehr üblich und wurde nicht nur aufgrund der besseren Vergleichbarkeit gegen die Leistungsangabe in kW (Kilowatt = 1000 W) ersetzt. Wahrscheinlich gehören die PS aber zu den Stammtischgesprächen wie der Hopfen zum Bier. Spricht man über die Eckdaten eines Fahrzeuges, wird recht häufig die Motorleistung als eines der wichtigsten Themen angesprochen. Kaum jemand schenkt dem Begriff »Drehmoment« Beachtung. Betrachtet man allerdings den Inhalt der Gespräche genauer, stellt sich oftmals heraus, dass mit der Leistung eben die »Power« gemeint ist und der Durchzug am Berg beschrieben wird.
Um zu verstehen, was Leistung eigentlich ist, muss zuerst klar werden, aus welchen Bestandteilen sich Leistung eigentlich zusammensetzt.

Leistung und Arbeit

Nehmen wir an, Ihr Fahrzeug hat eine Panne und Sie schieben es nach Hause. Physikalisch gesehen bewegen Sie nun ein Gewicht über eine bestimmte Strecke. Um das Fahrzeug zu schieben, benötigen Sie Kraft. Genauer betrachtet verrichten Sie »Arbeit«, um Ihr Fahrzeug nach Hause zu bewegen. Um allerdings Leistung benennen zu können, benötigen wir natürlich noch die Zeit, in der Sie das Fahrzeug nach Hause geschoben haben. Je schneller Sie mit Ihrem Fahrzeug zu Hause sind, umso größer war die erbrachte Leistung. Konnten Sie das Fahrzeug gar nicht bewegen, so ist die erbrachte Leistung, zumindest aus physikalischer Sicht, gleich null.

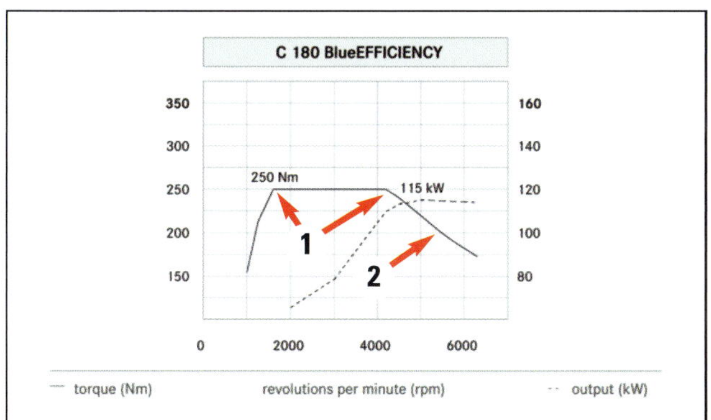

C 180, kräftiges Kerlchen mit elektronischer Abregelung: (1) höchstes Drehmoment mit geradem Verlauf signalisiert eine elektronische Kontrolle. (2) Höchstleistung mit 115 kW bei 5000/1/min.

Arbeit = Bewegung des Fahrzeugs über eine Distanz
Leistung = Arbeit in einem Zeitraum

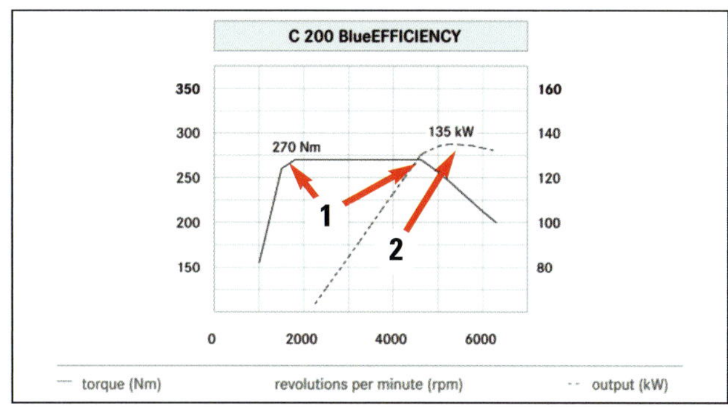

C 200, schubstark mit elektronischer Abregelung: (1) höchstes Drehmoment mit geradem Verlauf signalisiert eine elektronische Kontrolle. (2) Höchstleistung mit 135 kW bei 5250/1/min.

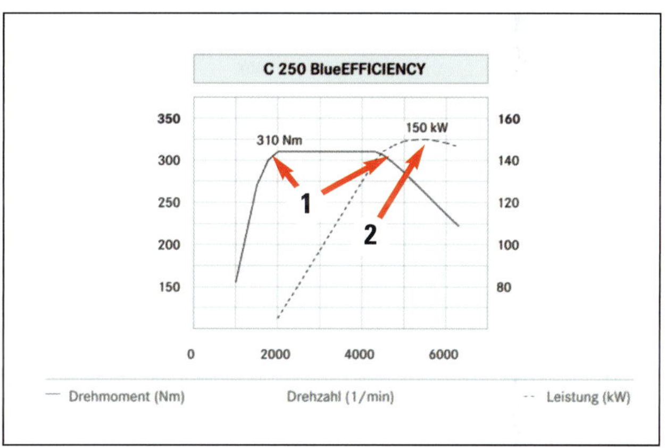

C 250, schubstark mit elektronischer Abregelung: (1) höchstes Drehmoment mit geradem Verlauf signalisiert eine elektronische Kontrolle. (2) Höchstleistung mit 150 kW bei 5500/1/min.

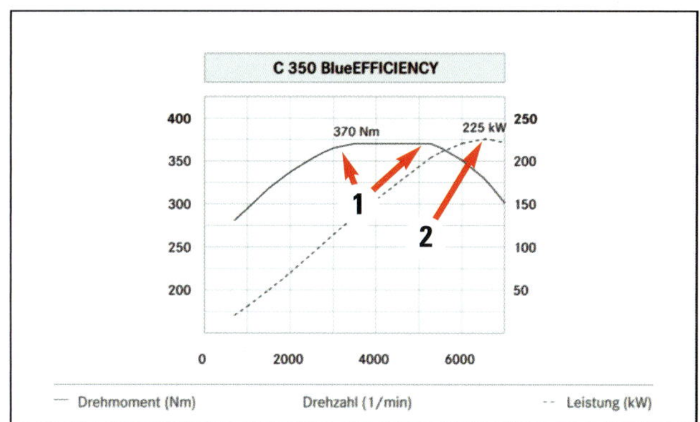

C 350, kräftiges Kerlchen mit elektronischer Abregelung: (1) höchstes Drehmoment mit geradem Verlauf signalisiert eine elektronische Kontrolle. (2) Höchstleistung mit 255 kW bei 6500/1/min.

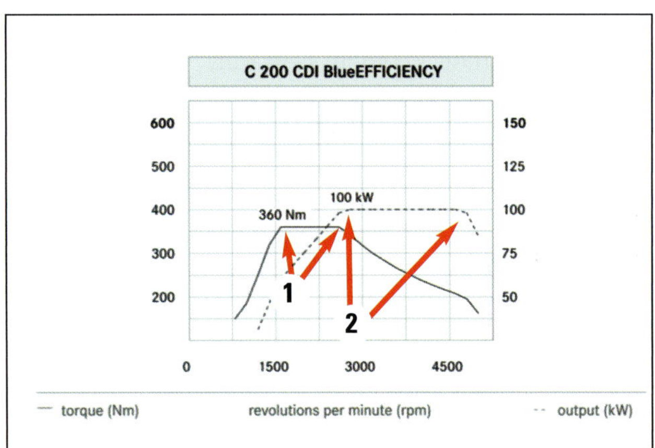

C200 CDI, schubstark mit elektronischer Abregelung: (1) höchstes Drehmoment mit geradem Verlauf signalisiert eine elektronische Kontrolle. (2) Höchstleistung mit 100 kW bei 2800-4600/1/min.

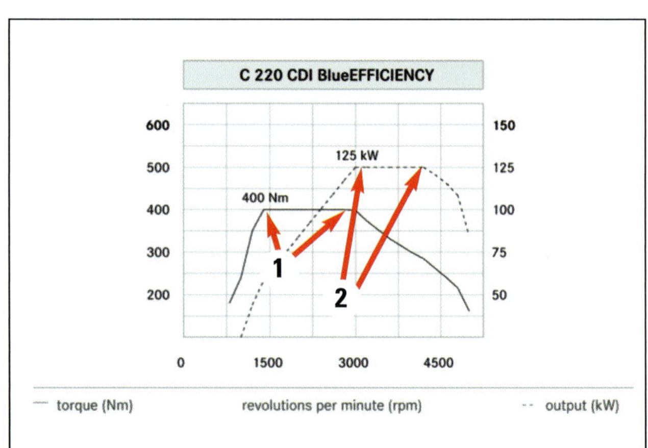

C 220 CDI, schubstark mit elektronischer Abregelung: (1) höchstes Drehmoment mit geradem Verlauf signalisiert eine elektronische Kontrolle. (2) Höchstleistung mit 125 kW bei 3000-4200/1/min.

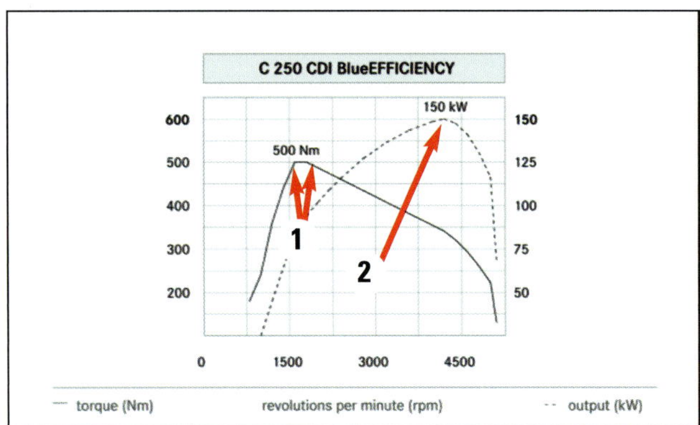

C 250 CDI, kräftiges Kerlchen mit elektronischer Abregelung: (1) höchstes Drehmoment mit geradem Verlauf signalisiert eine elektronische Kontrolle. (2) Höchstleistung mit 150 kW bei 4200/1/min.

Wartungsdaten

Für Wartung und Pflege sind bestimmte Werte, Angaben und Informationen erforderlich. Natürlich können wir Ihnen nur die Daten zur Verfügung stellen, die bis zum Redaktionsschluss dieses Buches bekannt sind. Entsprechend sollten Sie sich über Ihr Fahrzeug während der Arbeit Notizen machen und eventuelle Veränderungen an der Grundausrüstung oder durch Umbauten neben diesen Daten festhalten. Das wird Ihnen die Arbeit zu einem späteren Zeitpunkt wesentlich erleichtern.

Motoröl

Motor	Menge (Anforderung)	Bemerkung (Mein Motoröl) (Viskosität)
C 180 CDI		
C 220 CDI		
C 250 CDI		
C 300 CDI		
	(mit Fahrgestellnummer nachfragen!)	
C 180 CGI		
C 200 CGI		
C 250 CGI		
C 350 CGI		

Getriebeöl

	Menge (Anforderung)	Bemerkung (Mein Getriebeöl)
Schaltgetriebe	(mit Fahrgestellnummer nachfragen!)	
7G-Automatikgetriebe	(mit Fahrgestellnummer nachfragen!)	
Hinterachsöl	(mit Fahrgestellnummer nachfragen!)	

Kühl- und Frostschutzmittel

	Menge (Anforderung)	Bemerkung
Kühlsystem Motor (mit destilliertem Wasser)	ca. 6 Liter Füllmenge (Mischen mit min. 40% Frostschutz)	
Klimaanlage	R134A (NUR IN FACHWERKSTATT!)	
Scheibenwaschanlage	Markenwaschkonzentrat	(Mischung nach Packungsangabe!)

Leuchtmittel

Glühlampen	Bezeichnung	Bemerkung
Glühlampen für	Typ	Leistung
Abblendlicht (Halogen)	H7	55 W
Fernlicht (Halogen)	H7	55 W
Abblendlicht / Fernlicht(Xenon)	D1s	35 W
Standlicht / Parklicht vorn	W	5 W
Abbiegelicht (Xenonscheinwerfer)	H7	55 W
Blinklicht vorn (Glühlampe)	P	21 W
Blinklicht vorn (Leuchtdioden)	LED	–
Zusatzblinklicht	LED	–
Tagfahrleuchte	LED	–
Nebelscheinwerfer	H11	55 W
Bremslicht / Rücklicht	P	21 W
Standlicht / Parklicht	W	5 W
Blinklicht	P	21 W
Nebelschlusslicht	P	21 W
Rückfahrlicht	P	21 W
Rückfahrlicht ohne LED Blinklicht (T-Modell)	W	16 W
Dritte Bremsleuchte	LED	–
Kennzeichenleuchte	W	5 W

Regelmäßige Wartung

Wartung ist eine wichtige Komponente im Betrieb eines Fahrzeugs, wenn es um einen zuverlässigen Funktionsablauf geht. Vernachlässigte Arbeiten erhöhen nicht nur das Ausfallrisiko Ihres Wagens, sondern nehmen Ihnen die Möglichkeit, mit kleinen Reparaturen teurere Schäden zu vermeiden.

Wartung nach Plan

Ihr soeben gekaufter C-Klasse-Wagen hat gerade den »Übergabeservice« hinter sich und dürfte Ihnen zunächst keine größeren Wartungsarbeiten abverlangen. Vom festen Sitz der Batteriekabel über sämtliche Flüssigkeitsstände oder auch die Vollständigkeit der Bordliteratur bis hin zur Zeituhr wurde alles geprüft und richtig gestellt. Im späteren Fahrbetrieb werden dann in bestimmen Intervallen Ölwechsel und Inspektion fällig.
Wenn Wartung oder Ölwechsel erforderlich sind, erscheint ein Hinweis im Kombiinstrument.

Das geschieht eine Minute lang nach Einschalten der Zündung und nach dem Anlassen des Motors.
Es gibt zwei verschiedene Anzeigen »Service A« für den Ölwechsel und »Service B« für die fällige Inspektion. Es gibt auch die Möglichkeit die verbleibenden Tage bis zum Service auf der Tacho Anzeige nach zu sehen und zurück zu setzen.

Wartungsintervalle

Dabei setzt sich der Inspektionsservice aus Ölwechsel nach Service-Intervall-Anzeige bei maximaler Laufleistung von 25.000 km oder maximalem Zeitintervall von 12 Monaten da. Bei erschwerten Betriebsbedingungen wie überwiegenden Kurzstreckenfahrten oder staubigen Straßenverhältnissen sollte der Ölwechsel öfter vorgenommen werden.

Normen für Motoröl

WISSENSWERTES

- SAE-Klasse: Einstufung durch die Society of Automotive Engineers. Bezeichnet die Klasse der Viskosität, zum Beispiel SAE 5W-30 (unser Bild). Je kleiner die erste Zahl, umso dünner und bei Kälte besser fließend ist das Öl (W = Winter). Ein Öl mit 0W schmiert noch bei minus 30 Grad, bei 5W ist es gut bis minus 25 Grad, bei 15W bis minus 15 Grad. Je höher die zweite Zahl, umso besser widersteht das Öl hohen Temperaturen.

- ACEA-Norm: Von der Association des Constructeurs Européen d'Automobiles im Jahre 1996 eingeführte europäische Ölnorm. Nach ACEA gibt es für Benziner die Gruppen A1 (Sprit sparendes Öl), A2 (gering belastetes Öl), A3 (Hochleistungs-Öl). Für Diesel gilt eine Einteilung von B1 bis B4.

Umfang des Inspektionsservice

Wenn Sie Wartungsarbeiten selbst erledigen, denken Sie bitte daran, in der Werkstatt die Abfrage des Fehlerspeichers der elektronischen Steuergeräte mit einem Werkstattsystem der Mercedes-Niederlassung vornehmen zu lassen.
Die Kontrolle der Fehlerspeicher ist sinnvoll, weil manche Defekte im elektronischen System während der Fahrt nicht unbedingt auffallen, denn die Steuergeräte verfügen über Notlaufprogramme, die den Betrieb auch bei Ausfall beispielsweise eines Sensors garantieren sollen. Manche dieser Programme funktionieren so gut dass der Fahrer einen Fehler gar nicht bemerken kann. Richten Sie sich bei Wartungen und Kontrollen nach dem Plan, wie ihn Mercedes vorgibt.

Serviceanzeige im Kombiinstrument zurücksetzen

Die Serviceanzeige sollte nach den Wartungsarbeiten zurückgesetzt werden.

- Zündschloss in Stellung 1 drehen.
- Im Tacho sollte nun die Anzeige (Bild1) erscheinen. Fall dies nicht der Fall sein sollte so ist dieser über die Tasten 2 und 4 zu suchen.
- Im nächsten Schritt drücken wir die »Telefonhörer«-Taste 8 zum Anrufen und innerhalb 1 Sekunde die »OK«-Taste 5. Diese beiden Tasten müssen ca. 5 Sekunden gedrückt werden danach erscheint im Display das Werkstattmenü:

Das Merceds-Benz-AMG-Lenkrad: Mit zwölf Tasten lassen sich viele Einstellungen vornehmen.

Die Tachoeinheit: Zeigt den Tageskilometerstand und die Gesamtlaufleistung der C-Klasse an.

Fahrzeugdaten
Rollentest
Assyst Plus

- Mit Taste 4 solange vorblättern bis Assyst Plus makiert ist und mit der »Ok«-Taste 5 bestätigen.
  Im Display sollte nun
  Servicedaten
  Gesamtservice stehen
- Mit Taste 2 und 4 solange vorblättern bis Gesamtservice makiert ist und mit der »Ok«-Taste 5 bestätigen. Nun sollten aktuelle Service-Daten im Display erscheinen.
- Im nächsten Schritt wird über die Taste 2 und 4 »Service bestätigen« ausgewählt und mit der Taste 5 »Ok« bestätigt. Im Display erscheint nun »Service durchgeführt?«.
- Hier sollten die mit den Tasten 2 und 4 solange vorblättern bis Sie auf »Ja« makiert haben. Vorsicht mit dem erneuten bestätigen der Taste 5 »Ok«, bestätigen Sie die Durchführung der Inspektion, diese ist NICHT widerrufbar.

Ständige Kontrollen

- Scheibenwaschwasser auffüllen. Scheibenwischer und Waschanlage prüfen.
- Standlicht, Abblend- und Fernlicht prüfen.
- Motorölstand prüfen.
- Kühlflüssigkeit prüfen und nachfüllen.
- Bremsen und Bremsflüssigkeit prüfen.
- Bremsleuchten, Blinker und Warnblinker sowie das Signalhorn (auch Lichthupe) prüfen.
- Reifendruck prüfen.
- Beleuchtung über Fahrerinformationssystem prüfen.
- Zusätzlich Signalhorn und Kennzeichenbeleuchtung prüfen.
- Flüssigkeitsstand der Batterie prüfen, ggf. destilliertes Wasser auffüllen (nur Batterien ohne »magisches Auge«.
- Scheibenwisch- und Waschanlage auf Düseneinstellung und Funktion prüfen. Die Scheibenwischerblätter auf Beschädigung prüfen.
- Motorraum: Sichtprüfung auf Beschädigungen und Undichtigkeiten.
- Von unten: Sichtprüfung von Motor, Getriebe, Achsantrieb und Lenkung. Alle Gelenkschutzhüllen auf Beschädigung und Undichtigkeiten kontrollieren und im Zweifel nochmals in der Werkstatt prüfen lassen.
- Motoröl: Absaugen, Ölfilter ersetzen, neu befüllen.
- Dicke der Bremsbeläge prüfen.
- Bremsflüssigkeitsstand abhängig vom Belagverschleiß prüfen.
- Reifen (und – falls vorhanden – Reserverad): Zustand, Reifenlaufbild, Fülldruck und Profiltiefe prüfen. Wenn damit ausgestattet: Haltbarkeitsdatum des Reifenreparatur-Sets prüfen.
- Teile der Abgasregulierung in der Werkstatt kontrollieren lassen, besonders, wenn das Fahrzeug wegen bestimmter Umstände (Arbeiten nach Unfall) dem TÜV vorgeführt werden muss.

Motorvarianten

Motortypen	Motorbezeichnung
Benzinmotoren	
C180	M274
C200, C250, C250 Sport	M271
C300 (Typ 204.054, Typ 204.254 und nur bestimmte Länder)	M272
C300 (nur bestimmte Länder und TYP204.055)	
C300 4MATIC (nur bestimmte Länder)	
C350	
C350 4MATIC (nur bestimmte Länder)	M276
Dieselmotoren	
C180 CDI, C200 CDI, C220 CDI (auch BlueEFFICIENCY Edition),	
C220 CDI 4MATIC, C250 CDI/C250 CDI SPORT, C250 CDI 4MATIC	OM 651
C300 CDI 4MATIC, C 350 CDI	OM 642

Motorvarianten

Für den **kleinen Service** sind alle Positionen mit »A« gekennzeichnet
Für den **großen Service** sind alle Positionen die mit »A« oder »B« gekennzeichnet sind zu beachten.

Motoröl

Je nach Motor sind 5,5 bis 8 Liter Motoröl erforderlich. Es empfiehlt sich grundsätzlich ein von Mercedes freigegebenes Motoröl zu verwenden. Die Freigabenummer steht auf dem Ölbehälter, zum Beispiel für Benzinmotoren »MB 229.5« oder für Dieselmotoren »MB 229.51«.
Alle von Mercedes freigegebenen Öle, Fortschutzmittel usw. können unter http://bevo.mercedes-benz.com nachgesehen werden.

Motor

A Motor: Öl- und Filterwechseln.
A Kühl- und Heizsystem: Flüssigkeitsstand prüfen, Konzentration des Frostschutzmittels prüfen.
Sichtprüfung des Kühlsystems auf Undichtigkeiten
B Sichtprüfung des Motors auf Undichtigkeiten, beschädigte Bauteile und Scheuerstellen.
B Sichtprüfung des Keilrippenriemens auf Verschleiß oder Beschädigungen.
B Sichtprüfung der Abgasanlage auf Beschädigungen.

Getriebe

B Sichtprüfung des Schalt- und Ausgleichsgetriebe auf Undichtigkeiten.
B Die Gelenkscheibe auf Risse prüfen.

Fahrwerk und Lenkung

B Flüssigkeitsstand der Servolenkung prüfen, gegebenfalls Hydrauliköl auffüllen. Bei zu niedrigem Flüssigkeitsstand ist die Ursache festzustellen.
B Vorderachsgelenke auf Beschädigungen, Spiel, Befestigung prüfen.
B Die Faltenbälge der Lenkung auf Undichtigkeiten und Beschädigung überprüfen, Spur- und Lenkstangengelenke auf Spiel prüfen.

Bremsen, Räder, Reifen

A Kontrollieren Sie den Bremsflüssigkeitsstand
A Kontrollieren Sie den Reifenfülldruck aller Räder (auch das Reserverad)
A Überprüfen Sie das Verfallsdatum des Reifendichtmittels »Tirefit«, falls vorhanden. Wenn dies Abgelaufen sein sollte, ersetzen.
B Bremsanlagen: Anschlüsse, Leitungen, Schläuche sind auf Beschädigungen und Undichtigkeiten zu prüfen.
B Reifenkontrolle einschließlich Reserverad: Profiltiefe prüfen, Reifen auf Verschleiß, Beschädigungen und Risse prüfen.
B Bremsbelagdicke vorne und hinten prüfen.
B Bremsscheibendicke sowie Zustand vorne und hinten prüfen.

Karosserie/Klimaanlage/Innenausstattung

B Pollenfilter erneuern.

- B Zustand und Funktion der Anhängevorrichtung prüfen.
- B Wasserableiter prüfen & reinigen.

Elektrische Anlage

- A Funktion der Kontrollleuchten, Symbolleuchten, Innenbeleuchtung sowie Kofferraumbeleuchtung prüfen.
- A Funktion der Außenbeleuchtung prüfen.
- A Funktion der Lichthupe, Warnblinker und Blinker prüfen.
- A Funktion des Signalhorns prüfen.
- A Funktion der Front- und Heckscheibenwischers prüfen.
- A Serviceanzeige im Kombiinstrument zurückstellen.
- B Einstellung der Scheinwerfer prüfen.
- B Funktion der Leuchweitenregulierung prüfen (bei
- B nicht Xenon-Scheinwerfern).
- B Wischerblätter prüfen und gegebenfalls erneuern.

Zusätzliche Waruntsarbeiten

Alle 2 Jahre

- Bremsflüssigkeit erneuern.
- Karosserie auf Lackschäden prüfen.
- Fahrgestell- und Karosserieteile auf Beschädigung und Korrosion prüfen

Einmalig bei 50.000 km

- Automatik-Getriebe (NAG2 oder NAG2-V Sport) Getriebeöl- und Filter wechseln.

Alle 50.000 km oder 3 Jahre

- Falls vorhanden Panorama-Schiebedach reinigen und Führungsmechanik schmieren.
- Differenzial-Ölwechsel durchführen.
- Luftfiltereinsatz erneuern. (Motor M156, M157)

Alle 75.000 km oder 4 Jahre

- Luftfiltereinsatz erneuern. (Motor M271, M272, M274, M276, M278; OM642, OM651)
- Kraftstofffilter erneuern (Dieselmotor)
- Zündkerzen erneuern (Benzinmotor)

Alle 125.000 km oder 5 Jahre

- Automatik-Getriebe (NAG2-FE oder NAG3) Getriebeöl- und Filter wechseln. (Benzinmotor M271, M274, M276, M 278; Dieselmotor OM642, OM 651)

Alle 250.000 km oder 15 Jahre

- Kraftstofffilter erneuern (Benzinmotor)
- Kühlmittel erneuern

Techniklexikon

Das folgende Stichwortverzeichnis soll Ihnen helfen, einige der häufig benutzten Ausdrücke zu verstehen, die Sie im Gespräch mit den Leuten in der Werkstatt, im privaten Kreis von »Experten« und auch in diesem Buch immer wieder hören oder lesen.

Abgasturbolader – von Abgasen angetriebenes Turbinenrad. Die Turbine nutzt die im Abgas enthaltene Energie und drückt zur Leistungssteigerung Frischluft und vorverdichtete Luft in die Zylinder.

ABS – Antiblockiersystem. Drehzahlsensoren an allen vier Rädern melden einem Steuergerät, wenn das jeweilige Rad kurz vor dem Blockieren ist. Der Bremsdruck am Rad wird abwechselnd verringert und erhöht und das Blockieren verhindert.

ACC – Adaptive Cruise Control (adaptive Geschwindigkeitsregelung); hält die gewünschte Fahrzeuggeschwindigkeit konstant.

Achsschenkel – Bauteil der Vorderradaufhängung, schwenkt beim Lenken um die Lenkdrehachse. Auf dem Achsschenkel ist das Vorderrad gelagert.

Achstrieb (Vorder-, Hinterachstrieb) – Vorderachstrieb: Baugruppe, die ein Stirnradpaar und das Differenzial zum Antrieb der Gelenkwellen vom Getriebe aus enthält.
Bei Hinterradantrieb sind in einem eigenen Gehäuse ein Kegelradsatz (»Teller und Kegelrad«) und das Differenzial vereinigt.

Achswelle – Angetriebene Welle, starr oder mit Gelenken, an deren Nabe eines der Räder montiert ist.

Adaptives Kurvenlicht – Technologie mit horizontal schwenkbaren Scheinwerfern, die die Kurven optimal ausleuchten, sobald der Fahrer in sie einlenkt. Zu diesem Zweck erfassen Sensoren den Lenkwinkel, die Gierrate (Drehgeschwindigkeit um die Hochachse) und die Fahrgeschwindigkeit.

Airbag – Per gezielter Sprengladung in kürzester Zeit aufgeblasenes Luftkissen, das bei Aufprall des Autos auf ein Hindernis die Insassen vor Verletzung schützt. Gewöhnlich in die Lenkradnabe und die Schalttafel (auch in die Sitzlehnen als Seiten- und Kopf-Airbags) eingebaut.

Aktivkohlefilter (EVAP) – System zur Verminderung der Emission schädlicher Benzindämpfe aus dem Tank. Die Dämpfe werden in einem Filter aus Holzkohle gespeichert und später im Motor verbrannt.

Anlasser – Elektromotor, der zum Anlassen des Motors dient. Sein längs verschiebbares Ritzel wird zuerst in den großen Zahnkranz des Schwungrads eingespurt und dreht dann die Kurbelwelle.

Antriebsriemen – Normalerweise aus Gummigewebe gefertigter Riemen, der über mindestens zwei Riemenscheiben läuft und von der Kurbelwelle aus Nebenaggregate oder die Nockenwelle(n) antreibt (als Keilriemen, Flachriemen oder Zahnriemen).

Antriebsstrang – Oberbegriff für den gesamten Antrieb eines Fahrzeugs mit Motor, Kupplung, Getriebe, Kardanwelle (soweit vorhanden), Achstrieb/Differenzial und Antriebswellen.

Asphärischer Außenspiegel – Außenspiegel mit zweigeteilter, teilweise gebogener (konvexer) Spiegelfläche. Dadurch vergrößert sich die Sichtfläche des Rückspiegels.
Die korrekte Einstellung der Seitenspiegel auf die Sitzposition des Fahrers vermeidet beim asphärischen Außenspiegel den toten Winkel fast vollständig. Alle Modelle aus der Volkswagen-Pkw-Palette sind mit asphärischen Außenspiegeln auf der Fahrerseite ausgerüstet.

ASR – Antriebsschlupfregelung; verhindert Durchdrehen der Antriebsräder, hält Wagen in der Spur.

ATF –Automatic Transmission Fluid (Getriebeöl für automatische Getriebe).

Aufbohren (Zylinder) – Verfahren zum Nacharbeiten der Zylinderbohrungen bei starkem Verschleiß. In die um ein geringes Maß vergrößerten Bohrungen werden entsprechend größere Kolben eingebaut. Nur nach langer Laufzeit erforderlich.

Ausdehnungsbehälter – Teil der modernen, unter Druck arbeitenden Kühlanlage. In diesen Ausgleichsbehälter kann das infolge des Temperaturanstiegs sich ausdehnende Kühlmittel ausweichen.

Ausgleichsgetriebe – Siehe Differenzial.

Ausgleichscheibe – Stahlscheibe, zumeist in verschiedenen Dicken, zum Ausgleich des Axialspiels beweglicher Bauteile.

Ausgleichswelle – eine zur Kurbelwelle gegenläufig rotierende Welle für einen ruhigen Motorlauf.

Auspuffkrümmer – Sammelrohr, das die Abgase des Motors von jedem der Zylinder in die (gemeinsame) Abgasanlage leitet.

Ausrücklager (Kupplung) – Wälzlager, das axial gleitend auf einer Hülse vorn im Getriebegehäuse montiert ist, beim Auskuppeln vom KupplungsAusrückhebel gegen die rotierende Tellerfeder gedrückt oder gezogen wird und dabei die Kupplungsscheibe freigibt

Auswuchten (Räder) – Prüfen und Korrigieren eines Rades mit Reifen im Hinblick auf statische und dynamische »Unwucht«, d.h. auf Kräfte, die das Rad zu Flatter oder Zitterbewegungen veranlassen könnten.

Automatikgurt – Sicherheitsgurt, der den Fahrzeuginsassen bei normaler Fahrt Bewegungsfreiheit lässt, aber blockiert wird, wenn das Auto stark verzögert wird oder die angegurtete Person plötzliche Bewegungen macht.

AWD – All Wheel Drive (Allradantrieb).

Axialspiel – Bewegungsfreiheit eines Bauteils in Achsrichtung, z.B. die seitliche Bewegung eines Pleuels auf dem Lagerzapfen der Kurbelwelle.

Batterie – (Akkumulatorenbatterie) »Reservoir«, in dem elektrische Energie gespeichert wird. Sie liefert den Strom zum Anlassen des Motors und für die übrigen Verbraucher bei stehendem Motor. Sie wird bei laufendem Motor vom Generator aufgeladen.

Benzindirekteinspritzung – Bei diesem Verfahren der Kraftstoffaufbereitung wird dieser mit einem Druck bis zu 150 bar direkt in den Brennraum eingespritzt. Besondere Brennraumgeometrie sorgt für eine optimale Verwirbelung des Kraftstoff-Luft-Gemischs.

Biodiesel – wird aus nachwachsenden Rohstoffen gewonnen. In Deutschland wird häufig Raps zur Gewinnung von Biodiesel genutzt. Daher haben sich auch die Bezeichnungen RME (Raps-Methyl-Ester) bzw. PME (Pflanzen-Methyl-Ester) durchgesetzt. Aus ökologischer Sicht stellt Biodiesel eine sinnvolle Alternative zu herkömmlichem Dieselkraftstoff dar, da man sich in einem geschlossenen CO_2-Kreislauf bewegt. Das bedeutet, dass die Pflanze während ihres Wachstums soviel an CO_2 aufnimmt, wie nachher bei der Verbrennung wieder abgegeben wird.
Da sich Biodiesel jedoch in seiner Zusammensetzung von herkömmlichem Dieselkraftstoff unterscheidet, kann er nicht uneingeschränkt als direkter Ersatz für Diesel genommen werden. Größtes Problem ist derzeit, dass es keine einheitliche Norm für Qualität und Zusammensetzung von Biodiesel gibt. Der Marktanteil von Pflanzen-Methyl-Ester liegt zur Zeit unter einem Prozent. Selbst bei Ausschöpfung aller Anbaupotenziale könnte Pflanzen-Methyl-Ester nur ein Zehntel des Dieselkraftstoffbedarfs decken.

Bi-Xenon – XenonScheinwerfer für Abblend und Fernlicht (siehe Xenonlicht).

Blattfeder – Lange, schmale, gekrümmte Feder, zumeist als Paket aus mehreren Blättern zusammengesetzt. Heute nur noch bei Lkws, schweren Geländewagen und alten Autos mit hinterer Starrachse zu finden.

Bord-Diagnosesystem – Elektronische Überwachungsanlage für das Motor-Managementsystem. Sie lässt über den Fehlercode Fehlfunktionen erkennbar werden, die sich negativ auf Abgasemissionen, Leistung und Verbrauch auswirken können.

Boxermotor – Motorbauform, bei welcher die Zylinder einander gegenüberliegen; im allgemeinen sind gleich viele Zylinder auf jeder Seite der Kurbelwelle.

Bremsankerplatte – Stahlblechplatte, am Radträger (zumeist nur noch der Hinterräder) befestigt. Daran sind die Bremsbacken der Trommelbremse montiert.

Bremsbacken – Gekrümmtes Bauteil in der Trommelbremse, mit Bremsbelägen bewehrt. Die Backen werden beim Bremsen von innen gegen die Bremstrommel gedrückt.

Bremsbelag – Trommelbremse: auf die Bremsbacken aufgebrachter Reibbelag aus hitzebeständigem Werkstoff; Scheibenbremse: Mit aufvulkanisiertem Reibbelag versehene Metallplatte. Die Bremsbeläge werden von den Hydraulikkolben von beiden Seiten her beim Bremsen an die Bremsscheibe angedrückt.

Bremse entlüften – Entfernen unerwünschter Luft aus einer geschlossenen hydraulischen Bremsanlage.

Bremsflüssigkeit – Spezielles, hitzebeständiges Hydrauliköl für Bremsanlage (ggf. auch für Kupplungsbetätigung).

Bremsscheibe – Mit dem Rad umlaufende, häufig hohl gegossene (»belüftete« Bremsscheibe) Metallscheibe. Beim Betätigen der Bremse werden von beiden Seiten her die Bremsbeläge an die Scheibe angedrückt und verzögern dadurch Scheibe und Rad.

Bremsservo (VakuumBremsverstärker) – Gerät, das die am Pedal aufgebrachte Kraft zum Betätigen des Hauptbremszylinders erhöht. Der Unterdruck, mit dem das Gerät arbeitet, kommt beim Benzinmotor vom Saugrohr, beim Dieselmotor von einer zusätzlichen Pumpe.

Bremstrommel – Mit dem Rad umlaufendes, schüsselförmiges Bauteil der Trommelbremse. Beim Betätigen der Bremse werden von innen her die beiden Bremsbacken an die Trommel angedrückt und verzögern dadurch Trommel und Rad.

Bremszange, -sattel – Bauteil, das am Radträger montiert ist und sattelförmig die Bremsscheibe übergreift. Enthält die Hydraulikkolben und Bremsbeläge.

Brennraum – Raum über dem Kolben, in dem dieser das Gemisch verdichtet, und in dem im Augenblick der Zündung die Verbrennung stattfindet. Der Brennraum kann auch zum Teil in den Kolbenboden eingelassen sein.

CAN – Control Area Network (KontrollNetzwerk); verknüpft elektronische Funktionen.

Carbon – Kohlenstoff; belastungsstarker und extrem leichter Werkstoff für Karosserieteile und Bremse von Supersportwagen und für die Formel 1.

Chip-Tuning – Leistungssteigerung durch Austausch eines elektronischen Speicherbausteins und damit verbundene Steuerprogrammänderung.

Choke (Vergaser) – Manuell oder automatisch betätigtes Klappenventil, das beim Kaltstart durch Drosselung der Luft zum Motor das Gasgemisch anreichert.

CNG – Compressed Natural Gas (komprimiertes Naturgas); Erdgas für speziell ausgerüstete Personenwagen und Transporter.

CO-Gehalt – Anteil von Kohlenmonoxid im Abgas

Common Rail – (gemeinsame Schiene) Diesel–Direkteinspritzer, bei dem alle Zylinder über eine gemeinsame, unter Druck stehende Verteilerleitung mit Kraftstoff versorgt werden.

Comprex-Lader – Druckwellenlader, Mischung aus Turbolader und Kompressor. Wird von der Kurbelwelle über einen Zahnriemen angetrieben.

Crossover – Kreuzung verschiedener Fahrzeug–Gattungen zu neuem Typ.

CVT-Automatik – (Continuously Variable Transmission) Automatische, stufenlose Kraftübertragung mit je einer zweigeteilten, kegeligen Scheibe auf An und Abtriebswelle. Durch axiales Verschieben der Scheiben wird der wirksame Radius eines auf ihnen laufenden Keilriemens oder einer Lamellenkette stufenlos verändert – damit auch die jeweilige Übersetzung.

DB - Dezibel – Einheit für Lautstärke.

DBC – dynamische Bremskontrolle (siehe BAS).

Diagnosesystem – Siehe BordDiagnosesystem.

DiagnoseWarnleuchte – Warnleuchte an der Schalttafel. Zeigt an, dass eine Fehlfunktion vorliegt und als solche im Steuergerät gespeichert wurde.

Dichtung – Verformbares Material, das zwischen zwei Oberflächen eingefügt wird, um gas bzw. flüssigkeitsdichte Verbindungen zu schaffen.

Dieselmotor – Der »Selbstzünder« (Gegensatz: »Ottomotor« = Fremdzünder) arbeitet mit der durch

Verdichtung reiner Luft im Zylinder entstehenden Temperatur, die ausreicht, um den zerstäubten Dieselkraftstoff zu entzünden. Hierfür ist freilich eine weit höhere Verdichtung erforderlich als beim Ottomotor.

Differenzial/Ausgleichgetriebe – Zumeist als Kegelrädertrieb ausgeführt, treibt es die beiden Räder einer Achse gemeinsam in gleicher Drehrichtung, erlaubt ihnen aber, sich bei Kurvenfahrt unterschiedlich schnell zu drehen.

Differenzialsperre – schafft starren Durchtrieb zwischen Rädern einer Achse oder beider Achsen für eine bessere Traktion des Fahrzeugs.

Direkteinspritzung – Spezielle Bauart von Motoren, bei denen der Kraftstoff durch Düsen unmittelbar in die Brennräume eingespritzt wird.

DOHC – (Double Overhead Camshaft) Bezeichnung für einen Motor mit zwei obenliegenden Nockenwellen, von denen eine die Ein und eine die Auslassventile betätigt. Dies erlaubt optimale Anordnung der Ventile in Bezug auf Leistung und Emissionen (strömungsgünstigere Kanalführung im Kopf).

DOT-Nummer – auf die Reifenflanke geprägt, verrät den Produktionszeitraum des Pneus.

Drehkolbenmotor – Siehe Wankelmotor.

Drehmoment – Die an einem Hebelarm wirkende Kraft, früher in mkp (MeterKilopond), heute in Nm (Newtonmeter) ausgedrückt (1 mkp = 9,81 Nm).

Drehmomentschlüssel – Werkzeug zum Anziehen von Schrauben und Muttern mit einem vorgegebenen Drehmoment.

Drehmomentwandler/»Wandler« – Flüssigkeitskupplung anstelle einer mechanischen Kupplung zwischen Motor und Automatikgetriebe. Kann das Motordrehmoment nach Bedarf verändern.

Drehstabfederung/Torsionsfederung – Eine in manchen Automodellen angewandte Art der Federung, die auf der Verdrehung eines geraden Stabes (Drehstab) um seine eigene Achse beruht.

Drive-by-wire – (Fahren per Draht). die Fahrbefehle werden dabei elektronisch übermittelt.

Drosselklappe – Vom Gaspedal betätigte Ventilklappe vor dem Saugrohr, die mehr oder weniger Luft zu den Einlaßventilen strömen läßt.

Drosselklappenschalter – Bauteil des MotorManagementsystems, das dem Steuergerät die jeweilige Stellung der Drosselklappe signalisiert.

Druckfester Verschluss (Kühler) – Schraubkappe auf dem Ausdehnungsgefäß. Wirkt als Sicherheitsventil bei Über und Unterdruck im Kühlsystem, um dieses vor Beschädigungen zu schützen.

Dynamische Kopfstützen – auch aktive Kopfstützen, sollen vor allem bei Auffahrunfall vor Verletzungen der Halswirbelsäule (Schleudertrauma) schützen.

Dynamisches Energiemanagement – sorgt in Abhängigkeit von Batterieladezustand und Temperatur selbstständig dafür, dass stets genügend Energie für einen Motorstart zur Verfügung steht. Dies gilt auch dann, wenn das Fahrzeug einmal für einen längeren Zeitraum abgestellt ist.
Moderne Fahrzeuge entnehmen ihren Batterien selbst im Ruhezustand Energie: Verkehrsfunkspeicher, aber auch Diebstahlwarnanlage oder der Empfänger für die Funkfernbedienung verbrauchen konstant ein geringes Quantum Strom. Wenn ein kritischer Ladezustand der Batterie droht, reduziert das Energiemanagement im Ruhezustand den Verbrauch durch stufenweises Abschalten der Verbraucher. Während der Fahrt kontrolliert das dynamische Energiemanagement laufend die Batteriespannung und die Ladeaktivität. Bei Bedarf erhöht das System die Leerlaufdrehzahl geringfügig, um die Leistung des Ladegenerators zu erhöhen. In extremen Fällen werden kurzzeitig besonders verbrauchsintensive Komponenten wie etwa die Sitz- oder Heckscheibenheizung deaktiviert. Der Komfort leidet darunter nicht.

DynAPS – dynamisches Autopilot-System. Dabei berücksichtigt das Navigationssystem Staumeldungen bei der Routenberechnung.

EBD – Electronic Brake Distribution, sorgt für eine elektronische Bremskraftverteilung.

EBV – elektronische Bremskraftverteilung.

ECE – Economic Comission for Europe (Wirtschaftskommission für Europa), befasst sich mit der Harmonisierung von Vorschriften rund ums Auto.

EDS – elektronische Differentialsperre.

E-Gas – »E« steht für elektronisch. Das Gaspedal wirkt bei Fahrzeugen mit EGas wie ein Sensor. Dieser erkennt anhand der Pedalstellung unmittelbar den Leistungswunsch des Fahrers. Auf Basis dieses Ausgangssignals regelt die Motorelektronik Drosselklappe, Ladedruck und Zündung. Dieses elektronische System löst die bisherige Übertragungstechnik per Seilzug ab und bringt wesentliche Vorteile: EGas erleichtert die elektronische Motorsteuerung, reagiert schneller und ist eine technische Voraussetzung für das elektronische Stabilisierungsprogramm (ESP).

EGR – Exhaust Gas Recirculation. Verfahren zur Abgasentgiftung: Ein Teil der Abgase wird der Ansaugluft wieder zugeführt, um unverbrannte Kraftstoffanteile weiter zu verbrennen.

Einscheiben-Sicherheitsglas – Scheibe aus thermisch behandeltem Glas in nur einer Schicht. Wenn die Scheibe zerspringt, zerfällt sie in viele kleine Teile mit stumpfen Kanten. Zerspringt sie beim Auftreffen eines Körpers nicht, wird der Durchblick sehr stark behindert.

Einspritzdüse – Gerät, das den Kraftstoff direkt oder indirekt in den Brennraum eines Otto- oder Dieselmotors einspritzt.

Einspritzpumpe (Diesel) – Gerät, das beim Dieselmotor für die Zumessung der Kraftstoffmenge und die Einspritzung unter hohem Druck zum genau festgelegten Zeitpunkt sorgt.

Einspritzzeitpunkt (Diesel) – Die kurz vor dem Erreichen des oberen Totpunkts (OT) liegende Stellung des Kolbens, in welcher der Kraftstoff eingespritzt wird.

Einzelradfederung – Federungssystem, bei welchem jedes Rad ohne gegenseitige Wirkung auf die übrigen Räder des Wagens Auf und Abbewegungen ausführt.

Elektrode – An der Zündkerze springt zwischen ihnen der Zündfunke über; zwischen Verteilerfinger und Verteilerkappe sorgen Elektroden für die Übertragung des hochgespannten Stroms an alle Kerzen.

Elektrodenabstand (Kerze) – Einstellbare Distanz zwischen Plus und Masse-Elektrode der Zündkerze.

Elektrolyt – In der Batterie die Strom leitende Flüssigkeit aus Schwefelsäure und destilliertem Wasser.

Elektronische Einspritzung – Kraftstoffeinspritzung mit elektronischer Steuerung.

Elektronische Zündung – Zündanlage, die von einer Elektronik gesteuert wird, welche die Funktion des Verteilers und der Unterbrecherkontakte übernimmt.

Elektronisches Steuergerät – Elektronische Zentraleinheit, die Signale von diversen Sensoren empfängt, verarbeitet und entsprechende Befehle an Zünd-, Einspritz- und andere Systeme erteilt.

Emissionen/Abgasemissionen – Vom Auspuff und verschiedenen anderen Teilen des Autos (Tank, Kurbelgehäuse) in die Atmosphäre abgegebene Substanzen, die gasförmig oder als Partikel auftreten.

Emissionskontrolle – Oberbegriff für diverse Systeme zur Verminderung schädlicher Emissionen.

Endanschlag – Dämpfendes Gummiteil, das beim Durchfedern auf schlechter Fahrbahn das Anschlagen der Radaufhängung an die Karosserie verhindert.

Entkohlen – Entfernen von Verbrennungsrückständen in den Brennräumen, den Kanälen und auf den Kolbenböden bei einer Motorüberholung.

Entlüftung – Öffnung oder Ventil, aus dem Luft oder Gase aus einem Gehäuse (z.B. Kurbelgehäuse) austreten bzw. in ein System eintreten können.

Entlüftungsnippel – Hohlschraube, durch die nach Lösen zur Entlüftung eines geschlossenen Systems (Bremse, Kupplung) Luft und Flüssigkeit austreten.

Entstörgerät – Gerät zur Beseitigung oder Unterdrückung elektrischer Störeinflüsse von Zündung oder anderen Bauteilen der Elektrik.

ESP – elektronisches StabilitätsProgramm; hält durch das Bremsen einzelner Räder die Spur.

Euro-NCAP – New Car Assessment Programme = Programm zur Bewertung der passiven Sicherheit von Kfz. Gilt heute als einer der wichtigsten Maßstäbe für die passive Fahrzeugsicherheit. Es stellt beim Offset-crash noch härtere Anforderungen als das seit Oktober 1998 geltende EU-Gesetz. Die Aufprallgeschwindigkeit wurde von 56 km/h (Gesetz) auf 64 km/h (Euro NCAP) erhöht, was einer um über 30% höheren Aufprallenergie entspricht. Organisiert wird das Euro-NCAP unter anderem von der englischen und der schwedischen Verkehrsbehörde, vom internationalen Automobilverband FIA, vom ADAC sowie von anderen europäischen Automobilclubs.

Fading (Bremse) – Vorübergehendes Nachlassen der Bremsenfunktion infolge Überhitzung des Reibmaterials (vor allem bei Trommelbremsen).

Federbein – Siehe McPherson.

Federung – Oberbegriff für die Bauteile eines Fahrzeugs, die der Isolierung der Karosserie von den Rädern dienen und dafür sorgen, dass alle vier Räder ständigen Fahrbahnkontakt halten.

Fehlercode – Elektronischer Code, den das Steuergerät eines Diagnosesystems beim Auftreten eines Funktionsfehlers speichert. Er enthält Einzelheiten zur Fehlerquelle und steuert eine Warnlampe an.

Fehlercode-Transmitter – Elektronisches Bauteil, das den verschlüsselten Code für die Werkstatt lesbar macht.

Festsattelbremse – Fest am Radträger montierter Bremssattel der Scheibenbremse. Der Festsattel besitzt (im Gegensatz zum Schwimmsattel) mindestens zwei einander gegenüberliegende Hydraulikkolben.

Fettes Gemisch – Ein Kraftstoff–Luft–Gemisch mit einem höheren als dem optimalen Kraftstoffanteil.

Fliehkraftregler (Zündung) – Vorrichtung im Zündverteiler, die auf der Fliehkraft von kleinen Gewichten beruht und entsprechend der Motordrehzahl laufend automatisch den Zündzeitpunkt verstellt.

Fluid – Häufig benutzter Ausdruck für Flüssigkeit, Kühlmittel, Bremsöl usw.

Flüssiggas – (LPG = Liquefied Petroleum Gas) Gemisch von aus Rohöl gewonnenen Brenngasen (Butan, Propan...), das in manchen Fällen statt anderer Kraftstoffe für entsprechend eingerichtete Ottomotoren eingesetzt wird.

Frostschutz – flüssiger Kühlwasser-Zusatz, um das Einfrieren der Motorkühlung im Winter zu unterbinden und vor Korrosion zu schützen.

Fühlerlehre – Einfaches Messgerät zum genauen Messen einer Spaltbreite (z.B. den Elektrodenabstand einer Zündkerze); besteht aus einem Satz verschieden dicker Stahlblech-»Fühler«.

Gasgemisch – Mischung aus bestimmten Gewichtsanteilen an Luft und Kraftstoff zur Verbrennung im Ottomotor. Das optimale Verhältnis für eine vollständige Verbrennung beträgt 14,7:1.

Gelenkwelle/Antriebswelle – Welle zum Antrieb eines (Vorder- oder Hinter-)Rades vom Differenzial aus. Gelenkwellen an derselben Achse können gleich oder auch verschieden lang sein und ein oder zwei Gelenke besitzen.

Generator (Wechselstromgenerator) – Stromerzeuger, vom Motor über Riemen getrieben. Er liefert bei laufendem Motor den Strom für die elektrische Anlage des Wagens und zum Aufladen der Batterie.

Getriebe/Schaltgetriebe – Aus Wellen und veränderlichen Zahnradübersetzungen aufgebautes Aggregat, angeordnet zwischen Kupplung und Achstrieb. Mit den im Getriebe wählbaren Übersetzungen kann der Motor trotz veränderlicher Fahrgeschwindigkeiten in seinem günstigsten Arbeitsbereich verbleiben.

Getriebeeingangswelle – Von der Kupplung (oder dem Drehmomentwandler) ins Getriebe (oder in die Automatik) führende Welle.

Gleichlaufgelenk – Variante des Kardangelenks für Gelenkwellen (Antriebswellen) frontangetriebener Wagen. Dieses Gelenk ermöglicht eine gleichförmige, ruckfreie Kraftübertragung trotz der Überlagerung von Federungs- und Lenkbewegungen.

Gleitlager – Metallische oder sonstige verschleißarme Oberfläche an einem Bauteil, gegen die sich ein anderes Bauteil frei bewegen (normal: rotieren) kann, und die zur Minderung von Reibung und Verschleiß ausgelegt ist. Gleitlager werden gewöhnlich geschmiert.

Gleitmittel gegen Fressen – Schmiermittel, das besonders temperatur und druckbeanspruchte Bauteile am »Fressen« (Festgehen bei Trockenlauf) hindert.

Glühkerze – Elektrisches Heizgerät, das in die Brennräume der (zumeist aller) Zylinder eines Dieselmotors hineinragt, um ihn beim Kaltstart vorzuwärmen und damit die Rauchentwicklung unmittelbar nach dem Anspringen zu verringern.

GPS – Global Positioning System. Satellitensystem zur Positionsbestimmung, wird von Navigationssystemen benutzt.

Gürtel-/Radialreifen – Reifen, bei dem die Kordfäden in der Karkasse (Grundstruktur des Reifens) im rechten Winkel zur Reifenflanke verlaufen.

Gurtstraffer – zieht bei einem Aufprallunfall den Gurt fest an den Körper.

Handling – Häufig benutzter Ausdruck für das Fahrverhalten eines Autos, schließt Kurvenverhalten, Geradeauslauf und gefühlsmäßige »Handhabung« ein.

Hauptbremszylinder (Geberzylinder) – Hydraulikzylinder mit Kolben, gefüllt mit Hydraulikfluid. Das Brems- oder Kupplungspedal wirkt direkt (oder über ein Bremsservo) auf den Kolben und gibt die eingeleitete Kraft (ggf. verstärkt) über das Fluid an die Nehmerzylinder weiter.

Head-up-Display – Überkopf-Anzeige, spiegelt Armaturanzeigen in die Windschutzscheibe.

Heizungs-Wärmetauscher – Kleiner »Kühler«, der in den Kühlkreislauf des Motors eingefügt und für die Bereitstellung von Warmluft für die Wagenheizung zuständig ist.
Die durch die Rippen strömende Kaltluft erwärmt sich am heißen Kühlwasser des Motors, das durch den Wärmetauscher fließt.

Hilfsrahmen – Kleiner Rahmen aus Stahlprofilen, der unter der Karosserie montiert ist und Radaufhängungen und/oder Antriebsaggregate aufnimmt.

Hochspannungskreis (Zündanlage) – Stromkreis mit hoher Voltzahl für die Erzeugung des Funkens an der Zündkerze.

Hub/Kolbenhub – Weg, den der Kolben eines Verbrennungsmotors im Zylinder vom oberen zum unteren Totpunkt zurücklegt.

Hubraum, -volumen – Gesamtes Volumen aller Zylinder eines Motors, gerechnet zwischen dem unteren und oberen Totpunkt der Kolben.

Hybridantrieb – Kombination von zwei verschiedenen Abtriebsquellen.

Hydraktives Fahrwerk – Hydropneumatik (siehe unten) mit elektronischer Steuerung.

Hydraulik – Bezeichnung für ein mit Drucköl arbeitendes Übertragungssystem.

Hydraulikstößel – Ventilstößel, in dem das Ventilspiel bei allen Betriebszuständen durch Drucköl ausgeglichen wird. Die Ventilspieleinstellung entfällt.

Hydropneumatik – Eine mit Gas und Öl gefüllte Kugel übernimmt die Funktion herkömmlicher Dämpfer. Erstmals von Citroën in den 50er Jahren bei ID/DS eingesetzt.

Hydropneumatische Federung – Fahrzeugfederung, bei welcher eine Kombination aus Hydraulik und Luftfederung die Stelle der üblichen Stahlfedern (zuweilen auch der Stoßdämpfer) übernimmt.

IDE – Benzindirekteinspritzer der französischen Hersteller (siehe Direkteinspritzung).

Indirekte Einspritzung – Dieselmotoren-Bauart, bei der der Kraftstoff nicht unmittelbar in den Brennraum, sondern in eine benachbarte Wirbelkammer eingespritzt wird.

IPS – Intelligent Protection System (intelligentes Sicherheitssystem). Es handelt sich um eine Kombination aller passiven Sicherheitssysteme im Auto.

Isofix – Ein international normiertes System zur sicheren Befestigung von Kindersitzen an den normalen Sitzen und Rücksitzbänken im Fahrzeug.

Kardangelenk – Flexible, das Drehmoment übertragende Verbindung zwischen zwei Wellen, die ein mehr oder weniger starkes Abknicken der Wellen zu einander erlaubt. Wird in Kardanwellen und manchen Gelenkwellen verwendet, ergibt jedoch keine gleichförmige, ruckfreie Drehbewegung.

Kardanwelle – Welle, die die Kraft vom Schalt–/Automatikgetriebe zur Hinterachse (Motor vorn und Hinterradantrieb) und ggf. vom Verteilergetriebe zur Vorderachse (bei Vierradantrieb) überträgt.

Katalysator – In die Abgasanlage eines Autos eingebautes Gerät, das die in die Atmosphäre austretenden Schadstoffe auf chemischem Wege reduziert, ohne sich selbst zu verändern.

Kerzen – Siehe Zündkerzen.

Keyless Go – Schlüssel oder Chipkarten, die Signale mit dem Auto tauschen. Berührt der Fahrer den Türgriff, öffnet sich der Wagen. Starten per Knopfdruck, Schlüssel oder Karte bleibt in der Tasche.

Kickdown (Automatik) – Vorrichtung, die bei vollem Durchtreten des Gaspedals einen kleineren Gang einschaltet und starkes Beschleunigen erlaubt.

Kipphebel – Übertragungsteil im Ventiltrieb, in der Mitte gelagert, setzt die Aufwärtsbewegung des Nockens (bzw. der Stoßstange) in eine Abwärtsbewegung des Ventils um.

Klimaanlage (AC) – Anlage zur Kühlung und Entfeuchtung der in den Fahrgastraum von außen einströmenden Luft. Dient dem Fahrkomfort und der Freihaltung der Scheiben von Beschlag.

Klingeln – Siehe Klopfen/Klingeln.

Klopfen/Klingeln – Metallisches Motorgeräusch, das oft bei zu frühem Zündzeitpunkt, zu niedriger Oktanzahl des Kraftstoffs oder starken Ablagerungen im Brennraum auftritt. Es rührt von Druckwellen her, die die Zylinderwände in Schwingungen versetzen.

Klopfsensor – Signalgeber, der beim ersten Auftreten von Klopfgeräuschen einen Befehl an das Steuergerät im Motor-Managementsystem erteilt, um Abhilfe durch Gegenmaßnahmen zu bewirken.

Kolben – Zylindrisches Bauteil, das sich in einer Bohrung linear bewegt. Beim Motor verdichtet der Kolben ein Kraftstoff-Luft-Gemisch, überträgt lineare Kraft durch das Pleuel auf die rotierende Kurbelwelle und schiebt verbranntes Gas durch Auslassventile aus dem Zylinder.

Kolbenring – Federnder Feingussring, der in einer um den Kolben laufenden Nut liegt und sich im Betrieb derart an die Zylinderwand anschmiegt, dass der Kolben im Zylinder praktisch gasdicht ist.

Kompakt-Van – Großraumlimousine auf Basis der Kompaktklasse.

Kompressor – mechanischer Lader, bläst Luft in den Ansaugtrakt; wird vom Keilriemen angetrieben.

Kondensator – Zündanlage: Gerät zur Unterdrückung zu starker Funkenbildung an den Zündkontakten; Klimaanlage: Gerät zur Umwandlung des Kühlmittels vom gasförmigen in den flüssigen Zustand.

Kontakte – Siehe Zündkontakte.

Kontermutter/Gegenmutter – Schraubenmutter, mit der eine Einstellmutter oder ein anderes Gewindeteil gegen Lösen gesichert wird.

Kopfdichtung – Siehe Zylinderkopfdichtung.

Kraftstoff – Bezeichnung für die verschiedenen in Verbrennungsmotoren verwendeten Treibstoffe wie Benzin, Diesel, Flüssiggas usw.

Kraftstoff-Druckregler (Systemdruckregler) – Regler in der Einspritzanlage, der für konstanten Kraftstoffdruck an den Einspritzdüsen sorgt. Arbeitet gewöhnlich mit dem Saugrohr-Unterdruck.

Kraftstoffeinspritzung – siehe Einspritzung.

Kraftstofffilter – Auswechselbarer Filter, der Fremdkörper und Wasser aus dem Kraftstoff abscheidet.

Kraftstoffpumpe/Benzinpumpe – Pumpe, heute meist elektrisch angetrieben, fördert den Kraftstoff vom Tank zur Vergaser- oder Einspritzanlage.

Kraftübertragung – Allgemeine Bezeichnung für die Baugruppen des Antriebsstrangs (Getriebe, Achsantrieb, Wellen) mit Ausnahme des Motors.

Kugelgelenk – Wartungsfreies, in mehreren Ebenen bewegliches Übertragungsteil, vor allem in Radaufhängungen und Lenksystemen verwendet. Es besteht aus Kugel und Kugelpfanne sowie einer Gummiabdichtung, die kein Fett austreten lässt.

Kugellager – Reibungsarme Wellenlagerung, besteht aus zwei gehärteten Stahlringen und zwischen ihnen abwälzenden Kugeln (»Wälzkörper«).

Kühler – Bauteil des Kühlsystems, durch dessen feine Röhren oder Waben das heiße Kühlmittel fließt. Er ist vorn im Motorraum so angeordnet, daß er vom Fahrtwind durchströmt und dabei das Kühlmittel abkühlt.

Kühlmittel – Mischung aus Wasser und Frostschutzmittel für die Motorkühlung.

Kühlmittel der Klimaanlage – Flüssigkeit, die beim Betrieb der Klimaanlage wechselweise gasförmig und wieder verflüssigt wird.

Kühlmittelpumpe – Siehe »Wasserpumpe«.

Kühlmittelsensor – Sensor, der im Motor-Managementsystem Informationen über die momentane Temperatur des Kühlmittels an das Steuergerät gibt.

Kühlerventilator – Siehe Ventilator.

Kupplung – Auf Reibung beruhende Einrichtung zur Übertragung und zur weichen Einleitung (Einkuppeln) des Drehmoments vom Motor ins Getriebe, ohne dass hierzu eine der beiden Komponenten zum Stillstand kommen muss.

Kupplungs-Ausrückhebel – Überträgt die Pedalkraft auf das Kupplungs-Ausrücklager..

Kupplungsscheibe – Metallscheibe mit verzahnter Nabe, trägt auf beiden Seiten Reibbeläge; gewöhnlich abgefedert zur weichen Einleitung der Kräfte.

Kurbelgehäuse – Der unterhalb der Zylinder liegende Teil des Motorblocks, in welchem die Kurbelwelle gelagert ist.

Kurbelwelle – Welle mit außermittigen (exzentrischen) Kurbelzapfen, durch die die geradlinige Bewegung der Kolben über die Pleuel in Drehbewegung umgewandelt wird.

Kurbelwellensensor – Sensor, der im Motor-Managementsystem Informationen über die momentane Kurbelwellenstellung (und evtl. -drehzahl) an das Steuergerät gibt.

kW/PS – Siehe PS/kW.

Ladeluftkühler – kühlt die vom Turbolader komprimierte Luft.

Lader/Kompressor – Luftverdichter, der Frischluft unter Druck zu den Einlassventilen des Motors fördert, um einen höheren Zylinderfüllungsgrad und damit erhöhte Leistung zu erzielen. Laderantrieb erfolgt entweder mechanisch von der Kurbelwelle oder beim Abgasturbolader über den Abgasdruck und eine Turbine.

Lambda-Regelung (Geregelter Katalysator) – Geschlossener Regelkreis mit Lambda–Sonde und Katalysator zur optimalen Abgasentgiftung. Die von der Lambda-Sonde ans Steuergerät geleiteten Signale sorgen in der Einspritzanlage für eine genaue Kraftstoffzumessung, um die bestmögliche Funktion des Katalysators zu erzielen.

Lambdasonde – Bauteil in der Abgasleitung eines Ottomotors mit geschlossenem Regelkreis (Lambda–Regelung), das den Sauerstoffgehalt der Abgase überwacht. Von L. ans Steuergerät geleitete Signale sorgen in der Einspritzanlage für genaue Kraftstoffzumessung und bestmögliche Katalysator-Funktion.

Längslenker – Parallel zur Fahrtrichtung auf und ab schwenkender Tragarm, an dessen Ende das Rad montiert ist. Seine Schwenkachse liegt im rechten Winkel zur Fahrzeuglängsachse.

LCD–Display/Info Display – Der bedarfsorientierte Aufbau des Info Displays erlaubt sowohl das Reduzieren fester Anzeigen auf den gesetzlichen Minimalumfang als auch eine umfangreiche Informationsauswahl. Möglich wird diese Vielfalt durch die Koppelung von mechanischen Zeigern mit LCD-Displays. Ob Navigationshinweise oder Tempomat-Einstellungen – der Fahrer hat alles stets im Blick. Über das Info Display kann er z.B. den Stufentempomat ab ca. 30 km/h aktivieren. Dieser kann bis zu sechs Wunschgeschwindigkeiten speichern und bei Bedarf aufrufen. Über die Navigationshinweise werden die Routenführung zu einem gewünschten Zielpunkt und aktuelle Staumeldungen angezeigt. Weiterhin befinden sich insgesamt 14 Kontroll- und Warnleuchten im LCD–Display. Die Palette reicht von »Klassikern« wie »Bitte angurten« über Fahrassistenten wie die Dynamische Stabilitäts Kontrolle (DSC) bis hin zur Parkbremse mit Automatic-Hold-Funktion.

Leerlaufdrehzahl – Drehzahl des Motors bei geschlossener Drosselklappe.

Leerweg/Spiel – Freie Beweglichkeit eines Bauteils (z.B. eines Pedals), ehe eine Wirkung oder Funktion einsetzt.

Lenkgetriebe – Siehe Zahnstangenlenkung.

Lenkung – Oberbegriff für die Bauteile der Lenkanlage. Das eigentliche Lenkgetriebe ist heute in der Regel eine Zahnstangenlenkung.

LHM–Fluid (Citroën) – Spezielle Hydraulikflüssigkeit auf Mineralölbasis für Citroën-Modelle.

LongLife–Öl – Je nach Motor- und Modellvariante sind Intervalle für Service oder Ölwechsel von bis zu 30.000 Kilometern oder maximal zwei Jahren bei Benzinmotoren und bis zu 50.000 Kilometern oder maximal zwei Jahren bei Dieselmotoren möglich.

Lufteinblasung – Maßnahme zur Schadstoffreduktion mit Katalysator. In den Auspuffkrümmer wird Frischluft eingeblasen, um die Abgastemperatur zu erhöhen. Dies hilft dem Kat, seine Betriebstemperatur rascher zu erreichen.

Luftfilter – Ein auswechselbarer Einsatz aus Papier oder Schaumstoff in einem Gehäuse. Hält Fremdkörper aus der zum Motor strömenden Luft zurück.

Luftmengenmesser – Messvorrichtung im Motor–Managementsystem, die die durchfließende Luftmenge zu den Zylindern misst und diese Information an das Steuergerät weitergibt.

Mageres Gemisch – Ausdruck für ein Kraftstoff-Luft-Gemisch mit geringerem als dem optimalen Kraftstoffanteil.

Massekabel – Flexibles Kabel, das den Minuspol der Batterie mit der Karosserie bzw. die Karosserie mit dem Motor/Getriebe-Aggregat verbindet. Die Metallteile dienen der elektrischen Anlage als Rückleitung.

McPherson–Federbein – Einzelradfederung. Kombinierte Einheit aus Schraubenfeder und Stoßdämpfer, bildet bei Einbau an der Vorderachse gleichzeitig die Lenkdrehachse der Vorderräder.

Mehrventiler – Motor mit mehr als zwei Ventilen pro Zylinder, nämlich zumeist vier (2 Einlass-, 2 Auslassventile), seltener drei (2 Einlass-, 1 Auslassventil).

Membrane – Scheibe aus flexiblem, luftundurchlässigem Werkstoff, z.B. im Bremsservo verwendet, wo die Membrane vom Unterdruck gesteuert wird.

Minivan – auf Kleinwagen basierender Van (siehe Van).

Motor–Managementsystem – Anlage in modernen Fahrzeugen, die mit Hilfe eines elektronischen Steuergeräts die Motorfunktionen (Zündung, Einspritzung, Abgasemission) regelt und überwacht.

Motornachlauf – Neigung eines Motors zum Weiterlaufen nach dem Ausschalten der Zündung. Zumeist verursacht durch zu geringe Oktanzahl des Benzins, zu frühe Zündeinstellung, starke Ablagerungen im Brennraum oder schlechte Wartung des Motors.

Motronik – Motorsteuerung von Bosch.

MP3 – Komprimierte digitale Audiodaten. Das MP3-Format ist ein weit verbreiteter Standard zur Komprimierung digitaler Audiodateien. Bei gleicher Klangqualität belegen MP3-Dateien in etwa nur ein Zehntel des Speicherplatzes einer Audio-CD.
MP3 steht für MPEG 1 Audio Layer 3. Es ist ein von der »Motion Picture Experts Group« entwickeltes Verfahren zur Komprimierung digitaler Video- und Audiodaten. Nötig: ein MP3-fähiges Wiedergabegerät.

MPV – Multi Purpose Vehicle (Mehrzweckfahrzeug) – andere Ausdruck für Van (siehe Van).

Multi-Point-Einspritzung – Einspritzanlage bei Ottomotoren mit je einer Einspritzdüse pro Zylinder.

Nachlauf – Winkel zwischen der Lenkdrehachse der Vorderräder und einer Senkrechten durch den Berührpunkt des Rades mit dem Boden.

Nachschleifen (Kurbelwelle) – Verfahren zum Nacharbeiten der Lagerzapfen der Kurbelwelle bei starkem Verschleiß. Die um ein geringes Maß verkleinerten Zapfen werden mit Lagerschalen mit entsprechend kleinerem Durchmesser montiert. Nur nach langer Laufzeit erforderlich.

Navigationssystem – elektronisches Gerät, das zur geographischen Positionsbestimmung dient und gegebenenfalls bei der Erreichung eines gewünschten Zieles behilflich ist.
Das System besteht aus den drei wesentlichen Elementen GPS-Antenne, Navigationsrechner und Display. Mit Hilfe der Antenne für das Global Positioning System (GPS) peilt das Navigationssystem Satelliten an, die sich in einer geostationären Umlaufbahn um die Erde befinden. Diese Peilung ermöglicht es, den exakten Standort des Fahrzeuges auf der Erdoberfläche auf wenige Meter genau zu bestimmen..

NCAP – New Car Assessment Program (Neuwagen–Sicherheitsprogramm). Stellt die Crashtest–Definition für Europa dar.

NEFZ – Neuer europäischer Fahrzyklus; Messverfahren für Durchschnittsverbrauch und Abgas.

Nehmerzylinder (Radbremszylinder) – Hydraulikzylinder mit Kolben unmittelbar an der Radbremse, gefüllt mit Hydraulikfluid. Er erhält den hydraulischen Druck über Rohrleitungen vom Hauptbremszylinder. Seine Kolbenbewegung wirkt auf die Bremsbacken bzw. Bremsbeläge.

NOx (Stickoxide) – Einer der Schadstoffe in den Abgasen von Otto- und Dieselmotoren.

Nocken – Exzentrische Erhebungen an der Nockenwelle zur Betätigung der Ventile.

Nockenwelle – Umlaufende, von der Kurbelwelle angetriebene Welle mit Nocken. Sie betätigt die Ein– und Auslassventile über diverse Zwischenglieder

Nockenwellen-Antriebsriemen/Zahnriemen – Alternative zur Steuerkette. Verstärkter, verzahnter Flachriemen aus Gummi-Gewebe-Material, der über Riemenscheiben mit flachen Zähnen die Nockenwelle(n) von der Kurbelwelle aus antreibt.

Nockenwellensensor – Sensor, der im Motor-Managementsystem Informationen über die momentane Stellung der Nockenwelle(n) ans Steuergerät gibt.

Oberer Totpunkt (OT) – Höchste Position in der Kolbenbewegung. Im OT bleibt der Kolben für Sekundenbruchteile stehen, ehe er abwärts geht.

OHC – (Overhead Camshaft) Obenliegende Nockenwelle(n). Bezeichnet die Motorbauart, bei welcher die Nockenwelle(n) über den Zylindern im Kopf angeordnet ist (angetrieben über Zahnriemen, Kette oder Zahnräder). Infolge der direkteren Betätigung der Ventile für Motoren höherer Leistung vorteilhaft.

OHV – (Overhead Valves) Stoßstangenmotor. Die Ventile sind im Zylinderkopf, werden jedoch von einer unten im Gehäuse liegenden Nockenwelle über Stoßstangen betätigt.

Oktanzahl – Vergleichszahl, die die Klopffestigkeit eines Otto-Kraftstoffs angibt.

Ölfilter – Auswechselbares Filter, das Fremdkörper und Kondenswasser aus dem Motorenöl abscheidet.
Ölkühler – Kleiner Kühler, der mit Hilfe des Fahrtwinds hauptsächlich bei Diesel- und Hochleistungsmotoren das Motorenöl zusätzlich kühlen soll.

Ölpeilstab – Metall- oder Kunststoffstab mit mehreren Markierungen zum Prüfen des Ölstands.

Ölsumpf/Ölwanne – Auffangschale und Reservoir unter dem Kurbelgehäuse für das im Motor umlaufende Öl.

O-Ring – Gummi-Dichtring mit kreisrundem Querschnitt. Wird oft zur Abdichtung zylindrischer Flächen in eine Nut eingesetzt.

Oxidations-Katalysator – Die Abgase von Dieselmotoren können, da sie mit Luftüberschuss arbeiten, mit dem Dreiwege-Katalysator nicht nachbehandelt werden. Der Einsatz einer Lambdaregelung ist hier technisch ausgeschlossen. Es kommt zur Reduzierung von Kohlenwasserstoff (HC) und Kohlenmonoxid (CO) in Kohlendioxid (CO_2) der Oxidationskatalysator zur Anwendung. Er eignet sich jedoch nicht zum Abbau von Stickoxiden.

Pleuel – Bauteil im Motor, das den Kolben (auf- und abgehend) mit der Kurbelwelle (rotierend) verbindet.

Pleuellager – Unteres Gleitlager des Pleuels, das dessen Bewegung auf den zugehörigen Zapfen der Kurbelwelle überträgt.

PME/Pflanzen-Methyl-Ester – Pflanzen-Methyl-Ester, oder auch Biodiesel, wird aus nachwachsenden Rohstoffen (Pflanzen) gewonnen. In Deutschland wird häufig Raps zur Gewinnung von Biodiesel genutzt. Daher hat sich auch die Bezeichnungen Raps-Methyl-Ester (RME) durchgesetzt.
Aus ökologischer Sicht stellt PME eine sinnvolle Alternative zu herkömmlichem Dieselkraftstoff dar, da man sich in einem geschlossenen CO_2-Kreislauf bewegt. Das bedeutet, dass die Pflanze während ihres Wachstums soviel an CO_2 aufnimmt, wie nachher bei der Verbrennung wieder abgegeben wird. Da sich Biodiesel jedoch in seiner Zusammensetzung von herkömmlichem Dieselkraftstoff unterscheidet, kann er nicht uneingeschränkt als direkter Ersatz für Diesel genommen werden.
Größtes Problem ist derzeit, dass es keine einheitliche Norm für die Qualität und die Zusammensetzung von Biodiesel gibt. Daher gibt es auch keine bedingungslose Freigabe der Fahrzeughersteller für die Verwendung von Biodiesel in ihren Fahrzeugen.

PS/kW (Leistung) – Ausdruck für die pro Zeiteinheit von einem Motor (Verbrennungs-, Elektromotor) aufgebrachte Arbeit. Die jahrzehntelang nur in PS (Pferdestärken) angegebene Leistung misst man heute in kW (Kilowatt; 1 kW entspricht 1,36 PS).

Querstabilisator – Federstahl-Drehstab, an Vorderachse und/oder Hinterachse montiert, um die Neigung der Karosserie zum »Rollen« (Wankbewegungen um die Fahrzeug-Längsachse) zu reduzieren. Wird nicht in jedem Auto verwendet.

Radbremszylinder – Siehe »Nehmerzylinder«.

Rad(muttern)schlüssel – Werkzeug, mit dem die Radschrauben oder -muttern eines Autos gelöst oder festgezogen werden.

Radträger – Teil der Vorder- oder Hinterradaufhängung, in dem die Radlagerung und der feste Teil der Bremsanlage untergebracht sind.

RDS/Radio Data System – Ein Service der Rundfunkanstalten. Neben dem hörbaren Sendeprogramm werden Zusatzinformationen in Form verschlüsselter Digitalsignale ausgesendet. Durch die Übermittlung des Sendernamens (Program Service) wird nicht die Sendefrequenz, sondern der Name des jeweiligen Senders im Radio angezeigt. Die Angabe von alternativen Frequenzen ermöglicht den Empfang der am jeweiligen Ort am besten zu empfangenden Frequenz des gehörten Programms.

Regensensor/Lichtsensor – Der Regensensor sorgt für mehr Fahrkomfort und -sicherheit. Mittels optischer Messung erkennt er automatisch die Regenstärke. Einmal eingeschaltet, aktiviert der Regensensor automatisch die Scheibenwischer und regelt selbsttätig die Wischfrequenz. Mit der integrierten Fahrtlichtautomatik wird das Fahren noch sicherer und praktischer. Über zwei Lichtsensoren in der Frontscheibe werden die Lichtverhältnisse, etwa Dämmerung, Dunkelheit oder Tunnelfahrten, erkannt und das Abblendlicht wird selbsttätig eingeschaltet.
Reihenmotor – Verbrennungsmotor, bei welchem alle Zylinder in einer Reihe angeordnet sind.

Ritzel – Bezeichnung für ein Zahnrad mit kleiner Zähnezahl, das in eines mit größerer Zähnezahl oder in eine Zahnstange eingreift.

Rußpartikelfilter – Mit diesem Diesel-Partikelfilter werden Rußpartikel zu mehr als 95 Prozent aus dem Abgas entfernt. Der Grenzwert für EU4- und EU5-Norm wird dabei deutlich unterschritten.

Sattel – Siehe Bremssattel.

Saugrohr/Ansaugrohr – Bauteil des Motors, in dem je nach Art der Gemischaufbereitung entweder reine Luft oder Kraftstoff-Luft-Gemisch zu den Einlassventilen befördert wird.

Saugrohrdrucksensor – Gerät, das den Innendruck im Saugrohr eines Ottomotors misst und Signale an das Steuergerät im Motor-Management gibt.

Schaltsaugrohr – In der Länge variabler Ansaugtrakt.

Scheibenwaschmittel – Wasser mit handelsüblichen Zusätzen (Frostschutz– und Reinigungsmittel) zum Befüllen der Scheibenwaschanlage.

Schräglenker – Auf und ab schwenkender Tragarm, an dessen Ende eines der Hinterräder montiert ist. Seine Schwenkachse liegt nicht im rechten Winkel zur Fahrzeuglängsachse.

Schrägverzahnte Räder – Zahnradpaar, dessen Verzahnung unter einem Winkel zur Radachse steht. Sorgt für besseren Zahneingriff und ruhigeren Lauf.

Schraubenfeder – Für Personenwagen-Federungen heute meistverwendete, gewindeförmige Stahlfeder.

Schwimmsattelbremse – Scheibenbremse mit am Radträger seitlich verschiebbar montiertem Bremssattel. Ein Schwimmsattel (Gegensatz: Festsattel) hat nur auf einer Seite Hydraulikkolben.

Schwungrad – Schwere metallene Scheibe am Abtriebsende der Kurbelwelle. Soll die von den Kolbenkräften herrührende Ungleichförmigkeit teilweise ausgleichen.

Selbstbeteiligung – Der vom Versicherten selbst zu übernehmende Kostenanteil im Schadensfall.

Sequenzielles Manuelles Getriebe – Das SMG basiert auf dem bewährten Schaltgetriebe. Die Gangreihenfolge verläuft immer sequenziell (nacheinander) und nicht wie bei konventionellen Schaltungen durch die direkte Ganganwahl.

Service-Heft – Nachweis (wichtig beim Wiederverkauf), dass das Fahrzeug von Anbeginn und lückenlos in Fachwerkstätten gewartet wurde.

Servolenkung – System, das hydraulische Hilfskraft (Servokraft) zur Verfügung stellt, sobald der Fahrer am Lenkrad dreht.

Servo–Unterstützung – Anlage, die mit Hilfskräften (Hydraulik, Pneumatik) die vom Fahrer aufgewendete Kraft (am Lenkrad, am Pedal usw.) unterstützt.

Sicherungsblech – Blechscheibe mit einer oder mehreren Laschen, mit denen eine Mutter oder ein Schraubenkopf gegen Lösen gesichert wird.

Sidebag – Seitenairbag in der Tür oder im Sitz.

Single-Point-Einspritzung – Einspritzanlage mit nur einer Einspritzdüse für alle Zylinder.

SLS – Self Leveling Suspension (automatische Fahrwerk-Höhenverstellung).

SOHC – (Single Overhead Camshaft) Bezeichnung für einen Motor mit nur einer obenliegenden Nockenwelle, die Ein- und Auslassventile betätigt.

Spannungsregler – Elektrischer Regler, der die Spannung des Generators konstant hält.

Speedster – sportliches Cabrio mit extrem flacher Frontscheibe.

Sprengring – Ringförmigige Sicherung in einer Bohrung oder auf einer Welle, eingelassen in eine Innen- oder Außennut. Der Ring stoppt die ungewollte axiale Bewegung von Bauteilen.

Spurstange – Lenkgestänge, das Lenkbewegungen vom Lenkgetriebe zum Vorderradträger überträgt.

SRS – Safety Restraint System bzw. Supplemental Restraint System, ein passives Sicherheitssystem in Kraftfahrzeugen, bestehend aus Airbag, aktiven Gurtstraffern, elektronisch aktiviertem passivem Fußgängerschutz und aktiver Überrollvorrichtung.

Starrachse – Aufhängung der Hinterräder an einem sie verbindenden Achskörper. Federbewegung des einen Rades wirkt sich direkt auf das andere aus.

Starthilfekabel – Siehe Überbrückungskabel.

Steuerkette – Metallgliederkette, treibt über Kettenräder die Nockenwelle(n) von der Kurbelwelle aus an.

STC – Stability Traction Control (stabile Traktionskontrolle); anderer Ausdruck für ASR (siehe oben).

Stoß-/Schwingungsdämpfer – Bauteil der Radaufhängung, welches das Auf- und Abschwingen der Federung eines Wagens beim Überfahren schlechter Wegstrecken absorbiert.

Stößel – Siehe Ventilstößel, Tassenstößel.

Sturz, Radsturz – Der Winkel, unter dem sich die Räder von der Senkrechten nach außen neigen. Negativer Sturz bedeutet, dass die Räder nach innen gekippt sind.

SUV – Sport Utility Vehicle, sportliches Nutzfahrzeug.

Synchronisierung – Vorrichtung im Schaltgetriebe. Sie gleicht zum Schalten eines Ganges die Drehzahlen der beiden in Eingriff zu bringenden Teile einander an, um geräuschloses Schalten zu ermöglichen.

Tagfahrlicht – 50 Prozent aller Unfälle an Kreuzungen tagsüber werden durch das nicht rechtzeitige Erkennen anderer Verkehrsteilnehmer verursacht. Als Abhilfe gilt unter Experten das Einschalten des Abblendlichtes am Tag oder der immer mehr üblich werdende Einsatz von zusätzlichen Tagfahrlichtern.

Tassenstößel – Topfförmiges Zwischenglied, geführt in einer zylindrischen Bohrung, das zwischen den Ventilen des Motors und der (obenliegenden) Nockenwelle eingebaut ist (zuweilen mit einer spielausgleichenden Hydraulik versehen).

Telematik – Verbindung aus Telekommunikation, Informatik und Satelliten-Ortung zur Verkehrsleitung.

Thermostat – Temperaturabhängige Regelanlage im Kühlkreislauf, die das Erwärmen des Kühlmittels beschleunigt, indem sie ihm erst ab einer bestimmten Temperatur den Weg zum Kühler freigibt.

Tire Mobility Set – Reifenreparaturset, mit dem leichte Reifenleckagen behoben werden können. Das Set enthält Dichtmittel und einen Luftkompressor (12 Volt) zum Befüllen des Reifens.

Totpunktmarke/Einstellmarke – Kerben oder Markierungen an der vorderen Riemenscheibe der Kurbelwelle oder am Schwungrad und an den Antriebsteilen der Nockenwelle(n); sie dienen zum exakten Einstellen des Zünd- bzw. Einspritzzeitpunkts eines bestimmten Zylinders.

Transaxle – Kombination von Getriebe und Achstrieb in einem Gehäuse.

Turbolader/Abgasturbolader – Lader (s.d.), dessen Antrieb über den Druck der Abgase des Motors erfolgt, die auf eine Turbine wirken. Der Lader fördert zusätzliche Luft in die Zylinder und erreicht damit einen höheren Füllungsgrad und höhere Leistung.

Überbrückungs-/Starthilfekabel – Kabelsatz (1 rotes, 1 schwarzes) mit großem Querschnitt und kräftigen Klemmen an den Enden. Bei leerer Batterie kann mit Hilfe der Kabel und einer vollen »Spenderbatterie« der Motor angelassen werden.

Ungeregelter Katalysator – »Offenes« System, das die Schadstoffe im Abgas mit Hilfe eines von der Gemischbildung unabhängig arbeitenden (ungeregelten) Katalysators nur teilweise reduzieren kann.

Unterdruckpumpe – Dieselmotor: Für die Servobremse erforderlicher Unterdruck wird von einer vom Motor angetriebenen Pumpe geliefert (»Bremsservo«).

Unterer Totpunkt (UT) – Tiefste Position in der Kolbenbewegung. In diesem UT bleibt der Kolben für Sekundenbruchteile stehen, ehe er sich wieder aufwärts bewegt.

Unverbleites Benzin (Bleifrei) – Benzin, das außer dem im Rohöl enthaltenen Bleianteil bei der Herstellung nicht zusätzlich verbleit wird, was zur Beschädigung des Katalysators und zu Umweltschäden führt.

Van – Großraumlimousine. Im deutschen Sprachgebrauch ein Kraftfahrzeug mit fünf bis sieben, mit durchgehender Sitzbank vorne, auch bis zu neun Sitzen. Vans lassen sich dank variabler Sitzkonzepte, die in der Regel auch Einzelsitze hinten umfassen, sowie einer hohen Silhouette deutlich variabler nutzen als herkömmliche Kombis. Im weitesten Sinne werden als Van alle Arten von PKW mit erhöhter Karosserie, auch Hochdachkombis und Kleinbusse bezeichnet.

Variomatic – einfaches CVT-Getriebe (siehe oben) von DAF, erstmals 1958 im DAF 33 eingesetzt.

VDC – (Vehicle Dynamics Control) Fahrzeugdynamische Kontrolle; Fahrdynamik-Regelung für allradgetriebene Autos.

Ventil – Eine Vorrichtung, die geöffnet und geschlossen werden kann, um den Durchfluss von Gasen oder Flüssigkeiten zu ermöglichen bzw. zu stoppen.

Ventilator – Heute meist elektrisch, früher vom Motor angetriebener, vorn im Motorraum hinter dem Kühler angeordneter Lüfter (Ventilatorflügel). Soll die Kühlung unterstützen.

Ventilatorriemen – Keilriemen, der bei mechanischem Antrieb des Ventilators von der Kurbelwelle aus verwendet wird.

Ventileinstellung – Siehe Ventilspiel.

Ventilspiel – Gesamter Leerweg zwischen dem Ende des Ventilschafts und dem Nocken der Nockenwelle. Das Spiel ist erforderlich, um das völlige Schließen des Ventils trotz Wärmedehnung der Bauteile zu gewährleisten. Es wird entweder an einer Stellschraube manuell eingestellt oder von einem Hydraulikstößel (s.d.) automatisch ausgeglichen.

Ventilsteuerung – Oberbegriff für die Bauteile, die das Öffnen und Schließen der Ein- und Auslasskanäle des Motors bewirken: Nockenwelle(n), Stößel, Stoßstangen, Kipphebel, Ventile usw.

Ventilstößel – Bauteil im Motor, das die Drehbewegung der Nockenwelle in die Auf- und Abbewegung der Ventile umwandelt. Siehe auch »Tassenstößel«.

Verbleites Benzin (Bleibenzin) – Benzin, das außer dem im Rohöl enthaltenen Bleianteil bei der Herstellung zusätzlich verbleit wird, um es »klopffester« zu machen. Nicht für Katalysatorbetrieb geeignet, da Blei dem Kat schadet und außerdem ein Umweltgift ist.

Verbundglas – Sicherheitsglas für Autoscheiben. Besteht aus zwei dünnen Schichten aus gehärtetem Glas mit einer dünnen Schicht aus Spezial-Kunststoff dazwischen. Bei einem Aufprall zerbröselt das Glas nicht, und die Sicht bleibt weitgehend erhalten.

Verdichtung (-sverhältnis) – Gibt an, auf welches Volumen die Zylinderfüllung zwischen unterem und oberem Totpunkt des Kolbens verdichtet wird (Volumen eines Zylinders plus Brennraumvolumen im Verhältnis zum Brennraumvolumen allein, z.B. 10:1).

Vergaser – Vorrichtung, mit der (bei älteren Autos) das Kraftstoff-Luft-Gemisch in dem zur Verbrennung nötigen Verhältnis gebildet wird. Heute meist durch ein Einspritzsystem ersetzt.

Verteilerfinger – Im Zündverteiler umlaufendes Teil, dessen Elektrode über weitere Elektroden in der Verteilerkappe den Zündstrom an die Kerzen befördert.

Verteilerkappe – Kunststoffkappe, die auf den Verteiler aufgesetzt wird und von welcher die Zündkabel (Hochspannungskabel) zu den Kerzen führen.

4 T 4 – Eine der vielen vom jeweiligen Hersteller stammenden Bezeichnungen für den Allradantrieb. Bei Škoda ist z.B. auch 4x4 geläufig.

Viertaktmotor – Bezeichnet einen Otto- oder Dieselmotor, der nach dem Viertaktverfahren arbeitet, d.h. für jeden vollständigen Arbeitszyklus zwei Auf- und zwei Abwärtshübe des Kolbens benötigt

Vierventiler/16-Ventiler – Bezeichnung für einen Verbrennungsmotor mit zwei Einlass- und zwei Auslassventilen pro Zylinder. Der Ausdruck 16-Ventiler wird für den weit verbreiteten Vierzylindermotor mit je vier Ventilen pro Zylinder verwendet.

V-Motor – Motorbauweise, bei welcher 6 oder 8 Zylinder in zwei Reihen angeordnet sind, die von vorn oder hinten gesehen ein »V« bilden. Zum Beispiel hat ein V8-Motor zwei Reihen zu jeweils vier Zylindern.

Vorderachseinstellung – Prüfung und Berichtigung gemäß der werksseitig vorgeschriebenen Einstellung von Vorspur, Sturz und Nachlauf. Einstellbar sind an den meisten Autos nur die Vorspurwerte. Fehlerhafte Einstellung kann hohen Reifenverschleiß und schlechtes »Handling« zur Folge haben.

Vorkammer-Diesel (Wirbelkammer-Diesel) – Traditioneller Dieselmotor. Der Kraftstoff wird vor der eigentlichen Verbrennung im Brennraum in einer Vor- oder Wirbelkammer gezündet.

Vorspur/Nachspur – Der Winkel oder der Betrag, um den die Stellung der Vorderräder bei Geradeausfahrt von einer Geraden parallel zur Fahrzeuglängsachse abweicht. Vorspur bedeutet, dass die Räder vorn leicht einwärts gerichtet sind.

VSA – Vehicle Stability Assistent. Fahrzeug-Stabilitätshelfer; entspricht ESP (siehe ESP).

VTC – Variable Timing Camshaft. Variable Nockensteuerung, steuert Öffnungszeiten der Einlassventile.

VTG – (Variable Turbine Geometrie) Variable Turbolader-Geometrie.

Wankel-/Drehkolben-/Kreiskolbenmotor – Verbrennungsmotor, der im wesentlichen nur rotierende Teile besitzt. Der Kolben (Rotor) ist etwa dreiecksförmig und rotiert in einem Gehäuse mit spezieller, lang–ovaler Innenform (Epitrochoide). Nur wenige Automodelle sind mit einem solchen Motor ausgerüstet.

Wasserpumpe/Kühlmittelpumpe – Vom Motor angetriebene Flügelpumpe, die das Kühlmittel durch alle Teile des Kühlkreislaufs pumpt.

Wertminderung – Mit dem Altern eines Autos verbundene Minderung des möglichen Verkaufserlöses.

Windowbag – Airbag vor dem Seitenfenster.

Wirbelkammer (Diesel) – Hohlraum im Zylinderkopf von Dieselmotoren. Bei Indirekteinspritzung wird Kraftstoff statt in den Brennraum in die Wirbelkammer eingespritzt und dort mit der Luft »verwirbelt«.

Xenonlicht – Modernes Autolicht ohne Glühdraht. In der dafür eingesetzten Gasentladungslampe befindet sich unter anderem das Edelgas Xenon.

Zahnriemen – Siehe Nockenwellen-Antriebsriemen.

Zahnstangenlenkung – Heute weit verbreitete Ausführung des Lenkgetriebes, bestehend aus einem Ritzel und einer Zahnstange, welche die Räder über Spurstangen einschlägt.

Zündanlage – Elektrisches System beim Ottomotor für das Zünden des Gasgemisches im Zylinder.

Zündfolge – Reihenfolge, in der die Zylinder eines Motors gezündet werden.

Zündkabel – Besonders stark isolierte Kabel für die Übertragung des hochgespannten Stroms vom Zündverteiler zu den Kerzen.

Zündkerze – Bauteil des Ottomotors. Die Kerze ragt mit zwei Elektroden in den Brennraum hinein, zwischen denen zum Zünden des Kraftstoff-Luft-Gemisches ein Funken erzeugt wird.

Zündkontakte – In der Zündanlage älterer Autos dient ein Kontaktpaar zum Unterbrechen des Niederspannungsstroms und erzeugt dadurch in der Zündspule eine Hochspannung, die an der Kerze Zündfunken überspringen lässt.

Zündspule – Elektrisches Bauteil, das beim Ottomotor die eingeleitete Batteriespannung in Hochspannung (12 Volt) für den Zündfunken umsetzt.

Zündverteiler – Für die Verteilung der Hochspannungsenergie an die Zündkerzen zuständig.

Zündzeitpunkt – Die kurz vor dem Erreichen des oberen Totpunkts (OT) liegende Stellung des Kolbens, in welcher der Zündfunken überspringt.

Zylinder – Hohlraum, in welchem der Kolben eines Motors auf und ab geht. Die Zylinder können entweder direkt in den Motorblock gebohrt sein, oder es werden Laufbüchsen in den Block eingesetzt.

Zylinderblock/Motorblock – Hauptbauteil des Motors, das im oberen Teil die Zylinder und im unteren die Lagerung der Kurbelwelle (Kurbelgehäuse) umfasst.

Zylinderbohrung – Innendurchmesser eines Motorzylinders.

Zylinderkopf – Gussteil unmittelbar über dem Motorblock, in dem die Brennräume und die Ein-/Auslasskanäle sowie der Ventiltrieb untergebracht sind. Der Zylinderkopf ist mit dem Block verschraubt.

Zylinderkopfdichtung/Kopfdichtung – Dichtung, die zwischen den miteinander verschraubten Teilen Zylinderblock und Zylinderkopf liegt und für Abdichtung unter hohem Arbeitsdruck sorgt.

Zylinder-Laufbüchsen – Metallhülsen, die in entsprechende Bohrungen im Zylinderblock eingeschoben werden und in denen die Kolben auf und ab gehen. Bei Verschleiß können Laufbüchsen und Kolben miteinander ausgetauscht werden.